DAS ZEITALTER DER RESILIENZ

Jeremy Rifkin, einer der bekanntesten gesellschaftlichen Vordenker, ist Gründer und Vorsitzender der Foundation on Economic Trends in Washington. Seine Bücher sind internationale, in 35 Sprachen übersetzte Bestseller und lösten weltweite Debatten zu den großen gesellschaftlichen und ökonomischen Fragen aus, siehe zum Beispiel *Das Ende der Arbeit, Access* und *Die Null-Grenzkosten-Gesellschaft*. 2019 erschien *Der globale Green New Deal*. Rifkin berät zahlreiche Organisationen und Regierungen – unter anderem Deutschland, die EU, China – und unterrichtet an der renommierten Wharton School der University of Pennsylvania.

Jeremy Rifkin

Das Zeitalter der Resilienz

Leben neu denken auf einer wilden Erde

Aus dem Englischen von Jürgen Neubauer

Campus Verlag
Frankfurt/New York

Die englische Originalausgabe erschien 2022 bei St. Martin's Press, New York unter dem Titel *The Age of Resilience: Reimagining Existence on a Rewilding Earth.*

MIX
Papier aus verantwortungsvollen Quellen
FSC® C089473

Klimaneutral
Papier
ClimatePartner.com/13732-1910-1001

ISBN 978-3-593-50664-7 Print
ISBN 978-3-593-45233-3 E-Book (PDF)
ISBN 978-3-593-45232-6 E-Book (EPUB)

Umschlaggestaltung: total italic, Thierry Wijnberg, Amsterdam/Berlin, nach einem Design von Jonathan Bush
Umschlagmotiv: © Getty Images: MirageC
Redaktion: Andrea Dietrich
Satz: DeinSatz Marburg | mg
Gesetzt aus der Scala und der Constructa
Druck und Bindung: Beltz Grafische Betriebe GmbH, Bad Langensalza
Beltz Grafische Betriebe ist ein klimaneutrales Unternehmen (ID 15985-2104-1001).
Printed in Germany

www.campus.de

Für Carol L. Grunewald
Danke, dass du unseren Mitgeschöpfen eine Stimme gibst.

INHALT

TEIL 3
WIE WIR AN DIESEN PUNKT GEKOMMEN SIND
EIN NEUES VERSTÄNDNIS DER EVOLUTION

TEIL 4
DAS ZEITALTER DER RESILIENZ
DAS ENDE DES INDUSTRIEZEITALTERS

EINLEITUNG

Die Viren kommen in immer neuen Wellen. Das Klima erwärmt sich weiter. Die Erde verwildert zusehends. Lange haben wir geglaubt, wir könnten die Natur zwingen, sich an unsere Spezies anzupassen, doch heute bleibt uns nichts anderes übrig, als uns an die unberechenbare Natur anzupassen. Wir haben keine Bedienungsanleitung für das Chaos, das sich um uns herum offenbart.

Wir sind die jüngste Säugetierart der Erde mit einer Geschichte von nur 200 000 Jahren. Die meiste Zeit – mehr als 95 Prozent – haben wir ähnlich wie unsere Mitprimaten und -säugetiere jagend und sammelnd von den Gaben der Erde gelebt, wir haben uns an die Jahreszeiten angepasst und nur einen flüchtigen Fußabdruck hinterlassen.[1] Was hat sich geändert? Wie wurden wir zu den Ausbeutern, die die Natur beinahe in die Knie gezwungen haben, nur damit sie sich heute aufbäumt, um uns abzuschütteln? Treten wir einen Schritt zurück und betrachten die inzwischen abgegriffene Geschichte von der Sonderstellung des Menschen. Während der finstersten Phase der Französischen Revolution im Jahr 1794 entwarf der Philosoph Nicolas de Condorcet seine große Zukunftsvision, während er auf die Guillotine wartete. Er schrieb:

> Die Natur hat der Vervollkommnung der menschlichen Fähigkeiten keine Grenzen gesetzt. Die Vervollkommnungsfähigkeit des Menschen ist wahrhaft grenzenlos, und der Fortschritt dieser Vervollkommnungsfähigkeit hat keine Grenze als die Lebensdauer des Planeten, auf den uns die Natur geworfen hat.[2]

Condorcets Prophezeiung lieferte die ontologische Grundlage für das, was später als »Zeitalter des Fortschritts« bezeichnet werden sollte. Heute erscheint uns Condorcets Menschenbild naiv oder gar lächerlich. Doch der Fortschritt ist nur die jüngste Ausformung der uralten Überzeugung, dass wir Menschen aus anderem Holz geschnitzt sind als alle anderen Lebewesen, mit denen wir den Planeten teilen. Wir gestehen uns zwar widerwillig ein, dass der *Homo sapiens* aus dem gemeinsamen Quell des Lebens entspringt, der bis zu den Regungen der ersten Mikroben zurückreicht, aber wir halten uns trotzdem gern für eine Ausnahme.

Während der Moderne haben wir Gott weitgehend hinter uns gelassen, und dennoch glauben wir an seine Zusage an Adam und Eva, sie und ihre Nachfahren sollten »herrschen über die Fische im Meer und über die Vögel unter dem Himmel und über das Vieh und über die ganze Erde und über alles Gewürm, das auf Erden kriecht.«[3] Auch ohne seine religiöse Dimension haben wir dieses Versprechen ernst genommen und damit unsere Ökosysteme in den ökologischen Kollaps geführt.

Doch allmählich sehen wir ein, dass uns die Erde niemals untertan war, und dass die Akteure der Natur deutlich mächtiger sind als wir dachten, während die Menschheit im großen Bild des Lebens auf dieser Erde immer kleiner und unbedeutender erscheint. Nun bekommen wir es mit der Angst zu tun. Wir öffnen die Augen für die schmerzliche Realität, dass wir als Spezies ein furchtbares Gemetzel auf unserer Erde anrichten – Überschwemmungen, Dürren, Waldbrände und Wirbelstürme, die in aller Welt Schneisen der Verwüstung hinterlassen und Ökosysteme zerstören. Wir spüren, dass diese Naturgewalten größer sind als wir, dass sie sich nicht mit herkömmlichen Rezepten bekämpfen lassen, und dass sie bleiben werden, mit bedrohlichen Folgen. Wir erkennen allmählich, dass wir und unsere Mitgeschöpfe auf einen Abgrund zusteuern, von dem es kein Zurück mehr gibt.

Die Warnung, dass der von Menschen gemachte Klimawandel das sechste Massensterben auf unserem Planeten verschuldet, ist inzwischen auch im politischen Mainstream angekommen. Überall schrillen die Alarmglocken. Führungskräfte aus Politik, Wirtschaft, Finanzen und Wissenschaft sowie die gesamte Öffentlichkeit hinterfragen die Glaubenssätze, nach denen wir unser Leben ausgerichtet, uns den Sinn unserer Existenz erklärt und unsere Lebenswirklichkeit verstanden haben.

Das Zeitalter des Fortschritts ist tot und wartet nur noch auf seine Obduktion. Schon werden allenthalben Forderungen lauter, dass wir – die Menschheit – alles überdenken müssen: unser Verständnis von der Welt, unsere Art zu wirtschaften, unsere politische Ordnung, unseren Platz in Raum und Zeit, unser gesamtes Handeln und unser Verhältnis zu unserem Planeten.

Doch bislang ist unser Denken bestenfalls unausgereift und schlimmstenfalls vernebelt. Was bedeutet es, unsere gesamte Existenz zu überdenken? Wir haben eine gewisse Ahnung. Immer und überall geht es darum, wie wir uns am besten an das drohende Chaos »anpassen« können. Wir hören diese Frage zu Hause am Küchentisch genauso wie am Arbeitsplatz, in der Freizeit und im Alltag.

»Resilienz« oder Widerstandsfähigkeit ist dabei ein Schlagwort, auf das wir immer wieder stoßen. Mit diesem Begriff definieren wir uns angesichts der bedrohlichen Zukunft, die inzwischen vor der Tür steht. Das Zeitalter des Fortschritts ist zu Ende und das Zeitalter der Resilienz bricht an. Alles, was wir zu wissen meinten, was wir glaubten und auf das wir uns verlassen haben, gilt nicht mehr. Wir stehen am Beginn einer neuen Reise, auf der wir neu über unsere Spezies und ihren Platz auf der Erde nachdenken müssen und die Natur unsere Schule ist.

Der Übergang vom Zeitalter des Fortschritts zum Zeitalter der Resilienz bewirkt schon heute ein philosophisches und psychologisches Umdenken und einen Einstellungswandel. Es handelt sich um einen Umbruch, der die vollständige Neuausrichtung unserer Verortung in Raum und Zeit verlangt.

»Effizienz« bestimmte die zeitliche Orientierung der Menschheit während des gesamten Zeitalters des Fortschritts. Bei dem Projekt der Effizienz geht es darum, die Gewinnung, Nutzung und Entsorgung natürlicher Ressourcen zu optimieren und damit den materiellen Reichtum der Gesellschaft immer schneller zu vergrößern, und zwar auf Kosten einer Ausbeutung der Natur. Das Gebot der Effizienz gibt den Takt unseres Alltags und unserer Gesellschaft vor. Dieses Gebot hat uns erst zur beherrschenden Spezies auf der Erde gemacht und dann die Natur in den Ruin gestürzt.

In letzter Zeit werden in der Wissenschaft, in Vorstandsetagen und in der Politik Stimmen laut, die die einst unantastbare Effizienz infrage stellen und andeuten, dass sie uns mit dem eisernen Griff, mit dem sie die gesamte Gesellschaft gepackt hält, buchstäblich erdrosselt. Wie sollen wir also die Zukunft neu denken?

Wenn im Zeitalter des Fortschritts die Effizienz den Takt vorgab, dann ist es im Zeitalter der Resilienz die Anpassungsfähigkeit. Die Umorientierung von der Effizienz zur Anpassungsfähigkeit ist die Voraussetzung, um unsere Entfremdung von der Erde zu überwinden und uns in die Vielzahl der irdischen Akteure einzugliedern – eine Neuorientierung menschlichen Handelns auf einem zunehmend unberechenbaren Planeten.

Diese Neuausrichtung beeinflusst schon jetzt unsere althergebrachten Vorstellungen davon, wie wir unser wirtschaftliches und gesellschaftliches Leben zu führen, zu messen und zu bewerten haben. Der Übergang von der Effizienz zur Anpassungsfähigkeit geht mit umfassenden Umwälzungen in Wirtschaft und Gesellschaft einher, etwa der Verschiebung von Produktivität zu Erneuerbarkeit, von Wachstum zu Wohlstand, von Eigentum zu Zugang, von Märkten mit Käufern und Verkäufern zu Netzwerken mit Anbietern und Nutzern, von linearen Prozessen zu kybernetischen Prozessen, von vertikaler zu lateraler Integration, von zentralisierten zu dezentralen Wertschöpfungsketten, von Unternehmenskonglomeraten zu agilen, hoch technisierten kleinen und mittelgroßen Genossenschaften, verlinkt in variablen Gemeingütern, von geistigem Eigentum zu Open Source, von Nullsummenspielen zu Netzwerkeffekten, von der Globalisierung zur Glokalisierung, vom Konsumismus zu Ökosystemdienstleistungen, vom Bruttoinlandsprodukt zu Indikatoren der Lebensqualität, von negativen externen Effekten zur Kreislaufwirtschaft, von der Geopolitik zur Biosphärenpolitik.

Die nun anbrechende dritte industrielle Revolution führt uns von der analogen Bürokratie zu digitalen Plattformen, sie bettet die

Menschheit wieder ein in die ureigene Infrastruktur unseres Planeten – die irdischen Sphären – und markiert das Ende des Industriezeitalters. Mit dem anbrechenden Zeitalter der Resilienz wird ab der zweiten Hälfte des 21. Jahrhunderts ein neues Wirtschaftsparadigma aufkommen, und das Finanzkapital – das Herz des Industriezeitalters – wird durch eine neue Wirtschaftsordnung auf der Grundlage des »ökologischen Kapitals« ersetzt.

Diese zeitliche Umorientierung geht Hand in Hand mit einer grundlegenden räumlichen Umorientierung, die bereits in einem veränderten Umgang mit dem Raum spürbar wird. Im Zeitalter des Fortschritts war Raum gleichbedeutend mit passiven natürlichen Ressourcen und Führung mit der Verwaltung der Natur als Eigentum. Im Zeitalter der Resilienz besteht der Raum aus den Lebenssphären der Erde – der Hydrosphäre, der Lithosphäre, der Atmosphäre und der Biosphäre –, die sich gemeinsam zu den Mustern und Strömen einer dynamischen Erde fügen.

Wir beginnen allmählich zu verstehen, dass auch wir selbst, genau wie unsere Mitlebewesen, nichts anderes als Prozesse, Muster und Ströme sind. Eine neue Generation von Physikern, Chemikern und Biologen stellt die lange vertretene Annahme infrage, dass wir als autonome Wesen aufeinander und auf die Natur wirken. Sie zeichnen eine ganz andere Geschichte des Menschen und hinterfragen dabei den alten Glauben an unser autonomes Selbst.

Jedes einzelne Lebewesen ist ein Fortsatz der irdischen Lebenssphären. Die Elemente, Mineralien und Nährstoffe der Lithosphäre, das Wasser der Hydrosphäre und der Sauerstoff der Atmosphäre zirkulieren unentwegt in Form von Atomen und Molekülen durch unseren Körper, sie fügen sich nach den Bauplänen der DNA zu unseren Zellen, Geweben und Organen und werden im Laufe unseres Lebens fortwährend ausgetauscht. Die meisten Gewebe und Organe unseres Körpers befinden sich unentwegt im Fluss. Unser Skelett wird etwa alle zehn Jahre fast vollständig ausgetauscht. Unsere Leber wird etwa alle 300 bis 500 Tage ersetzt, die Zellen der Magenschleimhaut alle fünf Tage und die Paneth-Zellen des Darms alle zwanzig Tage.[4] Rein physikalisch betrachtet ist ein Erwachsener zehn Jahre alt oder jünger.[5]

Aber unser Körper gehört nicht nur uns allein, sondern wir teilen ihn mit zahlreichen Lebensformen – Bakterien, Viren, Protisten, Archaeen und Pilzen. Mehr als die Hälfte der Zellen in unserem Körper und ein großer Teil der DNA, die uns zu Menschen machen, sind gar nicht menschlich, sondern gehören anderen Lebewesen, die in jedem Winkel unseres Körpers leben. Die Spezies und Ökosysteme der Erde enden also nicht vor unserem Körper, sondern strömen in jedem Moment durch uns hindurch. Jeder von uns ist eine halbdurchlässige Membran. Wir sind buchstäblich Teil des Planeten, und diese Tatsache sprengt die liebgewonnene Idee vom Menschen, der sich über die Natur erhebt.

Wir sind also untrennbar in die natürlichen Ströme eingebettet, und das geht sogar noch weiter. Wie jede andere Spezies bestehen auch wir aus einer Vielzahl biologischer Uhren, die fortwährend unsere inneren Rhythmen an den Tag-und-Nacht-Zyklus sowie die Jahreszeiten anpassen, die mit der Drehung der Erde und ihrem Lauf um die Sonne zusammenhängen. Neuerdings erkennen wir auch, dass endogene und exogene elektromagnetische Felder nicht nur auf den Planeten wirken, sondern auch auf jede Zelle, jedes Organ und jedes Gen und auf diese Weise eine wichtige Rolle bei der Abstimmung und dem Erhalt unserer körperlichen Funktionen spielen.

Wir sind irdische Wesen, und zwar mit jeder Faser unseres Seins. Unser neues Verständnis unseres Daseins im Raum zwingt uns auch zu einer Neubewertung unserer eigenen Natur, unserer Beziehung zu unseren Mitlebewesen und unseres Platzes auf der Erde.

Diese Neubewertung des Wesens der Natur geht Hand in Hand mit neuen Vorstellungen von gesellschaftlicher Organisation und Führung und einem neuen Selbstverständnis als sozialer Organismus. Im Zeitalter der Resilienz wandelt sich politische Steuerung von der Verfügung über natürliche Ressourcen zum Schutz bioregionaler Ökosysteme. Die bioregionale Steuerung wird wiederum dezentral auf regionale Gemeinschaften verteilt, die die Verantwortung für die Anpassung an und Verwaltung der Biosphäre aus Litho-, Hydro- und Atmosphäre übernehmen.

In dieser neuen Welt, in der wir die Grenzen zwischen Natur und Kultur einreißen, ist die parlamentarische Demokratie, die einst als gerechtestes und umfassendstes Herrschaftssystem galt, zunehmend abgehoben und weit entfernt vom zupackenden Umgang mit der Natur. Schon heute weicht die »repräsentative Demokratie« hier und da einer »verteilten Peerocracy«,[6] nun, da sich eine jüngere Generation aktiv in die Verwaltung ihrer jeweiligen Bioregionen einbringt.

Im nun anbrechenden Zeitalter werden die Bürger von fleißigen und effizienten Zuschauern der Politik – deren Verantwortung sich darin erschöpft, einen Klüngel von Politikern zu wählen, die ihre Interessen vertreten sollen – zu aktiven Mitwirkenden, die Verantwortung für ihre Bioregion übernehmen. Vorbild für solche Bürgergremien sind die Schöffengerichte, in denen Bürger über Schuld und Unschuld von Mitbürgern entscheiden.

Das sind nur einige wenige der Veränderungen, die sich heute abzeichnen, wenn die Menschheit nun die historische Kehrtwende vom Zeitalter des Fortschritts zum Zeitalter der Resilienz in Angriff nimmt. Weitere werden folgen, wenn wir unsere Handlungsspielräume neu definieren, während sich unser Planet auf unfassbare Weise weiterentwickelt und wir uns anpassen müssen, um zu überleben und zu neuer Blüte zu gelangen.

Dieses Buch ist eine Art Rundgang, auf dem wir uns ansehen, wie weit wir gekommen sind, seit Adam und Eva den aufrechten Gang erlernten, das Rift Valley in Afrika verließen, sich in die Savanne hinauswagten und von dort aus über alle Kontinente zogen.

Der Mensch ist der große Suchende, wobei wir seit jeher mehr vom Leben wollen als das tägliche Überleben. Das wäre nicht genug als Erklärung für die innere Unruhe, die uns schon seit dem ersten Atemzug unserer urzeitlichen Vorfahren antreibt. In uns brodelt und wühlt etwas anderes – ein Gefühl, das kein anderes Lebewesen kennt. Ob wir es uns eingestehen oder nicht, wir sind unermüdlich auf der Suche nach dem Sinn unseres Daseins. Diese Frage begleitet uns in jedem Moment und mit jedem Atemzug, ob wir uns dessen bewusst sind oder nicht. Sie ist es, die uns antreibt.

Doch irgendwann sind wir vom Kurs abgekommen. Lange Zeit haben wir Wege gefunden, uns den Zwängen der Natur anzupassen, genau wie unsere Verwandten in unserer evolutionären Großfamilie.

Doch vor etwa zehntausend Jahren, mit dem Ende der letzten Eiszeit und dem Anbruch eines gemäßigten Zeitalters, des Holozäns, haben wir uns zum Prometheus aufgeschwungen und die Natur gezwungen, sich an uns anzupassen. Mit dem Aufstieg der großen landwirtschaftlichen Imperien vor fünf Jahrtausenden sowie der vorindustriellen und industriellen Revolution des Spätmittelalters und der Moderne – was wir als Zivilisation bezeichnen – steht immer mehr die Herrschaft über die Natur im Mittelpunkt. Unser Erfolg – wenn man das so nennen möchte – lässt sich in einer beängstigenden Zahl ausdrücken: Der *Homo sapiens* macht zwar weniger als 0,5 Prozent der gesamten Biomasse der Erde aus, doch wir verbrauchen ein Viertel der Nettoprimärproduktion aus der Photosynthese. Dieser Anteil könnte nach derzeitigem Kenntnisstand in den nächsten 30 Jahren sogar noch bis auf 44 Prozent steigen. Damit bliebe dem übrigen Leben auf dem Planeten nur noch wenig mehr als die Hälfte der Nettoprimärproduktion.[7] Das ist ganz offensichtlich nicht nachhaltig und tragbar. Die Menschheit ist der Ausreißer des Lebens, und im beginnenden Anthropozän stürzen wir nicht nur uns selbst, sondern auch unsere Mitlebewesen in ein geologisches Massengrab.[8]

Im Gegensatz zu allen anderen Spezies haben wir allerdings zwei Gesichter. Wir sind Zerstörer, aber wir könnten auch Heiler sein. In die Schaltkreise unseres Gehirns ist mit der Empathie eine besondere Fähigkeit eingebaut, die sich als elastisch und geradezu unendlich erweiterbar erwiesen hat. Diese seltene und kostbare Fähigkeit hat sich schrittweise entwickelt, ging teils wieder verloren, nur um wieder zurückzukehren und dabei immer neue Höhen zu erklimmen. In den letzten Jahren hat eine jüngere Generation diese Empathie über unsere Spezies hinaus auf unsere Mitlebewesen ausgeweitet. Biologen sprechen von Biophilie – ein Zeichen der Hoffnung für einen neuen Weg in die Zukunft.

Anthropologen sagen uns, dass der Mensch das anpassungsfähigste Lebewesen ist. Es ist nun die Frage, ob es uns gelingt, mithilfe dieser prägenden Fähigkeit in den Schoß der Natur zurückzukehren und dabei die Bescheidenheit, Achtsamkeit und Kritikfähigkeit aufzubringen, die nötig sind, um unsere Spezies und unsere biologische

Großfamilie zu neuer Blüte zu führen. Um die große Kehrtwende von der Anpassung der Natur an die menschlichen Bedürfnisse zur Anpassung der Menschheit an die Natur zu schaffen, ist eine Abkehr vom traditionellen Verständnis der Wissenschaft nötig, das bis auf den englischen Philosophen Francis Bacon zurückgeht; ein Verständnis, das der Natur ihre Geheimnisse zu entreißen sucht und die Erde als Rohstoff und Ware für die ausschließliche Nutzung durch den Menschen betrachtet. An dessen Stelle muss ein radikal neues Paradigma treten – das Denken in komplexen adaptiven Systemen (KAS). Dieser neue Ansatz begreift die Natur nicht als Rohstoff-, sondern als Lebensquelle und die Erde als komplexes, sich selbst organisierendes System. Weil sich ein solches nicht vorausberechnen lässt, benötigen wir eine Wissenschaft, die sich auf Prognose und aufmerksame Anpassung verlegt und keine, die einen konkreten Kurs erzwingen will.

Der verwildernde Planet wird unseren kollektiven Mut auf die Probe stellen. Bleibt zu hoffen, dass uns der Weg, den wir im Zeitalter der Resilienz einschlagen, in einen neuen Garten Eden führt – nur diesmal nicht als Herrscher, sondern als Gleichgesinnte unserer Mitlebewesen, mit denen wir unsere irdische Heimat teilen.

TEIL 1

EFFIZIENZ VS. ENTROPIE

Die Dialektik der Moderne

KAPITEL 1

MASKEN, BEATMUNGSGERÄTE UND TOILETTENPAPIER

Wie Anpassungsfähigkeit über Effizienz triumphiert

Wer sich mit Wirtschaft beschäftigt, kennt ein Zitat, das unser Selbstverständnis im Zeitalter des Fortschritts auf den Punkt bringt. Adam Smith, der erste moderne Wirtschaftswissenschaftler und Begründer der Disziplin, schrieb in seinem Klassiker *Wohlstand der Nationen* die folgenden Sätze, die seit zwei Jahrhunderten vielen als Essenz des menschlichen Wesens gelten:

> Wenn daher jeder einzelne soviel wie nur möglich danach trachtet, sein Kapital zur Unterstützung der einheimischen Erwerbstätigkeit einzusetzen und dadurch dieses so lenkt, daß ihr Ertrag den höchsten Wertzuwachs erwarten läßt, dann bemüht sich auch jeder einzelne ganz zwangsläufig, daß das Volkseinkommen im Jahr so groß wie möglich werden wird. Tatsächlich fördert er in der Regel nicht bewußt das Allgemeinwohl, noch weiß er wie hoch der eigene Beitrag ist. Wenn er es vorzieht, die eigene nationale Wirtschaft anstatt die ausländische zu unterstützen, denkt er nur an die eigene Sicherheit, und wenn er dadurch die Erwerbstätigkeit so fördert, daß ihr Ertrag den höchsten Wert erzielen kann, strebt er lediglich nach eigenem Gewinn. Er wird in diesem wie auch in vielen anderen Fällen von einer unsichtbaren Hand geleitet, um einen Zweck zu fördern, der keineswegs in seiner Absicht lag. Es ist auch nicht immer das Schlechteste für die Gesellschaft, dass dieser nicht beabsichtigt gewesen ist. Indem er seine eigenen Interessen verfolgt, fördert er oft diejenigen der Gesellschaft auf wirksamere Weise, als wenn er tatsächlich beabsichtigt, sie zu fördern.[1]

Für Adam Smith war die Effizienz das Ziel, nach dem der *Homo oeconomicus* strebt und dem sich die Gesellschaft zu unterwerfen hat.

Am 14. Mai 2021 druckte die *New York Times* einen Gastbeitrag mit dem mysteriösen Titel »Ihr Auto, Ihr Toaster, Ihre Waschmaschine funktionieren nicht ohne, und heute herrscht weltweite Knappheit«.[2] Autor war der Wirtschaftswissenschaftler Alex T. Williams. Der Artikel warnt vor einem ökonomischen Sprengsatz im Herzen des kapitalistischen Systems, der ausreichen könnte, um die gesamte, seit zwei Jahrhunderten geltende Wirtschaftsordnung zum Einsturz zu bringen. Außerdem finden sich einige versteckte Hinweise auf eine neue Ordnung, die an die Stelle der alten treten könnte.

Der Artikel beginnt reichlich trocken mit dem Hinweis auf eine »weltweite Knappheit in der Lieferkette der Halbleiterproduktion«. Dabei handelt es sich um die winzigen Mikrochips, die in den unzähligen Prozessen und Produkten unserer intelligenten digitalen Welt Verwendung finden. Die Halbleiterbranche macht pro Jahr 500 Milliarden Dollar Umsatz. Um zu verstehen, wie ernst das Problem ist, reicht ein Blick auf den Autohersteller Ford: Der Konzern rechnete aufgrund der aktuellen Halbleiter-Knappheit mit Einbußen von 2,5 Milliarden Dollar.[3] Wenn man das auf die gesamte von Halbleitern abhängige Weltwirtschaft hochrechnet – von medizinischen Geräten bis zu Stromnetzen – bekommt man einen ungefähren Eindruck vom Ausmaß der Krise. Hinter den Kulissen sprach der amerikanische Präsident Joe Biden mit Managern von Ford und Google, um einzuschätzen, was der drohende Mangel an überwiegend im Ausland gefertigten Halbleitern für die Wirtschaft und die nationale Sicherheit der Vereinigten Staaten bedeutete. Manager von Verizon, Qualcomm, Intel, Nvidia und anderen Konzernen taten sich zusammen, um staatliche Investitionen in die Forschung und Entwicklung von Halbleitern zu fordern und Chipfabriken in den Vereinigten Staaten zu errichten. Für den Anfang forderte das Bündnis 50 Milliarden Dollar aus dem geplanten staatlichen Infrastrukturpaket und verwies auf das Sicherheitsrisiko und einen Zusammenbruch der Wirtschaft, sollten die Halbleiter auch weiterhin knapp bleiben.

Das Problem geht allerdings weit über kurzfristige Lieferengpässe hinaus. In seinem Artikel nennt der Autor zwei Begriffe, die die Krise im Kern erfassen und auf einen grundlegenden Konflikt im Kapitalismus selbst verweisen – den unvermeidlichen Kompromiss zwischen Effizienz und Resilienz.

Die internationale Halbleiterproduktion konzentriert sich heute auf einige wenige Großkonzerne. Die gigantischen Kosten, die der Bau von gewaltigen Halbleiterfabriken verschlingt, schmälern den Gewinn. Die wenigen, hocheffiziente Unternehmen haben es an die Spitze geschafft, indem sie in sogenannte schlanke Logistik- und Zulieferketten investiert und kostspielige Puffer und andere Redundanzen ausgemerzt haben, die im Falle unerwarteter Schwierigkeiten einspringen könnten. So haben sie zum Beispiel die teure Lagerung von überzähligem Inventar genauso beseitigt wie zusätzliche Fertigungsstätten, die kurzfristig Lücken füllen könnten, und zusätzliche Arbeitskräfte, die im Falle einer Störung rasch eingesetzt werden könnten. Auch haben sie keine alternativen Lieferketten, auf die sie rasch wechseln könnten, um Lieferausfälle oder -engpässe aufzufangen.

Dank ihrer schlanken Logistik- und Herstellungsverfahren, mit denen sie ihre Betriebskosten gesenkt und ihre Effizienz gesteigert haben, konnten die Marktführer der Halbleiterproduktion den Wettbewerb überleben, wenn auch auf Kosten ihrer Widerstandsfähigkeit und ihrer Anfälligkeit gegenüber unerwarteten Ereignissen. Williams verweist auf diesen offensichtlichen Widerspruch und fragt: »Was nutzt eine hypereffiziente, superschlanke Fertigung, wenn sie zum Beispiel durch eine Naturkatastrophe zerstört wird und es keinen Ersatz für die Prozessoren gibt, die sie herstellt?«[4] Unterm Strich herrscht die Effizienz, doch der Preis ist die Resilienz. Die Halbleiterkrise ist nicht das erste Ereignis, das in der Öffentlichkeit Zweifel an der Widerstandsfähigkeit der Wirtschaft nach natürlichen oder von Menschen verursachten Störungen aufkommen lässt. Schon im Frühjahr 2020 wurden die Brüche innerhalb des kapitalistischen Systems sichtbar. Viele Länder wurden von der rasanten Ausbreitung des neuartigen Coronavirus auf dem falschen Fuß erwischt, ihr Gesundheitssystem war nicht auf eine Pandemie vorbereitet, die Bevölkerung war ungeschützt, viele Menschen verloren ihren Arbeitsplatz und ihren Lebensunterhalt.

Als der wirtschaftliche Flächenbrand im März 2020 begann, schrieb William Galston, ehemaliges Mitglied der Regierung Clinton, in einem Leitartikel im *Wall Street Journal*: »Effizienz ist nicht die einzige wirtschaftliche Tugend.« Galston machte sich Gedanken über die wirtschaftlichen Konsequenzen der Pandemie. Die Folgen waren besorgniserregend, doch es gab noch eine weitere Überraschung: Die Vereinigten Staaten waren in keiner Weise auf diesen Ernstfall vorbereitet – und damit waren sie nicht allein. Überall in der westlichen Welt fragten Behörden, Mediziner und die Öffentlichkeit Abend für Abend in den Nachrichten, wo denn die FFP2-Masken, die Schutzkleidung und die Beatmungsgeräte blieben, und warum antibakterielle Seifen, Toilettenpapier und viele andere Dinge des täglichen Bedarfs knapp wurden.

Eine öffentliche Distanzierung von der Effizienz

Galston meinte, es könne etwas nicht stimmen mit einem Wirtschaftssystem, das außerstande ist, während einer Gesundheitskrise, wie sie in einem Jahrhundert nur einmal vorkommt, die Grundbedürfnisse der Bevölkerung zu decken. Mit einer Frage enthüllte er das schmutzige kleine Geheimnis des modernen Kapitalismus: »Was wäre, wenn das unermüdliche Effizienzdenken, das seit Jahrzehnten das unternehmerische Denken beherrscht, das globale Wirtschaftssystem anfällig für Erschütterungen gemacht hat?«[5] Galston legte dar, dass der Erfolg der Globalisierung darauf beruht, die Produktion von alltäglichen Gütern und Dienstleistungen in diejenigen Weltregionen zu verlagern, in denen sich durch niedrige Lohnkosten und nicht vorhandene Umweltschutzgesetze effiziente Skaleneffekte erzielen lassen. Diese Produkte werden dann mit Containerschiffen und Flugzeugen aus fernen Ländern in die reichen Länder transportiert. Die Effizienzgewinne durch die Globalisierung seien zwar ein »Kompromiss« und »unvermeidlich«, so Galston, doch die Folge sei, »dass mit steigender Effizienz die Resilienz abgenommen hat«. Zum Abschluss sprach er eine Warnung aus: »Im unermüdlichen Streben nach der Effizienz, die einen wesentlichen Konkurrenzvorteil ausmacht, führen die Entscheidungen einzelner Marktteilnehmer in der Summe zu einer suboptimalen Widerstandsfähigkeit, die ein öffentliches Gut darstellt.«[6] In der Unternehmenswelt hört man so etwas gar nicht gern. Indem Galston auf die Schattenseiten der hochgelobten Effizienz und effizienter Märkte im globalen Wirtschaftssystem verwies, legte er den Finger in die Wunde des gesamten Systems, nach dem moderne Gesellschaften funktionieren.

Wäre Galstons Artikel ein einzelner Schuss vor den Bug gewesen, dann wäre er vermutlich ungehört verhallt. Doch wenige Wochen später, am 20. April 2020, veröffentlichte der republikanische Senator Marco Rubio einen Meinungsartikel in der *New York Times*, in dem er eine widerstandsfähigere amerikanische Wirtschaft verlangte.

Rubio argumentierte aggressiver als Galston und warnte: »In den vergangenen Jahrzehnten haben die wirtschaftlichen und politischen Führer unser Nation, Demokraten wie Republikaner, Entscheidungen zur Struktur unserer Gesellschaft getroffen und dabei Effizienz über Resilienz, Finanzerträge über die Investitionen der Mittelschicht und die Bereicherung Einzelner über das Gemeinwohl gestellt.«[7]

Den Unternehmen der Vereinigten Staaten warf Rubio vor, ihre Produktion in Entwicklungsländer ausgelagert und zu Hause eine Finanz- und Dienstleistungswirtschaft errichtet zu haben. »Das Ergebnis war einer der effizientesten Wirtschaftsmotoren aller Zeiten«, dem es jedoch »an Widerstandsfähigkeit fehlt, und das kann in einer Krise verheerend sein«. Rubio schlug einen philosophischen Ton an, als er verlangte, die Vereinigten Staaten müssten sich den Konsequenzen eines »hyper-individualistischen Ethos« stellen und sich auf den resilienten Geist besinnen, der das Land groß gemacht habe.[8]

Die Kritik von Galston und Rubio an den Auswüchsen der Effizienz auf Kosten der Widerstandsfähigkeit war nicht neu. Nur dass nun, da die Bürgerinnen und Bürger zu Beginn der Coronakrise in

Supermärkten und Apotheken vor leeren Regalen standen, der Preis für Wirtschaft und Gesellschaft für jedermann sichtbar war.

Schon vor der Coronakrise war aus dem kapitalistischen Establishment Kritik laut geworden. Im Januar 2019 veröffentlichte die Zeitschrift *Harvard Business Review* einen langen Artikel über den »hohen Preis der Effizienz«. Autor war Roger Martin, emeritierter Dekan der Rotman School of Management an der University of Toronto. Der Artikel begann mit folgender Feststellung: »Seit Adam Smith ist die Beseitigung von Redundanzen der Heilige Gral der Betriebswirtschaftler. Aber was, wenn das Effizienzstreben mehr negative als positive Auswirkungen hat?«[9] Zum ersten Mal in der 250-jährigen Geschichte der Zunft hinterfragen Martin und andere aus der exklusiven Welt der Unternehmensführung diese Gemeinplätze. Und für den Fall, dass irgendjemand nicht mitbekommen haben sollte, dass Effizienz das Herzstück der neoklassischen und neoliberalen Wirtschaftstheorie ist, klärt Martin auf:

> Die Tugendlehre der Effizienz leuchtet bis heute. Sie wird verkörpert durch internationale Einrichtungen wie die Welthandelsorganisation, die den internationalen Warenaustausch effizienter machen soll. Sie steht im Mittelpunkt des Konsens von Washington, der die Liberalisierung des Handels und der ausländischen Direktinvestitionen, effizientere Formen der Besteuerung, Deregulierung und Privatisierung, transparente Kapitalmärkte, ausgeglichene Haushalte und die Bekämpfung von Redundanzen durch Regierungen und Behörden vorantreiben soll. Außerdem wird die Effizienz an jeder betriebswirtschaftlichen Fakultät dieses Planeten gelehrt.[10]

Martin greift den Effizienzwahn des Kapitalismus auch von einer anderen Seite her an. Er argumentiert, dass zu Beginn jeder technischen Revolution die ersten Schrittmacher den neuen Markt rasch unter ihre Kontrolle bringen, indem sie in allen erdenklichen Wertschöpfungsketten ihre Effizienz steigern und vertikal in ihren Betrieb integrieren, um Skaleneffekte auszunutzen. Diese Strategie bringe jedoch negative externe Effekte mit sich, die beim Sturm an die Spitze nicht einkalkuliert werden.

Als Beispiel nennt Martin die wenigen Unternehmen, die fast den gesamten internationalen Markt für Mandeln beherrschen. Zu Beginn des Booms galt das Central Valley von Kalifornien als »perfekter Ort für den Mandelanbau«, und heute kommen rund 80 Prozent der in aller Welt geernteten Mandeln aus dieser Region.[11]

Bedauerlicherweise stieß die Konzentration der Mandelproduktion auf eine einzige Region mit vermeintlich idealen Witterungsbedingungen auf nicht vorhergesehene Umweltprobleme. Zum einen muss die Bestäubung der Mandelblüten innerhalb eines sehr schmalen Zeitfensters erfolgen, und dazu müssen Bienenvölker aus dem gesamten Land in die Region gebracht werden. In den vergangenen Jahren ist die Bienenpopulation jedoch eingebrochen. Allein im Winter 2018/19 starb ein Drittel aller Bienenvölker – ein trauriger Rekord.[12] Es gibt viele Theorien für die Ursachen des Bienensterbens, doch es genügt, wenn wir an dieser Stelle festhalten, dass sich der anfangs so effiziente monokulturelle Mandelanbau als besonders anfällig für externe Effekte und weniger widerstandsfähig erwiesen hat.

Martin vergaß übrigens zu erwähnen, dass Mandeln überdies sehr durstig sind. Bei der Produktion einer einzigen Mandel werden 4,5 Liter Wasser verbraucht. Insgesamt gehen 10 Prozent des gesamten in der kalifornischen Landwirtschaft benötigten Wassers auf das Konto der Mandeln im Central Valley – damit verbrauchen die Mandeln mehr als die Einwohner der Städte San Francisco und Los Angeles zusammen.[13] Aber es kommt noch schlimmer. Der Klimawandel hat das einst fruchtbare Central Valley in eine Dürreregion verwandelt und bedroht die Zukunft dieses einst so effizienten Standorts für Mandelhaine. Wenn es kurzfristig effizient gewesen sein mag, 80 Prozent der weltweiten Mandelproduktion auf eine einzige Region zu konzentrieren, stieß die Branche nun auf Umweltprobleme, die sie nicht vorhergesehen hatte. Was als ertragreiches Geschäft begann, hat sich als nicht resilient erwiesen.[14] Die Lektion ist, dass Monokulturen gleich welcher Art zwar effizient sein mögen, dass sie aber nicht resilient sind.

Der Niedergang des Industriekapitalismus

Effizienz ist ein zeitlicher Wert, Resilienz ein Zustand. Effizienzsteigerung geht oft auf Kosten der Widerstandsfähigkeit, doch das Gegenmittel ist nicht mehr Effizienz, sondern Anpassungsfähigkeit. Während der vergangenen gut fünf Jahrzehnte haben wir verstehen gelernt, dass die Erde ein sich selbst organisierendes System ist, in dem sich alle Lebensformen kontinuierlich und von einem Moment zum anderen an die Energieströme des Planeten und die Evolution der irdischen Sphären anpassen. Die Anpassungsfähigkeit hat große Ähnlichkeit mit dem Konzept der »Harmonisierung« der Natur, das für östliche Religionen und Philosophien typisch ist.

Die Effizienz zielt auf die Beseitigung von Reibungsverlusten, sprich Redundanzen, die Geschwindigkeit und Optimierung von wirtschaftlichen Aktivitäten bremsen könnten. So kann zum Beispiel der Anbau eines bestimmten landwirtschaftlichen Produkts in einer Monokultur in mancherlei Hinsicht effizienter sein, doch wenn diese Monokultur von einem Krankheitserreger befallen wird, kann dies nicht wieder gut zu machende Schäden zur Folge haben.

Das Eingeständnis von Wirtschaftswissenschaftlern und Unternehmern, dass die Effizienz, die einst als praktischer Arm der kapitalistischen Theorie galt, Wirtschaft und Gesellschaft anfälliger für Risiken macht (und damit unsere kollektive Resilienz schwächt) schien aus heiterem Himmel zu kommen. Doch diese Erkenntnis eröffnet eine neue Einschätzung, wie unser Weg in die Zukunft aussehen könnte.

Wenn unsere Effizienzbegeisterung heute abkühlt, wie steht es dann um ihre Zwillingsschwester, die Produktivität, eine weitere Stütze des aktuellen Wirtschaftssystems? Während die Effizienz eine zeitliche Größe ist, handelt es sich bei der Produktivität ganz einfach um das Verhältnis von erzielten Erträgen und den eingesetzten Mitteln, womit vor allem technische Mittel und innovative Unternehmenspraktiken gemeint sind. Sowohl Effizienz als auch Produktivität sind lineare Prozesse und zeitlich begrenzt auf die jeweilige Produktionskette und den Marktvorgang, während die negativen Nebenwirkungen, die in jeder Phase des Prozesses entstehen und weit über die

Produktion und Lieferung des jeweiligen Guts hinausgehen können, kaum oder gar nicht berücksichtigt werden. Und natürlich sind es gerade diese negativen externen Effekte, die durch die Effizienz- und Produktivitätssteigerungen entstehen, die den Unternehmen ihre Ertragssteigerungen ermöglichen.

Biologische Systeme funktionieren ganz anders. Sie zeichnen sich nicht durch Effizienz aus, sondern durch Anpassungsfähigkeit, und ihre Leistung wird nicht anhand der Produktivität gemessen, sondern anhand ihrer Erneuerbarkeit. Anpassungsfähigkeit und Erneuerbarkeit gehen in allen Organismen und Ökosystemen Hand in Hand. Ein Beispiel ist die sogenannte Autophagie.

Der 1945 geborene japanische Zellbiologe Yoshinori Ōsumi hat sich sein Leben lang mit der Autophagie beschäftigt. Der Begriff kommt vom altgriechischen *autóphagos*, sich selbst verzehrend, und bezeichnet das Abfallbeseitigungssystem der Zelle. Dabei handelt es sich um einen Prozess, »bei dem Zellabfälle aufgefangen und in sackartigen Membranen, den sogenannten Autophagosomen, aufgenommen, eingeschlossen und zu einer Struktur namens Lysosom transportiert werden«. Biologen waren lange der Ansicht, bei den Lysosomen handele es sich einfach um »zelluläre Mülleimer« und maßen ihnen keine besondere Bedeutung bei, wie wir das vom Umgang mit unseren Müllhalden und Schrottplätzen kennen.[15] Doch Ōsumi erkannte, dass es sich bei der Autophagie um das »Recyclingverfahren eines Organismus« handelte. Nicht mehr benötigte Zellbestandteile werden gesammelt und die Teile, die noch zu gebrauchen sind, werden abgetrennt, um Energie zu erzeugen und/oder neue Zellen zu schaffen.[16] Für diese Erkenntnis wurde Ōsumi 2016 mit dem Nobelpreis für Medizin ausgezeichnet.

Autophagie ist nur eines von vielen Beispielen von tief in Organismen eingebetteten Prozessen und Mustern, die uns bei der Neuausrichtung unseres Wirtschaftsverständnisses helfen können. In jüngster Zeit ist es in sämtlichen Bereichen der Wirtschaft in Mode gekommen, die Selbsterneuerung von biologischen Systemen nachzuahmen, indem man die »Kreislaufwirtschaft« – wie man das Recycling in der Unternehmenswelt nennt – in fast alle Phasen des wirtschaftlichen Prozesses einbaut, von der Rohstoffgewinnung über die Produktion, Lagerung und Logistik bis hin zum Verbrauch. Dabei wird ein relativ geschlossener Kreislauf geschaffen, der möglichst alles wiederverwendet und kaum Abfälle produziert, um die Umweltkosten für uns und künftige Generationen zu minimieren.

Ist diese Diskussion um Effizienz vs. Anpassungsfähigkeit und Produktivität vs. Erneuerbarkeit nur eine vorübergehende Reaktion auf die aktuelle Krise in Lieferketten, Logistik und Inventar, mit der die Welt zu Beginn der Coronakrise konfrontiert wurde? Oder gehen die Veränderungen tiefer? In den 1960er Jahren, als ich an der Wharton School of Management studierte, und zwischen 1995 und 2010, als ich dort lehrte, wurde jedenfalls nie über die Nachteile von Effizienz und Fortschritt diskutiert, und schon gar nicht über die Gegenmodelle Anpassungsfähigkeit und Resilienz.

In den vergangenen beiden Jahrzehnten haben wir jedoch eine Reihe von Krisen erlebt: die Terroranschläge des 11. September 2001 auf das World Trade Center und den kometenhaften Aufstieg von Terrorgruppen in aller Welt; die globale Finanz- und Wirtschaftskrise; eskalierende Einkommensunterschiede mit dem wachsenden Reichtum einer globalen Finanz- und Wirtschaftselite und der zunehmenden weltweiten Verarmung von Arbeitnehmern; den Aufstieg ultrarechter, populistischer und faschistischer politischer Bewegungen und Parteien, eine Stärkung von Autokratien und eine Vertrauenskrise der Demokratie.

Doch diese Krisen, die unsere Zivilisation zu destabilisieren drohen, sind nichts im Vergleich zu den beiden großen Gefahren für unsere Existenz: immer rascher aufeinander folgende und immer größere globale Pandemien sowie die exponentielle Erderwärmung, die das sechste Massenartensterben der Erde beschleunigt.

Die letzte Krise, die auch nur entfernt an die Ausmaße der unseren heranreicht, liegt sieben Jahrhunderte zurück, als die Beulenpest Europa und Teile Asiens heimsuchte. Die erste Welle begann 1346, danach flammte sie Jahrhunderte lang immer wieder auf und forderte in Eurasien geschätzte 75 bis 200 Millionen Menschenleben.[17] Das gesellschaftliche und politische Chaos, das die Pest anrichtete, führte zu einer massenhaften Verdrossenheit gegenüber der katholischen Kirche, die über ein Jahrtausend lang den Gläubigen Trost gespendet und die Geschicke der westlichen Welt gelenkt hatte. Das Heilsversprechen der Kirche war eine starke Erzählung, die sich im gesamten Westen durchgesetzt hatte, und doch am Ende zu schwach für ein winziges Bakterium: *Yersinia pestis*. Aus den Ruinen erstand eine neue und umfassende Weltsicht und Erzählung zusammen mit neuen Organisationsformen für Staat, Wirtschaft und Gesellschaft. Unter dem Banner des Fortschritts führte diese Neuordnung der Zivilisation Europa, Nordamerika und schließlich den Rest der Welt in die Moderne.

Das Zeitalter des Fortschritts bedeutete nicht für alle Menschen dasselbe, doch es brachte unter anderem den Siegeszug der Demokratie, mehr persönliche Freiheiten, einen Anstieg der Lebenserwartung sowie eine Ausweitung der Menschenrechte. Doch im Mittelpunkt dieser neuen Erzählung stand die Mehrung des materiellen Wohlstands durch Wissenschaft und Technik im Rahmen einer kapitalistischen Marktwirtschaft.

Im Kern des Paradigmenwechsels vom Mittelalter zur Moderne steht das neue Heilsversprechen, die Lebensbedingungen hier auf Erden zu verbessern. Die Verantwortung für seine Erfüllung ruhte auf den Naturwissenschaften und der Mathematik, den praktischen Erfindungen zur Erleichterung des Alltags sowie den Verheißungen des Kapitalismus, das wirtschaftliche Wohl der Gesellschaft zu mehren. Auf diesen drei Säulen basiert das gesamte Zeitalter des Fortschritts. Das verbindende Element war die Effizienz, jene spezifisch moderne Organisation der räumlichen und zeitlichen Orientierung des Einzelnen, der Gemeinschaft und der Wirtschaft. Der Gedanke ist so allgegenwärtig, dass er kaum ausgesprochen und selten hinterfragt und trotzdem überall hochgehalten wird als Mittel zur Einsparung von Zeit und Ausbeutung von Raum mit dem Ziel, das Paradies hier auf Erden zu errichten.

Effizienz ist der Motor der Moderne. Sie bestimmt unseren Umgang mit der Zeit und damit auch mit dem Raum. Wer nach ihr handelt, geht davon aus, dass Effizienz Zeit spart, Zeit gewinnt, Zeit erkauft, Zeit dehnt und damit dem Einzelnen und der ganzen Gesellschaft mehr Zeit schenkt. Je effizienter ein Mensch, eine Institution oder eine Gesellschaft wird, umso sicherer können sie sich sein, ihren Zukunftshorizont erweitert zu haben und der Unsterblichkeit ein Stückchen näher gekommen zu sein. Mit dem Aufstieg der modernen Naturwissenschaften, der Erfindung immer neuer Techniken und dem Siegeszug des Kapitalismus trat eine neue Dreifaltigkeit an die Stelle von Vater, Sohn und Heiligem Geist. So wurde die Effizienz zum unbewegten Beweger und zum Gott des Fortschrittszeitalters.

KAPITEL 2

TAYLORISMUS UND DAS GESETZ DER THERMODYNAMIK

Filmliebhaber kennen die beiden großen Filme des Komikers Charlie Chaplin: *Der große Diktator* und *Moderne Zeiten*. Die meisten wissen, dass der erste dieser beiden Filme eine Karikatur auf Adolf Hitler ist, aber nur die wenigsten ahnen, dass der zweite einen Mann aufs Korn nimmt, der ebenfalls gewaltigen Einfluss auf das 20. Jahrhundert hatte. In *Moderne Zeiten* spielt Charlie Chaplin einen Fließbandarbeiter, der immer schneller Muttern auf Schrauben drehen muss, in dem verzweifelten Versuch, mit dem von der Fabrikleitung vorgegebenen Tempo mitzuhalten; am Ende wird er schließlich in die Maschine gezogen und stürzt die ganze Fabrik ins Chaos.[1] Der Film ist eine Parodie auf Frederick W. Taylor, einen der Propheten des Evangeliums der Effizienz. Frederick Winslow Taylor wurde 1856 als Sohn einer wohlhabenden Quaker-Familie in Philadelphia geboren. Er besuchte die renommierte Phillips Academy in Exeter, New Hampshire und entschloss sich danach zu einer Ausbildung als Maschinenbauer. Er erklomm Führungspositionen in mehreren Unternehmen, darunter die Bethlehem Steel Corporation. Später lehrte er an der Tuck School of Business des Dartmouth College und wurde 1906 Präsident des Amerikanischen Ingenieursverbands (American Society of Mechanical Engineers ASME). 1911 veröffentlichte er *Die Grundsätze wissenschaftlicher Betriebsführung* – die Bibel der Effizienz und eine Anleitung für ihre Verankerung im Herzen der modernen Zivilisation.

Taylor entwickelte ein System der Arbeitsteilung, mit dem das Management buchstäblich jeden einzelnen Handgriff jedes einzelnen

Arbeiters in jeder einzelnen Produktionsphase steuerte. Sein System, das später als Taylorismus bezeichnet wurde, basierte auf einem einzigen übergreifenden Grundsatz: der Trennung von Führung und Planung auf der einen Seite und der Ausführung der Tätigkeiten in der Fabrik auf der anderen sowie der Aufspaltung dieser Tätigkeiten in immer einfachere Einheiten, die aufeinander abgestimmt waren, um die Effizienz des Produktionsprozesses zu steigern. Nachdem der Beitrag jedes Arbeiters auf einzelne, einfache, wiederholbare und bis ins Kleinste vorgeschriebene Tätigkeiten reduziert worden war, maßen Vorarbeiter mit der Stoppuhr die für jeden Handgriff erforderliche Zeit, um jede überflüssige und verlangsamende Bewegung zu beseitigen und die Abläufe noch schneller und noch akkurater zu machen. Sie sollten ermitteln, wie viel Zeit eine Tätigkeit unter optimalen Bedingungen in Anspruch nahm, um diese Zeit als Maßstab der Effizienz zu verwenden. Kleinste Veränderungen in den Bewegungsabläufen, die eine Verrichtung verlangsamen konnten, wurden korrigiert, um kostbare Sekunden einzusparen.

Die Tätigkeit der Arbeiter wurde standardisiert, alle Eigenheiten des Verhaltens wurden ausgemerzt, um ein absolut rationales Arbeitsumfeld zu schaffen, in dem Arbeiter nicht mehr von den Maschinen zu unterscheiden waren, die sie bedienten. Alle Faktoren in der Produktion waren Teile einer wissenschaftlich geführten Übermaschine, deren Leistung ständig nach Effizienzkriterien gemessen und deren Wert durch Kosten-Nutzen-Analyse errechnet wurde.

Das Evangelium der Effizienz

Die Fabrik sollte allerdings nur der Brückenkopf sein, über den der Taylor'sche Effizienzfeldzug in den ersten Jahrzehnten des 20. Jahrhundert in die Gesellschaft vordrang. Das Geniale an Taylors Erzählung war ihr wissenschaftlicher Anstrich, der ihr die nötige Legitimität verlieh, um sie der gebildeten Mittelschicht schmackhaft zu machen und den Begriff der Effizienz, der eigentlich aus dem

Ingenieurwesen kam und die Leistung von Maschinen beschrieb, für jeden Aspekt des Lebens tauglich erscheinen zu lassen. Das Maschinenzeitalter war angebrochen. Neue, atemberaubende Erfindungen erreichten die breite Bevölkerung: Telefon, Dynamo, Elektrizität, künstliche Beleuchtung, Auto, Flugzeuge, Wolkenkratzer, Radio, Kino, Fließbänder, elektrische Haushaltsgeräte und so weiter. Millionen von Familien gingen staunend durch die Weltausstellungen, angefangen von der in Chicago 1893 bis zu der in New York 1939, wo sie die von den Naturwissenschaften und der effizienten Wirtschaft errichteten Utopien mit Händen greifen konnten. Die Ausstellungsstücke sollten den Besuchern die Zukunft vor Augen führen, die sie selbst mit aufbauen und in der sie leben würden.

Kein Ort war besser geeignet, der Öffentlichkeit diese neue Weltsicht einzuimpfen als das Zuhause. In einer Flut von Artikeln forderten Frauenzeitschriften ihre Leserinnen auf, »fortschrittlich zu denken und sich der Effizienzbewegung anzuschließen«. Sie appellierten an die Vernunft der Leserinnen, sie schreckten allerdings auch nicht vor dem Zeigefinger zurück. Mütter der Mittelschicht wurden ermahnt, die Familie sei »Teil der großen Fabrik zur Produktion von Bürgern«.[2] In einer beliebten Frauenzeitschrift forderte die Hauswirtschafterin Christine Frederick die Hausfrauen auf, wissenschaftlich zu denken und den häuslichen Betrieb effizient zu führen. Sie bekannte: »Jahrelang war mir nicht bewusst, dass ich allein beim Wäschewaschen achtzig falsche Bewegungen ausführte, die beim Aufräumen, Wischen und Saubermachen gar nicht eingerechnet.«[3] Frederick appellierte an alle Hausfrauen, das Geschirrspülen zu standardisieren und »Bewegungen zu identifizieren, die effizient sind, und andere, die unnötig und ineffizient sind«.[4] Experimentierstationen wurden eingerichtet, um die Effizienz der Tätigkeiten im Haushalt zu ermitteln. Bewegungsabläufe wurden gestoppt, um für jede Arbeit im Haushalt optimale Bewegungs- und Zeitsegmente zu finden und Daten zu sammeln, mit denen Hausfrauen »in den Grundsätzen der Haushaltstechnik« unterwiesen werden konnten.[5] Der Effizienzkreuzzug war in vollem Gange. »Das Heim sollte mechanisiert und systematisiert« und nach dem Rhythmus der Effizienz optimiert werden.[6] Das Heim war das Einfallstor, über das der Taylorismus Einzug in die Gesellschaft hielt, doch die Schule wurde der Lehrer, Führer, Vermittler und Vollstrecker der Effizienzagenda. Nach den Grundsätzen der wissenschaftlichen Betriebsführung wurden Schulen zu Lernfabriken umgestaltet und Kinder zu kleinen Tayloristen geformt, um sie auf die Chancen und Aufgaben »der Welt von morgen« vorzubereiten.

Auch die Medien schürten die Hysterie gegen ein altes Bildungsmodell, das nicht mit den Anforderungen der Arbeitswelt Schritt hielt und die Schüler nicht darauf vorbereitete, Rädchen in einem industriellen System zu werden, welches mit den Mitteln der wissenschaftlichen Betriebsführung Effizienz und Produktivität steigerte und Wohlstand produzierte. Die *Evening Post* geißelte »unsere mittelalterlichen Schulen«, wie sie sie nannte und fragte: »Wollen wir unsere Kinder auf das 12. oder auf das 20. Jahrhundert vorbereiten?« Der Artikel machte sich über die »Kavaliersbildung« lustig, die »in der Welt, vor allem der Geschäftswelt, keinen Platz mehr hat«.[7] Ein weiterer Anhänger des Taylorismus schimpfte: »In der unternehmerischen Führung vieler Schulen gibt es Ineffizienzen, wie man sie in der Welt der Büros und Fabriken niemals dulden würde.«[8] Pädagogen nahmen den Fehdehandschuh auf. Schulbehörden drängten auf eine Neuorganisation des staatlichen Schulwesens nach den Grundsätzen der wissenschaftlichen Betriebsführung. Oberste Priorität war die Entmachtung der Lehrer mit ihren individuellen Unterrichtsmethoden. Tayloristen verlangten, Lehrplan, Unterricht und Prüfungen in die Hand der Schulbehörde zu geben, sie zu standardisieren und den Lehrern präzise Vorgaben zur Unterrichtsgestaltung zu machen.

In dieser neuen Schule übernahm die Schulbehörde die Rolle des Managements in Fertigungsunternehmen, und die Lehrer waren die Fließbandarbeiter, die spezifische Aufgaben erhielten sowie detaillierte Anweisungen, wie sie den Stoff zu vermitteln hatten. Wissen wurde in kleinste Häppchen zerteilt, die sich leicht schlucken und in standardisierten Prüfungen wieder hervorwürgen ließen.

Standardisierte Prüfungen und Benotungen wurden zur Norm. Der traditionelle Anspruch einer Wissensvermittlung, der es um das

»Warum« ging, wurde ersetzt durch eine fast schon missionarische Begeisterung für das »Wie«. Effizienz wurde das wesentliche Kriterium bei der Beurteilung von Leistung. Aufgaben mussten unter Zeitdruck gelöst werden. Wissen wurde in Fächer eingeteilt, um das Erlernen von konkreten Aufgaben zu erleichtern. Die Qualität einer Schule wurde daran gemessen, wie viele Kinder in einer standardisierten Prüfung ein bestimmtes in Zahlen ausgedrücktes Ergebnis erreichten und damit in die nächste Klasse versetzt wurden. Heutzutage wird die Qualität amerikanischer Highschools am Abschneiden der Schüler bei den landesweiten Hochschulzugangstests abgelesen.

Im Laufe der letzten hundert Jahre erlebte dieser Tayloristische Bildungsansatz zwar geringfügige Korrekturen, doch im Grunde hat sich nichts geändert. Das amerikanische Bildungswesen des 20. Jahrhunderts diente vor allem dem Zweck, Kindern die Taylor'sche Effizienz zu vermitteln und sie für die Arbeitswelt fit zu machen.

Die staatlichen Gesetze zur Bildungsförderung aus dem Jahr 2001 lesen sich, als stammten sie direkt aus dem Taylor'schen Lehrbuch. Im Mittelpunkt stehen noch immer möglichst anspruchsvolle standardisierte Tests und detaillierte Anweisungen, wie Lehrer den Stoff im Unterricht zu vermitteln haben. Inhalte, die sich nicht auf standardisierte Benotungen reduzieren lassen, wurden aus dem Lehrplan gestrichen.

Pädagogikprofessor Wayne Au von der University of Washington beschrieb in einem Artikel den anhaltenden Taylorismus in Lehrplänen und Tests und seine Auswirkungen auf die Schulen der Vereinigten Staaten:

> Wissen verkommt zu einem Sammelsurium unzusammenhängender Fakten, Operationen, Verfahren oder Daten, die für die standardisierten Prüfungen auswendig gelernt werden ... In der Folge erwerben Schüler vor allem mit niederen Denkfunktionen zusammenhängendes Wissen, und sie lernen dieses Wissen in Häppchen und ausschließlich im Kontext von Prüfung. Die standardisierten Prüfungen behindern also die Wissensvermittlung an den Schulen der Vereinigten Staaten.[9]

Nirgends erhielt die Effizienzbewegung größere Bedeutung, und nirgends wurde sie in der öffentlichen Debatte mehr missverstanden als im Umgang mit natürlichen Ressourcen. Den Naturschützern des beginnenden 20. Jahrhunderts ging es darum, die Schönheit der Wildnis aus ästhetischen Gründen zu bewahren und Ökosysteme zu erhalten, um der heimischen Tier- und Pflanzenwelt neben der zunehmend industrialisierten Umwelt einen Platz einzuräumen. Doch die Berufsverbände, die Industrie und die Regierung von Präsident Theodore Roosevelt definierten den Naturschutz zur Effizienzagenda um. Sie argumentierten, die natürlichen Ressourcen seien der Schlüssel für einen raschen Aufstieg zur führenden Industriemacht der Welt. Doch sie warnten auch, dass mit einer zu eiligen Inbesitznahme und Ausbeutung der natürlichen Schätze des Landes die Gans getötet würde, die goldene Eier legte. Daher drängten sie auf eine effizientere Ausbeutung des natürlichen Erbes im Dienste der amerikanischen Industrie und Wirtschaft. Da es sich bei der Ausbeutung von Ressourcen um eine technische Angelegenheit handelte, sollte sie in die Hände von Experten gegeben werden, die sich am besten auf das effiziente Management der natürlichen Reichtümer des Landes verstanden.

Der Umwelthistoriker Samuel P. Hays fasste die Kernpunkte der neuen Naturschutzbewegung so zusammen: »Die Effizienzapostel ordneten die Ästhetik der Zweckdienlichkeit unter. Der Erhalt natürlicher Landschaften und historischer Stätten musste hinter der Steigerung der industriellen Produktivität zurückstehen.«[10] Wer glaubt, dass sich in den Vereinigten Staaten am Umgang mit staatlichem Grundbesitz im Laufe der letzten hundert Jahre etwas geändert hat, der möge sich folgende Zahlen zu Gemüte führen: »Aktuell stehen 90 Prozent des staatlichen Grundbesitzes der Öl- und Gasförderung zur Verfügung, und nur 10 Prozent für Naturschutz und andere Werte wie Freizeit und Wildnis«.[11] Schlimmer noch, 42 Prozent der in den Vereinigten Staaten geförderten Kohle, 22 Prozent des Rohöls und 15 Prozent des Erdgases, die für 23,7 Prozent der klimaschädlichen Kohlendioxidemissionen der Vereinigten Staaten verantwortlich sind, stammen aus öffentlichem Grund.[12] Das Effizienznarrativ der ersten Jahrzehnte des 20. Jahrhunderts war ein probates Mittel, um grundlegendere Fragen von wirtschaftlicher und politischer Gleichheit, Gleichstellung der Frau, Aufhebung der Rassentrennung, Moral und der Verantwortung des Menschen für die Natur auszuhebeln. Effizienz wurde als neutrale Kraft verkauft. So wie Darwin das Buch der Natur umschrieb mit seiner Behauptung, die Auslese garantiere das Überleben des am besten Angepassten, und damit die Fragen der göttlichen Bestimmung ausschaltete, brachten die Grundsätze der wissenschaftlichen Betriebsführung ihre eigene Logik mit, der zufolge Effizienz über den widerstreitenden gesellschaftlichen Interessen steht. Wer die Effizienz infrage stellt, legt sich mit den unhintergehbaren Gesetzen der Naturwissenschaften und der Natur selbst an. Wie sehr wir uns geirrt haben.

Die Entropie gewinnt immer: Die einzige ewige Wahrheit

Während des Industriezeitalters ging ein Drittel der Böden unseres Planeten durch Erosion verloren, und Wissenschaftler sagen uns, dass wir zur Ernährung der Weltbevölkerung nur noch Erdreich für sechzig Jahre haben.[13] Für die Entstehung von fünf Zentimetern Erdreich ist ein Jahrtausend und mehr nötig.[14] Die Wissenschaftler warnen uns auch, dass der Klimawandel ein massenhaftes Artensterben verursacht, dem in den nächsten achtzig Jahren fast die Hälfte aller heute lebenden Arten zum Opfer fallen könnte.[15] Gleichzeitig hat unser Planet ein ernstes Sauerstoffproblem – und es wächst in alarmierender Geschwindigkeit. Die Hälfte des Sauerstoffs, der auf der Erde durch Photosynthese entsteht, wird durch Phytoplankton in den oberen Schichten der Ozeane gebildet. Doch der Anstieg der Meerestemperaturen aufgrund der Klimaerwärmung schadet den winzigen Algen. Neuere Studien gehen davon aus, dass durch den Verlust des Phytoplanktons schon im Jahr 2100 alle Weltmeere unter Sauerstoffmangel leiden könnten.[16] Nicht weniger beängstigend ist die Aussicht, dass mit der Erderwärmung durch Treibhausgase Überschwemmungen, Wirbelstürme, Dürren und Waldbrände an

Häufigkeit und Intensität zunehmen, Ökosysteme instabil und große Bereiche des Planeten unbewohnbar werden – bis 2070 könnten 19 Prozent der Erdoberfläche so heiß sein, dass sie für Menschen unbewohnbar sind.[17] Der Fußabdruck, den die Menschheit auf der Erde hinterlässt, ist gigantisch. Galten vor einem Jahrhundert noch rund 85 Prozent der gesamten Landfläche des Planeten als Wildnis, sind es heute weniger als 23 Prozent, und auch dieser Rest wird in ein paar Jahrzehnten verschwunden sein.[18] Wie konnten wir zulassen, dass es so weit kommt? Warum haben wir das nicht früher kommen sehen? Dazu gibt es zahlreiche Meinungen. Doch einen großen Teil der Verantwortung tragen unbestritten Naturwissenschaftler, Wirtschaftswissenschaftler und Unternehmer, die uns gemeinsam das Märchen von der Weltwirtschaft auftischten, die den Interessen und dem Wohl der Menschheit diene.

Diese Geschichte beginnt mit dem französischen Mathematiker und Naturwissenschaftler René Descartes, der oft als erster moderner Philosoph bezeichnet wird. Der 1596 im französischen La Haye en Touraine geborene Descartes war ein Musterschüler der Mathematik und Physik. Als Junge bestaunte er die neuen Erfindungen, mit denen der Mensch seine Herrschaft über die Natur festigte. Für ihn waren diese mechanischen Geräte Teil eines viel größeren Bildes, eines mechanischen Universums – also eines rationalen Universums, das nach den Gesetzen der Mechanik funktioniert. Descartes war der Ansicht, diese Gesetze ließen sich erkennen und zum Wohl der Menschheit nutzen.

Descartes erinnerte sich später, wie er am Abend des 10. November 1619 zu Bett ging und drei Träume hatte, in denen ihm der Geist der Wahrheit eine neue Philosophie offenbarte, die anders war als alles, was vor ihr kam. Als er erwachte, verstand er den Grundgedanken dessen, was als analytische Geometrie bekannt werden sollte, sowie die Anwendung der Mathematik auf die Philosophie. Descartes überlegte,

> dass es keinen Unterschied macht, ob die Frage der Messung bei Zahlen, Formen, Sternen, Klängen oder irgendeinem anderen Ob-

jekt gestellt wird. Ich erkannte, dass es eine allgemeine Wissenschaft geben musste, die dieses Element, aus dem sich Probleme um Ordnung und Messung ergeben, als Ganzes erklärt. Diese Wissenschaft wird universelle Mathematik genannt, und ihre Aufgabe sollte es sein, auf allen Gebieten die Wahrheit zu finden.[19]

Descartes glaubte, der entfesselte Geist könne, mit den Waffen der Mathematik ausgestattet, eine geordnete, berechenbare und dauerhafte Entsprechung des Lebens auf der Erde erschaffen, genau wie Gott einst das Universum erschaffen hatte. »Gib mir Materie und Bewegung und ich werde das Weltall erschaffen«, sagte er – vielleicht der kühnste Satz, den je ein Mensch geäußert hat.[20] Doch er stieß auf offene Ohren, vor allem unter den Geistesgrößen seiner Zeit.

Descartes sah die Beschreibung des mechanischen Universums nicht als Metapher oder Vergleich – er meinte sie wörtlich. Menschliche Emotionen – Gedächtnis, Vorstellungskraft, Leidenschaften – beschrieb er als Funktionen, die sich aus der Anordnung von Gegengewichten und Rädern ergeben, und unsere Mitlebewesen bezeichnete er als seelenlose Automaten.[21] 1649 schrieb er in einem Brief an den britischen Philosophen Henry Moore:

> Da Kunst die Natur nachahmt und der Mensch Automaten schaffen kann, die sich ohne zu denken bewegen, scheint die Annahme vernünftig, dass die Natur ihre eigenen Automaten schafft, die noch viel vorzüglicher sind als die künstlichen. Diese natürlichen Automaten sind die Tiere.[22]

Doch in seiner Vision des mechanischen Universums stieß Descartes an ein unüberwindliches Hindernis: Jede Maschine wird in ihrer Bewegung mit der Schwerkraft konfrontiert. Descartes konnte zwar die Einzelteile der Maschine beschreiben, doch er konnte nicht erklären, wie die von außen kommende Schwerkraft auf sie wirkt. Die Antwort fand ein junger Student 68 Jahre später.

Der 22-jährige Isaac Newton war im dritten Jahr seines Studiums am Trinity College von Cambridge und ein glühender Verehrer von

René Descartes. Weil in London die Pest wütete (wo sie insgesamt rund 100 000 Menschen tötete – ein Fünftel der Einwohner) und rasch auf das Land übergriff, schloss die Universität ihre Tore und schickte die Studenten nach Hause. Newton zog sich auf den Landsitz der Familie in Woolsthorpe zurück und blieb dort fast zwei Jahre lang in einer freiwilligen Quarantäne. In dieser Zeit arbeitete er an den Gesetzen der Bewegung und der Schwerkraft und entwickelte die Infinitesimalrechnung. Historiker bezeichneten seine Selbstisolation als »Jahr der Wunder«.[23] Im Herbst 1667 kehrte er nach Cambridge zurück, seine Notizbücher randvoll mit Erkenntnissen. 1669 wurde er Professor für Mathematik. Sein Meisterwerk *Philosophiae Naturalis Principia Mathematica* wurde 1687 von der Royal Society veröffentlicht und über Nacht zur Sensation, erst in Großbritannien, dann in Frankreich und schließlich in ganz Europa.[24]

Newton entdeckte die mathematische Formel zur Beschreibung der Schwerkraft. Er behauptete, dass alle Naturphänomene von konkreten Kräften abhingen, »durch die Partikel durch bislang unbekannte Ursachen entweder zueinander hingezogen oder voneinander abgestoßen werden«.[25] Newton erklärte, ein einziges Gesetz reiche aus, um die Bewegung der Planeten und den Fall eines Apfels vom Baum zu beschreiben. Sein Gravitationsgesetz besagt: »Die Anziehungskraft zwischen zwei Massen ist direkt proportional zum Produkt ihrer Massen und umgekehrt proportional zum Quadrat des Abstands ihrer Mittelpunkte.«[26] Newtons drei Gesetze besagen, dass ein ruhender Körper in Ruhe bleibt, und sich ein bewegter Körper gradlinig mit konstanter Geschwindigkeit fortbewegt, solange keine Kraft auf ihn wirkt; dass die Beschleunigung eines Körpers direkt proportional zu der auf ihn wirkenden Kraft ist und umgekehrt proportional zur Masse des Objekts; und dass jede Kraft mit einer gleich großen Gegenkraft einhergeht. Newtons drei Gesetze erklären, wie alle Kräfte im Universum zusammenwirken und im Gleichgewicht sind.

Adam Smith war ein Fan von Newtons Gleichgewichtstheorie und der Systematisierung der Physik und nannte sein Werk »die größte Entdeckung, die je ein Mensch gemacht hat«.[27] Smith erfand den Begriff der »unsichtbaren Hand«, um zu zeigen, dass in der Wirtschaft

Angebot und Nachfrage auf eine Weise zusammenspielen, die zumindest oberflächlich an das dritte Newton'sche Gesetz vom Gleichgewicht der Kräfte erinnern. Adam Smith und Heerscharen von Wirtschaftswissenschaftlern, die in den vergangenen zweieinhalb Jahrhunderten in seine Fußstapfen traten, glaubten, dass in einem sich selbst regulierenden Markt Angebot und Nachfrage konstant aufeinander reagieren, die Preise von Waren und Dienstleistungen korrigieren und auf diese Weise ein Newton'sches Gleichgewicht bilden. Newtons Universum aus Materie und Bewegung war wohlgeordnet und berechenbar, für Spontaneität und Unberechenbarkeit war hier kein Platz. Es war eine Welt der Quantitäten ohne Qualitäten. Newton stützte seine Erkenntnisse mit mathematischen Beweisen, nicht mit Schlussfolgerungen aus Beobachtungen, und machte damit die Mathematik zur Wissenschaft der Wahl bei der Erforschung und Ausbeutung der Welt. Newton mathematisierte die Aufklärung, und die Mathematik wurde zum Gerüst des folgenden Fortschrittszeitalters.

Es ist beachtenswert, dass Newtons Bewegungsgesetze keinen Zeitpfeil kennen. In Newtons Universum sind alle Prozesse in der Zeit umkehrbar. Doch in der wirklichen Welt der Natur, wie übrigens auch in der Wirtschaft, lässt sich kein Ereignis umkehren. Die Generationen von Wirtschaftswissenschaftlern, die Newtons zeitloses Schema als Modell für die wirtschaftliche Tätigkeit verwendeten, befanden sich auf einem Holzweg, der sie weit von der Wirklichkeit weg führte.

Adam Smith und die Pioniere der Wirtschaftswissenschaften waren nicht die einzigen, die Parallelen zwischen den Newton'schen Bewegungsgesetzen und ihren eigenen Interessen herstellten. Auch die Mächtigen Großbritanniens griffen seine Theorie auf, allen voran die anglikanische Kirche und die Regierung, die sich wegen der zunehmenden sozialen Unruhen und der wirtschaftlichen Verwerfungen durch eine im radikalen Umbruch befindliche Wirtschaft und Gesellschaft sorgten. Die Krone sah in Newtons Beschreibung eines geordneten, berechenbaren und sich selbst regulierenden Universums ein Modell, auf das Kirche, Staat und Unternehmer setzen konnten, um die gebildete Elite auf ihre Seite zu bringen. Diese wiederum sollte die Newton'sche Mechanik zur Erziehung und Bezähmung der Massen verwenden und damit den brodelnden Mob aus Gegnern der Monarchie und antiklerikalen Intellektuellen bändigen, die zunehmend die staatliche Autorität infrage stellten. Die implizite und oft explizite Botschaft war, dass Widerstand gegen den britischen Staat zwecklos war, da er der natürlichen Ordnung der Dinge zuwiderlief – also der berechenbaren, geordneten und sich selbst regulierenden Welt, deren Hüter die britische Krone war.

Das Gesetz der Thermodynamik: Nach diesen Regeln wird gespielt

Tatsächlich hätte den Wirtschaftswissenschaften bewusst sein müssen, dass die Newton'schen Gesetze, die ohne die Dimension der Zeit auskamen, eine schlechte Wahl zur Erklärung des Kapitalismus waren. Mitte des 19. Jahrhunderts waren neue Naturgesetze entdeckt worden, die so weitreichend und umfassend waren, dass sie den Bezugsrahmen schufen für alle früheren und sogar nachfolgenden Gesetze, einschließlich Newtons Bewegungsgesetzen, Darwins Evolutionstheorie und Einsteins Relativitätstheorie. Diese neuen Gesetze zur Organisation des Universums sind die drei Sätze der Thermodynamik.

Ein Jahrhundert nach ihrer Entdeckung beschrieb Albert Einstein die Bedeutung der Thermodynamik so:

> Eine Theorie ist desto eindrucksvoller, je größer die Einfachheit ihrer Prämissen ist, je verschiedenartigere Dinge sie verknüpft und je weiter ihr Anwendungsbereich ist. Deshalb der tiefe Eindruck, den die klassische Thermodynamik auf mich machte. Es ist die einzige physikalische Theorie allgemeinen Inhaltes, von der ich überzeugt bin, daß sie im Rahmen der Anwendbarkeit ihrer Grundbegriffe niemals umgestoßen werden wird.[28]

Während es die Schwäche der Newton'schen Mechanik ist, dass sie das Vergehen der Zeit nicht einbezieht, geht es im Gesetz der Thermodynamik ausschließlich um das Vergehen der Zeit. Der erste Satz der Thermodynamik, der als Energieerhaltungssatz bekannt ist, besagt, vereinfacht ausgedrückt, dass die Energie im Universum konstant ist und sich seit dem Urknall nicht verändert hat. Das heißt, dass Energie weder entstehen noch vernichtet werden kann. Doch auch wenn sie immer konstant ist, geht sie in andere Formen über, aber nur in einer Richtung, und zwar von verfügbar zu nicht verfügbar. An diesem Punkt kommt der zweite Hauptsatz der Thermodynamik ins Spiel. Dieser Satz besagt, dass Energie immer von warm zu kalt, von Konzentration zu Streuung, von Ordnung zu Unordnung fließt, und dass diese Prozesse unumkehrbar sind.

Wenn man beispielsweise ein Stück Kohle verbrennt, bleibt die gesamte in der Kohle enthaltene Energie erhalten, doch sie ist nicht mehr konzentriert, sondern zerstreut. Die Energie verflüchtigt sich mit Kohlendioxid, Schwefeldioxid und Stickoxid in der Atmosphäre. Die Energie bleibt zwar in der Summe erhalten, doch sie wird nie mehr von sich aus in einem Stück Kohle zusammenkommen. Der deutsche Physiker Rudolf Clausius prägte 1865 dafür den Begriff der Entropie, um die verbleibende, aber weitgehend unerreichbare Energie zu beschreiben.[29]

Nun könnte man sagen, dass die Sonne ja die unablässig sprudelnde Energiequelle der Erde ist, und dass diese Energie dank der Photosynthese in ausreichender Menge zur Verfügung steht – zumindest bis die Sonne verglüht, was allerdings noch ein paar Milliarden Jahre entfernt sein dürfte. Doch daneben gibt es noch andere materielle Energiequellen – Erze, seltene Erden und die im Gestein enthaltenen Mineralien, die seit der Entstehung der Erde vorhanden sind. Diese Energie in Form von festen Materialien ist in ihrer Menge begrenzt.

Dazu kommen Meteoriten, die in der Größenordnung von Staubkörnchen bis Asteroiden in die Atmosphäre eindringen, doch dabei handelt es sich nach Schätzung von Wissenschaftlern nur um rund 44 Tonnen pro Tag – in kosmischen Maßstäben gemessen nicht viel.[30] Im Universum gibt es drei Arten von Systemen: offene Systeme, die Energie und in Form von Materie gebundene Energie mit der Außenwelt austauschen; geschlossene Systeme, die Energie, aber keine Materie mit der Außenwelt austauschen; und isolierte Systeme, die weder Energie noch Materie mit der Außenwelt austauschen. Die Erde ist im Verhältnis zum Sonnensystem ein geschlossenes System. Wir kommen in den Genuss der stetigen Energiezufuhr durch die Sonne, tauschen aber nur wenig Materie mit der Außenwelt aus. Nehmen wir als Beispiel die fossilen Brennstoffe.

Kohle, Erdöl und Erdgas, die heute tief unter der Erde und dem Meeresboden vorkommen, sind die toten Überreste von Tieren und Pflanzen, die vor 350 Millionen Jahren während des Erdzeitalters Karbon lebten – sie sind gebundene Energie. Zwar wäre es theoretisch möglich, dass auch die Überreste anderer Erdzeitalter mit ähnlicher Flora und Fauna in einer fernen Zukunft zu Kohle, Erdöl und Erdgas werden, doch es ist unwahrscheinlich. Das Gleiche gilt für seltene Erden, die in einer Vielzahl von Produkten wie LED-Bildschirmen, Handys, Tablets, Akkus und Elektroautos verwendet und in einer zunehmend technisierten Gesellschaft immer wertvoller werden. Dazu müssen wir verstehen, was mit gebundener Energie gemeint ist. In einem Artikel in der *New York Times* schrieb der Physiker Brian Greene dazu:

> Materie und Energie unterscheiden sich nicht. Es handelt sich um denselben Grundstoff, nur in anderer Form. So wie festes Eis in flüssiges Wasser übergehen kann, ist, wie Einstein zeigte, Materie eine gefrorene Form der Energie, die sich in die vertrautere Form der Bewegungsenergie überführen lässt. In einer weit entfernten Zukunft wird sich alle Materie wieder in Energie zurückverwandelt haben.[31]

Die verhängnisvolle Schwäche der traditionellen Wirtschaftswissenschaften ist, dass sie in der Newton'schen Sicht der Dinge verhaftet sind, die keinen Zeitpfeil kennt. Indem sie den wirtschaftlichen Austausch von Waren, Dienstleistungen und Eigentum in ein zeitloses Vakuum einkapseln, können Wirtschaftswissenschaftler und Unternehmer ganz einfach über den Einfluss des Faktors Zeit hinwegsehen, der zum Beispiel bei der Ausbeutung von Bodenschätzen wirkt oder bei all den anderen Interaktionen zur Umwandlung von Rohstoffen in Waren und Dienstleistungen. In jeder Phase dieses Prozesses entstehen äußere Effekte, die in der Markttransaktion gar nicht berücksichtigt werden.

Erst seit den 1920er Jahren machen sich Wirtschaftswissenschaftler Gedanken über diese externen Effekte. Henry Sidgwick und Arthur C. Pigou formalisierten diese nicht einkalkulierten Auswirkungen und sprachen von »positiven und negativen externen Effekten«.[32] Unter externen Effekten verstanden sie unkompensierte Folgen von Marktentscheidungen, die an anderer Stelle größere Erträge oder Kosten verursachten, aber nicht in die Kosten-Nutzen-Analyse einbezogen wurden. Das hindert Wirtschaftswissenschaftler nicht daran, so zu tun, als seien externe Effekte lediglich eine Fußnote des Marktgeschehens. Wenn wir uns die gesamten wirtschaftlichen Aktivitäten entlang der Reise eines Produkts oder einer Dienstleistung ansehen, dann wird allerdings deutlich, dass die Wirtschaftswissenschaften nicht in der Lage sind, mit ihrem Instrumentarium die realen langfristigen Kosten von kurzfristigen Gewinnen zu ermitteln.

Aber was sollte denn so schlimm daran sein, dass die Wirtschaftswissenschaften nach wie vor von Newtons Bewegungsgesetzen bestimmt werden? Die Beseitigung des Faktors Zeit aus der Kalkulation ermöglichte zwar die Entwicklung von immer undurchsichtigeren mathematischen Modellen, doch welchen Schaden sollte das schon anrichten? Als die Gesetze der Thermodynamik formuliert wurden, gingen viele davon aus, dass sie lediglich für Chemiker und Physiker interessant seien, da sie nur etwas über Energie und Entropie aussagten und wenig zur biologischen Erklärung des Lebens auf der Erde beizutragen hätten. Man war sich einig, dass diese Gesetze nur dann zur Anwendung kämen, wenn Energie zum Antrieb von Maschinen aufgewendet würde, und dass Ingenieure mit ihrer Hilfe das Verhältnis von zugeführter zu Nutzenergie ermitteln und damit den Wirkungsgrad einer Maschine optimieren könnten – mehr nicht.

Man war sich also einig, dass diese Gesetze keineswegs die allgemeine Gültigkeit besaßen, die Physiker für sie beanspruchten. Das Leben dürfe nicht in die Netze der Entropie verstrickt werden, meinte man. Schließlich zeichnete die Evolutionstheorie das Bild einer vor immer neuen, komplexen und geordneten Lebensformen überbordenden Welt.

Diese Einigkeit fegte der österreichische Physiker und Nobelpreisträger Erwin Schrödinger 1944 beiseite, als er erklärte, dass die Biologie der Thermodynamik genauso unterliege wie die Physik und Chemie. Schrödinger erklärte: »Das, wovon ein Organismus sich ernährt, ist negative Entropie. Oder, um es etwas weniger paradox auszudrücken, das Wesentliche am Stoffwechsel ist, dass es dem Organismus gelingt, sich von der Entropie zu befreien, die er, solange er lebt, erzeugen muss.«[33] Jedes Lebewesen nimmt fortwährend vorhandene Energie auf, und damit entzieht es der Erde Energie und vergrößert die Entropiezeche. Wenn wir keine Energie aufnehmen würden, müssten wir sterben, und was übrig bliebe, würde zu Staub – die letzte Entropiezeche. Erst wenn ein Lebewesen seinen letzten Atemzug getan hat, geht es in den Gleichgewichtszustand über. Nur selten machen wir uns Gedanken darüber, welche Menge von Gaben der Erde nötig sind, um diesen Gleichgewichtszustand des Todes fernzuhalten. Der Chemiker G. Tyler Miller zeichnet eine stark vereinfachte Nahrungskette, um zu demonstrieren, wie viel der verfügbaren Energie der Erde durch jeden unserer Körper fließen muss, um diesen Nicht-Gleichgewichtszustand zu erhalten. Seine Nahrungskette besteht aus Grashüpfern, die Gras fressen, Fröschen, die Grashüpfer fressen, Forellen, die Frösche fressen und Menschen, die Forellen essen. Und so sieht sie aus:

> Um zu überleben, verzehrt ein Mensch im Jahr 300 Forellen. Diese Forellen fressen im Jahr 90 000 Frösche, die 27 Millionen Grashüpfer vertilgen, die sich von 1 000 Tonnen Gras ernähren.[34]

Warum wird umso mehr vom Reichtum der Natur benötigt, je weiter man in der Nahrungskette fortschreitet? Das liegt unter anderem daran, dass bei der Jagd – wenn zum Beispiel ein Löwe eine Antilope jagt, tötet und verzehrt – »80 bis 90 Prozent der Energie verschwendet und in Form von Wärme an die Umgebung abgegeben werden. Das heißt, nur 10 bis 20 Prozent der Energie werden im Gewebe gespeichert und können an die nächste Station in der Nahrungskette weitergegeben werden«.[35] Der Kulturhistoriker Elias Canetti brachte diese düstere Vision unseres Überlebens auf den Punkt, als er den Menschen als »König auf unermesslichen Leichenfeldern von Tieren« beschrieb.[36] Die Wirtschaftswissenschaften haben sich einem Paradigma des Gleichgewichts verschrieben. Daher sind sie in keiner Weise in der Lage, mit der Thermodynamik umzugehen, für die Gleichgewicht den Tod bedeutet und die Verwendung verfügbarer Energie zwar kurzfristig Gewinn bringt, aber langfristig mit dem Verlust an Entropie einhergeht, darunter auch die im Produkt beinhaltete Energie selbst. Die Bemühungen der Wirtschaftswissenschaftler, einige naheliegende positive und negative externe Effekte in ihre Kalkulation einzubeziehen, die während des Produktzyklus anfallen könnten, ist ein armseliger Versuch, sich der Tatsache zu stellen, dass jeder wirtschaftliche Austausch einen endlosen entropischen Rattenschwanz nach sich zieht und in allen Richtungen unzählige andere Phänomene berührt.

Das Gesetz der Thermodynamik erinnert uns daran, wie absurd eine Größe wie das Bruttoinlandsprodukt zur alljährlichen Ermittlung des Wohlstands und Wachstums einer Nation ist. Das Bruttoinlandsprodukt misst nur den momentanen Wert der wirtschaftlichen Tätigkeit. Doch der Wert eines Produkts im Moment des Kaufs trägt auch nicht im Entferntesten den Kosten Rechnung, die bei jedem Schritt der Wertschöpfungskette durch den Verbrauch der Energie- und Rohstoffreserven der Erde sowie den entropischen Abfall entstehen.

Anfangs waren die Wirtschaftswissenschaften schon eher auf der richtigen Spur. Die ersten Wirtschaftsphilosophen, die sogenannten Physiokraten, traten Mitte des 18. Jahrhunderts vor allem in Frankreich auf den Plan. Sie waren sich bewusst, dass alle wirtschaftliche Aktivität ihren Wert aus den Schätzen der Natur erhält. Adam Smith, David Ricardo und Thomas Malthus sahen das ähnlich; im Gegensatz zu den Physiokraten glaubten sie zwar nicht, dass aller Wohlstand aus der Natur kommt, doch sie erkannten zumindest die Bedeutung der Natur als Fundament aller wirtschaftlichen Tätigkeit.

Das Gedankengut der Physiokraten fiel den historischen Umständen zum Opfer. Ihre Blüte fiel mit dem Höhepunkt der Agrarrevolution zusammen, dem Vorläufer der modernen industriellen Revolution, die in der zweiten Hälfte des 18. Jahrhunderts mit der Erfindung der Dampfmaschine und der maschinellen Fertigung von Textilien und anderen Produkten ihren Anfang nahm. Als die Landwirtschaft als wichtigster Produktionszweig zurück- und die Fabrikation an erste Stelle trat, richtete sich das Augenmerk auf das Kapital und die Arbeitskraft, die zur Schaffung von Wohlstand gebraucht wurden. Die Natur verkam zum bloßen Rohstofflieferanten. Und da die natürlichen Rohstoffe reichlich vorhanden waren, vor allem in den Weiten der Neuen Welt, war die Natur billig auszubeuten und galt zunehmend nur noch als Produktionsfaktor, nicht als wesentliche Schöpferin von Wohlstand.

James Watt nahm seine ersten beiden mit Kohle betriebenen Dampfmaschinen im Jahr 1776 in Betrieb, demselben Jahr, in dem Adam Smith *Der Wohlstand der Nationen* veröffentlichte.[37] Im Laufe des nächsten Jahrhunderts wurde die Dampfmaschine in Europa und Nordamerika allgegenwärtig. Sie war zwar ein wesentlicher Faktor der Kapitalbildung, doch die Kohle, die zu ihrem Antrieb verwendet wurde, war relativ billig und galt als nahezu vernachlässigbarer Produktionsfaktor. Wie viele seiner Zeitgenossen staunte Adam Smith über die Effizienz, die mit der Erfindung der Dampfmaschine möglich war. Vor allem beeindruckte ihn, dass jede Maschine aus Einzelteilen besteht, die synchron zusammenarbeiten müssen, um die optimale Leistung zu bringen, und er meinte, ein ähnliches Prinzip im Herstellungsprozess zu erkennen, den er als Arbeitsteilung beschrieb. In *Der Wohlstand der Nationen* beschrieb er, wie eine Stecknadelfabrik die Herstellung einer Nadel in achtzehn Einzelschritte unterteilt, die jeweils von anderen Arbeitern übernommen werden. Das führte zu einer gewaltigen Effizienzsteigerung.

Die Massenproduktion von Gütern war der nächste große Effizienzsprung, der den Industriekapitalismus an die Spitze des Wirtschaftslebens katapultierte. Eli Whitney kam auf den genialen Gedanken, massenhaft identische und austauschbare Teile zu produzieren, die problemlos von unqualifizierten Arbeitskräften zusammengesetzt werden konnten, und verwendete das Verfahren zur Massenproduktion von Musketen. Arbeitsteilung und Massenfertigung wurden zu unentbehrlichen Prozessen der effizienten neuen Industrieproduktion.

Mit dem Aufkommen der industriellen Produktion richteten die Ökonomen das Augenmerk auf die Ausweitung des Kapitalmarkts und die Verbesserung der Arbeitseffizienz, in denen sie die Schlüssel zur Steigerung von Produktivität und Erträgen sahen. Der neue Industriekapitalismus und die Wirtschaftswissenschaftler, die ihn beschrieben, entfernten sich weit von der ursprünglichen Vision der Physiokraten. In ihren Beschreibungen der Steigerung von Effizienz, Produktivität und Erträgen stellten sie die Rolle des Kapitals und der Arbeit in den Mittelpunkt und schenkten den Reichtümern der Natur kaum Beachtung – jedoch mit einer Einschränkung. Diese frühen Wirtschaftstheoretiker erkannten nämlich, dass die unsichtbare Hand etwas außer Acht ließ, das sie als Prinzip des abnehmenden Grenzertrags bezeichneten.

Anne Robert Jacques Turgot, einer der Begründer der klassischen Wirtschaftstheorie, war der erste, der den abnehmenden Grenzertrag beschrieb. Er beobachtete, dass Produzenten unweigerlich irgendwann das optimale Niveau der Kapazitätsausnutzung erreichen und dass ab dieser Schwelle weiterer Aufwand zu immer geringeren Ertragszuwächsen führt. Ein Jahrhundert später, in den 1870er Jahren, stellte mit William Stanley Jevons, Carl Mengers und Léon Walras eine neue Generation neoklassischer Wirtschaftstheoretiker fest, dass auf der Nachfrageseite eine ähnliche Dynamik wirksam wird – damit hatten sie das Prinzip des abnehmenden Grenznutzens entdeckt. Dieses Prinzip besagt, dass der Konsum der ersten Einheit einer bestimmten Ware oder Dienstleistung größeren Nutzen – oder Genuss – bringt als der Konsum der zweiten. Jede weitere Einheit bedeutet immer weniger Nutzen und Genuss. So ist zum Beispiel eine Kundin bereit, eine bestimmte Summe für ein Eis zu bezahlen, weil sie einen bestimmten Genuss bedeutet; für jedes weitere Eis wird sie aber immer weniger bezahlen wollen, da der zusätzliche Genuss immer kleiner wird.

Aus dem Zusammenspiel von abnehmendem Grenzertrag in der Produktion und abnehmendem Grenznutzen beim Verbrauch ergibt sich der Preis einer Ware. Preissteigerungen führen zu einem Rückgang der Nachfrage und einer Steigerung des Ertrags, und Preissenkungen bewirken das Gegenteil. In jedem Fall kommt der passende Austausch zustande und das System kommt wieder ins Gleichgewicht.

Diese neue Betonung des abnehmenden Grenznutzens für die Verbraucher schlug in den Wirtschaftswissenschaften große Wogen. Waren für die klassischen Wirtschaftstheoretiker – Adam Smith, David Ricardo und John Stuart Mill – die Arbeitskosten der entscheidende Aspekt bei der Festlegung des Preises einer Ware, richteten die neoklassischen Wirtschaftswissenschaftler den Blick nun auf den Verbraucher. Damit beruhigte sich die Diskussion um die Frage, welcher Anteil der Produktionserträge den Arbeitern und welcher den Kapitaleignern zustand und man konnte Tauschprozesse behandeln, ohne sich mit Fragen der Gleichheit auseinandersetzen zu müssen – so zumindest die Schlussfolgerung der neoklassischen Wirtschaftstheoretiker.

Das Prinzip des abnehmenden Grenznutzens gab den Neoklassikern auch eine gute Gelegenheit, die Wirtschaftswissenschaften zu mathematisieren und sie als Newtonismus zu einer echten Wissenschaft zu erheben. Zwei von Jevons' Zeitgenossen, Francis Ysidro Edgeworth und Philip Henry Wicksteed, entwickelten die erforderlichen mathematischen Formeln in Form von »Indifferenz- und Kontrakurven, Lagrange-Multiplikatoren und Produktionskoeffizienten«, wie sie bis heute in Gebrauch sind.[38] Bei aller Begeisterung für die Mathematik hielten die neoklassischen Wirtschaftswissenschaftler hartnäckig an ihrem Glauben an ein mechanisches Universum fest, das aus Kräften und Gegenkräften, Anziehung und Abstoßung bestand und immer im Gleichgewicht blieb. Jevons schrieb:

> So wie die Anziehungskraft eines materiellen Körpers nicht nur von seiner Masse abhängt, sondern auch von der Masse und der relativen Position der umgebenden Körper, so ist der Nutzen eine Anziehung zwischen einem wünschenden Wesen und dem Gewünschten.[39]

Jevons war sich allerdings durchaus bewusst, dass die Theorie des Gleichgewichts von anziehenden und abstoßenden Kräften nichts über einen dynamischen Markt aussagen kann, in dem jeder einzelne Austausch zwischen Käufer und Verkäufer das Umfeld verändert und neue Beziehungen herstellt, und sei die Verschiebung auch noch so gering. Das räumte er selbst im Vorwort zu seiner *Theorie der politischen Ökonomie* ein, als er schrieb: »In Wahrheit befindet sich der Markt fortwährend in Bewegung und Veränderung«.[40] Er bekannte, dass der dynamische und sich unentwegt verändernde Markt nur schwer zu erforschen war und gestand, dass »ich den Austausch nur als rein statistisches Problem behandeln kann«. Noch tiefer lässt die folgende Klage blicken:

> Die Wirtschaftstheorie hat große Ähnlichkeit mit der Wissenschaft der statistischen Mechanik, und die Gesetze des wirtschaftlichen Austauschs mit denen der Hebelgesetze … Aber ich bin der Ansicht, dass die dynamischen Aspekte der Wirtschaftswissenschaft, mit denen ich mich hier nicht beschäftige, noch weiterzuentwickeln sind.[41]

Jevons war klar, dass seine Begeisterung für die Newton'sche Physik und ein mechanisches, im Gleichgewicht befindliches Universum nicht mit der Realität eines sich stets verändernden Marktes in Einklang zu bringen waren und räumte widerwillig ein, dass seine Theorie lediglich »große Ähnlichkeit« mit diesen hatte. Dennoch gab er die Hoffnung nicht auf, mithilfe des statischen und mechanischen Universums einen dynamischen Markt zu erklären, der sich von einem Moment zum nächsten veränderte – ein unmögliches Unterfangen.

Die Wirtschaftswissenschaftler verschlossen die Augen vor der übergreifenden Rolle der Gesetze der Thermodynamik bei der Beschreibung des Universums, der Evolution des Lebens und der Wirtschaft. Unterdessen rückten viele der führenden Physiker, Chemiker und selbst Biologen diese Gesetze in den Mittelpunkt der Geschichte des Lebens.

Albert Einstein war nicht der einzige renommierte Wissenschaftler, der den ersten und zweiten Hauptsatz der Thermodynamik zum Rahmen für die Beschreibung des Universums erklärte. Der Chemienobelpreisträger Frederick Soddy rügte in seinem 1911 erschienenen

Buch *Matter and Energy* die Wirtschaftswissenschaften für ihre Blindheit gegenüber der Thermodynamik und ihr Festhalten an einer Newton'schen Wirtschaftstheorie, weil diese nicht nur der Wirklichkeit der wirtschaftlichen Praxis widersprach, sondern weil sie außerdem einen möglicherweise fatalen Weg darstellte, der die Zivilisation und die Natur in tödliche Gefahr brachte. Er erinnerte die Ökonomen daran, dass es die Gesetze der Thermodynamik seien, »die in letzter Instanz über den Aufstieg und Niedergang politischer Systeme, die Freiheit oder Versklavung von Nationen, die Bewegung von Handel und Industrie, die Ursprünge von Armut und Reichtum sowie das allgemeine Wohl der Menschheit entscheiden«.[42]

Der russisch-belgische Biochemiker Ilya Prigogine, der für seine Arbeiten über dissipative Strukturen in der Chemie und Biologie, Selbstorganisation und Irreversibilität den Chemienobelpreis erhalten hatte, mahnte Wirtschaftswissenschaftler immer wieder, ihre falsche Begeisterung für Newton aufzugeben. In einem Vortrag, den er 1982 an der Jawaharlal-Nehru-Universität hielt, reflektierte er über seine Erkenntnisse als Wissenschaftler. Er erklärte, in der Chemie gehe es ausschließlich um nicht umkehrbare Prozesse, die den Gesetzen der Thermodynamik gehorchten, genau wie in der Biologie und in der Physik.[43] Warum sollte ausgerechnet die Wirtschaft außerhalb von Gesetzen existieren, die für das gesamte Universum gelten? In einem Seitenblick auf die Wirtschaftswissenschaften erklärte Prigogine, das Gesetz der Thermodynamik

> führt zu der Erkenntnis, dass die Materie nicht passiv ist, wie vom mechanischen Weltbild behauptet, sondern dass sie mit spontaner Aktivität assoziiert ist. Das ist eine derart umfassende Wende, dass wir von einem neuen Dialog des Menschen mit der Natur sprechen können.[44]

Er fuhr fort:

> Die Vorstellung eines unveränderlichen, dauerhaften Substrats der Materie ist widerlegt … Die Thermodynamik führt zur Vorstellung

> einer aktiven Materie, die in einem kontinuierlichen Werden begriffen ist. Das unterscheidet sich erheblich von den klassischen Beschreibungen der Physik, die Veränderungen in Form von Kräften oder Feldern versteht. Es ist ein entscheidender Schritt, mit dem wir den von Newton eingeschlagenen Königsweg verlassen… Ich glaube, dass die Vereinigung von Dynamik und Thermodynamik das Tor zu einer radikal neuen Beschreibung der Entwicklung physikalischer Systeme in der Zeit öffnet… Wir überwinden die Versuchung, Zeit als Illusion zu betrachten. Im Gegenteil, Zeit ist etwas zu Konstruierendes.[45]

Prigogine kam zu dem Schluss: »Diese theoretischen Konstrukte haben eines gemeinsam: Sie zeigen, dass unsere Manipulation der Natur Grenzen hat.«[46] Wirtschaftswissenschaftler sehen das allerdings anders. Sie gehen davon aus, dass das weitgehend freie Spiel der Kräfte im Markt immer neuen Wohlstand generiert, der von Kapitaleignern, Arbeitnehmern und Verbrauchern geteilt wird, wobei dem Einfallsreichtum der Unternehmer keine Grenzen gesetzt sind. Aber was bedeutet es, mit einem Wirtschaftssystem zu leben, das sich der Idee eines zeitlosen Universums verschrieben hat, das von der Ausbeutung der Natur besessen ist, und das unermüdlich nach neuen technischen Möglichkeiten sucht, um natürliche Ressourcen immer effizienter in kurzlebigen Konsumorgien zu verheizen, stets mit Blick auf Kosten-Nutzen-Analysen und Ertragssteigerungen? Um es mit der Thermodynamik zu sagen: Die kurzfristigen Erträge, die im Laufe der zweieinhalb Jahrhunderte währenden Herrschaft des Industriekapitalismus angehäuft wurden, sind winzig und flüchtig im Vergleich zur langfristigen Entropiezeche, deren Auswirkungen und negative externe Effekte noch während kommender Erdzeitalter zu spüren sein werden. Wie also können wir eingedenk dieser Erkenntnis neu verstehen, was Wohlstand wirklich ausmacht?

KAPITEL 3

DIE WIRKLICHE WELT

Das Kapital der Natur

Bis heute findet der »wahre Wohlstand«, von dem sämtliche Lebensprozesse abhängig sind und ohne den das Wirtschaftssystem nicht existieren könnte, erstaunlich wenig Beachtung bei Wirtschaftswissenschaftlern und Unternehmern. Und genau hier beginnen die negativen externen Effekte.

In der Nettoprimärproduktion – der Gesamtmenge des organischen Materials, das Lebewesen mittels Sonnenkraft herstellen – findet sich die Gesamtmenge des von der Vegetation aufgenommenen Kohlenstoffs minus des durch die Atmung wieder verlorenen Kohlenstoffs. Die Nettoprimärproduktion erzeugt unseren gesamten Wohlstand und ist die eigentliche Nahrungsquelle aller Lebensformen, auch derjenigen, die in der Nahrungskette weiter oben stehen. Natürlich lebt auch der *Homo sapiens* seit seinen Anfängen vor rund 200 000 Jahren von dieser Nettoprimärproduktion. Doch seit Beginn der industriellen Revolution vor über zwei Jahrhunderten eignet sich unsere Spezies einen immer größeren Anteil der Nettoprimärproduktion des Planeten an, um sie in kurzfristig produktiven Wohlstand zu verwandeln und unser extremes Bevölkerungswachstum und die Verlängerung unserer Lebenserwartung zu ermöglichen.

Zu Beginn der industriellen Revolution lebten rund 700 Millionen Menschen auf unserem Planeten.[1] Im Jahr 2000 waren daraus mehr als 6 Milliarden geworden, die 23,8 Prozent der Nettoprimärproduktion für sich beanspruchten.[2] Aktuelle Schätzungen gehen davon aus, dass dieser Anteil mit dem Wachstum der Weltbevölkerung bis 2050 auf über 44 Prozent steigen könnte, womit für alle übrigen Spezies auf unserem Planeten nur noch 56 Prozent übrigbleiben.[3] Ohne das Grundkapital der Natur, das Erdreich, wäre die Nettoprimärproduktion überhaupt nicht möglich. Ohne Erdreich keine Vegetation und ohne Vegetation keine Photosynthese. Das Erdreich ist eine hochkomplexe Mikroumwelt. Das Ausgangsmaterial ist Gestein. Über lange Zeiträume hinweg verwittert dieses Gestein durch Regen, Wind, Temperaturschwankungen, Schwerkraft, Erdbeben und Vulkanausbrüche. Wenn genug Zeit vergeht, zersetzt es sich in immer kleinere Partikel. Auch Pilze, Bakterien, grabende Insekten und andere Tiere wirken bei der Umsetzung von Gestein zu Erdreich mit. Die Elemente und Mineralien im Gestein sind ein wesentlicher Bestandteil des Bodens. Hier wachsen Pflanzen. Tiere fressen die Pflanzen und steuern ihre Fäkalien bei. Würmer und Bakterien brechen Pflanzenreste und tierische Abfälle auf und tragen damit ebenfalls zum Erdreich bei. Eine durchschnittliche Probe des Erdreichs besteht zu 45 Prozent aus Mineralien, zu 25 Prozent aus Wasser, zu 25 Prozent aus Luft und zu 5 Prozent aus organischem Material. Allein in den Vereinigten Staaten gibt es über 70 000 Bodentypen.[4]

Große Erwartungen: Die Grüne Revolution in der Landwirtschaft

Das Schwinden des Erdreichs auf unserem Planeten hängt direkt mit der neuen Effizienz der Pflanzengenetik und der industriellen Landschaft mit ihren schnell wachsenden Hochertragssorten, Monokulturen, hochgiftigen Insektenvernichtungsmitteln, neuen Bewässerungspraktiken sowie modernen Anbaumethoden zusammen, die im Jahr drei Ernten zulassen. Zwischen 1960 und Mitte der 1980er Jahre führten diese neuen Verfahren zu einer dramatischen Steigerung der landwirtschaftlichen Erträge, vor allem in Indien, China und Südostasien, aber auch in Afrika, dem amerikanischen Doppelkontinent und Europa. Vater der sogenannten Grünen Revolution war Norman Borlaug, der später mit dem Friedensnobelpreis geehrt wurde für seinen Beitrag zur Bekämpfung des Hungers in den Entwicklungsländern. Am Ende jedoch führte dieser Beitrag zu ausgelaugten Böden, die so nährstoffarm sind, dass sie sich nicht ausreichend schnell regenerieren, um in vielen Regionen der Erde eine kritische Lebensmittelknappheit zu verhindern.

Alles begann mit einem ehrgeizigen Plan, der die landwirtschaftliche Produktion in Indien, später Südostasien und schließlich Afrika und dem Rest der Entwicklungsländer dramatisch steigern und so das größer werdende Hungerproblem lösen sollte. Dieser Plan bestand aus mehreren komplementären Bausteinen, die gemeinsam einen großen Sprung in der landwirtschaftlichen Produktion bewirken sollten. Der erste Baustein war eine neue Generation von Hochertragssorten, die bessere Hektarerträge erzielen sollten. Diese Sorten wurden von Borlaug entwickelt, die nötigen Fördergelder kamen Anfang 1954 von der Ford und der Rockefeller Foundation. Dazu gehörten Grundnahrungsmittel wie Reis, Weizen, Mais, Soja und Kartoffeln, die in den Entwicklungsländern angebaut wurden. Die Hochertragssorten sprachen eher auf Kunstdünger an, benötigten aber zum Teil erhebliche Bewässerung. Sie waren resistenter gegen verschiedene Krankheiten und reiften schneller als konventionelle Sorten derselben Nutzpflanze. Das Ziel war, die landwirtschaftliche Produktion in immer kürzeren Abständen zu optimieren, mit der gestiegenen Effizienz mehr Profite zu erwirtschaften und in den ärmsten Ländern der Welt mehr Nahrungsmittel für die hungernde und wachsende Bevölkerung zu haben. Die Effizienz der Hochertragssorten hatte jedoch einen hohen Preis für die Umwelt, mit der Folge, dass viele landwirtschaftliche Regionen in Asien und andernorts heute noch ärmer und ihre Böden stark ausgelaugt sind.

Zunächst einmal war das Saatgut der Hochertragssorten teurer, weshalb es für ärmere Bauern in Entwicklungsländern unerschwinglich war. Stattdessen förderten die hohen Kosten den Aufbau großer Agrarunternehmen, vertikal integrierte Betriebe, die große Teile des ungenutzten Lands in Besitz nahmen, den traditionellen Bauern ihre kleinen Äcker abkauften und diese zu immer größeren Feldern zusammenlegten. Der großflächige Einsatz von Kunstdünger verteuerte die Produktion weiter. Die Intensivierung des Anbaus erforderte außerdem neue Bewässerungssysteme, die kürzere Reifezeiten der Anbauprodukte ermöglichen sollten. In der feuchteren Erde vermehrten sich jedoch Insekten und Krankheitserreger, weshalb mehr Insektizide und Pflanzenschutzmittel eingesetzt werden mussten. Die beschleunigte Produktion verlangte zudem mehr Ausgaben für Traktoren, Mähdrescher und Pflüge sowie den Bau von Hallen zur Lagerung der Überschüsse und den Ausbau der Logistik und des Transports, um die Ernte schneller auf den Markt zu bringen.

In den ersten 15 Jahren der Grünen Revolution stieg die durchschnittliche Rendite im Reisanbau von 2,1 auf 2,9 Prozent pro Jahr.[5] In dieser Zeit wurde mehr Land urbar gemacht, was die Reisernten weiter steigen ließen. Doch Anfang der 1980er Jahre geriet die Grüne Revolution ins Stocken und erfuhr erste Rückschläge, und die Ernteerträge gingen wieder zurück. Etwas war schiefgegangen. Dank der Effizienzsteigerungen der schnell reifenden Hochertragssorten konnten Bauern, die pro Jahr früher nur eine Ernte eingebracht hatten (und die Erde dann brach liegen ließen, damit sich ihr Nährstoffgehalt erholte), nun pro Jahr zwei oder sogar drei Ernten einfahren. Die ganzjährige Wachstumszeit bedeutete allerdings auch ganzjährige Bewässerung, mit der Folge, dass mehr Krume abgetragen wurde.

Allein in Indien gingen auf diese Weise pro Jahr geschätzte 6 Milliarden Tonnen Erdreich verloren.[6] Dieser Verlust an fruchtbarem Boden erforderte wiederum einen Mehreinsatz von Kunstdünger sowie Insektiziden zur Bekämpfung der Schädlinge, die auf die nassen Felder gelockt wurden. Dazu kam, dass der Einsatz von Traktoren, Pflügen und Mähdreschern die Mikroorganismen im Boden schädigte und damit seine Fruchtbarkeit verringerte. Ein Bodensystem, das über Jahrtausende entstanden war, wurde so von zahlreichen, sich teils noch gegenseitig verstärkenden Störungen völlig aus dem chemischen und biologischen Gleichgewicht gebracht.

Studien bestätigten, dass die Hochertragssorten und die intensive Bewässerung den Böden die Nährstoffe entzogen. Man sprach von der »Auslaugung der Böden«, und der Eingang dieses Begriffs in das Vokabular der Landwirte markierte den Anfang vom Ende der Begeisterung für die Grüne Revolution und den Beginn einer neuen Suche nach Ansätzen für die Landwirtschaft der Zukunft, nicht nur in den Entwicklungsländern, sondern auch in der entwickelten Welt.

In den 1980er Jahren zeigten die Erträge, dass das Experiment weltweit gescheitert war. Die einst gefeierte Grüne Revolution, die als agrarwissenschaftliche Errungenschaft die Ernten und Einkommen von Bauern verbessern und eine hungrige Welt mit billigeren Lebensmitteln ernähren sollte, war ins Stocken geraten. Daten der wichtigsten Reiserzeuger Südostasiens – die Philippineninsel Luzon, Thailand und Westjava in Indonesien – zeigten, dass zwischen 1980 und 1989

> die Zunahme der Erträge geringer [war] als die Zunahme des verwendeten Inputs. Auf Luzon wurde über einen Zeitraum von zehn Jahren eine 13-prozentige Steigerung der Ernte mit einer 21-prozentigen Steigerung des Düngemitteleinsatzes und einer 34-prozentigen Steigerung des Saatguteinsatzes erzielt. Im zentralen Hochland von Thailand stieg die Ernte im gleichen Zeitraum um 6,5 Prozent, die eingesetzten Düngemittel dagegen um 24 Prozent und die der Pestizide um 53 Prozent. Auf Westjava stiegen die Ernteerträge um 23 Prozent, der Einsatz der Düngemittel um 65 Prozent und der Pestizide um 69 Prozent.[7]

Davon waren allerdings nicht nur asiatische Schwellenländer und nicht nur der Reisanbau betroffen. Der Umbau der Landwirtschaft betraf damals alle landwirtschaftlichen Zentren der Welt und betrifft sie bis heute.

Die amerikanische Wissenschaftlervereinigung Union of Concerned Scientists verwies auf »die verborgenen Kosten der industriellen Landwirtschaft« im Mittleren Westen der Vereinigten Staaten. Auch dort bewirken Hochertragssorten – und die mit ihnen verbundene Intensivierung von Bewässerung, Düngemittel- und Pestizideinsatz sowie der Anbau in großen Monokulturen – ähnliche negative externe Effekte, zum Beispiel den massiven Verlust von Erdreich, und bedrohen damit die gesamte Landwirtschaft des Mittleren Westens und die Wirtschaft der Vereinigten Staaten.[8] Wie eine wachsende Zahl von Berichten zum Zustand der globalen Landwirtschaft sieht auch die Union of Concerned Scientists die Schuld bei der Effizienzsteigerung mit den Mitteln der Naturwissenschaft:

> Seit ihren Anfängen Mitte des 20. Jahrhunderts verkaufte man die Agrarindustrie in der Öffentlichkeit als technisches Wunder. Dank ihrer Effizienz werde die Nahrungsmittelproduktion mit der rasch wachsenden Weltbevölkerung Schritt halten, und dank ihrer Skaleneffekte bliebe die Landwirtschaft profitabel, versicherte man uns. Aber eine entscheidende Tatsache wurde allzu oft unterschlagen: der Preis. In Wirklichkeit verursacht unsere industrialisierte Landwirtschaft immense Kosten, die vor allem auf die Schultern der Steuerzahler, der ländlichen Gemeinden, der Bauern selbst, anderer Wirtschaftssektoren und künftiger Generationen abgewälzt werden. Wenn wir diese negativen externen Effekte in unsere Rechnung einbeziehen, wird klar, dass dieses System keine kosteneffektive, gesunde oder nachhaltige Form der Lebensmittelproduktion ist.[9]

Die Verkettung von unbeabsichtigten Fehlern, die die Grüne Revolution vom Hoffnungsträger der Menschheit zu einer Gefahr für die Böden der Welt machte und das Schreckgespenst von Hungersnöten in beispiellosem Ausmaß heraufbeschwört, könnte man als »Stapeleffekt« bezeichnen. Es ist besonders auffällig, wie jeder Aspekt der Grünen Revolution alle anderen aufschaukelte und in einer Art galoppierender Selbstverstärkung zusätzliche negative externe Effekte verursachte.

Ob es uns gefällt oder nicht – wir sitzen alle in einer riesigen Biosphärenschule, in der wir lernen, dass wir mit jeder unserer Handlungen unsere natürliche Umwelt verändern, und sei es noch so geringfügig. Niemand von uns ist autonom, wir alle sind Akteure in ausbeuterischen und symbiotischen Beziehungen mit unserer Umwelt. Größere Effizienz verstärkt unseren ökologischen Fußabdruck und unsere Entropiezeche. Die Frage ist nur, wie groß wir unseren Abdruck werden lassen.

Je effizienter wir werden, umso mehr negative Externalitäten und Selbstverstärkereffekte können wir erwarten. Wir reden uns gern ein, dass bei einem Geschäft zwischen Käufern und Verkäufern immer nur die unmittelbar Beteiligten betroffen sind, und dass diese Transaktion keinen erkennbaren Entropieeffekt hat, der weite Kreise zieht. Doch das ist naiv. Sicher gibt es auch positive externe Effekte, die sich genauso ausbreiten, doch die Gesetze der Thermodynamik sind ein strenger Zuchtmeister. Selbst positive externe Effekte haben ihre entropischen Folgen und bewirken irgendwo unterwegs auch ihre negativen externen Effekte.

Vorsicht Syndemie

Es sieht so aus, als würden wir allmählich begreifen, was es bedeutet, in einer von den Gesetzen der Thermodynamik beherrschten Welt zu leben. Unlängst ist ein Begriff aufgetaucht, der dieses neue Bewusstsein zum Ausdruck bringt: die Syndemie. Geprägt wurde der Begriff von Merrill Singer, der Mitte der 1980er Jahre an der University of Connecticut Medizinanthropologie lehrte und beschrieb, wie Epidemien einander überlappen, sich gegenseitig aufschaukeln und eine Lawine negativer externer Effekte anstoßen. Die Zeitschrift *Lancet,* eine der renommiertesten medizinischen Fachzeitschriften der Welt, gab der Wortschöpfung 2017 mit einer Artikelserie zur Syndemie ihren Segen. Zwei Jahre später veröffentlichte die Zeitschrift eine Untersuchung zur globalen Syndemie aus Fettleibigkeit, Mangelernährung und Klimawandel.[10] In diesem Bericht griff *Lancet* diese drei globalen Epidemien auf und analysierte, wie diese aufeinander wirken und sich zu einem ähnlichen Teufelskreis verstärken wie die Grüne Revolution. Interessanterweise spielen die negativen externen Effekte der Grünen Revolution die Hauptrolle bei der Entwicklung der neuen Supersyndemie.

Die Autoren der Studie erklären, das Zusammenspiel von Fettleibigkeit, Mangelernährung und Klimawandel sei »eine Syndemie oder ›Synergie‹ von Epidemien, da sie zur selben Zeit am selben Ort auftreten, durch ihre Wechselwirkungen komplexe Auswirkungen hervorbringen und gemeinsame gesellschaftliche Ursachen haben«.[11] Fettleibigkeit, vor einem halben Jahrhundert noch eine Randerscheinung, explodierte regelrecht und entwickelte sich zu einer der größten Gefahren für die menschliche Gesundheit, zumindest vor der Coronapandemie. Im Jahr 2015 galten 2 Milliarden Menschen als fettleibig. Die Krankheit fordert pro Jahr 4 Millionen Todesopfer und bedeutet einen Verlust von 120 Millionen gesunden Lebensjahren (DALYs).[12] Fettleibigkeit verursacht inzwischen Kosten von 2 Billionen Dollar pro Jahr, das entspricht 2,8 Prozent des globalen Bruttoinlandsprodukts.[13] Dabei sind die gewaltigen Kosten durch Herz-Kreislauf-Erkrankungen, Lungenerkrankungen und Diabetes, die durch Fettleibigkeit verursacht werden, noch gar nicht eingerechnet.

Die Ursachen der Krankheit gehen zurück auf die Industrialisierung der Landwirtschaft in den 1950er Jahren, den Beginn der Grünen Revolution mit ihren Hochertragssorten in den 1960er Jahren und die Einführung von genmanipulierten Getreidesorten Ende der 1990er Jahre. Die Agrarindustrie ist für 23 Prozent aller weltweiten Treibhausemissionen verantwortlich, und wenn man den erweiterten Lebensmittelsektor mit Transport, Logistik und Abfallmanagement hinzunimmt, sind es sogar 29 Prozent.[14]

Dazu kommt, dass mit jedem Grad Erwärmung der Atmosphäre durch Treibhausgase die Luft etwa 7 Prozent mehr Feuchtigkeit aufnehmen kann, was zu konzentrierterer Wolkenbildung und extremeren Wetterereignissen führt: eisige Winter mit heftigen Schneefällen; verheerende Niederschläge im Frühjahr; lange und heiße Sommer mit Dürre und Waldbränden; tödliche Wirbelstürme im Herbst mit beispiellosen Verlusten an Menschenleben und Eigentum sowie der Zerstörung von Ökosystemen.[15] Die Biome der Erde, die sich seit Ende der letzten Eiszeit vor 11700 Jahren im Zusammenspiel mit einem einigermaßen berechenbaren Wasserkreislauf entwickelt haben, sind von den extremen Schwankungen des aktuellen Wasserkreislaufs überfordert und brechen zusehends zusammen.[16] Daneben zeitigt die Agrarindustrie negative externe Effekte, die selten bedacht werden, aber enorme Auswirkungen haben. Der Einsatz von Kunstdüngern auf einer ausgelaugten Ackerkrume und die einsickernden Schädlingsbekämpfungsmittel zerstören die Nährstoffzusammensetzung der Böden, die für ein gesundes Pflanzenwachstum nötig ist. Und hier kommt die Syndemie in Gang. Der Nährstoffgehalt der Agrarprodukte sinkt und damit auch derjenige der Lebensmittel, die von den fast acht Milliarden Menschen auf der Erde verzehrt werden. Das bedeutet, dass die Menschen nicht die Nährstoffe erhalten, die ein gesunder Körper benötigt. Nicht umsonst hat sich die Ernährungs- und Landwirtschaftsorganisation der Vereinten Nationen (FAO) das Motto gegeben: »Gesunde Böden sind die Grundlage für eine gesunde Lebensmittelproduktion.«[17]

Die Agrarindustrie hat dasselbe Ziel wie die übrigen Sektoren der Wirtschaft: Vergrößerung der Effizienz über die gesamte Wertschöpfungskette – in diesem Fall durch Anbau in Monokulturen –, intensiven Düngemitteleinsatz zur Beschleunigung der Produktion sowie Erzeugung und Verkauf von nährstoffarmen und stark weiterverarbeiteten Lebensmitteln, die so haltbar sind, dass man sie in alle Welt verschiffen und über lange Zeiträume aufbewahren kann. Industriell verarbeitete Lebensmittel sind »reich an Kalorien, Fetten, Zucker und anderen Kohlenhydraten«, sie werden von Milliarden Menschen konsumiert und verursachen eine globale Epidemie der Fettleibigkeit und damit einen exponentiellen Anstieg von Herzkreislauferkrankungen, Diabetes und anderen lebensbedrohlichen Krankheiten.[18]

Die globale Veränderung der Ernährung hat massive Auswirkungen auf die Gesundheit und das Wohl von Milliarden von Menschen, die unter Fettleibigkeit und den damit einhergehenden Gebrechen leiden. Zu verdanken habe wir dies alles der forcierten Rationalisierung der globalen Lebensmittelproduktion. Sie wird von einigen wenigen multinationalen Konzernen kontrolliert, die vor allem daran interessiert sind, die Effizienz entlang ihrer gesamten Wertschöpfungskette zu steigern und ihre Gewinne zu mehren. James Tillotson, Professor emeritus für Ernährungspolitik an der Friedman School of Nutrition Science and Policy der Tufts University bringt die Sache auf den Punkt, wenn er sagt: »Das ganze Regime ist nur darauf angelegt, die Landwirtschaft effizienter zu machen.«[19] Industriell verarbeitete Lebensmittel mit ihrem hohen Energie- und niedrigen Nährstoffgehalt sind in der Regel billiger als frische Lebensmittel und werden vor allem von Familien mit niedrigen Einkommen konsumiert, deren Kinder oft schon mit einer Veranlagung zur Fettleibigkeit zur Welt kommen, weil ihre Eltern adipös sind. Peter Dolton, Professor für Wirtschaftswissenschaften von der University of Sussex, kommt in einer Untersuchung zu dem Schluss: »die Vererbung der Fettleibigkeit von einer Generation zur anderen ist zum einen ein biologischer Prozess und zum anderen eine Angelegenheit der gemeinsamen Umwelt… Die Gene sind für rund 35 bis 40 Prozent des zu erwartenden Körpermassenindex des Kindes verantwortlich.«[20] Dass Fettleibigkeit von einer Generation an die nächste vererbt wird, ist ein Traum für die Lebensmittelindustrie, denn sie garantiert einen starken Kundenstamm für ihre Produkte. Der Preis sind gesundheitliche Probleme, die durch diesen ererbten negativen externen Effekt von einer Generation zur nächsten immer gravierender werden.

Die Lebensmittelindustrie steigert ihre Effizienz mit der Entwicklung von »Fast Food«, die Generationen von Verbrauchern zu einem Speiseplan aus industriell verarbeiteten, nährstoffarmen Lebensmitteln verdammt. Durch die Beigabe von Unmengen an Zucker und Fetten machen sie eine Generation nach der anderen süchtig nach einer Ernährung, die Krankheiten und teure medizinische Behandlungen fast schon garantiert. Die Fast-Food-Kultur hat die Rationalisierung und Effizienz in den Mittelpunkt von Herstellung und Konsum von Lebensmitteln gestellt und macht die Menschheit süchtig nach einer Ernährung, die immer weniger ernährt und dafür immer dicker macht.

Schnellrestaurants bevorzugen industriell verarbeitete Lebensmittel und haben selten frisches Obst und Gemüse auf der Speisekarte. Immer steht die Effizienz im Mittelpunkt. Frische Lebensmittel sind schließlich nicht so lange haltbar wie industriell verarbeitete. Außerdem verlangen sie eine aufwendigere Logistik, um auf den Punkt verfügbar zu sein. In den Vereinigten Staaten stellte das Landwirtschaftsministerium fest, »dass der Anteil der aushäusig verzehrten Lebensmittel von 17 Prozent im Jahr 1977/78 auf 34 Prozent im Jahr 2011/12 stieg, und dass für diesen Zuwachs überwiegend Schnellrestaurants verantwortlich sind«.[21] Das Ministerium schreibt weiter, dass diese auswärts verzehrten Mahlzeiten »mehr gesättigte Fettsäuren und Natrium und weniger Kalzium, Eisen und Ballaststoffe« enthalten.[22] Trotzdem verkauft man der Öffentlichkeit dieses effiziente Essen als Genuss. So detailliert die Syndemie-Studie der Zeitschrift *Lancet* zu Übergewicht, Mangelernährung und Klimawandel war, konnte auch sie nicht auf sämtliche negativen externen Effekte eingehen, die auf den ersten Blick nichts mit der Sache zu tun haben. Im Jahr 2020 beobachteten Ärzte und Wissenschaftler besorgt, wie sich das Coronavirus in die Syndemie aus Fettleibigkeit, Fehlernährung und Klimawandel einklinkte. Die Daten aus der Coronapandemie zeigen, dass Menschen mit Fettleibigkeit, Diabetes, Herz-Kreislauf-Erkrankungen und Lungenerkrankungen nach einer Infektion besonders häufig schwer erkrankten oder starben.

Viele negative externe Effekte sind schwer vorherzusehen. So zum Beispiel das Zusammenspiel von Antibiotika, Fettleibigkeit und der Coronapandemie. Antibiotika waren die Wundermittel des 20. Jahrhunderts und retteten Abermillionen Menschen das Leben. Meine Zwillingsschwester und ich gehörten zu den ersten Säuglingen, die mit Penizillin behandelt wurden. Wir kamen im Januar 1945 als extreme Frühgeburten mit einem Gewicht von 1 200 Gramm zur Welt und hatten kaum Überlebenschancen. Nur dank Penizillin haben wir überlebt.

Nach dem Zweiten Weltkrieg wurden Antibiotika massenhaft verschrieben, erst in den Vereinigten Staaten, dann im Rest der Welt. Heute werden rund 100 verschiedene Präparate zur Bekämpfung von bakteriellen Infektionen eingesetzt. Mediziner beobachten allerdings besorgt, dass viele dieser Medikamente aufgrund der Überverschreibung nicht mehr wirken. Die Bakterien sind erfolgreich mutiert und resistent gegen die Medikamente. Nach Zahlen der amerikanischen Gesundheitsbehörde Center for Disease Control (CDC) werden allein in den Vereinigten Staaten pro Jahr 47 Millionen Antibiotikarezepte ausgestellt, davon 30 Prozent für Infektionen, die sie nicht rechtfertigten, oder zur Prävention.[23] Eine ähnliche Überverschreibung ist in der Tiermedizin und der Landwirtschaft zu beobachten. Das CDC berichtet, »dass in den Vereinigten Staaten jährlich mehr als 2,8 Millionen Infektionen durch antibiotikaresistente Bakterien beobachtet werden«.[24] Weltweit sterben jährlich 700 000 Menschen an einer Infektion durch solche Erreger.[25]

Die Weltbank warnt, dass antibiotikaresistente Bakterien die nächste große Pandemie auslösen »und weltweit einen ähnlichen wirtschaftlichen Schaden anrichten könnten wie die Finanzkrise des Jahres 2008«.[26] In einer 2016 in Auftrag gegebenen Studie beobachteten Wissenschaftler eine Zunahme der Krankenhausaufenthalte und Todesfälle durch antibiotikaresistente Bakterien und schätzten, dass dies bis 2050 einen Rückgang des Bruttoinlandsprodukts um 3,8 Prozent in Industrienationen und um bis zu 5 Prozent in Entwicklungsländern zur Folge haben könnte.[27] Der Welthandel könnte um bis zu 3,8 Prozent sinken, während die jährlichen Kosten für den Gesundheitssektor auf bis zu 1,2 Billionen Dollar steigen könnten.[28] Das größte medizinische Problem der Coronapandemie sind Lungenerkrankungen. Während der Pandemie der Spanischen Grippe der Jahre 1918 bis 1920 ging die Mehrzahl der Todesfälle nicht auf das Konto des Virus selbst, sondern auf das von Sekundärinfektionen durch Bakterien.[29] Das ist bei einer Coronaerkrankung ähnlich, und Mediziner sind nun in Sorge, dass der dramatische Anstieg des Antibiotikaeinsatzes bei der Bekämpfung solcher Sekundärinfektionen die Entstehung resistenter Bakterienstämme beschleunigen und bekannte Antibiotika wirkungslos machen könnte, mit katastrophalen Konsequenzen für die gesamte Menschheit. Dem unbedarften Beobachter mag es nicht weiter tragisch vorkommen, wenn wir mit unserer extrem verkürzten Vorstellung von Kausalzusammenhängen an unsere Kosten-Nutzen-Rechnungen herangehen. Tatsächlich aber riskieren wir damit einen Flächenbrand von einander aufschaukelnden und extrem langlebigen negativen externen Effekten.

Wir Kohlezeitmenschen

»Zeitalter des Fortschritts« ist im Grunde die falsche Bezeichnung für eine Erzählung, der bis vor Kurzem kaum jemand Beachtung schenkte. Man kann ohne Übertreibung sagen, dass die Moderne das Zeitalter der fossilen Brennstoffe ist. Sollte die Menschheit diesen Moment der Erdgeschichte überleben, werden uns künftige Generationen am verbleibenden Kohlenstofffußabdruck in den geologischen Schichten erkennen. So wie wir unsere fernen Vorfahren als Steinzeitmenschen kennen, könnten wir als Kohle- oder Erdölzeitmenschen in die Geschichte eingehen.

Wir assoziieren fossile Rohstoffe zwar in der Regel mit der Energie, mit der wir unsere Autos antreiben, unsere Wohnungen und Büros heizen und unseren Strom erzeugen, oder mit unseren künstlichen Dünge- und Schädlingsbekämpfungsmitteln, doch sie liefern auch die Energie zur Herstellung wichtiger Bausteine unserer Wirtschaft wie zum Beispiel dem Stahl. Fossile Rohstoffe finden sich in zahllosen Produkten wie Baumaterialien, Verpackungen, Medikamenten, Lebensmittelzusätzen und Konservierungsmitteln, Gummi, Schmierstoffen, Kunststoffen, Kosmetik, Waschmitteln, Möbeln und Elektrogeräten. Ein Großteil unserer Produkte wird entweder aus fossilen Rohstoffen selbst hergestellt oder aber mit ihrer Hilfe verarbeitet oder transportiert. Was in unsere Körper, Wohnungen, Unternehmen, Büros und Fabriken kommt, besteht zu einem großen Teil entweder selbst aus fossilen Rohstoffen oder es ist zumindest mit ihnen in Berührung gekommen.

Die von der Agrarindustrie, der Grünen Revolution und der Gentechnik in der Landwirtschaft verursachten negativen externen Effekte und Syndemien sind zwar verheerend, aber nicht einmalig. Jeder Sektor der Weltwirtschaft kann eine ähnliche Geschichte erzählen. Die negativen externen Effekte mögen sich graduell unterscheiden, doch sie sind alle ähnlich. Wenn wir an die großen Umweltverschmutzer denken, die für die Treibhausgase und andere negative externe Effekte verantwortlich sind, dann hat lange kaum jemand an die Textilindustrie gedacht. Das hat sich geändert. Die Branche ist für 10 Prozent der Treibhausemissionen verantwortlich – »mehr als der internationale Luft- und Schiffsverkehr zusammen«. Sie ist außerdem der zweitgrößte Wasserverschmutzer.[30] Grund für den gewaltigen ökologischen Fußabdruck der Textilindustrie sind die Effizienzsteigerungen in der Produktion und die Werbekampagnen, die uns dazu bringen sollen, mit der Mode Schritt zu halten und jedes Jahr die Kleidung des Vorjahres auszusortieren und neue zu kaufen. Die Effizienzsteigerungen gehen zum großen Teil auf die Verlagerung der Produktion in Schwellenländer mit laschen Umweltschutzbestimmungen zurück, deren Arbeitnehmer kaum genug zum Überleben verdienen und unter unsäglichen Bedingungen ohne Schutzmaßnahmen arbeiten müssen.

Diese Effizienzsteigerungen haben die Kosten für Bekleidung drastisch sinken und die Nachfrage steigen lassen. Europäer gaben 2020 weniger Geld für Kleidung und Schuhwerk aus als zehn Jahre zuvor, obwohl sie mehr kauften. In den Vereinigten Staaten kauft der Durchschnittsverbraucher alle 5,5 Tage ein neues Kleidungsstück.[31] Kein Wunder, dass die durchschnittliche Nutzungsdauer eines Kleidungsstücks in den vergangenen 15 Jahren um 36 Prozent gesunken ist.[32] Die Modebranche schätzt: »Wenn die Muster bei Demografie und Lebensstil unverändert bleiben, wird der Bekleidungskonsum von 62 Millionen Tonnen im Jahr 2019 in den kommenden zehn Jahren auf 102 Millionen Tonnen steigen«.[33] Mehr verkaufte Kleidungsstücke und eine kürzere Nutzungsdauer bedeuten mehr Müll. Die Branche ist verantwortlich für 92 Millionen Tonnen Abfall pro Jahr, und Schätzungen gehen davon aus, dass 25 bis 30 Prozent der verwendeten Stoffe schon bei der Herstellung in den Müll wandern.[34] In der Europäischen Union wird rund ein Drittel aller Kleidungsstücke nicht verkauft und am Ende des Jahres entsorgt. Mit den abgetragenen Kleidungsstücken und den Abfällen bei der Herstellung ist die Modebranche damit für 22 Prozent des weltweit anfallenden Mülls verantwortlich (weniger als 15 Prozent der Bekleidungsabfälle werden der Wiederverwertung zugeführt).[35]

In der Textilproduktion kommen gut 2 500 verschiedene Chemikalien zum Einsatz, von denen laut einer Untersuchung 10 Prozent gesundheitsschädlich sind. Außerdem verbraucht die Textilindustrie rund 44 Billionen Liter Wasser pro Jahr für Bewässerung – rund 3 Prozent des insgesamt für Bewässerung verwendeten Wassers.[36] Während des Industriezeitalters waren fossile Rohstoffe zumeist so billig, dass niemand darauf achtete, welch entscheidende Rolle sie bei der Effizienzsteigerung spielten. Zwar erfassten Wirtschaftswissenschaftler die Energie zusammen mit Zeit, Kapital und Arbeit als Faktor der Effizienz, doch mit Ausnahme von Ingenieuren kümmerten sich Unternehmer nicht um ihren Einfluss auf die Produktivität, da sie so billig waren. Stattdessen achteten sie bei der Effizienzsteigerung fast ausschließlich auf Kapital- und Lohnkosten. Rückblickend ist diese Naivität vor allem bei Wirtschaftswissenschaftlern aufschlussreich. In der gesamten Literatur findet man kaum einen Hinweis darauf, dass der Großteil des Wohlstands des Industriezeitalters in der einen oder anderen Form fossilen Rohstoffen geschuldet ist.

Wie sehr unsere Zivilisation von fossilen Rohstoffen abhängt, wurde sichtbar, als die Ölpreise zu Beginn des 21. Jahrhunderts plötzlich stark anstiegen. In den 1960er Jahren kostete das Fass Rohöl gerade einmal 3 Dollar. Mit dem Ölembargo der OPEC-Staaten im Jahr 1973 begann der Ölpreis zu steigen. Im ersten Jahrzehnt des 21. Jahrhunderts stieg er sprunghaft an und erreichte im Juli 2008 einen Höchstwert von 147 Dollar pro Barrel. Als der Ölpreis die 100-Dollar-Marke knackte, ging die Weltwirtschaft in Sinkflug, da so viele unserer Produkte mit Rohöl hergestellt und transportiert werden, und als der Höchstpreis erreicht war, kam sie zum Stillstand.

Der Juli 2008 markiert den Anfang vom Ende des auf fossilen Rohstoffen basierenden Industriezeitalters. Es war ein Erdbeben, von dem sich die Gesellschaft bis heute nicht erholt hat. Der Zusammenbruch des Finanzmarkts war ein Nachbeben. Als die reale fossile Wirtschaft die gesamte Ökonomie lahmlegte, ließen sich die fiktiven Geschäfte mit Ramschhypotheken unmöglich weiter aufrechterhalten.

Unternehmer, Regierungen und vor allem Wirtschaftswissenschaftler in aller Welt verstehen noch immer nicht, dass die dramatischen Effizienz- und Produktivitätssteigerungen, die unseren beispiellosen Wohlstand ermöglicht haben, ohne die Förderung und Nutzung von fossilen Rohstoffen aus fernen Erdzeitaltern unmöglich gewesen wäre. Innerhalb von weniger als zwei Jahrhunderten haben wir den Friedhof des Karbon mit seinen Lagerstätten von gebundener Energie ausgeschöpft und damit das Zeitalter des Fortschritts angetrieben. Doch der Preis ist eine Entropiezeche in Form von Treibhausgasen, die heute die Zukunft des Lebens auf der Erde gefährden.

Nochmals in aller Deutlichkeit: Marktgleichgewichtstheorie und Rationalisierungsprozesse stellen die Effizienz in den Mittelpunkt ihrer Gleichung und verschließen die Augen vor den thermodynamischen Implikationen negativer externer Effekte. Angesichts dieser Schwachpunkte brauchen wir dringend ein vollkommen neues Verständnis der Wirtschaft und vor allem des menschlichen Handelns. Dazu müssen wir jedoch zunächst verstehen, was Raum und Zeit bislang für uns bedeutet haben.

Zugegeben, unsere Vorstellungen von Raum und Zeit mögen auf den ersten Blick wenig mit unserer aktuellen Krise zu tun haben. Doch das Verständnis unseres Umgangs mit diesen zentralen Koordinaten des menschlichen Bewusstseins ist unerlässlich, um die Menschheit aus der Umklammerung von Rationalität und Effizienz zu befreien, die wir beschönigend als Zeitalter des Fortschritts bezeichnen. Nur so finden wir zu einer stärker angepassten und mitfühlenden Lebensweise, die dem kommenden Zeitalter der Resilienz angemessen ist. Eine Neuorientierung unserer Existenz in Raum und Zeit ist vielleicht die letzte Chance unserer Spezies, auf einer unberechenbaren und verwildernden Erde zu neuer Blüte zu finden.

TEIL 2

DIE PRIVATISIERUNG DER ERDE UND DIE VERARMUNG DER ARBEITER

KAPITEL 4

DAS GROSSE BEBEN

Die Privatisierung von Raum und Zeit

Am 24. Mai 1844 wurden die Kongressabgeordneten der Vereinigten Staaten Zeugen eines außergewöhnlichen Ereignisses. Einige Jahre zuvor hatten sie zugestimmt, den amerikanischen Erfinder Samuel F. B. Morse bei der Entwicklung eines neuen Apparats finanziell zu unterstützen. Morse hatte versprochen, eine Maschine zu entwickeln, mit deren Hilfe er von Washington aus mit dem sechzig Kilometer entfernten Baltimore kommunizieren konnte – eine unvorstellbare Tat.[1] Morse schickte eine Botschaft an seinen Assistenten Alfred Veil, der an einem Bahnhof von Baltimore stand. Sekunden später kam die Antwort. Die Botschaft lautete »What Hath God Wrought« – »Was hat Gott gewirkt«, ein Zitat aus dem vierten Buch Mose, wie geschaffen für den Moment. Es war die Aufhebung von räumlicher Distanz und Zeit, die den Anbruch des elektronischen Zeitalters markierte. Die Abgeordneten staunten ehrfürchtig über die simultane Kommunikation – eine geradezu göttliche Effizienz.

Der Anfang dieser Geschichte und der Beginn der grundlegenden Umwälzung unserer Vorstellung von Raum und Zeit beginnt recht unschuldig im Europa des 14. Jahrhunderts mit zwei Entwicklungen, die später die Moderne definieren sollten. Die erste war die Erfindung des Uhrwerks und der strenge Zeitplan, mit dem die Mönche des Benediktinerordens ihren Tagesablauf planten. Und die zweite war die Erfindung der Perspektive durch Maler der italienischen Renaissance.

Wie Uhrwerk und Perspektive den Lauf der Geschichte änderten

Der Benediktinerorden wurde im Jahr 529 von Benedikt von Nursia gegründet. Die Mönche lebten nach strengen religiösen Regeln, und widmeten sich anstrengender Handarbeit. Einer ihrer Leitsprüche lautete »Müßiggang ist der Seele Feind«. Die Benediktiner sahen in der Arbeit eine Bußübung und einen Weg zur Erlösung. Um dem Höllenfeuer zu entkommen und das ewige Leben zu erringen, mahnte der heilige Benedikt seine Brüder, sollten sie ihre Zeit gut nutzen und Dinge tun, die ihnen auf dem Weg dorthin helfen würden.[2] Die Benediktiner waren die Ersten, die Zeit als »knappe Ressource« verstanden, und weil sie ein Geschenk Gottes war, mussten sie sie ganz zur Ehre Gottes verwenden. Daher sollten sie jeden Moment des Tages für sinnvolle Tätigkeiten nutzen. Es gab feste Zeiten für Gebet, Arbeit, Essen, Lesen, Baden und Schlafen.[3] Um sicherzustellen, dass sich die Mönche an die vorgeschriebenen Routinen hielten, führten die Benediktiner die Horen wieder ein, die antike Einteilung des Tages, die nach dem Untergang des Römischen Reichs in Vergessenheit geraten war. Alles hatte seine feste Stunde, und damit sich die Brüder rechtzeitig einfanden, wurde jede Aktivität mit einer Glocke eingeläutet. Mit größeren Glocken riefen die Benediktiner die Gläubigen zu den kanonischen Horen, zu denen sie ihre Gottesdienste feierten. Selbst profane Tätigkeiten wie die Rasur der Tonsur, das Matratzenstopfen und der Aderlass hatten feste Termine zu bestimmten Wochen oder Jahreszeiten. Die Mönche überließen nichts dem Zufall.

Die Benediktiner waren möglicherweise die ersten, die die Zeit rationalisierten und einen Zeitplan verwendeten, wie wir das heute nennen würden. Auch deshalb werden sie als »der erste Berufsstand des Westens« bezeichnet.[4] Diese Synchronisierung der Gruppe in verzahnten Routinen, in denen jeder eine feste Rolle hatte, fand große Beachtung bei späteren Historikern. Nach Ansicht des Soziologen Eviatar Zerubavel trugen die Benediktiner dazu bei, »menschlichen Unternehmungen den regelmäßigen kollektiven Rhythmus der Maschine zu verleihen«.[5] Dem Pünktlichkeitswahn der Benediktiner stand allerdings die Fehlbarkeit der menschlichen Glöckner entgegen. Die Antwort war die an der Schwelle zum 14. Jahrhundert erfundene Räderuhr – ein Werk mit einer Vorrichtung namens Hemmung, die »die Kraft eines fallenden Gewichts regelmäßig unterbrach«.[6] Mithilfe dieser Apparatur konnten die Brüder die Länge der Stunden vereinheitlichen und ihre täglichen Aktivitäten noch genauer planen und einhalten. Dieses technische Wunderwerk fand seinen Weg rasch in die Städte, wo die Uhr zum Mittelpunkt jedes zentralen Platzes wurde und von dort aus das wirtschaftliche und gesellschaftliche Leben koordinierte. Das Wirtschaftsleben wurde immer effizienter, genau wie das Leben ganz allgemein, und verlangte mehr Pünktlichkeit und Präzision. Im Jahr 1577 erhielt daher die erste Uhr einen Minutenzeiger und wenig später kam ein Sekundenzeiger hinzu.[7] Zeitmessung wurde zum Fetisch und Vergnügen. »Zeit ist Geld« wurde das Motto des aufkommenden Industriezeitalters und der Marktwirtschaft, und Ende des 18. Jahrhunderts waren Chronometer, einst Vorzeige- und Luxusobjekte, zum bezahlbaren und unverzichtbaren Haushaltsgegenstand geworden und selbst Arbeiter trugen schon Taschenuhren. In Jonathan Swifts Roman *Gullivers Reisen* berichten die Einwohner von Liliput ihrem Kaiser, dass der Riese, den sie gefangen hatten, ständig in seine Tasche griff und einen glänzenden Gegenstand hervorzog, der klapperte wie ein Mühlrad, und ihn sich ans Ohr hielt. Sie rätselten:

> Wie wir vermuten, ist das entweder ein unbekanntes Tier oder der Gott, den er verehrt. Doch neigen wir mehr zu der letzteren Meinung, weil er uns versicherte …, er tue selten etwas, ohne jenes Ding um Rat zu fragen. Er nannte es sein Orakel und sagte, daß es ihm für jede Handlung seines Lebens die Zeit anzeige.[8]

Kirchturm- und Taschenuhren entfernten die Menschen immer weiter von der natürlichen Zeit, die nach Sonnenaufgang, Mittag und Sonnenuntergang gemessen wurde, und lieferten sie dem steten Ticken der mechanischen Zeit aus. Die Anpassung an das Produktionssystem der Fabrik, das die exakte Synchronisierung aller Tätigkeiten verlangte, war ein Meilenstein auf dem Weg zu einer hypereffizienten Zivilisation.

Die Benediktiner hatten freilich nie die Absicht gehabt, ihre Erfindung zur Optimierung des weltlichen Lebens zu verwenden, die später das christliche Weltbild des Mittelalters unterspülen sollte. Fortan wurde die Zeit nicht mehr als subjektive Erfahrung, sondern in Form von standardisierten Einheiten wahrgenommen, die fern den Rhythmen der Erde in einer Parallelwelt existieren und einem mechanistischen Weltbild dienen, dem es darum geht, die Ausbeutung und den Konsum der natürlichen Welt immer effizienter zu gestalten – alles im Namen des wirtschaftlichen Fortschritts. Die Auswirkungen sollten in den letzten Jahrzehnten der Moderne Chaos anrichten.

Nur ein knappes Jahrhundert nach Einführung der Räderuhr malte der florentinische Architekt und Künstler Filippo Brunelleschi als erster Europäer mithilfe der Perspektive. Andere Künstler folgten wenig später. Die perspektivische Malerei sollte die Raumwahrnehmung des modernen Menschen revolutionieren. Diese künstlerische Wende in der räumlichen Orientierung stieß die Geburt der wissenschaftlichen Methode und die Mathematisierung des Raumes an und gab der modernen Kartografie die Mittel an die Hand, die Sphären der Erde einzuhegen und zu privatisieren.

Im feudalen Europa stand der Ort im Mittelpunkt – der Gedanke des leeren Raumes wäre unvorstellbar gewesen. In der Welt des Christentums hatte jeder Ort seinen Platz in Gottes Schöpfung – einer Stufenleiter, die vom niedersten Gewürm auf Gottes Erdboden über den Menschen bis zu den himmlischen Heerscharen und schließlich dem Herrgott selbst reicht. Das Reich Gottes ist die Fülle, weiße Flecken kennt es nicht. Warum sollte Gott in seiner Schöpfung eine Leerstelle hinterlassen haben, die später gefüllt werden sollte? Der Historiker Alfred W. Crosby brachte es auf den Punkt, als er schrieb: »Für Menschen, die das Vakuum als Möglichkeit ausschlossen, verfügte die Leere weder über Authentizität noch über Autonomie.«[9] Ganz oben auf der Leiter der Schöpfung, direkt unter den Engeln, stehen die Nachfahren von Adam und Eva, die Augen stets gen Himmel gerichtet. Es gab keinen Grund, hinaus in die Welt des Sündenfalls zu blicken, die nichts anderes war als ein kurzer Zwischenstopp auf dem Weg zum Paradies und dem ewigen Leben.

Wenn amerikanische Touristen nach Europa kommen, sind sie oft enttäuscht von den großen mittelalterlichen Kathedralen. Sie erwarten, dass sie die Majestät dieser Gotteshäuser aus der Ferne in ihrer Gänze »erfassen« und auf ihre gewaltige Präsenz im Raum blicken können, und sind frustriert, dass sie stattdessen in den konzentrischen Kreisen der dichten mittelalterlichen und modernen Bebauung verschwinden. Der Grund ist, dass im mittelalterlichen Europa der leere Horizont jenseits der Stadttore und der umliegenden Äcker als bedrohlich wahrgenommen wurde. Kollektive Sicherheit war nur möglich, wenn man sich möglichst dicht an das Haus Gottes schmiegte. Wenn man die Kirche durch die gewaltige Pforte betritt, lenken die Pfeiler den Blick automatisch zur Decke, in die Bögen und hinauf zum Himmel, wo das ewige Leben wartet.

Die Gemälde und Wandteppiche an den Wänden der mittelalterlichen Kirchen zeigen Gottes Schöpfung auf einer zweidimensionalen Fläche, auf der alle Lebewesen auf der Leiter des Seins nach oben streben. Für den modernen Besucher haben diese Gemälde etwas traumartiges, so als schwebten alle Kreaturen Richtung Himmel. Sie wirken ein wenig wie von Kinderhand gemalt, weil sie keine Tiefe haben – sie sind nicht perspektivisch und »realistisch«.

Filippo Brunelleschi räumte mit dieser alten Sichtweise auf, als er das im Bau befindliche Baptisterium vom Eingang des Doms von Florenz aus perspektivisch malte. Indem er auf Augenhöhe am Horizont einen Fluchtpunkt wählte, an dem alle Linien zusammenliefen, vermittelte er den Eindruck von Tiefe und Dreidimensionalität.[10] Mit seinen Pinselstrichen stieß er eine der großen Revolutionen der Geschichte an, die unsere Wahrnehmung des Raums und unser Verhältnis zu ihm für immer verändert hat. Michelangelo, Leonardo da Vinci, Raphael und Donatello folgten ihm nach und malten ihre eigenen streng perspektivischen Meisterwerke. Masaccio war der erste der Renaissance-Künstler, der das Prinzip der perspektivischen Malerei vollends beherrschte. Seine Gemälde haben Tiefe; Gebäude und Landschaften werden in der Ferne kleiner, so wie wir sie mit bloßem Auge wahrnehmen. Kunsthistoriker bezeichnen diesen Malstil als »realistisch«. Dieser simple künstlerische Trick setzte gewaltige Kräfte frei.

Was das einfache Volk über die Welt wusste, stammte aus den Gemälden in den großen Kathedralen. Die Kirche war die einzige Schule. Bis dato hatten die Gläubigen Trost gefunden in den Darstellungen einer zusammengedrängten Menschheit und Glaubensgemeinschaft, die bang dem Tag des Jüngsten Gerichts und ihrer Erlösung entgegensieht. Die Bilder, die sie von nun an sahen, richten den Blick auf einen Horizont, der noch weitgehend leer ist und der Gestaltung harrt.

Die größte Revolution, die durch die Verwendung der Perspektive in der Kunst angestoßen wurde, war wohl eine Veränderung des menschlichen Bewusstseins. Sie bereitete immer neue Generationen darauf vor, die Welt vom Standpunkt des Beobachters aus zu sehen. Alles im Blickfeld wird zu einem potenziellen Objekt, das beurteilt, gemessen, erfasst, in Besitz genommen und ausgebeutet werden kann.

Die Welt aus der Sicht des unbeteiligten Beobachters zu sehen bedeutet, sich aus dem Getümmel der eigenen Umgebung heraus- und die Rolle des Voyeurs einzunehmen. Es ist kein Zufall, dass viele der Meisterwerke der Renaissance einen einzelnen Beobachter zeigen, der aus einem Fenster in die Ferne blickt. Die Vorstellung dieses autonomen Selbst nahm ihren Anfang in Italien und später in der nordeuropäischen Renaissance.

Viele der frühen perspektivischen Maler waren von Beruf Architekten und nutzten ihr Wissen um die Perspektive in ihren Bauzeichnungen. Die Lektionen aus ihren Arbeiten fanden Eingang in die Mathematik mit der Entwicklung der projektiven Geometrie.

Galileo Galilei, der Vater der modernen Naturwissenschaften, baute seine gesamte Arbeit auf den Lektionen der Künstler und Architekten zur Mathematik der Perspektive auf. Der 1564 in der Nähe von Florenz geborene Galilei studierte Mathematik und lernte dort die Perspektive in der Kunst kennen. Italienische und deutsche Mathematiker vertieften sich seinerzeit in die Kunst der Perspektive, um ihre Disziplin weiterzuentwickeln. Schließlich ging es auf beiden Gebieten um Messungen und Berechnungen. In dieser fruchtbaren Phase vor der Geburt der modernen Naturwissenschaften gab es einen lebendigen Austausch zwischen Künstlern, Architekten und Mathematikern, die sämtlich Lektionen der Perspektive und Geometrie nutzten. Galileo spielte selbst mit dem Gedanken, Künstler zu werden und hoffte, die Gunst der Medici zu gewinnen. Wie Descartes trug Galileo zur Einführung der Mathematik in die Wissenschaft bei und machte die naturwissenschaftliche Forschung zur mathematischen Messung beobachtbarer Phänomene, die sie bis heute ist. In seinem Buch *Il Saggiatore* schrieb Galileo 1623:

> Die Philosophie steht in diesem großen Buch geschrieben, das unserem Blick ständig offen liegt [ich meine das Universum]. Aber das Buch ist nicht zu verstehen, wenn man nicht zuvor die Sprache erlernt und sich mit den Buchstaben vertraut gemacht hat, in denen es geschrieben ist. Es ist in der Sprache der Mathematik geschrieben, und deren Buchstaben sind Kreise, Dreiecke und andere geometrische Figuren, ohne die es dem Menschen unmöglich ist, ein einziges Bild davon zu verstehen; ohne diese irrt man in einem dunklen Labyrinth herum.[11]

Philipp Lepenies, Direktor des Forschungszentrums für Umweltpolitik an der Freien Universität Berlin, stellt fest, dass Galileos Verwendung des Wortes »Blick« in seinen Schriften auf die verbreitete Verwendung der Perspektive in der Kunst verweist. Wie der Künstler ist der Naturwissenschaftler ein unbeteiligter Beobachter, der seinen Forschungsgegenstand betrachtet, um ihn mithilfe der Messungen und der Mathematik zu objektivieren und Wissen darüber zu sammeln.[12] »Objektivität«, eine unbeteiligte und rationale Haltung, beherrscht seit einem halben Jahrtausend die Populärkultur genauso wie die exklusive Welt der Wissenschaften, und sie geht mit der Vorstellung einher, dass jeder von uns ein autonomes Individuum ist, das in die Welt hinausblickt, sie zum Objekt macht und in Besitz nimmt, um sich seiner selbst zu vergewissern.

Bei der Hinwendung zur perspektivischen Darstellung in der Malerei ging es nicht nur um eine realistischere Form der Darstellung oder darum, die Geometrie und Mathematik voranzubringen und die wissenschaftliche Methode zum Standard für die Erkundung aller Phänomene der Welt zu machen. Auf einer anderen Ebene ging die Überhöhung des Sehens auf Kosten des Hörens. Wir haben uns so an die Gleichsetzung von Sehen und Wissen gewöhnt, dass es uns schwerfällt zu glauben, dass in früheren Kulturen das Gehör bei der Einschätzung der Realität eine viel größere Rolle spielte. Im mittelalterlichen Europa mit seinen mündlichen Kulturen lernte man durch Nachahmung, und Wissen wurde mündlich weitergegeben. Auch Verträge waren überwiegend mündliche Vereinbarungen. Während das Sehen unbeteiligt und fern ist, ist das Hören nah und intim. Klang umgibt und umhüllt. Mündliche Kulturen sind fest verortet. Bis ins 20. Jahrhundert beobachteten Besucher traditioneller Gesellschaften häufig, dass sich die Menschen aneinander kauerten und oft gleichzeitig sprachen. Westlichen Beobachter scheint das übergriffig und eine Missachtung der Privatsphäre und Individualität des anderen. Dabei vergessen sie, dass mündliche Kulturen zutiefst partizipativ sind und die Gemeinschaft betonen, weil mündliche Kommunikation eine sehr begrenzte Reichweite hat.

Stille Kommunikation: Eine neue Form der Sozialisierung

Die Objektivierung der Zeit durch Zeitplan und Uhr und die Verwendung der Perspektive in der Malerei beschleunigten den Prozess der Inbesitznahme und Privatisierung des Raums. Eine ebenso bedeutende Rolle hierbei spielte auch die Erfindung des Buchdrucks mit beweglichen Lettern, so wie später das Telefon Ende des 19. und das Internet Ende des 20. Jahrhunderts. Die Druckerpresse ermöglichte die Alphabetisierung Europas und später der ganzen Welt. Sie erlaubte Millionen räumlich und zeitlich weit voneinander entfernten Menschen, über das Medium des gedruckten Worts still miteinander zu kommunizieren. Das Lernen aus Büchern war eine einsamere und zerebralere Angelegenheit als in der mündlichen Kultur. Lesen ist etwas, das man im Stillen und für sich tut. Die mündliche Kommunikation ist flüchtig, doch gedruckte Bücher sind von Dauer und ermöglichen es uns, Worte und Gedanken festzuhalten, aufzubewahren und später zu konsultieren. In mündlichen Kulturen muss die Kommunikation im Gedächtnis abgelegt werden und kann nur begrenzt wieder abgerufen werden. Deshalb verwenden mündliche Kulturen Mnemotechniken und Reim, um ihr Wissen aufzubewahren.

Der Buchdruck beanspruchte den Geist auf neue Weise und förderte vor allem die Reflexion. Leser können die Kommunikation an jedem beliebigen Punkt unterbrechen, darüber nachdenken und zurückblättern, um frühere Informationen nachzulesen. Das öffnet die menschliche Vorstellungskraft für ganz neue Denkweisen.

Die Erfindung des Buchdrucks stärkte auch den Gedanken der individuellen Urheberschaft und gab Autoren die Möglichkeit, ihre Worte mit Hilfe des Urheberrechts als ihr Eigentum zu deklarieren. In früheren Epochen wäre es absurd erschienen, ein Eigentumsrecht auf einen Satz beanspruchen zu wollen. Vormoderne Philosophen sahen in ihren Gedanken keine »originellen Erzeugnisse«, sondern Offenbarungen, die im Traum oder in Momenten des Staunens aus dem Äther über sie kamen. Urheberschaft stärkte dagegen die Vorstellung eines autonomen Individuums – jeder Mensch ist Eigentümer seiner oder ihrer einmaligen Kommunikation mit anderen.

Buchdruck und Alphabetisierung revolutionierten auch das Geschäftsleben. Im Mittelalter schloss man Geschäfte vorwiegend durch mündliche Vereinbarungen ab. Aufgrund der begrenzten Reichweite agierten die meisten Geschäftsleute regional. Ihre Geschäftsgrundlage war die persönliche Beziehung. Schriftliche Aufzeichnungen galten als weniger vertrauenswürdig, die Zahlen und Vereinbarungen mussten den Beteiligten laut vorgelesen werden, um ihre Echtheit zu gewährleisten. Bücher fangen die Zeit ein und binden sie. Ein Buch hat die Aura der Beständigkeit und Dauer. Selbst im heutigen Digitalzeitalter stehen vielen Menschen die Haare zu Berge bei dem Gedanken, ein Buch zu zerreißen oder in den Müll zu werfen. Auf den Seiten wird die Zeit räumlich festgehalten, so wie es im 19. Jahrhundert auf Fotografien geschah. Die Bewusstseinsveränderung, die mit dem gedruckten Wort einhergeht, hatte großen Einfluss darauf, wie Natur- und Wirtschaftswissenschaftler in ihren jeweiligen Disziplinen Zeit anhalten und Raum in Besitz nehmen.

Wir sprechen oft von einer »naturwissenschaftlichen Sicht«, einer »wirtschaftlichen Sicht«, oder einer »psychologischen Sicht« und sind uns dabei kaum bewusst, dass wir das Wort »Sicht« hier mit »Wahrheit« gleichsetzen und implizieren, dass sich die Realität nur über das Sehen erkennen lässt. Das Hören wurde dagegen in der Moderne an den Rand gedrängt.

Der Buchdruck ermöglichte die großen Entdeckungsfahrten über die Weltmeere und war der Schlüssel zu neuen Räumen, die man in Besitz nehmen konnte. Die Entdeckung neuer Handelsrouten und die Beschreibungen von Küstenverläufen und Ländern ließen sich in gedruckten Land- und Seekarten vereinheitlichen und ermöglichten den Kapitänen bessere Navigation. Seit dem 16. Jahrhundert steigerten standardisierte Karten die Effizienz der Seefahrt, die Kolonisierung neuer Länder und den Handel.

Der Buchdruck förderte auch den Gedanken der Nation. Der Nationalstaat wäre undenkbar ohne eine gemeinsame Sprache, die aus der Bevölkerung eine große Familie macht. Nehmen wir zum Beispiel das Problem, dass am Vorabend der Französischen Revolution kaum die Hälfte der Einwohner des heutigen Frankreichs Französisch sprach.[13] Und als Italien 1861 geeint wurde, sprachen nur 2,5 Prozent der Bevölkerung Standarditalienisch.[14] Massimo d'Azeglio, Ministerpräsident des damaligen Königreichs Sardinien, soll gesagt haben: »Italien haben wir geschaffen, jetzt müssen wir die Italiener schaffen.«[15] Hier kamen die Buchdrucker zu Hilfe. Sie waren begierig darauf, mithilfe der Massenproduktion von Büchern ihre Effizienz, Verkäufe und Erträge zu steigern, doch sie wurden von den hunderten Regionalsprachen und Dialekten daran gehindert, deren Märkte zu klein waren, um den Druck von Büchern rentabel zu machen. Um dem abzuhelfen und ihren Verkauf anzukurbeln, kombinierten sie Elemente der unterschiedlichen Dialekte einer Region und standardisierten die Grammatik. Dabei zogen sie in der Regel die Dialekte heran, die am weitesten verbreitet waren, und trugen so dazu bei, sie zur offiziellen Sprache des neuen Landes zu machen. Die Standardisierung der Sprache hatte den Vorteil, dass sie ein Nationalbewusstsein aufkommen ließ. Die Sprecher nahmen sich als Angehörige einer großen Familie wahr, die ihrem Staat gegenüber loyal waren. Die Reduzierung der gesprochenen und geschriebenen Sprachen auf eine einzige Landessprache steigerte zudem die Effizienz des Handels, der Gesellschaft und des Staates erheblich.

Kohle fördern und Dampf ablassen

Auf die Revolution des Buchdrucks folgten die ebenso mächtigen Umwälzungen bei Energie und Mobilität. Die dramatische Rodung der europäischen Wälder durch Ackerbau, Viehzucht und Stadtentwicklung führte in eine kontinentale Energiekrise. Vor der industriellen Revolution waren schließlich die Wälder die wesentliche Quelle von Brennstoffen und Baumaterial gewesen. Die Briten fanden eine Alternative in der Kohleförderung. Das Problem war, das ab einer gewissen Tiefe das Grundwasser erreicht war und den Abbau der Kohle unmöglich machte. Thomas Savery fand 1698 die Lösung mit der Erfindung der Dampfpumpe, mit deren Hilfe sich das Wasser aus den Gruben pumpen ließ. Doch sobald die Kohle an die Erdoberfläche gebracht worden war, stellte sich ein zweites Problem: Sie war deutlich schwerer als Holz. Der Transport über unbefestigte Straßen gestaltete sich schwierig (vor allem bei Regen), und Pferdefuhrwerke waren zu teuer. Darauf fand James Watt die Antwort mit seiner Erfindung der Dampfmaschine im Jahr 1776. Sie wurde in den 1780er Jahren vor allem in der Baumwollverarbeitung eingesetzt, erreichte aber schon bald auch andere Branchen und wurde 1804 mit der ersten dampfbetriebenen Lokomotive in Großbritannien auf Schienen gebracht.[16] Die Geschwindigkeit der Dampfeisenbahn begeisterte die britische Öffentlichkeit. Schon in den 1830er Jahren erreichten die Lokomotiven eine atemberaubende Geschwindigkeit von 100 Kilometern pro Stunde. 1845 nutzten 48 Millionen Fahrgäste die Eisenbahnen des Vereinigten Königreichs.[17] Dampflokomotiven ließen Zeit und Entfernungen zusammenschrumpfen und schufen eine neue Dynamik des Transports und der Logistik, deren Hypereffizienz die ganze Welt erschüttern sollte und den Grundstein für einen europäischen Handel in bis dahin unvorstellbaren Ausmaßen legte. Die Lokomotiven waren außerdem unempfindlich gegen Witterungsschwankungen und konnten das ganze Jahr über eingesetzt werden. Sie waren so schnell, dass sie in der Zeit, in der ein Lastkahn eine einzige Fahrt unternahm, mehrmals hin- und herfahren konnten. Auf einer Fahrt konnten sie dreimal so viel Fracht transportieren wie ein ähnlich teurer Lastkahn und sie ermöglichten so beispiellose Beschleunigungen und Effizienzsteigerungen. Schon in den 1830er Jahren operierten Dampfschiffe auf dem offenen Meer, und zwar 15 bis 20 Prozent kostengünstiger als Segelschiffe. Im Jahr 1900 wurden weltweit drei Viertel der Seefracht von Dampfschiffen transportiert. Auf diesen kamen auch die vielen Millionen Auswanderer von Europa in die Vereinigten Staaten. Alles drehte sich um Effizienz, und die wurde nur möglich durch die Förderung der Kohle aus den Friedhöfen des Karbon.

Die Komprimierung von Raum und Zeit durch das Zusammenspiel neuer Kommunikationsformen, Energiequellen sowie Formen der Mobilität und Logistik trieb Wirtschaft, Gesellschaft und Führung voran und hatte bis Ende des 19. Jahrhunderts die Effizienz zum vorherrschenden Thema gemacht, zumindest in Europa und den Vereinigten Staaten.

Die Standardisierung der Weltzeit

Es gab nur ein Haar in der Suppe. Jede Ortschaft stellte ihre Uhren nach eigenem Gutdünken – ein logistischer Alptraum für die Eisenbahngesellschaften. 1870 hätte Zugreisende, die auf der Fahrt von Washington DC nach San Francisco immer mit der Ortszeit gehen wollten, ihre Uhr über 200 Mal stellen müssen.[18] Aber mit diesen regionalen Zeitzonen konnten die Dampfeisenbahnen und -schiffe ihre Effizienzvorteile nicht ausspielen. Transport und Logistik mussten rationalisiert werden. Die Schaffung nationaler, kontinentaler und globaler Märkte verlangte eine Neuordnung von Raum und Zeit.

Dazu war ein kühner Plan nötig: Die Zeit musste vom konkreten Ort gelöst und durch einheitliche Zeitzonen ersetzt werden, die auf der ganzen Welt Gültigkeit hatten.

Großbritannien und die Vereinigten Staaten waren die ersten, die ihr Land in standardisierte Zeitzonen einteilten, um den Eisenbahnverkehr zu erleichtern. In den 1880ern riefen auch andere Nationen nach der Einführung einer Weltzeit. Im Oktober 1884 legte die Internationale Meridian-Konferenz den Londoner Vorort Greenwich als Nullpunkt des universellen Zeitsystems fest. Die französische Regierung widersetzte sich und verlangte, das Observatorium von Paris zum Referenzpunkt zu erklären. Der Streit zog sich über Jahrzehnte hin. Erst 1912 auf der Internationalen Zeitkonferenz zu Paris wurde Greenwich ganz offiziell der Ort des Nullmeridians, und die beteiligten Nationen kamen überein, ihre Regionalzeiten zugunsten eines internationalen Zeitsystems aufzugeben. Mit einem Schlag wurde die Zeit von regionalen Uhren und dem Rhythmus der Erde losgelöst und in einer neuen, globalisierten Wirtschaft dem Handel und der Logistik untergeordnet. Die Abstraktion, Rationalisierung und Komprimierung von Raum und Zeit setzte sich im 20. und 21. Jahrhundert fort, mit der Entdeckung von gewaltigen Erdöl- und Erdgaslagerstätten, der Einführung des elektrischen Stroms, der Einführung des Telefons, dem Zeitalter von Auto- und Flugreisen, der Erfindung von Rundfunk, Fernsehen, Computer, Internet, Künstlicher Intelligenz und der Herrschaft der Algorithmen und des Global Positioning Systems (GPS). Das alles hatte bleibende Auswirkungen darauf, wie wir Menschen Raum, Zeit und unsere gesamte Existenz wahrnehmen.

Mit diesen neuen räumlichen und zeitlichen Koordinaten hat die Menschheit weite Sphären der Erde und der Geochemie, Physik und Biologie unseres Planeten in Besitz genommen und teilweise privatisiert. Mit einem hedonistischen Eifer und einer Effizienz, wie sie in der kurzen Geschichte unserer Spezies ohne Beispiel sind, haben wir diese Sphären erobert, geplündert und aufgezehrt. Leider übergehen die meisten Darstellungen des modernen Zeitalters diesen Aspekt der Geschichte, weshalb sie hier ausgeführt werden soll.

KAPITEL 5

DER RAUBZUG

Die Kommerzialisierung der Sphären, Gene und Radiowellen der Erde

In der feudalen Gesellschaft des europäischen Mittelalters hatte Eigentum eine andere Bedeutung als heute. Aus der Sicht der Kirche hatte Gott die Erde erschaffen und den Nachkommen von Adam und Eva anvertraut. Er überließ den Menschen die Vergabe des Nießrechts über ein hierarchisches Lehenswesen, das von Kaisern über Könige und Adelige bis hinunter zum gemeinen Volk reichte. Das Entscheidende war nicht das Eigentum, sondern die Lehensbeziehung. Niemand war Eigentümer in unserem heutigen Sinne, sondern übte lediglich das Nießrecht über einen Teil der göttlichen Schöpfung aus, den er in der Lehenspyramide weiter nach unten vergeben konnte. Der Kauf und Verkauf von Land spielte im europäischen Mittelalter kaum eine Rolle.

Inbesitznahme der irdischen Sphären

Im 18. Jahrhundert fielen die feudalen Eigentumsbeziehungen in sich zusammen, und an ihre Stelle trat die moderne Vorstellung des Privateigentums, Hand in Hand mit dem aufstrebenden kapitalistischen System. In seinen *Zwei Abhandlungen über die Regierung* aus dem Jahr 1690 legte der englische Philosoph John Locke die Grundlage für ganz neue Eigentumsvorstellungen.

Locke sah das Eigentum als unveräußerliches und natürliches Recht und begründete dies mit Gottes Aufforderung an Adam, sich die Erde untertan zu machen und über Tiere und Pflanzen zu herrschen. Locke schreibt:

> Als Gott die Welt der gesamten Menschheit zum gemeinschaftlichen Besitz gab, befahl er dem Menschen, auch zu arbeiten, und die Hilflosigkeit seiner Lage verlangte es von ihm. Gott und die Vernunft geboten ihm, sich die Erde zu unterwerfen, d. h. sie zum Vorteil seines Lebens zu bebauen, und auf diese Weise etwas dafür aufzuwenden, was sein eigen war – seine Arbeit. Der, welcher diesem Gebot Gottes folgend, sich ein Stück der Erde unterwarf, es beackerte und besäte, fügte ihm dadurch etwas bei, was sein Eigentum war, worauf ein anderer keinen Anspruch hatte, und was ohne Unrecht ihm nicht genommen werden konnte.[1]

Noch beunruhigender ist, dass die Natur in den Augen Lockes bloßer Abfall ist, ehe der Mensch sie nutzt und zu wertvollem Privateigentum macht:

> Dem möchte ich hinzufügen, daß derjenige, welcher durch seine Arbeit sich ein Stück Land aneignet, das gemeinsame Vermögen der Menschheit nicht vermindert, sondern vermehrt; denn die zum Unterhalt der Menschen dienenden Lebensmittel, die von einem Acker eingehegten und bebautem Land erzeugt werden, sind ... zehnmal mehr als der Ertrag eines Ackers ebenso reichen Landes, das als Gemeingut brach liegt ... Es ist also die Arbeit, die dem Boden den größten Teil des Werts verleiht. Ohne sie würde er kaum etwas wert sein.[2]

Bei Locke wurde die Herrschaft über die Allmende der Erde von einer gemeinsamen Pflicht gegenüber Gott zu einem Recht jedes Menschen auf Teile der Erde, das er ausüben konnte, ohne dass der Rest der Menschheit einen Einfluss darauf nehmen konnte.

Die Lebenskraft unseres blauen Planeten hängt von der Wechselwirkung seiner wichtigsten Sphären ab – der Hydrosphäre, der Lithosphäre, der Atmosphäre und der Biosphäre. Bei der Biosphäre, der wir die meiste Beachtung schenken, handelt es sich um einen Streifen von 19 Kilometern Höhe, der vom Erdboden beziehungsweise dem Meeresgrund bis zum oberen Rand der Atmosphäre reicht und in dem das Zusammenspiel von Hydrosphäre, Lithosphäre und Atmosphäre das Leben ermöglicht.

Während des Zeitalters des Fortschritts nahm die Menschheit jede dieser vitalen Sphären der Infrastruktur des Planeten in Besitz und führte sie aus Effizienzgründen in Privateigentum über, das wirtschaftlich ausgebeutet werden kann. Heute zahlen wir die Zeche. Was folgt, ist eine knappe Geschichte der Zerstörung von Lithosphäre und Hydrosphäre, die eine entscheidende Rolle bei der Aufrechterhaltung des Lebens auf der Erde spielen.

Die Lithosphäre: Der Boden unter unseren Füßen

Die Lithosphäre ist der feste Teil unseres Planeten Erde und besteht aus dem oberen Erdmantel und der Erdkruste. Den oberen Bereich, zu dem auch der Erdboden gehört, bezeichnet man als Pedosphäre. Der Erdboden bedeckt den größten Teil der Erdoberfläche und ist zwischen wenigen Zentimetern und einigen Metern dick. Dieser hauchdünne Überzug der Lithosphäre wird oft als kritischer Bereich bezeichnet, und zwar aus gutem Grund. Die US National Science Foundation schreibt:

> Es handelt sich um die lebende, atmende und sich konstant verändernde Grenzschicht, in der Gestein, Erdreich, Wasser, Luft und Lebewesen interagieren. Diese komplexen Interaktionen regulieren den natürlichen Lebensraum und bestimmen über die Verfügbarkeit der für das Leben notwendigen Ressourcen, darunter unsere Nahrungsmittel und unser Trinkwasser.[3]

Im Erdreich wurzeln und wachsen unsere Pflanzen, es reinigt unser Trinkwasser. Die Erde enthält nicht nur lebenswichtige Mineralien, sondern sie wimmelt auch nur so von Leben – sie ist ein eigenes

Ökosystem. Das Earth Institute der University of Columbia verweist darauf, dass ein Hektar Erdreich »1 100 Kilogramm Würmer, 2 900 Kilogramm Pilze, 1 800 Kilogramm Bakterien, 160 Kilogramm Protisten, 1 100 Kilogramm Arthropoden und Algen und auch kleine Säugetiere enthalten kann … Auf einem einzigen Erdkrümel können sich Abermilliarden Bakterien befinden, von denen nur 5 Prozent bekannt sind.«[4]

Woher kommt das plötzliche wissenschaftliche Interesse am Erdreich, das uns lange so selbstverständlich vorkam? Das liegt daran, dass die Industrialisierung der Landwirtschaft – die mechanische Revolution des 19. Jahrhunderts, der Chemieeinsatz des 20. Jahrhunderts und die Gentechnik des 21. Jahrhunderts – auf allen Kontinenten gewaltige Zerstörungen im Erdreich angerichtet hat. Zum ersten Mal in der Geschichte der Erde geht mehr Erdreich durch Erosion verloren als nachgebildet wird. Das International Soil Reference and Information Centre (ISRIC) bezeichnet das Erdreich gar als »gefährdete natürliche Ressource«.[5] Mit weitreichenden Folgen. Wie bereits erwähnt, ist die Bodenbildung ein langsamer Prozess, die Entstehung von nur fünf Zentimetern Erdreich kann ein Jahrtausend und noch länger dauern.

Doch nicht nur der hoch technisierte Ackerbau laugt die Böden aus. Auch die Beweidung schadet dem Erdreich. Kaum jemand weiß, dass 26 Prozent der eisfreien Oberfläche unseres Planeten von Vieh beweidet werden, vor allem von Rindern, aber auch von Schafen, Ziegen und anderen Arten.[6] Auch das hat dem Erdreich schweren Schaden zugefügt. Die Ernährungs- und Landwirtschaftsorganisation der Vereinten Nationen (FAO) warnt vor den »schädlichen Auswirkungen [der Viehwirtschaft] auf die Verfügbarkeit von Grundwasser, die Fruchtbarkeit des Erdreichs und die biologische Vielfalt« und weist darauf hin, dass »20 Prozent der Weideflächen der Erde ausgelaugt« sind.[7] Je fleischlastiger die menschliche Ernährung wird, umso weiter wird sich diese Entwicklung beschleunigen. Dazu kommt, dass Kühe mit Methan ein Treibhausgas erzeugen, das 25-mal mehr Wärme zurückhält als Kohlendioxid. Vieh – womit in erster Linie Rinder gemeint sind – ist für 14 Prozent aller Treibhausemissionen verantwortlich.[8] Sollte die Viehhaltung weiter zunehmen, würde das allein schon ausreichen, um den

Verlust des wertvollen Erdreichs über die kritische Schwelle zu befördern. Es sind jedoch noch weitere Faktoren am Werk. Eine vom Weltwirtschaftsforum in Auftrag gegebene Untersuchung aus dem Jahr 2020 ergab, dass 95 Prozent der Erdoberfläche »von Menschen verändert« wurden.[9] Zu den Hauptverantwortlichen für die Bodenerosion zählt die Rodung, die wiederum vor allem von vier Produkten angetrieben wird: Rindfleisch, Sojabohnen, Palmöl und Holz.[10]

Es ist kein Geheimnis, dass große Teile des Amazonasregenwaldes und anderer tropischer Regenwälder gerodet werden, um Weideflächen Platz zu machen. Doch die Verbindung zur Viehwirtschaft geht noch weiter, denn auf den übrigen Rodungsflächen werden vor allem Sojabohnen angebaut, die zu 70 Prozent an Rinder und anderes Vieh verfüttert werden.[11] Palmöl ist wiederum ein wichtiger Bestandteil industriell verarbeiteter Lebensmittel geworden. Der gemeinsame Nenner ist die Effizienz. Und mit dem Verlust des Erdreichs steigt die Entropiezeche, die bei der aktuellen Geschwindigkeit Menschen zu zahlen haben werden, die heute im Kindesalter sind. Doch leider kommt ja nicht nur die Bodenerosion auf unsere Entropiezeche. Die Lithosphäre reicht bis hinauf in die Baumkronen. Mit der Abholzung für Viehweiden, Soja- und Palmölplantagen, Brennholz und Holzverarbeitung und mit der Erderwärmung durch Kohlendioxid-, Methan- und Stickoxidemissionen verschwinden in aller Welt immer mehr Wälder. Das versetzt Klimaforscher in Panik.

Wälder, vor allem Tropenwälder, nehmen genau wie die Böden Kohlendioxid aus der Atmosphäre auf und speichern es. Doch inzwischen hat eine gefährliche Umkehr begonnen. Nach einer 2020 in der Zeitschrift *Nature* veröffentlichten Untersuchung, an der hundert der führenden wissenschaftlichen Einrichtungen über einen Zeitraum von dreißig Jahren gearbeitet haben, nehmen Regenwälder aufgrund des Temperaturanstiegs, der anhaltenden Trockenheit und vor allem der Abholzung heute ein Drittel weniger Kohlenstoff auf als noch in den 1990er Jahren.

Die Untersuchung schätzt, dass die Regenwälder in den 2060er Jahren zu einer Kohlendioxidquelle geworden sein könnten, so der Geograf Simon Lewis von der Leeds University, einer der federführenden Autoren.[12] Dem Bericht zufolge nahmen die Regenwälder in den 1990er Jahren noch 17 Prozent aller von Menschen gemachten Kohlendioxidemissionen auf, doch im letzten Jahrzehnt waren es nur noch 6 Prozent.[13] Das Verschwinden von Waldflächen, die Kohlendioxidemissionen aus der Atmosphäre aufnehmen, verschärft die Klimaerwärmung und bewirkt einen Selbstverstärkungseffekt, dem immer mehr Bäume zum Opfer fallen. Lewis warnt, der Wandel der Regenwälder von Kohlendioxidsenkern zu Nettoproduzenten »erfolgt Jahrzehnte früher als selbst von den pessimistischsten Klimamodellen vorhergesehen«.[14]

Im Erdreich sind etwa 2 100 Milliarden Tonnen Kohlenstoff gebunden, verglichen mit 715 Milliarden Tonnen in der Atmosphäre. Setzt sich die Erosion des Erdreichs weiter fort und nehmen die Wälder durch Abholzung weniger Kohlendioxid aus der Atmosphäre auf, setzt ein galoppierender Selbstverstärkungseffekt ein, der die Temperaturen weit höher treibt als heute vom Weltklimarat vorherberechnet.[15]

Wenn wir eine Kosten-Nutzen-Analyse durchführen und uns die Einnahmen der Branchen ansehen, die im Wesentlichen für die Zerstörung des Erdreichs und der Wälder verantwortlich sind, können wir unschwer erkennen, für welch mickrige kurzfristige Gewinne wir der Lithosphäre der Erde langfristige Schäden zufügen. Die Viehwirtschaft erzielte 2018 einen Umsatz von 385 Milliarden Dollar.[16] Die Holzwirtschaft kam 2020 auf einen Umsatz von 535 Milliarden Dollar.[17] Mit dem Sojaanbau wurden 2020 etwa 42 Milliarden Dollar geerntet, und 2019 mit Palmöl 61 Milliarden.[18] Der Bergbau kam 2019 auf einen Umsatz von 692 Milliarden Dollar.[19] Macht zusammen 1,7 Billionen Dollar. Stellen wir diese Zahl neben die Zerstörung des Erdreichs und der verbleibenden Wälder des Planeten und fragen: Ist es das wert?

Die Hydrosphäre: Die Privatisierung des Wassers

Zur Hydrosphäre gehört das gesamte flüssige Wasser der Erde, also die Ozeane, Seen, Flüsse, Grundwasservorkommen, Eis sowie Nebel und Wolken in der Atmosphäre. Für unsere jagenden und sammelnden Vorfahren war das Wasser viele Hunderttausende Jahre lang eine gemeinsame Ressource. Mit dem Beginn von Ackerbau und Viehzucht vor rund 10 000 Jahren begannen erste Auseinandersetzungen um den Zugang zu Seen und Flüssen, doch das Wasser wurde nach wie vor geteilt, denn solange die Zahl der Menschen begrenzt war, reichten die Vorkommen für alle. Heute, bei einer Weltbevölkerung von 7,9 Milliarden Menschen, ist der Kampf ums Trinkwasser zu einem gewaltigen Problem geworden, das durch den Klimawandel und die Ausdehnung von Wüsten in weiten Teilen der Erde weiter verschärft wird.

Die Ozeane galten dagegen gemeinhin noch als globale Allmende, die allen Nationen für Seefahrt und Fischerei offenstanden. In der Vergangenheit gab es zwar Auseinandersetzungen und Kriege um die Vorherrschaft auf den Handelsrouten, doch die Inbesitznahme von Teilen des Meeres und die Ausweisung von Hoheitsgebieten ist ein relativ neues Phänomen.

Der erste Titanenkampf um die Allmende der Meere reicht bis ins 15. Jahrhundert zurück, als die beiden führenden Seemächte Spanien und Portugal die Oberhoheit über den Atlantik, den Indischen Ozean und den Pazifik für sich beanspruchten – eine gelinde gesagt anmaßende Forderung. Im Vertrag von Tordesillas aus dem Jahr 1494 teilten diese beiden Länder die Weltmeere in Hoheitsgebiete ein, deren Grenze »zwischen dem Nord- und dem Südpol, 370 portugiesische Leugen [ca. 2280 Kilometer] westlich der kapverdischen Inseln« verlief.[20] Westlich dieser Linie – also unter anderem im Golf von Mexiko und im Pazifik – sollte Spanien die alleinige Herrschaft haben, und östlich davon – im Atlantik und dem Indischen Ozean – Portugal. Zu Beginn des 17. Jahrhunderts war diese fein säuberliche Aufteilung allerdings Makulatur, denn nun begannen England, Frankreich und andere europäische Mächte Ansprüche auf die Weltmeere zu erheben. Der Kampf lohnte sich. Der englische Seefahrer Sir Walter Raleigh wusste, was auf dem Spiel stand, als er sagte: »Wer das Meer beherrscht, der beherrscht den Welthandel, und wer den Welthandel beherrscht, der beherrscht die Reichtümer der Welt, und damit die Welt selbst.«[21] Da es unwahrscheinlich war, dass nur ein Land die Vorherrschaft über die Weltmeere erringen würde, beanspruchten die

Nationen die Gewässer vor ihren Küsten. Die Italiener forderten eine 100-Meilen-Zone vor ihrer Küste – die Entfernung, die ein Segelschiff innerhalb von zwei Tagen zurücklegen konnte. Andere Länder beanspruchten eine Zone, die so weit reichte, wie man mit bloßem Auge oder Fernrohr auf das Meer hinaus sehen konnte. Die Holländer verlangten ein Hoheitsgebiet, das so weit reichte wie die Kugeln ihrer Kanonen – zu Zeiten Napoleons waren das etwas fünf Kilometer. Das blieb bis zum Ausbruch des Zweiten Weltkriegs Standard.

Nach dem Krieg verlangten die Vereinigten Staaten, nun die vorherrschende Supermacht der Erde, die Rohstoffvorkommen auf dem Festlandsockel vor ihrer Küste. Ende der 1960er Jahre beanspruchten viele Nationen die Souveränität über einen zwölf Seemeilen (22,2 Kilometer) breiten Streifen vor ihrer Küste.[22] Im Jahr 1982 beschlossen die Vereinten Nationen das Seerechtsübereinkommen, das inzwischen von den meisten Ländern der Welt unterzeichnet wurde und jedem Land die Hoheit über maximal zwölf Seemeilen ihrer Küstengewässer zuspricht. Gleichzeitig sieht es sogenannte Ausschließliche Wirtschaftszonen (AWZ) vor, die auf bis zu 200 Seemeilen (370,4 Kilometer) vor der Küste ausgedehnt werden können und die dem »Zweck der Erforschung und Ausbeutung, dem Erhalt und Management« der Meeresbewohner und Bodenschätze sowie des Meeresgrunds dienen.[23] Dieses großzügige Geschenk erlaubte es Küstennationen, einen großen Teil der Weltmeere mit 90 Prozent der kommerziell nutzbaren Fischbestände und 87 Prozent aller Erdöl- und Erdgaslagerstätten auf den Festlandsockeln in Besitz zu nehmen.[24]

Die große Trophäe der vergangenen Jahrzehnte war die Tiefsee mit ihren gewaltigen Erdöl- und Erdgasvorkommen. Der Meeresgrund ist außerdem eine wahre Schatzkammer wertvoller Mineralien und Metalle wie Kupfer, Mangan, Kobalt, Aluminium, Uran, Lithium und Bor. Bislang wurden 57 Prozent des gesamten Meeresbodens zur ausschließlichen Nutzung an einzelne Nationen vergeben, die damit die letzte große Allmende der Menschheit und einen großen Teil der Hydrosphäre des Planeten in Besitz nehmen.[25] Und die Meere bedecken mehr als 70 Prozent der Oberfläche des blauen Planeten. Die Förderung von Erdöl und Erdgas aus der Tiefsee ist ein großes

Geschäft und beschert den Anrainern, die ihr Hoheitsgebiet dorthin ausdehnen können, großen Reichtum. Das kleine Norwegen wurde dank der Förderrechte in der Nordsee zu einem der führenden Ölförderstaaten der Welt, und die Vereinigten Staaten haben als eine der größten Fördernationen ihre Bohrinseln entlang der Westküste und im Golf von Mexiko.

Der Hochseefischfang ist ein weiteres lukratives Geschäft, oder er war es zumindest bis vor Kurzem, denn inzwischen sind die meisten Bestände durch Überfischung erschöpft. Im Jahr 2014 entfielen 64 Prozent der Hochseefischerei mit einem Umsatz von 7,6 Milliarden Dollar auf die fünf Nationen China, Taiwan, Japan, Südkorea und Spanien.[26] Mithilfe von digitaler Technik, Satellitenüberwachung, der Kartierung des Meeresgrunds und GPS-Geräten zur Ortung von Schwärmen wurde die Hochseefischerei zum »Tagebau« der Ozeane. Die riesigen Kutter mit einem Gewicht von 14 000 Tonnen und der Länge eines Fußballplatzes sind schwimmende Fabriken; noch an Bord wird der Fang verarbeitet und verpackt. Sie können bis zu 18 Millionen Portionen Gefrierfisch transportieren, ihre Netze wären groß genug, um 25 Jumbojets zu fangen, und stark genug, um 25 Tonnen schwere Gesteinsbrocken beiseite zu räumen. Sie legen »130 Kilometer lange Unterwasserleinen und oder 65 Kilometer lange Treibnetze« aus.[27] Die hoch technisierte Hochseefischerei hat mit ihrer Hypereffizienz die weltweiten Fischbestände so weit dezimiert, dass ein Drittel der Einkünfte der Fischerei heute aus staatlichen Subventionen stammt, die die Branche über Wasser halten.[28] Auch das Trinkwasser – die Grundlage allen Lebens auf der Erde – wird in Eigentum verwandelt und privatisiert. Angesichts der generellen Inbesitznahme, Rationalisierung und Privatisierung von Raum und Zeit war es wohl unvermeidlich, dass auch das Trinkwasser irgendwann zur knappen Ressource umdeklariert und privatisiert wurde und heute die Gewinne einer Handvoll globaler Privatunternehmen mehrt. Diese geben vor, sie seien am besten in der Lage, diese lebenswichtige Ressource zu erhalten und zu verteilen.

Die Privatisierung des Trinkwassers entsprach dem Zeitgeist der Thatcher- und Reagan-Jahre Anfang der 1980er Jahre. Beide Regierungen trieben den Verkauf oder die Verpachtung von Staatsbesitz, zum Beispiel Autobahnen, Eisenbahnen, Postdienst, Häfen und Flughäfen, Rundfunkanstalten, Stromnetzen, Haftanstalten, Schulen und so weiter an Privatunternehmen voran. Sie waren Vertreter des damals beliebten Neoliberalismus, der behauptete, Staatsunternehmen hinkten der Zeit hinterher, arbeiteten an den Bedürfnissen der Öffentlichkeit vorbei und seien vor allem hochgradig ineffizient. Wenn man die öffentlichen Güter und Dienstleistungen dem privaten Sektor überlasse, dann würden die Kräfte des Marktes die effizientesten Praktiken und die besten Preise durchsetzen, natürlich stets im Dienste der Verbraucher.

Es gab allerdings wenig Beweise für die Behauptung, dass staatliche Dienstleistungen ineffizient waren oder an den Bedürfnissen der Bürger vorbei arbeiteten. Zumindest in den Industrienationen waren die Züge pünktlich, der Postdienst stellte die Briefe zu, die Straßen waren in Schuss, die Schulen waren gut, das Gesundheitswesen wurde professionell geführt und so weiter. Trotzdem stießen die Vertreter des Neoliberalismus auf offene Ohren bei den politischen Führern und internationalen Institutionen, darunter den Vereinten Nationen, der Organisation für wirtschaftliche Zusammenarbeit und Entwicklung (OECD), der Welthandelsorganisation (WTO) und der Weltbank. Sie alle trieben Maßnahmen zur Zerschlagung und Privatisierung staatlicher Dienstleistungen und deren Übergabe an die größten multinationalen Konzerne der Welt voran. Die Welthandelsorganisation erklärte das Trinkwasser zur Handelsware, Dienstleistung oder Investition und ergriff Maßnahmen, um der Privatwirtschaft den Zugang zum Geschäft damit zu erleichtern. Die Weltbank wurde zum wichtigsten Fürsprecher der Privatisierung von Trinkwasserversorgung und Kanalisation, vor allem in Entwicklungsländern, und machten diese zur Voraussetzung für die Kreditvergabe. Die Weltbank und andere Kreditinstitutionen förderten sogenannte öffentlich-private Partnerschaften (ÖPP), über die Staaten ihre Trinkwasserinfrastruktur für bestimmte Zeit an Privatunternehmen verpachteten.

Weltbank, WTO, OECD und andere internationale Institutionen übersahen, dass Privatunternehmen keinerlei Interesse daran haben, die Infrastruktur und Dienstleistungen zu verbessern oder Preise zu senken. Im Gegensatz zu Märkten, auf denen die Verbraucher zwischen Anbietern wählen und zur Konkurrenz wechseln können (die einen günstigeren Preis und bessere Dienstleistungen bietet), handelt es sich bei der öffentlichen Infrastruktur – Straßen, Flughäfen und so weiter – naturgemäß um Monopole. Den Verbrauchern bleibt gar nichts anderes übrig, als sie zu nutzen.

Da diese Unternehmen wissen, dass ihre Kunden keine Alternative zu ihrem Angebot haben, gibt es für sie auch keinen Anreiz, in Verbesserungen der Anlagen zu investieren. Modernisierungen sind ein unnötiger Kostenfaktor, da sich darüber der Gewinn nicht steigern lässt. Deshalb müssen Privatunternehmen – die im Gegensatz zu staatlichen Betreibern Privatunternehmen ständig Umsatz- und Gewinnsteigerungen vorweisen müssen – von Anfang an den Markt anzapfen.

Die Folge ist ein dauerhafter Raubbau, der Kosten sparen und einen steten Strom von Erträgen sichern soll. Trink- und Abwasser sind besonders betroffen, denn den ärmsten Gemeinden bleibt gar nichts anderes übrig, als sich dem Diktat der Privatunternehmen zu beugen. Das ist wohl kaum ein gutes Beispiel für das Wirken der unsichtbaren Hand, die für den besten Preis sorgt.

In den ersten Jahren der Privatisierung der Trinkwasserversorgung förderte die Weltbank ÖPPs durch großzügige Kredite an Regierungen. Privatunternehmen unterstützte sie durch die International Finance Corporation, die in Privatisierungsprojekte investiert.

Selbst als sich die Beweise für das Versagen der privatisierten Trinkwasserversorgung mehrten, finanzierte die Weltbank die Privatisierung weiter. Zwischen 2004 und 2008 enthielten »52 Prozent der von der Weltbank geförderten Trink- und Abwasserprojekte – 78 Projekte im Umfang von 5,9 Milliarden Dollar – in der einen oder anderen Form eine Privatisierung, und 64 Prozent enthielten eine Form der Kostenerstattung«.[29] Globale Institutionen wie die Weltbank, der Weltwährungsfonds und viele andere sind noch ganz im Griff der Effizienz und der Kräfte des Marktes. Der Prozess ist noch lange nicht gestoppt. Zehn internationale Konzerne beherrschen heute den Trinkwassermarkt, und die drei größten – Suez, Veolia und RWE AG –

betreiben die Trinkwasserversorgung und Kanalisation von mehr als hundert Ländern.[30] Diese globalen Riesen treiben die Privatisierung voran, sie profitieren von großzügigen staatlichen Anreizen und Subventionen und erwirtschaften gewaltige Gewinne, indem sie das Trinkwasser teuer verkaufen und gleichzeitig die Wasserqualität vernachlässigen, alles im Namen der Effizienzsteigerung, die sie in ihren Kosten-Nutzen-Analysen und Quartalsberichten ausweisen.

Die Privatisierung der Trinkwasserversorgung ist nur ein Aspekt des blühenden Geschäfts mit dem Wasser. Ein anderer ist der Verkauf von Trinkwasser in Flaschen. In den 1970er Jahren wurde weltweit pro Jahr etwa eine Milliarde Liter abgefülltes Wasser verkauft. 2017 waren es 391 Milliarden Liter, und für das Jahr 2020 erwartete die Branche Umsätze von 300 Milliarden Dollar. Im Jahr 2016 verdienten Coca-Cola und Pepsi Cola mit abgefülltem Trinkwasser mehr Geld als mit ihren Limonaden.[31]

Nach drei Jahrzehnten der Privatisierung von Trink- und Abwasser veröffentlichte die Weltgesundheitsbehörde und die UNICEF 2019 einen Bericht, in dem es hieß, dass 2,2 Milliarden Menschen in aller Welt kein sicheres Trinkwasser haben und 4,2 Milliarden keine sichere Kanalisation; drei Milliarden Menschen konnten sich nicht einmal die Hände waschen.[32]

Doch die mangelhafte Trinkwasserversorgung und Kanalisation sind nicht nur in Entwicklungsländern ein Problem. Eine Untersuchung aus den Vereinigten Staaten zeigte, dass private Anbieter im Durchschnitt »59 Prozent mehr für Trinkwasser verlangen als staatliche Versorger« und für die Kanalisation sogar 63 Prozent mehr.[33] Außerdem untersuchte die Studie 18 Gemeinden, die ihre Verträge mit Privatunternehmen kündigten und feststellten, »dass die Stadtwerke im Durchschnitt 21 Prozent billiger waren als private Versorgungsunternehmen«. Die Privatisierung verteuerte dagegen die »Finanzierungskosten eines Wasserprojekts um 50 bis 150 Prozent«. Um Verluste zu minimieren, sparen private Wasserversorger Kosten, indem sie »billiges Material verwenden, nötige Wartungsarbeiten verzögern und Arbeitsplätze abbauen, mit der Folge, dass die Dienstleistungen schlecht und unzuverlässig sind«. Der Bericht kommt zu einer unmissverständlichen Schlussfolgerung: »Multinationale Wasserkonzerne sind in erster Linie ihren Aktionären gegenüber verpflichtet und nicht den Bürgern.«[34] Mit dem zunehmenden Klimawandel ist das Menschenrecht auf sauberes Wasser in Zukunft noch stärker gefährdet als bislang. Einige Regionen der Erde werden unbewohnbar werden, wenn Ökosysteme unter den dramatischen Veränderungen des Wasserkreislaufs zusammenbrechen, und aus den unbewohnbaren Regionen wird eine Massenmigration einsetzen. Daher müssen wir die Wasserversorgung radikal umdenken und widerstandsfähige Praktiken finden, um den Zugang zum Wasser zu sichern.

Die Kommerzialisierung der Gene

In den vergangenen Jahren wurden selbst die Gene, der Bauplan des Lebens, im Namen der Effizienz von der Kommerzialisierungswut ergriffen. Die Naturwissenschaften, die Lifescience-Branche, Biotechnologieunternehmen, Pharmaindustrie, Agrarkonzerne und Medizin stecken ihre Claims in der Genlandschaft ab und schicken sich an, auch noch das intimste Innere der Natur in Besitz zu nehmen. Der »Genrausch«, die Umwidmung des genetischen Programms des Lebens zu kommerziellen Zwecken, ist der letzte Schritt in der Bezähmung der Wildnis durch den Menschen.

Im Jahr 1972 meldete der Mikrobiologe Ananda Mohan Chakrabarty, der seinerzeit Mitarbeiter von General Electric war, einen genetisch veränderten Mikroorganismus an, der Ölteppiche auf der Meeresoberfläche beseitigen sollte. Das Patentamt der Vereinigten Staaten lehnte den Antrag ab, mit der Begründung, Lebewesen seien nicht patentierbar, da es sich um Naturprodukte handele – mit Ausnahme von Pflanzen, die vom Kongress einen Sonderstatus erhalten hatten. Chakrabarty legte Einspruch ein, und das Patentgericht gab seiner Berufung mit knapper Mehrheit von zwei zu drei Richterstimmen statt. In der Urteilsbegründung erklärten die Richter: »Die Tatsache, dass es sich bei Mikroorganismen um Lebewesen handelt, hat keinerlei juristische Bedeutung«, denn diese Mikroorganismen haben »größere Ähnlichkeit mit unbelebten chemischen Verbindungen wie Reaktionsmitteln, Reagenzien und Katalysatoren als mit Pferden und Bienen oder mit Himbeeren und Rosen«.[35] Das Patentamt wandte sich an den Obersten Gerichtshof, und meine Organisation, die People's Business Commission, unterstützte die Klage mit einem Gutachten, in dem es hieß, wenn der Oberste Gerichtshof das Patent zulasse, werde »künstlich erzeugtes Leben – egal ob höher oder nieder – unterhalb des Lebens als gewöhnliche Chemikalie eingestuft«. Außerdem würde dies der künftigen Patentierung aller möglichen Lebensformen und ihrer Bestandteile Tür und Tor öffnen.[36] Im Jahr 1980 entschied der Oberste Gerichtshof mit einer knappen Mehrheit von fünf gegen vier Richterstimmen zugunsten von Chakrabarty und gewährte damit das erste Patent für eine gentechnisch veränderte Lebensform. Richter Warren Burger bezeichnete das Gutachten meines Büros als »gruseliges Schreckensszenario«.[37]

Einen Monat nach der Verkündung des Urteils ging das neue Biotechnologie-Start-up Gentech an die Börse und war nach dem ersten Börsentag 535 Millionen Dollar wert – damals ein beispielloser Erfolg an der Wall Street – und das, obwohl das Unternehmen noch kein einziges Produkt vorweisen konnte. Im Jahr 1987 machte das amerikanische Patentamt, das Lebensformen einst für nicht patentierbar gehalten hatte, eine Kehrtwende und gab bekannt, dass genetisch veränderte Mehrzeller, darunter auch Tiere, nun doch patentierbar seien. Mit dieser neuen Richtlinie läutete es das biotechnische Jahrhundert ein. Um die Öffentlichkeit zu beschwichtigen, erklärte Patentamtsleiter Donald J. Quigg in einer Stellungnahme, dass man zwar grundsätzlich jede genetisch veränderte Lebensform auf Erden zum Patent anmelden könne, dass Menschen aufgrund des 13. Verfassungszusatzes der Vereinigten Staaten (das die Sklaverei verbietet) jedoch ausgenommen seien.[38] Embryos, Föten, Gene, Zelltypen, Gewebe und Organe seien dagegen sehr wohl potenziell patentierbar.[39] Ein Jahr nach Herausgabe dieser neuen Richtlinie wurde das erste Säugetier patentiert, eine genmanipulierte Maus, die menschliche Gene in sich trug, was sie zur Entwicklung von Krebserkrankungen prädisponierte. Wenig später erwarb ein schottisches Forschungsteam in den Vereinigten Staaten ein Patent für ein Verfahren, mit dem es schließlich das berüchtigte Schaf Dolly klonte.[40] Seither haben Patentbehörden in aller Welt Tausende gentechnische Verfahren sowie Bestandteile von genmanipuliertem Saatgut und Tieren patentiert, darunter auch modifizierte menschliche Gene und Zellen. Pflanzengenetiker und Bauern waren besonders erzürnt, als sich globale Agrarkonzerne wie Monsanto, W. R. Grace, Bayer und Syngenta Patente auf genmanipuliertes Saatgut und damit auf die Grundlage der menschlichen Ernährung sicherten.

Seit Jahrtausenden hatten Bauern einen Teil ihrer Ernte verwendet, um sie im folgenden Jahr wieder auszusäen, doch mit dem genmanipulierten Saatgut war dies nicht mehr möglich. In den folgenden Jahrzehnten überwachten Agrarkonzerne Abertausende von Bauern rund um den Erdball, und wenn sie diese dabei erwischten, wie sie ihre eigene Ernte zur Aussaat verwendeten, erstatteten sie Anzeige wegen Verstoßes gegen das Patentrecht.[41] Mit wenigen Ausnahmen unterstützten Biologen die Kommerzialisierung des Lebens. Laut einer Untersuchung von Sheldon Krimsky, der Ende der 1980er Jahre an der Tufts University Umweltpolitik lehrte, unterhielten 37 Prozent der Biotechnik-Forscher – durchweg Angehörige der renommierten Akademie der Wissenschaften, die unter anderem die amerikanische Regierung in Wissenschaftsfragen berät – »enge Beziehungen in die Industrie«.[42]

Nachdem Bauernverbände, Gesundheitspolitiker, Forscher und die Öffentlichkeit jahrzehntelang Widerstand gegen die Patentierung von genmanipuliertem Leben geleistet hatten, fällte das Oberste Gericht ein Urteil gegen das Unternehmen Myriad Genetics, das zwei an der Behandlung von Brust- und Gebärmutterhalskrebs beteiligte Gene patentieren wollte. Es war allerdings nur ein kleines Zugeständnis. Das Gericht stimmte zu, dass Gene an sich nicht patentiert werden können, nur weil sie entdeckt worden waren; doch die synthetische DNA, die bei der Untersuchung der Patientinnen zum Einsatz kam, könne sehr wohl patentiert werden, da sie schließlich nicht in der Natur vorkomme. Damit blieb die Tür zur kommerziellen Ausbeutung der menschlichen Gene weit offen.[43] Biotechnologieunternehmen argumentieren, die Genforschung diene einer guten

Sache, weil sie effizientere Mittel zur Züchtung gesunder Pflanzen und Tiere suche. Eine größer werdende Zahl von Wissenschaftlern unterstützt zudem die Beseitigung schädlicher Gene in der menschlichen Population und die Beimischung von optimierten Genen, die körperliche und geistige Gesundheit verbessern sollen.

Die kurzfristigen Effizienzsteigerungen, wie sie die Biotechnologiebranche anpreist, gehen unweigerlich mit gravierenden negativen externen Effekten einher. Nicht der geringste ist die eisige Atmosphäre in den Forschungslaboren der Universitäten. Pharmakonzerne, Lifescience-Unternehmen und globale Agrarkonzerne haben von den Laboren Besitz ergriffen, indem sie einen Großteil der Forschung finanzieren, die beteiligten Wissenschaftler mit Aktien honorieren und einen Schleier der Geheimhaltung über die Universitätslabore legen.[44] Doktoranden und Professoren müssen oft Geheimhaltungserklärungen von Biotechnologiekonzernen unterzeichnen und zusichern, dass sie ihre Ergebnisse nicht an Kollegen weitergeben. Außerdem dürfen Forscher ihre Entdeckungen nicht zeitnah in Fachzeitschriften veröffentlichen, was den wissenschaftlichen Austausch behindert. Gerade jüngere Wissenschaftler verweigern daher die Mitarbeit an fremdfinanzierten Forschungsprojekten, da die kurzfristigen Gewinne der Konzerne nicht auf Kosten der Unterdrückung des freien Austauschs der Wissenschaft und Forschung gehen dürfen.

Nirgends wird das Banner der Effizienz unverhohlener hochgehalten als in der Entwicklung des neuen gentechnischen Verfahrens CRISPR/Cas. Diese sogenannte Genschere gilt als »vielseitigstes gentechnisches Werkzeug in der bisherigen Geschichte der Molekularbiologie«.[45] Der Chemienobelpreis des Jahres 2020 ging an die beiden Erfinderinnen Emmanuelle Charpentier von der Max-Planck-Forschungsstelle für die Wissenschaft der Pathogene in Berlin und Jennifer Doudna von der University of California in Berkeley. Aus einem bakteriellen Immunmechanismus machten die beiden Wissenschaftlerinnen »ein Instrument, mit dem sich die Genome von Weizen über Mücken bis zum Menschen einfach und billig editieren lassen«.[46] Diese billige und erstaunlich effiziente Genschere hat eine neue biotechnische Industrie hervorgebracht, die unter anderem die

Medizin, die Herstellung von landwirtschaftlichen Produkten und die Schädlingsbekämpfung umfasst. Pernilla Wittung-Stafshede, Professorin für Chemische Biologie an der Technischen Hochschule Chalmers von Göteborg, unterstreicht die Verheißungen dieses Instruments, wenn sie sagt: »Die Fähigkeit, die DNA an jeder gewünschten Stelle zerschneiden zu können, hat die Lifesciences revolutioniert.«[47] Doch mit der exponentiellen Effizienzsteigerung bei der Manipulation der Gene in den Keimbahnen von Pflanzen, Tieren und Menschen, mit der vermeintlich negative Eigenschaften beseitigt werden sollen – ohne ausreichende Kenntnis um die komplexen genetischen Beziehungen, die sich über Jahrmillionen entwickelt und angepasst haben –, drohen ungezählte negative externe Effekte. Diese werden die kurzfristigen Effizienz- und Ertragssteigerungen der pharmazeutischen, landwirtschaftlichen und medizinischen Industrie und der Lifesciences weit in den Schatten stellen.

Ein Beispiel: Im Jahr 1978 schrieb ich zusammen mit Ted Howard ein Buch mit dem Titel *Who Should Play God?* über die Verheißungen und Gefahren der damals noch jungen biotechnischen Revolution. Damals argumentierten wir, dass die Wissenschaft irgendwann ein Werkzeug wie die Genschere zur Verfügung haben würde. Wie warnten davor, sogenannte monogene Mutationen aus der Keimbahn zu entfernen. Dabei handelt es sich um Gene, die für chronische Krankheiten verantwortlich sind und sich negativ auf die Lebenserwartung auswirken können. So ist zum Beispiel die Sichelzellenanämie, eine rezessive Mutation, die vor allem bei Menschen afrikanischer Abstammung zu finden ist, ein Hinweis auf eine geringere Lebenserwartung. Doch eben diese Mutation macht auch widerstandsfähiger gegen Malaria. Und eine mit der gefährlichen Mukoviszidose zusammenhängende Mutation geht mit einer größeren Resistenz gegen Cholera einher. Tatsache ist, dass wir nicht wissen, warum bestimmte rezessive Mutationen im menschlichen Genom existieren und welche evolutionären Vorteile es haben könnte, dass sie sich bis heute gehalten haben.

Ende der 1970er Jahre nahm ich an einer Forumsdiskussion mit dem Harvard-Biologen Bernard Davis teil, in der es um die Manipulation der Keimbahn ging. Ich fragte ihn, ob er, wenn er eine Genschere hätte, alle rezessiven Mutationen entfernen würde. Seine Antwort war ein knappes Ja. Doch durch die Beseitigung dieser rezessiven Mutationen, die im Laufe der Evolution in unserem Genom überlebt haben, würden wir möglicherweise eine menschliche Monokultur schaffen, so wie wir es bei Pflanzen und anderen Tieren getan haben. Damit könnten wir unsere Überlebensfähigkeit gefährden und weniger widerstandsfähig gegen neue Angriffe aus der Umwelt werden, die diese rezessiven Mutationen vielleicht hätten abwehren können.

Tatsache ist, dass die Manipulation somatischer Zellen – also die Entfernung möglicherweise gesundheitsgefährdender oder tödlicher Mutationen nach der Geburt – deutlich effektiver wäre, denn das würde den Eingang dieser Mutation in die Keimzelle nicht verhindern, künftigen Generationen alle Optionen offenhalten und den Trägern dieser Mutationen trotzdem ein gesundes Leben ermöglichen. Bedauerlicherweise interessiert sich in der Biotechnologie kaum jemand für diese Vorbehalte und Alternativen.

Das ethische Dilemma rund um die CRISPR-Eingriffe in die Keimbahn wurde im November 2018 deutlich, als ein chinesischer Wissenschaftler die Geburt genmanipulierter menschlicher Zwillinge verkündete. Es war der erste Fall eines gentechnischen Eingriffs in die Keimbahn eines menschlichen Fötus. Der Wissenschaftler He Jiankui berichtete, er habe die Gene einer Reihe von Embryonen so manipuliert, dass sie gegen das HI-Virus resistent seien, und diese dann in den Mutterleib eingesetzt.[48] Die Wissenschaftsgemeinde war entsetzt und begeistert zugleich. Wie so oft ließ dieser Tabubruch die Mehrheit der Wissenschaftler und Biotechnologieunternehmen sofort auf den Zug aufspringen. Mit einem Mal ging es nur noch um die Qualifikation der beteiligten Wissenschaftler, nicht mehr um die ethischen und ökologischen Implikationen solcher Experimente.

Die Biotechnologiebranche feierte die Entwicklung von CRISPR, verlangte jedoch gleichzeitig geeignete Protokolle, um den Erfolg dieser neuen Medizintechnik zu gewährleisten. Eine Untersuchung der kommerziellen Erfolgsaussichten der Genschere verwies auf ihre rasante Einführung in Biotechnologieunternehmen und hielt fest, dass CRISPR allein im Geschäftsjahr 2015/16 »eine Verfünffachung der

Investitionen in genomeditierende Biounternehmen« zur Folge gehabt habe – ein Hinweis, dass das neue Instrument »eine globale biotechnologische Revolution anstößt«. Die Autoren des Berichts waren optimistisch, dass sich »der globale Wandel in der Biotechnologie fortsetzt, da die Nachfrage nach personalisierter Medizin, genetisch veränderten Nutzpflanzen und nachhaltigen Biotreibstoffen zunimmt«.[49] Auch wenn der Kommerz sofort zur Stelle war, muss man anerkennen, dass viele Wissenschaftler nicht von wirtschaftlichen, sondern von humanitären Motiven geleitet werden und sich bewusst sind, welche Gefahren die Beseitigung von Mutationen für künftige Generationen bedeuten kann. Doch auf längere Sicht ist die Effizienz der Genschere zu verlockend, und bei allen Zweifeln über künftige negative externe Effekte werden sie die Technik verwenden, um das menschliche Genom zu manipulieren, wenn auch nicht unbedingt zu verbessern.

In Fachartikeln zu den langfristigen negativen Auswirkungen der Genmanipulation mit CRISPR betonen Wissenschaftler immer wieder die Effizienz dieses neuen Instruments bei Eingriffen in das menschliche Genom, so als sei Effizienz ein übergeordnetes moralisches Gebot. Nehmen wir einen Artikel, in dem Carolyn Bronkowski von der Yale School of Medicine und Mazhar Adli vom Fachbereich Biologie und Molekulargenetik der University of Virginia die ethischen Aspekte der Genschere erörtern. Wie viele ihrer Kollegen setzen die Autoren Moral und Effizienz gleich. Sie beginnen mit der Feststellung, dass »angesichts der technischen Grenzen und der Komplexität biologischer Systeme präzise Vorhersagen über die Zukunft eines editierten Organismus und die Einschätzung potenzieller Gefahren und Nutzanwendungen schwer bis unmöglich« sind. Dann erwähnen sie, dass »sich die Technik mit beispielloser Geschwindigkeit entwickelt«, um schließlich zu dem Schluss zu kommen, dass »mit der Entwicklung effizienterer und präziserer CRISPR-Instrumente viele dieser Einwände obsolet werden«. Effizienz scheint also künftige Risiken auszustechen – ein deutliches Signal, dass die Effizienz auch im untergehenden Zeitalter des Fortschritts das oberste moralische Gebot bleibt.[50]

Die Ausbeutung des elektromagnetischen Spektrums: GPS, das globale Nervensystem

Die Rationalisierung von Raum und Zeit zum Zweck der Inbesitznahme, Privatisierung und Ausbeutung der Schätze unserer Erde mit immer größerer technischer Effizienz erreichte am 14. Februar 1989 einen vorläufigen Höhepunkt. An diesem Tag schickten die Vereinigten Staaten den ersten Satelliten des Global Positioning Systems (GPS) in die Erdumlaufbahn.

GPS, das seine volle Betriebsfähigkeit am 17. Juli 1995 erreichte, besteht aus 33 Satelliten, die die Erde in einer Höhe von gut 20 000 Kilometern umkreisen. Jeder Satellit sendet ein Funksignal im Mikrowellenbereich des elektromagnetischen Spektrums. Das System, das seinen Sitz auf dem Luftwaffenstützpunkt Schriever in Colorado Springs hat, beschäftigt 8 000 militärische und zivile Mitarbeiter in sechzehn Beobachtungsstationen rund um den Erdball.[51] GPS ist das Herzstück des größten jemals eingerichteten Überwachungssystems und beobachtet und koordiniert fast jeden Aspekt unserer Alltagsaktivitäten. Jeder Satellit ist mit einer Atomuhr ausgestattet, die auf die Nanosekunde genau mit den Atomuhren anderer GPS-Satelliten abgestimmt ist und wiederum von der zentralen Atomuhr des Marineobservatoriums in Washington DC überwacht wird. In seinem Buch *Pinpoint* erklärt Greg Milner für Laien verständlich, wie das System funktioniert, zum Beispiel wenn Sie ein Handy oder ein anderes digitales Gerät benutzen:

> Die Satelliten senden ein kontinuierliches Funksignal mit Informationen darüber, wo der Satellit war und sein wird, sowie den exakten Zeitpunkt, wann das Funksignal den Satelliten verlassen hat. Dieses Signal reist 20 000 Kilometer weit und wird auf dem Weg durch die Ionosphäre der Erde kräftig durchgerüttelt. Wenn es 67 Tausendstelsekunden später bei uns ankommt, ist es deutlich schwächer …
>
> Wenn jemand … ein Mobiltelefon einschaltet, ist es dasselbe. Fast jeder Punkt auf der Erde ist immer in Sichtweite von mindestens vier GPS-Satelliten … Mithilfe der Herkunft und Ankunftszeit des

> Signals kann der GPS-Empfänger die exakte Position eines Telefons bestimmen und auf einer Karte verorten. Der Empfänger kann auch die korrekte Uhrzeit feststellen. Vier Satelliten, vier Dimensionen. Eine punktgenaue Berechnung von Raum und Zeit.[52]

Das Navigationssystem GPS ist das technische Gegenstück zu Isaac Newtons mechanischem Universum, oder, pessimistischer gesehen, zu Jeremy Benthams Panopticon. Mit seinen Atomuhren und Signalen, die zur Erde gesendet werden, funktioniert es wie ein weltumspannendes Nervensystem, über das wirtschaftliche Aktivitäten, Sozialleben, Verwaltung und so weiter in Raum und Zeit koordiniert werden. Milner erläutert die Bedeutung des GPS bei der Organisation räumlicher und zeitlicher Beziehungen im menschlichen Umfeld:

> GPS wird verwendet, um die Bewegungen von möglichen Kriminellen, Sexualstraftätern, Wildtieren, Demenzpatienten oder widerspenstigen Kindern zu verfolgen. GPS leitet Flugzeuge zur Landung und verortet Schiffe auf hoher See. Wir tragen Uhren mit GPS. Wir kaufen spezialisierte GPS-Sport-Apps zum Golfen und Fischen. Wir verwenden GPS zur Suche nach Erdölvorkommen. GPS war an der Produktion eines Gutteils der Lebensmittel beteiligt, die wir heute essen. GPS ist eine der zuverlässigsten Uhren der Welt und eine, die andere Uhren vereint. Die Einzelteile der komplexen Systeme der Welt müssen synchronisiert werden und sind oft mit der GPS-Zeit verbunden. Die GPS-Zeitmessung koordiniert das Stromnetz in seiner transnationalen Komplexität, sie schickt ihre Mobiltelefonate von Handymast zu Handymast und ordnet Milliarden Transaktionen des Finanzsystems, in dem die Abweichung von einer Tausendstelsekunde Milliarden Dollar bedeuten kann. GPS hilft bei der Wettervorhersage. GPS vermisst Land und baut Brücken und Tunnels. Es weiß, wie viel Wasser sich im Erdboden oder in der Aschewolke eines Vulkans befindet und wie die Ozeane den Gewichtsschwerpunkt der Erde verschieben.[53]

Heute empfangen 6,4 Milliarden Geräte Signale des GPS- oder eines anderen Satellitennavigationssystems.[54] Im Jahr 2019 wurden auf dem Markt für diese Systeme 161,27 Milliarden Dollar umgesetzt, bis 2027 sollen es mehr als doppelt so viel, nämlich 386,77 Milliarden Dollar pro Jahr sein.[55] Die Europäische Union brachte 2011 ihr Navigationssystem Galileo an den Start, Russland hat GLONASS, und China BeiDou. Wohlwollend könnte man dem GPS zugutehalten, dass es die Menschheit mit ihren Mitlebewesen in Lithosphäre, Hydrosphäre, Atmosphäre und Biosphäre zu einem globalen Überorganismus verbinden und die Menschheit in den Schoß einer dynamischen Erde zurückführen könnte. In gewisser Weise ist GPS ein Choreograf und Koordinator sämtlicher Aktivitäten auf unserem Planeten.

Auf der anderen Seite wird zunehmend deutlich, dass uns das GPS als Dirigent unserer zeitlichen und räumlichen Beziehungen noch weiter aus unserer einst so engen Beziehung zu den Instanzen und Rhythmen der Erde herausreißt und uns persönlich und kollektiv entmündigt. So zeigt zum Beispiel eine wachsende Zahl von klinischen Untersuchungen, dass es sich negativ auf unsere kognitiven Fähigkeiten zur räumlichen Orientierung sowie zur Synchronisierung unserer körperlichen Rhythmen mit unserer Umwelt auswirkt, wenn wir immer häufiger diese satellitengesteuerten Nervensysteme für alltägliche Routinen verwenden.

Im Juni 2019 besuchte mich Noam Bardin in meinem Büro in Washington DC. Bardin ist Gründer von Waze, einer beliebten GPS-App für Autofahrer. Wir unterhielten uns angeregt über die Vor- und Nachteile solcher Navigationssysteme, die Millionen von Fahrer auf dem schnellsten Weg ans Ziel bringen und ihnen so ganz nebenbei helfen, Benzin zu sparen und den Kohlendioxidausstoß zu verringen.

Ich erwähnte, dass meine Frau Carol und ich große Fans von Waze sind, doch ich musste auch eine persönliche Geschichte loswerden, die zur Warnung dienen kann. Einmal im Jahr lädt uns ein befreundetes Ehepaar zu sich nach Hause ein. Vor einigen Jahren zogen die beiden in einen anderen Vorort von Washington. Etwa um diese Zeit begannen wir, Waze zu verwenden. Da die Strecke nicht ganz einfach war, ließen wir uns von Waze lotsen. Als wir unsere Freunde einige

Monate später wieder besuchen wollten, stellten wir unterwegs fest, dass wir unser Handy mit der Waze-App zu Hause liegengelassen hatten. Wir hatten keine Ahnung, wo wir waren und wie wir an unser Ziel kommen sollten. Beim Blick hinaus auf die Straße erkannten wir keine vertrauten Orientierungspunkte – keine Straßen, keine Häuser, keine Geschäfte, nichts, was uns irgendwie vertraut vorgekommen wäre. Wir hatten keine mentale Karte für die Strecke zum Haus unserer Freunde, obwohl diese nur 25 Minuten entfernt wohnten. Mit einem Mal wurde uns klar, dass Waze unsere Fahrten zwar effizienter gemacht hatte, doch der Preis war unsere Mündigkeit und unsere Fähigkeit, unsere physische Umwelt zu erkennen und eine mentale Karte davon anzulegen. Wir waren wie Kinder. Wir hatten unser Raumgefühl an Waze und GPS abgetreten.

Dieses Phänomen hat seinen Namen. Es nennt sich Topografie-Agnosie, eine seltene Störung, die Menschen daran hindert, »eine mentale Landkarte ihrer Umgebung anzufertigen«.[56] Menschen mit dieser Störung haben zwar ein ganz normales Erinnerungsvermögen, doch sie sind außerstande, »eine räumliche Darstellung ihrer jeweiligen Umgebung anzulegen, die Informationen über die Anordnung des Raums, die dort vorhandenen Objekte (also Orientierungspunkte) und vor allem die Beziehung zwischen diesen Objekten enthält«.[57] Daher geht diesen Menschen jegliche Orientierung ab – sie finden nicht einmal den Weg vom Schlafzimmer ins Bad und zurück. Mit unserem Erlebnis – einer stark abgeschwächten Form der Topografie-Agnosie – sind wir offenbar nicht allein. Daher fragen Kognitionsforscher heute, was es bedeutet, wenn wir uns nicht nur bei Autofahrten, sondern bei allen möglichen alltäglichen Orientierungsaufgaben immer mehr auf das GPS-Gehirn verlassen statt auf unser eigenes. Wissenschaftler fürchten, dass die zur räumlichen Orientierung nötigen Gehirnregionen weniger genutzt werden und verkümmern könnten. Wie in so vielen anderen Bereichen unserer zunehmend digital vernetzten Welt, die wir immer mehr durch Geräte wahrnehmen, riskieren wir mit der Hilfe und den effizienten Entscheidungen von GPS eine Zurückbildung unserer kognitiven Fähigkeiten.

Dieser Verlust an persönlicher Handlungsfähigkeit ist keineswegs eine harmlose persönliche Anekdote. Das belegt das neue Phänomen »Tod durch GPS«. Fahrer verlassen sich offenbar so sehr auf ihre Navigations-App und sind so wenig gewillt, ihre Anweisungen durch einen einfachen Blick aus dem Seitenfenster zu überprüfen, dass sie immer weiter fahren und gelegentlich sogar Klippen hinabstürzen, in Seen und Flüsse rauschen oder gegen Hauswände rasen. Sie haben ihre Handlungsfähigkeit vollständig an ihr Navigationssystem abgetreten.

Wir sehen GPS oft als eine globale Über-Uhr, doch Milner bevorzugt die korrektere Beschreibung als »die mächtigste Stoppuhr der Welt und das perfekte Instrument des Zeitmanagements«.[58] Ich erinnere mich daran, wie in den 1980er Jahren die digitale Zeitanzeige in Zahlen an die Stelle des Zifferblatts der Analoguhr traten. In meinen Seminaren erinnerte ich meine Studenten daran, dass die Kreisbewegung des Zeigers an die Erdrotation im 24-Stunden-Zyklus des Tages erinnern soll, während die Digitaluhr wie ein Timer funktioniert, der den Nutzer nur an den isolierten Moment erinnert, ohne Hinweis auf die Vergangenheit, aus der er kommt, und die Zukunft, in die er geht. Digitale Zeit ist erstarrte Zeit. Die GPS-Zeitmessung funktioniert ganz ähnlich – sie dient dem Timing (siehe Frederick Taylor). Ihre wichtigste Anwendung ist die Koordinierung und Synchronisierung der wesentlichen Elemente der aufkommenden intelligenten Infrastruktur, die unsere gesamte Gesellschaft real wie virtuell umkrempelt. Während sie von manchen mit Begeisterung aufgenommen wird, begegnet man ihr andernorts mit Sorge. Diese beiden Reaktionen lassen ahnen, was uns dieser grundlegende Wandel unserer Kommunikation, Energieversorgung und Mobilität in Wirtschaft, Gesellschaft und Demokratie in den kommenden Jahrhunderten bescheren könnte, wenn wir nun das Zeitalter des Fortschritts hinter uns lassen und in das Zeitalter der Resilienz eintreten.

Die Neuverkabelung des menschlichen Gehirns

Der Verlust unserer Handlungsfähigkeit in einem virtuellen Universum ist seit über zwei Jahrzehnten ein strittiges Thema. Die Kontroverse dreht sich vor allem um die Frage, ob die ersten Generationen von sogenannten Digital Natives oder »Eingeborenen der digitalen Welt« – die Millennials und Generation Z, die mit dem Cyberspace groß geworden sind – anders denken. Dabei geht es nicht um Meinungen und Ansichten, sondern darum, ob die digitale Welt, die sie bewohnen und die nicht aus ihrer kognitiven Entwicklung wegzudenken ist, Auswirkungen auf ihre Gehirnstruktur hat. Und wenn das der Fall ist, welche Konsequenzen hat das für den Umgang unserer Spezies mit ihrer Zukunft?

Eine erste Ahnung, dass das lange Eintauchen in die virtuelle Welt die Denkfähigkeit und vielleicht sogar die Hirnstruktur beeinträchtigen könnte, war die radikale Verringerung des Vokabulars und des Alphabetisierungsgrades einer jüngeren digitalen Generation, die vor allem auf den Bildschirm fixiert ist. Da das Internet in erster Linie ein visuelles Medium ist, in dem ein Bild mehr sagt als tausend Worte, wird jede nachfolgende digitale Generation mit weniger komplexen Begriffen konfrontiert. Im Internet findet sich zwar fast das komplette Vokabular in fast jeder Sprache, doch da die Effizienz in Form von Blättern, Multitasking und schneller Verlinkung zu anderen Seiten das Querlesen begünstigt, reduziert dies die Aufmerksamkeit für den jeweiligen Text und bietet wiederum weniger Kontakt zu schwierigen Wörtern. Auch in Chats, E-Mails und sozialen Medien werden weniger komplexe Begriffe und mehr vereinfachte Kommunikation sowie Abkürzungen und Smileys verwendet. Daher reduziert jede virtuelle Kommunikation die Aufmerksamkeitsspanne der Nutzer. Durch die Verkürzung von Texten und die Vereinfachung der Wortwahl, vor allem in Begleitung von visuellem Material, schrumpft das Vokabular der Nutzer und sie büßen an Handlungsfähigkeit in der Kommunikation mit anderen und bei der Formulierung komplexer Gedankengänge ein. Im Gegensatz dazu hat jede andere Kommunikationsrevolution der Geschichte das Vokabular und die Speicherkapazitäten erweitert und immer spezifischere Kommunikation ermöglicht.

Schon 2009 veröffentlichte Patricia Greenfield, Professor für Psychologie an der University of California in Los Angeles und Leiterin des Children's Digital Media Center in Los Angeles, in der Zeitschrift *Science* einen ausführlichen Bericht über die Auswirkungen von Computern, Internet, Multitasking und Videospielen auf die persönliche Handlungsfähigkeit. Dazu wertete sie fünfzig Untersuchungen an der Schnittstelle von Bildung und den neuen digitalen Kommunikationstechniken aus. Die visuellen Fähigkeiten haben zwar zugenommen, so Greenfield, doch das Textverständnis, vor allem von literarischen Texten, habe in gleichem Maße abgebaut und vermutlich zu einem Verfall des kritischen Denkens beigetragen.[59]

Greenfield erklärte, »durch den Gebrauch visueller Medien lernen Schüler, Informationen besser aufzunehmen«, doch da es sich bei den meisten visuellen Medien um Echtzeitmedien handelt, haben die Schüler weniger Zeit für Reflexion, Analyse und Fantasie, auf die es beim kritischen Denken besonders ankommt.[60] Die Effizienz des schnelleren Zugangs zu vereinfachten visuellen Darstellungen mit wenig Text geht auf Kosten einer vertiefenden Lernerfahrung. Besonders kritisierte Greenfield das Multitasking und führte aus: »Die Lösung komplexer Aufgaben verlangt konstante Konzentration. Bei einer Aufgabe, die konstantes Denken verlangt, wirkt Multitasking schädlich.«[61]

Ein Jahrzehnt später liegen neue Untersuchungen vor, die zeigen, dass das effizientere Lernen im Internet die neuronale Struktur verschiedener Hirnregionen verändert und auf diese Weise einen Verlust an persönlicher Handlungsfähigkeit bewirkt. Im Juni 2019 legten Wissenschaftler der Harvard University, der Oxford University, des King's College, der University of Manchester, und der Western Sydney University einen umfangreichen Bericht vor. Sie zeigten, dass das Gehirn ein hochgradig formbares Organ ist, dessen Struktur sich je nach Gebrauch verändert.[62] Besonders empfänglich ist es für die radikalen technischen Veränderungen der menschlichen Kommunikation. Das heißt, dass die großen technischen Revolutionen von Mündlichkeit zu Schriftlichkeit, Buchdruck und schließlich elektronischen und digitalen Medien nicht nur unsere Kommunikation verändert haben, sondern auch unser Gehirn.

Unter anderem berichten die Wissenschaftler, dass in sechswöchigen Online-Rollenspielen die graue Masse im orbitofrontalen Kortex – einer an der Impulskontrolle und Entscheidungsfindung beteiligten Region – deutlich abnahm.[63] Ausgedehnte Internetnutzung und mediales Multitasking ging einher mit »einer Verringerung der grauen Masse in präfrontalen Hirnregionen, die mit dem Verfolgen von Zielen bei gleichzeitigen Ablenkungen zu tun haben«. Ein Überblick über 41 wissenschaftliche Einzeluntersuchungen stellte fest, dass Multitasking mit einer »signifikant schlechteren kognitiven Gesamtleistung« in Zusammenhang steht.[64] Beim Vergleich zwischen der Informationssuche im Internet und in einer Enzyklopädie zeigten Magnetresonanzaufnahmen, dass »die im Internet aufgefundene Information schlechter abgerufen wird als in Enzyklopädien gefundene Wissen, was mit einer geringeren Aktivität des ventralen Systems während der Informationssuche im Internet zusammenhängt«. Das wiederum bestätigt die Möglichkeit, dass »Informationssuche im Internet zwar schneller ist, aber die an einer langfristigen Speicherung von Information beteiligten Gehirnregionen nicht ausreichend einbezieht«.[65] Untersuchungen mit hoch funktionalen analytischen Denkern mit großen kognitiven Fähigkeiten ergaben, dass diese sich weniger auf die Informationssuche im Internet und stärker auf ihre Erinnerung an die Information stützen.[66] Diese und andere Untersuchungen zu den Effizienzsteigerungen durch den Umgang mit dem Internet versus den damit einhergehenden Verlusten an kognitiver Handlungsfähigkeit sind beunruhigend und verlangen eine gründliche Neuorientierung im Umgang mit dem neuen Kommunikationsmedium.

Die Hypereffizienz in Arbeit, Freizeit und Alltag, die mit der virtuellen Welt des Cyberspace einhergeht, beeinträchtigt nicht nur die Handlungsfähigkeit und neuronale Organisation der digitalen Generationen, sondern sie gefährdet auch die Zukunft der Menschheit. Wir erinnern uns daran, dass die Effizienz eine rastlose Kraft ist, die jeden künftigen Output zu optimieren sucht, sodass dieser weniger

Zeit, Energie, Arbeit und Kapital erfordert. Das Ziel der Effizienz ist die Aufhebung der Zeit und die Optimierung der Zukunft in einem ewigen Jetzt, das den Zeitpfeil für immer abschafft. Das ist natürlich nicht unsere Absicht, wenn wir im Alltag effizienter werden wollen. Trotzdem steht hinter diesem unermüdlichen Streben nach immer mehr Effizienz die Angst, dass jeder für eine Tätigkeit aufgewendete Moment ein verlorener Moment ist, der uns dem unvermeidlichen Ende näher bringt. Effizienz ist ein Ersatzplan, um mehr Zeit zu gewinnen und uns hier auf Erden ein kleines bisschen Unsterblichkeit zu erkaufen.

Doch der Effizienzwahn scheint seinen Scheitelpunkt erreicht zu haben. Die Rede ist von der »Führung durch Algorithmen«. Regierungen und Unternehmen setzen ihre politische und wirtschaftliche Zukunft zunehmend auf die Sammlung von Daten jeglicher Art im Cyberspace und die Auswertung dieser Information mit Analyseprogrammen. Dabei verfolgen sie das Ziel, Algorithmen zu entwickeln, um die Zukunft zu beschreiben, vorherzusehen, vorzuschreiben oder zu verhindern, mit der Absicht, Märkte, soziale Bewegungen und Führung in einer noch nicht eingetretenen Zukunft zu beherrschen oder zumindest Einfluss auf sie zu nehmen.

Führung durch Algorithmen: Bekannte Bekannte, bekannte Unbekannte und unbekannte Unbekannte

NATO-Hauptquartier, Brüssel, 6. Juni 2002. Der amerikanische Verteidigungsminister Donald Rumsfeld hält eine Pressekonferenz, auf der er die Anstrengungen der NATO im Kampf gegen den Terrorismus erläutert. Nach einigen Ausführungen zur Unterredung der NATO-Mitglieder eröffnet Rumsfeld die Fragerunde.

Die erste Frage der Journalisten: »Sie sagen, dass die Gefahr durch Terrorismus und Massenvernichtungswaffen größer ist als die Tatsachen vermuten lassen. Könnten Sie uns verraten, was schlimmer ist als gemeinhin angenommen wird?

Darauf Rumsfeld:

> Ich habe mich intensiv mit der Auswertung der Geheimdienstinformation beschäftigt und tiefer und tiefer und immer weiter gebohrt, bis ich wusste, was wir wissen, und wann wir es wussten, und wann es tatsächlich existierte. Dabei habe ich herausgefunden, dass wir von einem wichtigen Ereignis erst zwei Jahre später, vier Jahre später, sechs Jahre später, manchmal elf und zwölf und dreizehn Jahre später erfahren haben. Was lernen wir daraus? Wir lernen daraus, dass es keine »bekannten Größen« gibt. Es gibt Dinge, von denen wir wissen, dass wir sie wissen. Es gibt bekannte Unbekannte, das heißt, es gibt Dinge, von denen wir wissen, dass wir sie nicht wissen. Aber es gibt auch unbekannte Unbekannte. Das sind die Dinge, von denen wir nicht wissen, dass wir sie nicht wissen. Wenn wir also unser Bestes tun und diese ganze Information zusammenholen, dann sind das nur die bekannten Bekannten und die bekannten Unbekannten. Aber jedes Jahr entdecken wir mehr von diesen unbekannten Unbekannten. Das klingt mysteriös. Das ist es aber nicht. Es ist eine ernste und wichtige Angelegenheit. Das lässt sich auch anders ausdrücken, nämlich die Abwesenheit eines Beweises ist noch kein Beweis für die Abwesenheit… Nur weil uns die Beweise fehlen, dass etwas existiert, heißt das nicht, dass es Beweise dafür gibt, dass es nicht existiert. Aber wir müssen unsere Gefahreneinschätzungen fast immer auf die ersten beiden Puzzleteile stützen statt auf alle drei.[67]

Journalisten sind einiges gewöhnt und lassen sich durch Pressekonferenzen nicht aus der Fassung bringen, doch das war zu viel für sie. Hatte der Verteidigungsminister den Verstand verloren? Oder war das etwas unglaublich Tiefschürfendes, wie man es sonst vielleicht aus einer Philosophievorlesung erwarten würde? Der Rumsfeld'sche Zungenbrecher ging um die Welt und wurde Gegenstand von zahllosen Witzen und endlosen Debatten. Fairerweise muss man sagen, dass diese Gedankenspielerei nicht auf Rumsfelds Mist gewachsen war. Die National Aeronautics and Space Administration

(NASA) sprach von unbekannten Unbekannten, wenn es um mögliche Pannen bei Weltraumflügen ging. Die amerikanischen Psychologen Joseph Luft und Harrington Ingham verwendeten die unbekannten Unbekannten in den 1950er Jahren als therapeutische Technik. Doch in der Folge der Terroranschläge des 11. September 2001, der das World Trade Center zum Einsturz brachte und 2 977 Menschenleben kostete, wurden die unbekannten Unbekannten plötzlich für amerikanische Bürger auf grausige Weise greifbar.

Das Ziel der Künstlichen Intelligenz besteht darin, Daten zu sammeln und mithilfe von Analyseprogrammen die bekannten Unbekannten und unbekannten Unbekannten aufzuspüren – sprich: die Zukunft vorherzusehen. Eine der am wenigsten bedachten Konsequenzen der Hypereffizienz einer hoch technisierten Gesellschaft ist, dass die Geschwindigkeit der Ereignisse das Risiko eines Totalschadens vergrößert. Wissenschaftler, Unternehmensführer und staatliche Aufseher sind verständlicherweise besonders daran interessiert, künftige Risiken zu minimieren.

Hier kommen die Künstliche Intelligenz und Analyseprogramme ins Spiel. Ein Großteil der Arbeit auf diesem Gebiet dient der Prognose, vor allem im kommerziellen Bereich. Dabei geht es darum, basierend auf dem früheren Konsumverhalten mögliche Bedürfnisse der Kunden zu identifizieren, ehe diese selbst sich deren bewusst sind. So arbeitet zum Beispiel die Musik- und Filmbranche schon seit gut zwei Jahrzehnten mit Big-Data-Dienstleistern wie Platinum Blue Music Intelligence und Epagogix, um vorab den Erfolg eines Liedes oder Kinofilms einschätzen zu können. Inzwischen bereiten Unternehmen aus allen Branchen ihre Produktstarts mit Analyseprogrammen und Algorithmen vor und sprechen mit ihrer Werbung ganz bestimmte Zielgruppen an, deren früheres Konsumverhalten am besten zu dem betreffenden Produkt oder der Dienstleistung passt.

Experten führen eine lebhafte Debatte darüber, inwieweit diese sogenannte prädiktive Analytik künftige Möglichkeiten verbaut, indem sie neue Formen von Kunst, Unterhaltung, Produkten und Dienstleistungen, die nicht dem aktuellen Geschmack entsprechen, von vorneherein ausschließt. Solche Prognosen engen uns ein, indem sie uns in ein Ökosystem sperren, das auf Vorlieben und Wünschen der Vergangenheit basiert.

John Cheney-Lippold, Professor für Digital Studies an der University of Michigan, beschreibt die prädiktive Analytik als Lenkung, Steuerung und Entmündigung der Öffentlichkeit:

> Die kybernetische Kategorisierung sagt uns, wer wir sind, was wir wollen und wer wir sein sollten. Letztendlich verlangt sie von uns, Freiheit ganz anders zu verstehen als früher gedacht. Wir verlieren die Kontrolle darüber, wie wir uns online definieren, und vor allem verlieren wir Kontrolle über die Bedeutung der Kategorien, die unsere Identität ausmachen.[68]

Das Pew Research Center bat Experten aus allen Bereichen um Stellungnahmen und Ansichten zu den Vor- und Nachteilen der Verwendung von Prognose-Algorithmen. Obwohl die Befragten in der Entwicklung solcher Algorithmen mittels Datenerhebung und -analyse ein geeignetes Mittel sahen, um Millionen von Menschen besser zu verstehen, nannten sie immer wieder drei grundlegende Einwände:

> Erstens geben die Algorithmen die Annahmen der Programmierer und Datensätze wieder. Zweitens vertieft die Kategorisierung mittels Algorithmen Spaltungen. Und drittens erzeugen Algorithmen Filterblasen und von kommerziellen Datensammlern geschaffene Silos, das heißt, sie schränken den Kontakt der Nutzer mit einer größeren Bandbreite von Ideen und zuverlässigen Informationen ein und schalten den Zufall aus.[69]

Auffallend häufig thematisierten die Experten Effizienz, Gewinne und die Einschränkung von persönlichen Freiheiten. Die von Pew Befragten waren sich weitgehend einig, »dass Algorithmen in erster Linie zur Optimierung der Effizienz und der Gewinne entwickelt werden und dabei keine Rücksicht auf die möglichen gesellschaftlichen Auswirkungen der Datenmodelle und -analysen nehmen«.[70] Viele der Befragten waren der Ansicht, »Menschen gelten als ›Input‹

des Prozesses und nicht als reale, denkende, fühlende und sich verändernde Wesen«.[71] Einer der Befragten brachte das Wesen des Problems mit diesen Worten auf den Punkt: »Algorithmen stellen Effizienz über Korrektheit oder Fairness, und schreiben im Laufe ihrer Entwicklung nur die Prioritäten fort, mit denen sie ursprünglich programmiert wurden.«[72] Doch die prädiktive Analytik, die Milliarden von Menschen entmündigt, ist noch relativ harmlos im Vergleich zur präventiven Analytik. Hier wird die Hypereffizienz zu einer beispiellosen Gefahr.

Prävention: Zukunft verhindern, ehe sie eintritt

1. Juni 2002, Abschlussfeier der Militärakademie West Point. US-Präsident George W. Bush spricht wenige Monate nach dem Terroranschlag auf das World Trade Center vor den Absolventen und warnt sie:

> Wenn wir warten, bis sich eine Gefahr einstellt, dann haben wir zu lange gewartet. Wir müssen den Krieg ins Lager des Feindes tragen, seine Pläne stören und die gewaltigen Bedrohungen in den Griff bekommen, ehe sie eintreten. Im Namen der Sicherheit müssen alle Amerikaner wachsam und entschlossen und wenn nötig zu Präventivmaßnahmen bereit sein.[73]

Journalisten schenkten der Rede seinerzeit kaum Beachtung, und die Öffentlichkeit noch weniger. Doch der Gedanke der Präventivmaßnahmen markierte einen grundlegenden Wandel in der militärischen Strategie, Außenpolitik und Führung, der schon bald in die Wirtschaft und die Zivilgesellschaft vordringen sollte, mit negativen Auswirkungen auf das Wohl der Bürger und die soziale Agenda.

An diesem Tag führte der Präsident die Vereinigten Staaten und bald auch andere Nationen in die trüben Gewässer der unbekannten Unbekannten, wo sich künftige unbekannte Gefahren nur ausschließen lassen, indem man »imaginäre Ereignisse«, die vielleicht irgendwann in der nahen oder fernen Zukunft eintreten *könnten*, unterbindet, indem man in der Gegenwart Maßnahmen ergreift.

Die Logik der Prävention hat allerdings einen Haken. Datenanalysten durchforsten die Vergangenheit nach Hinweisen, die ihnen bei der Suche nach dem unbekannten Unbekannten helfen können – einem imaginären unerwünschten Ereignis, das irgendwann in der Zukunft eintreten könnte –, um darauf zu reagieren, ehe dieses Ereignis überhaupt eingetreten ist. Doch Daten aus der Vergangenheit können keine Auskunft geben über künftige Ereignisse, weshalb sie auch keine Informationen enthalten können, die bei der Suche nach unbekannten Unbekannten hilfreich wären. Und da Prävention eine Maßnahme gegen ein imaginäres Ereignis ist, wird »es« zum einzig möglichen Ereignis. Aber damit ist die Prävention keine Reaktion, sondern schafft die Voraussetzung für eine Vergeltungsreaktion. Um künftige Risiken anzuwenden, schafft die Prävention also genau das Risiko, das sie vermeiden will, und sät im Hier und Jetzt Chaos.

Seit den Anschlägen des 11. September 2001 erleben Big Data, Datenanalyse und Algorithmen zur Entdeckung und Prävention von unbekannten Unbekannten einen gewaltigen Aufschwung. Städte bringen »vorausschauende Sicherheitsberechnungen« in Anschlag, um unbekannte künftige Risiken zu erkennen. Mittels Rund-um-die-Uhr-Überwachung durch Algorithmen erheben sie massenhaft Daten über die Bewegungen und Aktivitäten ihrer Bürger. Diese Daten lassen sie von Analyseprogrammen auswerten, um Risiken vorwegzunehmen und zu unterbinden, mit der Behauptung, mittels Prävention ließen sich kriminelle und antisoziale Aktivitäten effizienter verhindern.

Staatliche Überwachung und vorgreifliches Handeln gelten vor allem kriminellen Aktivitäten und sozialen Protesten, die als Gefahr für die öffentliche Sicherheit eingestuft werden. Doch Soziologen weisen darauf hin, dass die Einschätzung dessen, wer und was eine Gefahr darstellen könnte, oft von den Vorurteilen der Analysten abhängt, die diese Daten erheben und die Algorithmen programmieren. Das führt dazu, dass sich Überwachung häufig gegen Minderheiten und gesellschaftliche Randgruppen richtet, gegen linke soziale Proteste und sogar Tierschützer.

Präventive Führung agiert unter dem Banner des »futuring«, wie Analysten es nennen – einer neuen Form der »vorausschauenden Führung« rund um staatliche Präventivmaßnahmen. In den letzten Jahren wurde in den Vereinigten Staaten eine Reihe kommerzieller Apps eingeführt, um Bürger an der Echtzeitüberwachung von Situationen zu beteiligen, die Gefahren darstellen und Präventivmaßnahmen erforderlich machen könnten. Die Apps warnen Nutzer, wenn sie »Problemviertel« mit hoher Kriminalität oder zahlreichen Obdachlosen durchqueren oder auch nur in deren Nähe kommen. Außer fordern die Apps ihre Nutzer auf, Beobachtungen einzugeben, um diese in einer Datenbank zu sammeln. Microsoft ließ sich vor einigen Jahren eine Navigations-App patentieren, die Fußgänger um vermeintliche Problemviertel herumführt.[74] Viele der Apps erregten den Zorn der Öffentlichkeit und vor allem von Minderheiten in sozialen Brennpunkten und zwangen die Macher, ihre Programme zurückzuziehen oder zumindest zu modifizieren und offenkundig diskriminierende Aspekte zu entfernen. Prävention richtet sich vor allem auf unbekannte Unbekannte, die eine potenzielle Ansteckungsgefahr darstellen, zum Beispiel Proteste, Unruhen und Plünderungen. Die betreffenden sozialen Gruppen und Räume werden Gegenstand intensiverer Überwachung, stärkerer Polizeipräsenz und weiterer Maßnahmen wie Ausgangsbeschränkungen oder Straßensperrungen, mit denen mögliche unerwünschte Aktivitäten von vornherein unterbunden werden sollen.

Wenn Behörden und Bürger, wie es in den Vereinigten Staaten heute der Fall ist, mehr Vertrauen in eine Politik haben, die eingebildete Gefahren der Zukunft unterbindet, als in eine, die in der Gegenwart neue Chancen und Möglichkeiten eröffnet, signalisiert dies einen grundlegenden Wandel der emotionalen und gesellschaftlichen Einstellungen. Doch die politischen Folgen dieses Führungswandels werfen besorgniserregende Fragen auf, die das Herz unserer Demokratie und Rechtsprechung berühren. Der kanadische Jurist Ian Kerr, Experte für Ethik und Technologie, schreibt:

> Eine umfassende Präventionsstrategie stellt einige unserer rechtlichen Grundprinzipien infrage, darunter auch die Unschuldsvermutung. Big Data ermöglicht eine universelle Strategie der präventiven sozialen Entscheidungsfindung. Im Rahmen einer solchen Strategie sind die Bürger nicht in der Lage, die über sie gesammelten Informationen und getroffenen Annahmen zu erkennen, zu verstehen, zu beeinflussen oder auf sie zu reagieren. Wenn man davon ausgeht, dass mithilfe von Big Data ohne unser Wissen wichtige Entscheidungen getroffen werden, die uns angehen, steht die präventive soziale Entscheidungsfindung im Widerspruch zum Schutz der Privatsphäre und zur Rechtsstaatlichkeit.[75]

Prävention ist die ultimative Machtausübung, sie hält die Zukunft anderer im permanenten Lockdown und entmündigt bestimmte Bevölkerungsgruppen.

Der vielfältige und wandelbare Einfluss des Taylorismus auf das vergangene Jahrhundert ist unübersehbar. Fast jeder Aspekt der komplexen Erdsysteme wurde im Namen der Effizienz und der Erträge ausgebeutet, kommerzialisiert und befindet sich heute in kritischem Zustand. Inzwischen bringt das Evangelium der Effizienz sogar das gesamte kapitalistische System an den Rand des Zusammenbruchs, wie wir im nächsten Kapitel sehen werden.

KAPITEL 6

DAS DILEMMA DES KAPITALISMUS

Mehr Effizienz, weniger Arbeitnehmer, verschuldete Verbraucher

Die Propheten der Effizienz waren bei all ihrer Expertise blind für einen Widerspruch, der so offensichtlich war, dass er schon hätte ins Auge springen müssen, als das wissenschaftliche Management erstmals Einzug in die Industrieproduktion hielt. Die vermeintlich ungebildete Arbeitnehmerschaft, die nach Ansicht von Taylor nicht in der Lage war, die einfachsten Arbeitsschritte einer Maschine oder die Funktionsweise des Marktes zu durchschauen, verstand zumindest, was es bedeutete, wenn man immer schneller immer billigere Güter produzierte und dabei die Lohnkosten senkte. Wenn man in kürzerer Zeit mehr produzierte, dann war das zwar effizienter, doch es bedeutete unweigerlich, dass weniger Arbeitskräfte gebraucht wurden, weshalb die Gesamtzahl der Beschäftigten schrumpfen und die Schlangen der Arbeitslosen länger werden würden.

Mitte der 1920er Jahren war die amerikanische Industrie hypereffizient geworden, sie produzierte immer mehr Güter zu immer niedrigeren Stückpreisen und sparte Lohnkosten durch Entlassungen und Deckelung der Löhne.

Die Nachfragekrise

Die Sorgen der Arbeitnehmer waren nur zu begründet. Die Begeisterung für das wissenschaftliche Management und das Evangelium der Effizienz führte direkt in eine Nachfragekrise, denn weniger Arbeitnehmer mit einem schmaleren Einkommen bedeuteten, dass Hersteller und Handel auf ihren Waren sitzenblieben. Henry Ford erkannte als Erster das durch die Effizienz der modernen Fließbandfertigung entstandene »Konsumdefizit«, und kam auf den unerhörten Gedanken, die Löhne großzügig zu erhöhen und die Arbeitszeit zu verkürzen. »Wer soll denn sonst meine Autos kaufen?«, fragte er.[1] Also führte Ford den Acht-Stunden-Tag ein. Andere Konzerne folgten bald nach. Außerdem erhöhte er die Löhne – ein Gedanke, der bis heute einem Grundprinzip der Effizienz widerspricht, das die Einführung immer billigerer und effizienterer Technik zur Senkung der Arbeitskosten und Steigerung der Erträge verlangt.

Der Nationale Industriellenverband forderte die Öffentlichkeit auf, ihren »Konsumstreik« zu beenden, während seine Mitglieder fortfuhren, ihre »weniger produktiven« und »entbehrlichen« menschlichen Arbeitskräfte durch billigere und effizientere Maschinen zu ersetzen. Im Jahr 1925 schritt der Kongress ein. Eine Anhörung des Senatsausschusses für Bildung und Arbeit zum Thema Arbeitslosigkeit sah die Schuld in erster Linie bei den »technischen Verbesserungen«. Der Bericht hielt außerdem fest, dass entlassene Arbeitnehmer länger arbeitslos waren und nach einer Wiederanstellung weniger verdienten.[2] Die Unternehmer waren zwar widerwillig bereit, den Acht-Stunden-Tag einzuführen, um die zunehmende Militanz der Gewerkschaftsbewegung zu entschärfen, doch vor Lohnerhöhungen schreckten sie zurück. Stattdessen setzten sie weiterhin darauf, menschliche Arbeitskräfte durch Maschinen zu ersetzen, was die Verbrauchernachfrage weiter schwächte. Lieber suchten sie nach anderen Möglichkeiten, die arbeitende Bevölkerung zum Konsum zu verlocken.

Um diese Zeit erreichte die Werbebranche ihre erste Blüte. Ausgestattet mit den Erkenntnissen aus dem neuen Gebiet der Psychologie, wollte sie die Arbeitnehmer vom traditionellen und christlichen Wert der Enthaltsamkeit abbringen und gaukelte ihnen dazu eine Vision des »guten Lebens« im Hier und Jetzt vor. Zeitschriften präsentierten junge Männer und Frauen, die den amerikanischen Traum lebten. Die Werbung machte es sich zur Aufgabe, einen Menschen zu erfinden, der sich über seine materiellen Besitztümer definierte und weniger über traditionelle Verantwortungen und Beziehungen. Wichtiger als der »Charakter« eines Menschen war seine »Persönlichkeit«, die mit immer mehr Besitzobjekten ausstaffiert war und einen Lebensstil zelebrierte, der einst nur den Reichen offenstand.

Die Werbebranche erfand den »unzufriedenen Verbraucher«, der die Kunden dazu bringen sollte, immer neue und bessere Dinge zu begehren. Hier wechselte der Autohersteller General Motors, der lange hinter Ford zurückgeblieben war, auf die Überholspur und setzte sich an die Spitze der neuen Werbestrategie. Als Henry Ford sein Model T vorstellte, sagte er: »Jeder Kunde kann seinen Wagen beliebig anstreichen lassen, wenn der Wagen nur schwarz ist.«[3] General Motors erkannte dagegen, dass das Unternehmen seine Verkäufe steigern und sogar an Ford vorbeiziehen konnte, wenn es verschiedene Modelle in unterschiedlichen Farben anbot und jedes Jahr neue Modelle auf den Markt brachte, sodass die Kunden mit ihrem alten Auto unzufrieden waren und die neueste Version haben wollten. Charles Kettering von General Motors sagte: »Der Schlüssel zum wirtschaftlichen Wohlstand ist die systematische Herstellung von Unzufriedenheit.«[4] Die Unternehmenswelt erkannte schnell, dass die beste Methode zur Ankurbelung der Verkäufe darin bestand, immer neue Modelle und Versionen auf den Markt zu bringen, selbst wenn die Veränderungen rein kosmetischer Natur waren. Die Werbung verwandelte den Kauf von einer alltäglichen Transaktion in ein verführerisches Erlebnis. Unternehmen verkauften ihre Produkte als »neu« und »besser« und machten aus dem Konsum einen Statuswettlauf darum, wer unter den Nachbarn und Kollegen der Modernste war.

Doch die Werbung benötigte noch eine zweite Stoßrichtung, um den Konsum anzukurbeln. Ein williges Opfer waren die Einwandererfamilien, die seinerzeit ins Land strömten. Die erste Generation der in den Vereinigten Staaten geborenen Einwandererkinder war begierig darauf, den amerikanischen Traum zu leben. Die Werbung spielte mit ihren Hoffnungen und mit ihrer Scham über die ärmlichen Eltern mit ihren Gewohnheiten aus der Alten Welt und lockte mit Kleidern aus dem Kaufhaus und neuen Haushaltsgeräten. Über das neue Medium des Kinos warb sie für eine sinnlichere und materialistischere Kultur und unterwies die Neubürger so im »Evangelium des Konsums«.

Am Vorabend der Weltwirtschaftskrise hatte die Werbung den Konsum von einer Befriedigung von Grundbedürfnissen zum hedonistischen Lustgewinn gemacht. 1929 veröffentlichte Präsident Hoovers Ausschuss zur Untersuchung wirtschaftlicher Veränderungen einen Bericht über den Wandel, den gewiefte Werbetreibende innerhalb weniger Jahrzehnte in der menschlichen Psyche bewirkt hatten. In dem Bericht hieß es:

> Die Untersuchung erbringt den Nachweis, dass Bedürfnisse unersättlich sind und dass ein Bedürfnis, sobald es befriedigt ist, Platz für ein neues macht. Daraus folgt, dass wir wirtschaftlich ein grenzenloses Feld vor uns haben und dass neue Bedürfnisse einander die Klinke in die Hand geben. Werbung und andere verkaufsfördernde Maßnahmen haben eine messbare Sogwirkung für die Produktion erzeugt. Allem Anschein nach lässt sich die Aktivität immer weniger steigern. Die Situation ist günstig, die Dynamik beträchtlich.[5]

Allerdings musste man sich das Leben im amerikanischen Traum auch leisten können. Hier half das kapitalistische System mit Verbraucherkrediten aus. Das Zauberwort war »Ratenzahlung«. Schon im 19. Jahrhundert kaufte man sich größere Anschaffungen wie Möbel zunehmend auf Raten. Die Nähmaschine von Singer war eines der ersten Haushaltsgeräte, das man abstottern konnte. Singer führte das neue Finanzierungsmodell schon 1850 ein, und in den 1920er Jahren waren die Ratenzahlungen ein Hit. An der Spitze standen der Kauf eines Autos, des teuersten und begehrtesten Konsumguts der Zeit und der Inbegriff des amerikanischen Traums. Schon 1924 wurden 75 Prozent aller Autos auf Raten gekauft.[6] Mit ihrer Kampagne für Glamour und das gute Leben schuf die Werbebranche eine »Kultur des Narzissmus«, wie es der Sozialkritiker Christopher Lasch nannte.[7] In dieser neuen Ära wurden sinkende Löhne und Unterbeschäftigung durch Kredite und Ratenzahlungen aufgefangen, die das Tor zum Massenkonsum aufstießen. Gleichzeitig erlaubten sie der

Industrie, ihren Effizienzkult am Leben zu erhalten, ihre Produktion zu beschleunigen und ihre Gewinne zu steigern. Der Konsumrausch, der vor allem auf Pump finanziert wurde, fiel 1929 mit dem Börsenkrach in sich zusammen. Die Ratenzahlungen hielten sich zwar mehr schlecht als recht durch die Weltwirtschaftskrise und die 1930er Jahre, doch es gab zu wenige Arbeitnehmer, und diese brachten weniger Geld nach Hause. Die Genügsamkeit stand wieder hoch im Kurs, doch diesmal ging es den Bürgern nicht darum, den Sparstrumpf für die Zukunft zu füllen, sondern nur darum, nicht auf der Straße zu landen.

Trotz des Absturzes der Verbrauchernachfrage hielt die amerikanische Industrie während der gesamten Weltwirtschaftskrise daran fest, menschliche Arbeitskräfte durch billigere und effizientere Maschinen zu ersetzen. Eine Erhebung aus dem Jahr 1938 zeigte, dass die verlorenen Arbeitsstunden zu 51 Prozent auf den Rückgang der Produktion zurückzuführen waren, und zu erstaunlichen 49 Prozent auf Produktivitätssteigerungen und die Beseitigung von Arbeitsplätzen durch Rationalisierungsmaßnahmen.[8] Da die effizientere Technik und die gestiegene Produktivität weniger Arbeitskräfte benötigte, stand die Gesellschaft vor einer einfachen Wahl: Sie konnte die Arbeitnehmerschaft verkleinern oder die Wochenarbeitszeit verkürzen.

Einige wenige Unternehmen entschieden sich für Ersteres, auch wenn das ein Schuss ins Knie war, weil ein Rückgang der Arbeitnehmer gleichbedeutend mit weniger Einkommen und schwindender Kaufkraft war, trotz aller Ratenzahlungen. Manche Unternehmen bissen dagegen in den sauren Apfel und führten den Sechs-Stunden-Tag und die 30-Stunden-Woche ein, um die vorhandene Arbeit besser zu verteilen und den Menschen Lohn und Brot zu geben, in der Hoffnung, dass dies den Konsum beflügeln und die Wirtschaft wieder ankurbeln würde. Unter ihnen waren einige der führenden Unternehmen der Vereinigten Staaten wie Kellogg's, Sears-Roebuck, Standard Oil und Hudson Motors. Kellogg's ging sogar einen Schritt weiter und hob den Mindestlohn der Arbeiter um vier Dollar pro Tag an, womit der Einkommensverlust durch die Arbeitszeitverkürzung wieder wettgemacht wurde.[9] Ein Gesetz zur Einführung der 30-Stunden-

Woche wurde vom Senat verabschiedet und fand auch im Abgeordnetenhaus eine Mehrheit, wurde dann jedoch von Präsident Franklin Delano Roosevelt gekippt. Während die Unternehmen Arbeitskräfte durch moderne Maschinen ersetzten, legte die neue Roosevelt-Regierung eine Reihe prominenter staatlicher Beschäftigungsprogramme auf, die Arbeitsplätze schaffen, den Konsum ankurbeln und die Konjunktur beleben sollten. Die Maßnahmen des New Deal boten zwar ein gewisses Maß an Unterstützung, doch sie reichten nicht aus, um den Konsum wieder auf das Niveau der amerikanischen Produktionskapazitäten zu heben. Daher mussten viele Unternehmen Konkurs anmelden. Währenddessen ging die Rationalisierung weiter und steigerte die Produktionskapazitäten, doch die Hersteller fanden nicht genug Abnehmer, um ihre Lager zu leeren. Trotz des New Deal steckte die Wirtschaft in einer tiefen Krise, die bis zum Eintritt der Vereinigten Staaten in den Zweiten Weltkrieg und die Mobilmachung der Wirtschaft für die Kriegsproduktion anhielt. Nun traten Millionen Amerikaner in die Armee ein und Millionen weitere, vor allem Frauen, fanden gut bezahlte Arbeit in der Rüstungsindustrie.

Das Einkommen der Arbeitnehmer in kriegswichtigen Unternehmen stieg zwar, doch aufgrund der Preiskontrollen und der Rationierungen konnten Familien nicht in demselben Maße konsumieren wie vor der Weltwirtschaftskrise. Zahlreiche Güter und Dienstleistungen der Grundversorgung – ein Siebtel aller Waren – waren streng rationiert, was den Konsum bremste.[10] Da das Leben während des Kriegs weitgehend pausierte, wuchsen die privaten Ersparnisse. Nach dem Krieg sollten sich diese noch als nützlich erweisen. Die heimkehrenden Soldaten hatten es eilig, mit einem Kredit des Wohnungsbauministeriums ein Eigenheim in einem der Vororte zu kaufen, die an den Ausfahrten der neuen Autobahnen aus dem Boden schossen. Das in den 1950er Jahren begonnene Autobahnbauprogramm war eines der teuersten öffentlichen Infrastrukturprogramme aller Zeiten. Die Vororte belebten den amerikanischen Traum neu – dieses Mal im Namen der »Häuslichkeit in der Vorstadt«.

Das Camelot der Vorstadt

Die amerikanische Industrie betrieb die Intensivierung der Vorstadtökonomie mit demselben Elan wie zuvor die Mobilmachung. Vorstadtfamilien hatten doppelt so häufig ein Auto wie Familien, die in den Innenstädten geblieben waren.[11] Mit ihren Restaurantketten, Einkaufszentren und Freizeitparks veränderten die Vorstädte auch das öffentliche Leben. Das Autobahnnetz öffnete die Vereinigten Staaten für eine neue Art von Tourismus, der wiederum die Autoverkäufe ankurbelte. Und als sich die Amerikaner ans Steuer setzten, um die Weite und Vielfalt ihres Landes kennenzulernen, schossen überall die Motels und Touristenattraktionen aus dem Boden. In der Vorstadt wuchs sich die Konsumwelle zum Tsunami aus. Während des dreißig Jahre dauernden Aufbaus des Autobahnnetzes gab es reichlich Arbeit zu guten Löhnen. Beim Bau der Vorstädte wurden Arbeiter aller Art gebraucht. Doch selbst der neue Wohlstand von Millionen von Amerikanern reichte nicht aus, um den unersättlichen Hunger der Vorstädte zu stillen, der von massiven Werbekampagnen im neuen Medium des Fernsehens geschürt wurde. 1950 besaßen nur 9 Prozent aller Haushalte einen Fernsehapparat, 1978 waren es 91 Prozent.[12] Die meisten Amerikaner waren regelrecht süchtig danach. Dem Nielsen Report zufolge hatte 2009 ein 65-jähriger Durchschnittsbürger neun Jahre seines Lebens vor dem Fernseher zugebracht, was vier Stunden am Tag oder 28 Stunden pro Woche entspricht. In dieser Zeit hatte er zwei Millionen Werbespots gesehen.[13] Das Fernsehen war umso verlockender, als es umsonst war. Die Fernsehsender verdienten ihr Geld allerdings mit Werbespots. Aus wirtschaftlicher Sicht war das Fernsehen in erster Linie ein Werbemedium, das »den Handelsvertreter in alle Wohnzimmer schickte«; die Unterhaltung diente lediglich dazu, das Publikum für die Werbung zu ködern. Es funktionierte. Millionen Bürger wurden nicht nur fernsehsüchtig, sondern auch kauf- und erlebnissüchtig. Das Evangelium des Konsums erlebte seine Wiederauferstehung.

Doch selbst die gestiegenen Einkommen der kurzen Zeit des Vorstadttraums reichten nicht aus, um den Kaufrausch zu finanzieren.

In diese Bresche sprang die Finanzbranche mit Verbraucherkrediten und Kreditkarten. Die Kaufhäuser waren die ersten, die ein System von Verbraucherkrediten einführten. Es handelte sich um sich erneuernde Kredite: Die Kunden konnten die Bezahlung einer Ware hinausschieben, solange sie Monat für Monat die Zinsen auf ihre Schulden zahlten. So wurden die Kaufhäuser zu Kreditinstituten und verdienten an den Zinsen oft genau so viel wie mit den Verkäufen.[14] In den 1960er Jahren wurden die Banken auf die Verbraucherkredite der Kaufhäuser aufmerksam. Noch ein Jahrzehnt zuvor waren erste Experimente mit Kreditkarten weitgehend gescheitert, doch nun witterten die Banken den großen Reibach und unternahmen einen zweiten Versuch. Es gab zwar gewisse Risiken, doch obwohl sich die Familien der Mittelschicht in Schulden stürzten, um ihren neuen Lebenswandel zu finanzieren, konnten sie ihre Kredite in aller Regel über die Jahre wieder abstottern.

Die Bank of America stieg schon 1958 als erste in das Geschäft ein, ihre Karte ist heute die Visa Card. 1966 folgte ein Konsortium von kalifornischen Banken mit der MasterCard. In den 1970er Jahren brummte das Geschäft mit den Kreditkarten; in vielen Bereichen traten sie schnell an die Stelle von Schecks und Bargeld. Im Gegensatz zu den Kaufhäusern hatten die Banken viel Geld in der Tasche und konnten Verbraucherkredite in großem Maßstab vergeben. Die Kreditkarte brachte die Wende im Kreditgeschäft. Als fast grenzenloser Verbraucherkredit gab sie den Kunden weitgehende Kontrolle darüber, welche Summe sie sich leihen wollten, und veränderte damit das Verhältnis von Kreditnehmern und Banken. Die Banken ließen sich gern darauf ein, denn je mehr Kunden ihren Kredit ausschöpften, umso mehr Einnahmen kamen herein. Solange die Banken mithilfe von Bonitätsprüfungen sicherstellten, dass ihre überwiegend aus der Mittelschicht stammenden Kunden kreditwürdig waren, schien das Risiko kalkulierbar.

Ab den 1980er Jahren ermöglichten mehrere Gesetzesänderungen die Kreditvergabe auch an solche Kunden, die früher weder für herkömmliche Kredite noch für Kreditkarten infrage gekommen wären. Bis dahin war mehr als ein Viertel der Bevölkerung als Kreditnehmer ausgeschlossen gewesen, weil sie arm und oft unterbeschäftigt waren und daher als nicht kreditwürdig galten.[15] Angesichts der Rendite, die diese Millionen von neuen Kunden versprachen, gingen die Banken und Kreditkartenunternehmen das Risiko, das die sogenannten Subprime-Kredite darstellten, willig ein. Finanzbranche und Industrie waren entschlossen, den Konsum immer weiter anzukurbeln.

Das Ende der Arbeit

In den drei Jahrzehnten, die der Aufbau der Infrastruktur der zweiten industriellen Revolution in Anspruch nahm, und in denen Arbeit gut bezahlt war, war ein Phänomen in den Hintergrund getreten, das sich nun langsam wieder bemerkbar machte und Arbeiter und Angestellte gleichermaßen betraf. Ganze Berufsgruppen verschwanden, was den Lebensunterhalt vieler Millionen Menschen bedrohte und besorgniserregende Implikationen für Wirtschaft und Gesellschaft hatte.

Die neuen Verwerfungen im Arbeitsmarkt gingen zurück auf das Jahr 1943, als ein Mathematiker namens Norbert Wiener vom Massachusetts Institute of Technology in einem Fachartikel zur neuen Theorie der Kybernetik über denkende, lernende und anpassungsfähige Maschinen spekulierte. Wieners Beschreibung der Kybernetik bot den wissenschaftlichen und technischen Rahmen für das Computerzeitalter und die spätere Künstliche Intelligenz. Er schrieb, »die Arbeitsweisen des lebenden Individuums und die einiger neuerer Kommunikationsmaschinen« seien »exakt parallel«.[16] Wiener war sich bewusst, welch tiefgreifenden Auswirkungen effizientere und intelligente Maschinen auf Industrie und Handel haben würden und warnte: »Die automatische Maschine ist die exakte wirtschaftliche Entsprechung der Sklavenarbeit. Jede Arbeit, die mit Sklavenarbeit konkurriert, muss die wirtschaftlichen Bedingungen der Sklavenarbeit akzeptieren.«[17] Seine Prophezeiung sollte sich bald bewahrheiten. Die erste Generation der numerischen Kontrolltechniken hielt Ende der 1950er Jahre Einzug in die Fabriken. In den nächsten Jahrzehnten folgte die Computerisierung und Automatisierung sämtlicher Facetten des Wirtschaftslebens und beseitigte erst ungelernte, dann gelernte Arbeitskräfte und schließlich Fachkräfte, Angestellte und Studierte. In den 1990er Jahren zeichnete sich ab, dass die Revolution der Arbeit in vielen Wirtschaftssektoren Arbeitsplätze vernichten würde. (Siehe mein Buch *Das Ende der Arbeit* aus dem Jahr 1995.)

Seither hat die Wegrationalisierung von Millionen von Arbeitsplätzen durch Computerisierung und Künstliche Intelligenz der Effizienz zu neuer Kraft verholfen, während sie gleichzeitig in aller Welt Arbeitsplätze vernichtet, Arbeitnehmer in die Armut treibt und eine Verbraucherkrise in einem Ausmaß heraufbeschwört, dass das Gegenmittel – die Aufrechterhaltung des Konsums durch die Ausweitung des Kredits auf immer weitere Bevölkerungsschichten – zur Zeitbombe wurde.

Die Verpfändung der Zukunft

Just als die Automatisierung an Fahrt aufnahm, formierte sich eine weitere wuchtige Gewalt – die Einführung der Subprime- oder Ramschhypotheken im Jahr 1997. Mit dieser neuen Spielart der zweitklassigen Kredite begann eine Achterbahnfahrt für die amerikanische Wirtschaft und Gesellschaft und eine Immobilienblase von historischem Ausmaß, die schließlich im Spätsommer 2008 platzte. Die Banker der Wall Street waren sich zwar zumindest unterschwellig bewusst, dass es sich bei den Ramschhypotheken um ein gewaltiges Schneeballsystem handelte, doch sie ließen sich von ihren »animalischen Instinkten« leiten, wie John Maynard Keynes vielleicht gesagt hätte, und schoben alle Bedenken beiseite. Fast die gesamte Finanz- und Immobilienbranche sprang auf den Zug auf.

Weil die Ramschhypotheken eine relativ geringe Eigenbeteiligung verlangten und der Einstiegszinssatz niedrig war, waren sie für Millionen von Menschen attraktiv, die früher nicht das Einkommen und die Bonität für einen Hauskauf gehabt hätten. Ein Immobilienboom begann. Von 2004 bis 2006 stieg der Anteil der Ramschhypotheken von 8 auf 20 Prozent.[18] Die Spekulation explodierte. Der Anteil der Anleger – Käufer, die Immobilien nicht als Eigenheim, sondern als Geldanlage erwarben – stieg allein zwischen 2006 und 2007 von 20 auf 35 Prozent.[19]

Auch Eigenheimkäufer wurden zu Spekulanten, sie erwarben eine Immobilie, verkauften sie wieder, als der Boom die Preise in die Höhe trieb, kauften ein teureres Eigenheim, verkauften auch dies mit den steigenden Preisen wieder und so weiter. In einigen Regionen der Vereinigten Staaten verdoppelten und verdreifachten sich die Immobilienpreise. Bis die Blase 2008 platzte.[20] Die Immobilienpreise purzelten in den Keller. Millionen von Amerikanern, die von den steigenden Preisen profitiert und immer mehr Geld auf ihre Häuser aufgenommen hatten, weil sie nicht damit gerechnet hatten, dass jemals ein Zahltag kommen würde, waren plötzlich nicht mehr imstande, ihre Kredite zu bedienen. In den gesamten Vereinigten Staaten begannen die Zwangsversteigerungen. Banken und andere Kreditinstitute standen vor dem Bankrott. Einige der großen Player der Wall Street gingen in die Knie, beginnend mit der Investmentbank Lehman Brothers. Der Versicherungsriese AIG, der Ramschhypotheken im Wert von Milliarden von Dollar versichert hatte, brach zusammen. Banken drehten den Geldhahn zu, die amerikanische Wirtschaft kam zum Stillstand.

Es war die schwerste wirtschaftliche Erschütterung seit der Weltwirtschaftskrise der 1930er Jahre. Die Regierung sprang der Wall Street mit Hilfszahlungen in Höhe von 200 Milliarden Dollar zur Seite, mit dem Argument, die Bankriesen seien »too big to fail« – ihr Ausfall würde die Stabilität des gesamten Finanzsystems bedrohen.

Die Banken, die für die Spekulationsblase verantwortlich waren, kamen mit einem blauen Auge davon, während Millionen Familien und Arbeitnehmer sich selbst überlassen wurden. Ende 2009 betrug die Arbeitslosigkeit 10 Prozent, und sogar 17 Prozent, wenn man die mitzählt, die sich nicht mehr arbeitssuchend meldeten und aus der Statistik herausfielen. Alles in allem verloren 27 Millionen Amerikaner durch die Immobilienkrise ihre Arbeit und versanken in Schulden, und allein im Jahr 2010 wurden 2,9 Millionen Hausbesitzer zwangsvollstreckt.[21] Um sich die Dimensionen der Verschuldung der amerikanischen Arbeitnehmer und ihrer Familien klarzumachen: 2008 standen die privaten Haushalte mit insgesamt knapp 12,7 Billionen Dollar in der Kreide,[22] kaum weniger als das Bruttoinlandsprodukt von 14,713 Billionen Dollar.[23] Das kapitalistische System war offenkundig defekt. Umso frustrierender, dass niemand aus der Finanzkrise gelernt zu haben scheint. Zwischen 2010 und 2020 erlebten die Vereinigten Staaten zwar eine wirtschaftliche Erholung, doch diese ist zu einem Gutteil lediglich eine Fata Morgana, die nur durch die weitere Verschuldung der Verbraucher ermöglicht wurde. Im ersten Quartal des Jahres 2020 – vor der Coronakrise und dem mit ihr einhergehenden Abschwung – erreichte die Gesamtverschuldung der Haushalte 14,3 Billionen Dollar und damit 1,6 Billionen mehr als auf dem vorigen Höhepunkt des Jahres 2008.[24]

Warum erhöhen die Unternehmen nicht einfach die Löhne im Gleichschritt mit ihren Produktivitätszuwächsen und reduzieren die Wochenarbeitszeit parallel zu ihren Effizienzsteigerungen durch Automatisierung und Künstliche Intelligenz? Wäre das nicht vernünftiger? Für die Gesellschaft gewiss, doch nicht für die Unternehmen, denn diese Lösung passt nicht in ihre Quartalsberichte. Aktiengesellschaften können nur kurzfristig denken, sie müssen ihren Aktionären jedes Quartal eine Gewinnsteigerung präsentieren, wenn sie keinen Kursverlust an der Börse oder gar die Entlassung ihres Vorstands riskieren wollen. Effizienz- und Produktivitätssteigerungen durch billigere Technik und Künstliche Intelligenz gestattet ihnen dagegen, Arbeitsplätze abzubauen und die Löhne niedrig zu halten. Kostensenkungen machen sich gut in den Büchern und erlauben den Unternehmen, Gewinnsteigerungen auszuweisen und ihre Aktionäre glücklich zu machen. Auf lange Sicht wären die Finanzbranche und die Industrie besser bedient, wenn sie die Ertragssteigerungen durch neue und effizientere Technik mit den Arbeitnehmern teilen würden, doch das läuft bedauerlicherweise dem System zuwider. Denn der Motor dieses Systems ist die Effizienz, ermittelt im Verhältnis von Kosten und Nutzen.

Überdrehte Effizienz

Während das Evangelium des Konsums durch immer raffiniertere Verschuldung der Verbraucher am Leben erhalten wird, hat auch das Paradigma der Effizienz seit der Erfindung des Taylorismus immer ausgeklügeltere Formen angenommen. Taylors brachiale Durchsetzung der Prinzipien des wissenschaftlichen Managements, die erst von Ford und dann von anderen Unternehmen in den Vereinigten Staaten und in aller Welt übernommen wurde, brachte in den 1950er Jahren rückläufige Erträge. Etwa in dieser Zeit begann das japanische Unternehmen Toyota seine Experimente mit einer abgewandelten Form des Taylorismus, der sogenannten schlanken Produktion. Diese aufgeklärte Version unterschied sich auf den ersten Blick so erheblich vom Original, dass sie wie ein vollkommen neues Managementmodell aussah. Doch nach einem halben Jahrhundert stellt sich heraus, dass die Lean Production mehr Ähnlichkeit mit dem Taylorismus hat als gedacht.

Wie Ford ging es Toyota darum, mit weniger Ressourcen und menschlichen Arbeitskräften mehr zu produzieren. Der Unterschied war die Form der Produktion und der Umgang mit den Arbeitskräften. Die Toyota-Führung war der Ansicht, dass die klassische Fließbandproduktion im Stil von Ford, die Massenproduktion von standardisierten Produkten, zu unflexibel war, um schnell auf Veränderungen der Marktpräferenz und der Kundennachfrage reagieren zu können.

Unternehmen, die Massen von standardisierten Produkten fertigen, müssen den Betrieb ständig auf Hochtouren laufen lassen, um Kosten zu sparen. Aufgrund der gewaltigen Kosten des Geräteparks muss jeder Stillstand unbedingt vermieden werden, sodass die Amortisierung der Maschinen optimiert wird. Um den Dauerbetrieb zu gewährleisten, baut das Management »Puffer« in Form von zusätzlichem Inventar und Arbeitskräften ein, damit stets ausreichend Material zur Verfügung steht und die Produktion nicht heruntergefahren werden muss. Aufgrund der hohen Investitionskosten für die Maschinen ist die Umrüstung auf neue Produkte ausgeschlossen. Die Verbraucher profitieren von günstigen Preisen, allerdings auf Kosten einer geringeren Auswahl und Vielfalt.

Die schlanke Produktion, oft »Just-in-Time-Produktion« genannt, zielt dagegen auf Agilität und Flexibilität. Sie soll nur das produzieren, was der Markt im Moment verlangt, und eine vielfältige Palette von Produkten anbieten, um die individuellen Wünsche der Kunden zu befriedigen. Gleichzeitig soll sie die Effizienz entlang der gesamten Wertschöpfungskette steigern. In ihrem Buch *Die zweite Revolution in der Autoindustrie* erklärten James P. Womack, Daniel T. Jones und Daniel Roos, die schlanke Produktion sei schlank,

> weil sie von allem weniger einsetzt als die Massenfertigung – die Hälfte des Personals in der Fabrik, die Hälfte der Produktionsfläche, die Hälfte der Investition in Werkzeuge, die Hälfte der Zeit für die Entwicklung eines neuen Produkts. Sie erfordert auch weit weniger als die Hälfte des notwendigen Lagerbestands, führt zu viel weniger Fehlern und produziert eine größere und noch wachsende Vielfalt von Produkten.[25]

Der japanische Ansatz ist eine Abkehr von Taylors hierarchischer Führung der Arbeitnehmer und der strikten Arbeitsteilung mit immer kleineren Handgriffen. Stattdessen werden die Arbeitnehmer in Teams organisiert. Designer, Programmierer und Monteure arbeiten eng zusammen, tauschen Ideen aus, lösen Probleme und setzen die gemeinsamen Entscheidungen in der Fabrikhalle um. Dahinter steht der Gedanke, dass durch die Problemlösung in übergreifenden Teams, die in Echtzeit zusammenarbeiten, die Ausfallzeiten verringert werden. Arbeiter sollten ihre Ideen sogar bei der Entwicklung neuer Fahrzeuge einbringen, ob im Design, der Produktion, dem Vertrieb, dem Marketing oder dem Verkauf. Diese »verteilte gleichzeitige Entwicklung« soll einen nahtlosen und ganzheitlichen Ansatz zu Herstellung und Verkauf gewährleisten. Bei der Teamarbeit geht es allerdings weniger darum, den Arbeitnehmern ein Gefühl der Wertschätzung zu vermitteln, als um die Bilanz. Verzögert sich die Markteinführung eines Produkts um nur sechs Monate, kann dies Gewinneinbußen von bis zu 33 Prozent bedeuten.[26] Eine Beteiligung aller Mitarbeiter an der Produktentwicklung kann Kosten senken und Verzögerungen verhindern. Die schlanke Produktion ist um die sogenannte Strategie der Fünf Nullen herum aufgebaut: null Fehler, null Ausfälle, null Verzögerung, null Papier (Abbau der Bürokratie) und null Inventar. Die schlanke Produktion soll nur das verwenden, was sie in diesem Moment benötigt, und nur das produzieren, was die Kunden aktuell nachfragen.

Die Theorie der schlanken Produktion klingt zu schön, um wahr zu sein und scheint weit entfernt vom Taylorismus. In der Praxis ist Autorität jedoch immer hierarchisch, auch wenn sie subtiler wirkt und die Arbeitnehmer vor größere Aufgaben stellt, und sie ist immer undemokratischer, als es scheint. Was nicht heißen soll, dass sie nicht effizienter ist. Im Gegenteil. Indem sie den Arbeiternehmern mehr abverlangt und nicht nur körperlichen, sondern auch geistigen Einsatz fordert, steigert die schlanke Produktion die Effizienz, optimiert den Einsatz der Ressourcen, beschleunigt die Herstellung und Auslieferung und senkt gleichzeitig Betriebskosten.

Bei der Auswertung von Untersuchungen zur schlanken Produktion in den Vereinigten Staaten, Kanada und Mexiko aus drei Jahrzehnten kam der Soziologe Christopher Huxley zu aufschlussreichen Erkenntnissen. Die schlanke Produktion »betont die Intensivierung der Arbeit und eine Beschleunigung der Stundenleistung« und wird verschärft »durch eine Führungstechnik der Kontrolle, die als ›Führung durch Stress‹ bezeichnet wird«.[27] Damit nicht genug. »Das Prinzip des Kaizen (der japanische Begriff für stetige Optimierung) und die Ausmerzung von nicht-produktiver Arbeitszeit steht für eine erbarmungslose Kampagne zur Reduzierung von Zeiten des Stillstands oder der Pausen der Arbeitnehmer während der Arbeitszeit.«[28] Huxley kommt zu dem Schluss: »Dreißig Jahre der schlanken Produktion in Nordamerika liefern kaum Belege für den begeisterten Anspruch, das neue System werde die Qualität des Arbeitslebens für die Arbeitnehmer dieser neuen Fertigungsstätten verbessern.«[29] Die schlanke Produktion erweist sich also doch nur als ein Taylorismus im humanen Mäntelchen, der mit psychologischer Manipulation die

Arbeitsleistung und Effizienz steigern will, alles im Dienste der Optimierung der Produktion und der Minimierung der Kosten.

Endspiel

Im Laufe des 20. bis ins 21. Jahrhundert entwickelte die Industrie immer subtilere Formen des Mitarbeitermanagements. Aber egal ob diese einen behavioristischen Ansatz mit Belohnung und Strafen verfolgen, auf Engagement der Mitarbeiter setzen oder die emotionale Intelligenz fördern, das Ziel ist und bleibt, die Arbeiter zu einem effizienten Fortsatz der Maschinen zu machen, die sie bedienen.

Die digitale Revolution mit Big Data, Analyse, Algorithmen und Überwachung hat die Wirtschaft auf eine neue Ebene der Beschleunigung gehoben, neben der sich der Taylorismus des frühen 20. Jahrhunderts wie ein Kinderspiel ausnimmt. Der mentale Stress der Arbeit in einer digital beschleunigten Wirtschaft bringt Arbeitnehmer auf allen Ebenen an die Grenzen ihrer Belastbarkeit. Die Effizienz hat inzwischen ein Tempo erreicht, bei dem die Mehrheit der Menschen körperlich, emotional und geistig kaum noch mithalten kann, während Roboter und Künstliche Intelligenz in den kommenden Jahrzehnten die Fabrikarbeit und selbst einen großen Teil der Facharbeit übernehmen werden.

Jede Branche hat ihr Lieblingsprinzip. In der Immobilienbranche ist es zum Beispiel »Lage, Lage, Lage« und im Management, »Was man nicht messen kann, kann man nicht lenken«. Das ist das Taylor'sche Erbe, das über sechs Generationen weitergereicht, entwickelt und der jeweiligen gesellschaftlichen Stimmung angepasst wurde.

Wenn das 20. Jahrhundert vom Fordismus und der schlanken Produktion beherrscht wurde, dann hat Amazon den Taylorismus ins 21. Jahrhundert gebracht. Bei Amazon, dem größten Logistikunternehmen der Welt, dreht sich alles um Messung, Steuerung und Hypereffizienz. Im Jahr 2019 lieferte das Unternehmen weltweit 3,5 Milliarden Pakete aus und Ende 2020 war es laut der Rangliste von *Forbes* 500 das wertvollste Unternehmen der Welt.[30] Der Gründer Jeff Bezos, im Jahr 2022 laut *Forbes*-Liste zweitreichste Mensch der Welt, ist rund 170 Milliarden Dollar wert.[31] Sein ausgedehntes Logistikimperium ist die effizienteste Maschinerie, die je ins Internet ging. Wäre Frederick Taylor heute noch am Leben, er würde zweifellos vor Ehrfurcht erstarren, wenn er sehen könnte, was Bezos mit seinen Grundsätzen der wissenschaftlichen Betriebsführung erreicht hat. Doch der Traum des einen ist oft der Alptraum des anderen. Bezos' gigantische Lagerhallen mit ihren automatisierten Kontrollsystemen, ihrer allgegenwärtigen Überwachung und ihren Tausenden mobilen und über algorithmische Steuernetzwerke synchronisierten Robotern sind eine gewaltige technische Leistung. Doch bei genauerem Hinsehen wird die schmutzige Wahrheit erkennbar, dass dieses technische Wunderwerk auf den Schultern von 1,6 Millionen Mitarbeitern ruht, von denen die meisten zu Niedriglöhnen unter denselben entwürdigenden Bedingungen arbeiten wie die frühen Fabrikarbeiter, auch wenn ihr Arbeitsplatz heute klimatisiert ist und Brandschutzvorrichtungen hat.[32]

Amazon brüstet sich mit seinen Messungen und seinem Management und damit, dass es die Mitarbeiter aus ihrer Komfortzone holt, sowohl mental als auch körperlich. Wenn sie aufgrund der unmenschlichen Geschwindigkeit und Arbeitsbelastung an ihre Grenzen kommen, werden sie von Vorarbeitern nicht etwa unterstützt, sondern weiter angetrieben. Manager und Angestellte müssen rund um die Uhr erreichbar sein und noch mitten in der Nacht SMS beantworten. Neue Mitarbeiter lernen schnell, dass nur die Fittesten überleben.[33]

In Besprechungen sollen Manager die Schwächen und Fehler ihrer Kollegen schonungslos bloßlegen, weil sie das angeblich motiviert, mehr Leistung zu bringen und bis an ihre Grenzen zu gehen. Einige überleben und steigen auf, viele andere aber sind ausgestiegen, weil sie den konstanten Druck zur Leistungs- und Effizienzsteigerung nicht aushalten. Ein ehemaliger Manager wird nie vergessen, wie er seine Kollegen in ihren Büros weinen sah: »Man kommt aus dem Besprechungszimmer und sieht einen Mann, wie er sein Gesicht in seinen Händen verbirgt. Ich habe fast jeden meiner Kollegen am Schreibtisch weinen gesehen.«[34] Genügsamkeit ist das Schlagwort der Einrichtungen von Amazon – kein Schnickschnack, keine Extras wie bezuschusste Kantinen oder geräumige Büros. Die Einrichtung ist spartanisch. Vom ersten Tag an werden sämtliche Mitarbeiter vom Neuling bis zum Manager ständig mit einem »Algorithmus zur Leistungssteigerung« bewertet. Jede Tätigkeit, und sei sie noch so banal, ist Gegenstand von Leistungsmessungen, und die Daten fließen in die Algorithmen ein, die in Echtzeit jeden Effizienzgewinn und -verlust registrieren. Die Effizienz der mehr als einer Million Amazon-Mitarbeiter wird ermittelt, bewertet und korrigiert, und jeder Aspekt ihrer Arbeit unterliegt derselben Dauerkontrolle wie die Verkaufsoperationen und die Kunden.

Die Journalistin Emily Guendelsberger schlich sich in ein Versandzentrum von Amazon in Indiana ein und schildert ihre Erfahrung in ihrem Buch *On the Clock*. Guendelsberger war »Picker«, sie musste Waren im Lager suchen, aus dem Regal nehmen und mit Robotern weiterschicken. Sie beschreibt die Arbeit ganz unten in der Amazon-Pyramide als »Cyborg-Jobs«. An der Hüfte trug sie einen Scanner, der in jedem Moment ihre Position registrierte und sie zu der Ware führte, die sie aus dem Regal zu nehmen hatte. Der Scanner teilte ihr außerdem mit, wie viel Zeit sie für jede Tätigkeit hatte. Auf einer Anzeige konnte sie ablesen, wie viele Sekunden ihr noch blieben, um die Ware aus dem Regal zu nehmen, einzuscannen und weiterzuschicken. Kaum war ein Auftrag erledigt, erschien auf dem Scanner schon der nächste.

Die einzelnen Aufträge sind so eng getaktet, dass sie keine Zeit für eine Pause hat. Viele der Waren, die Emily und ihre Kollegen aus den Regalen holen, sind unhandlich und schwer und verursachen Rückenverletzungen. In den Versandzentren von Amazon ist die Verletzungsrate fast doppelt so hoch wie in vergleichbaren Versandzentren.[35] Da die wenigen Toiletten weit abgelegen sind, benötigen Guendelsberger und ihrer Kollegen oft zehn Minuten für eine Pinkelpause. Sie schreibt: »In einer elfstündigen Schicht bekommt man höchstens achtzehn Minuten, und sie merken es: Wenn der Scanner meldet, dass man zu viele Pausen einlegt, bekommt man Besuch von einem

Manager und muss sich einen Vortrag anhören.«[36] Viele Mitarbeiter berichten, dass ihnen nichts anderes übrig bleibt, als vor und während der Schicht nichts zu trinken. Amazon ist zwar die Messlatte in dieser neuen Ära des digitalen Neo-Taylorismus, doch es steht keineswegs allein da. Elektronische Sensoren, Speicherung des Browserverlaufs, Apps, Aufzeichnungen des Netzwerks und Gesichtserkennungssysteme sind erst der Anfang einer digitalen Überwachungskultur.

Bringt diese Überwachung die gewünschten Resultate? Natürlich! Im Jahr 2009 stattete United Parcel Service (UPS) jeden seiner Lieferwagen mit 200 Sensoren aus, die von der Fahrgeschwindigkeit bis hin zu den Stopps alles registrieren, um die optimale Zahl von Lieferungen pro Tag zu ermitteln. Vier Jahre nach Einführung des Überwachungssystems stellten die Mitarbeiter pro Tag 1,4 Millionen Sendungen mehr zu, und das mit 1 000 Fahrern weniger. Die Überwachung war für die einen ein Ansporn und für andere, die Entlassung oder Zurückstufung fürchteten, eine Einschüchterung.[37]

Spielifizierung: Knechtschaft soll Spaß machen

Das Sammeln gewaltiger Datenmengen über digitale Plattformen und die Auswertung dieser Daten zur Entwicklung von Algorithmen und Apps, mit denen Mitarbeitern im Namen der Effizienzsteigerung immer mehr Leistung abverlangt wird, hat schwindelerregende Ausmaße angenommen und zur Entmündigung der Mitarbeiter geführt. Das Ergebnis ist eine in der Geschichte einmalige mentale Knechtschaft. Doch es gibt noch einen weiteren Dreh, der den Taylorismus und die Effizienzagenda zu neuen Höhen schraubt: die sogenannte »Gamification« oder »Spielifizierung«, die raffinierteste Form der hierarchischen Kontrolle, die dazu dienen soll, die Mitarbeiter zu immer neuen Leistungs- und Effizienzsteigerungen anzutreiben.

Der niederländische Historiker Johan Huizinga prägte den Begriff des »Homo ludens« in seinem gleichnamigen Buch aus dem Jahr 1938. Huizinga meinte, der *Homo faber* und der *Homo oecono-*

micus verrieten uns zwar viel über die soziale Orientierung des Menschen, doch in Wirklichkeit entstehe die Gesellschaft aus dem Spiel: »In diesen Spielen bringt die Gemeinschaft ihre Deutung des Lebens und der Welt zum Ausdruck.«[38] Die vielen Aspekte der menschlichen Tätigkeit – Sprache, Mythos und Folklore, Kunst, Tanz, Philosophie oder Recht – und vor allem die Geschichten, die wir einander erzählen und die sich zu unserer kollektiven Erzählung und Weltanschauung zusammensetzen, haben ihren Ursprung im Spiel. Die Grundelemente des Spiels unterscheiden sich erheblich von denen der Arbeit. Zum Spiel können wir nicht gezwungen werden, wir spielen frei. Am hochqualifizierten Ende des Arbeitsspektrums mag es zwar ein gewisses Maß an Spiel geben, doch die allermeisten Tätigkeiten sind eher öde und stumpf, und die meisten Menschen würden sie sofort an den Nagel hängen, wenn sie nicht davon leben müssten. Außerdem existiert das Spiel oft in einem zeitlosen Raum, ohne festen Anfang und Ende. Das Spiel ist spontan und offen, und wenn Spieler davon gefesselt sind, verlieren sie jegliches Zeitgefühl. Die Zeit ist kein Zwang, um ein utilitaristisches Ziel so effizient wie möglich zu erreichen, sondern sie ist während des Spiels oft aufgehoben. In der schieren Freude des Erlebens verlieren wir unser Zeitgefühl.

Ganz anders die Arbeit, die oft als nervtötend und ausbeuterisch beschrieben wird. Doch heute spannen Industrie, Berater und Managementschulen sogar das Spiel vor den Karren der Effizienz. Arbeitnehmer werden nun als »Talente« bezeichnet. Leistung wird zum Ersatz für Zufriedenheit und das Spiel wird von einem finsteren Imitat namens Spielifizierung pervertiert.

Der unausgesprochene Zweck des missbrauchten Spiels besteht darin, den Arbeitskräften die rationalisierten Regeln und Verfahren einzuimpfen, mit deren Hilfe ihr Denken und Handeln so effizient wird, dass sie mit den Maschinen und technischen Verfahren Schritt halten, an denen sie beteiligt sind. Die Spielifizierung ist das neueste und bislang effizienteste Initiationsritual auf dem langen Weg der Produktionskräfte.

In einem Fachartikel beschreiben Jennifer DeWinter, Carly A. Kocurek und Randall Nichols die Spielifizierung als Konditionierung der globalen Arbeitnehmerschaft in einer netzwerkbasierten Wirtschaft und als wesentliches Element der nächsten Phase des Kapitalismus. Die Autoren schreiben:

> In Aussehen und Funktion erinnern die Computerspiele an die von Frederick Winslow Taylor entwickelte wissenschaftliche Betriebsführung; doch aufgrund des computerisierten Mediums dient die spielifizierte Ausbildung der Ausweitung der wissenschaftlichen Betriebsführung auf neue Bereiche … Diese Verkuppelung hebt die Grenze zwischen Arbeit und Freizeit auf gefährliche Weise auf, indem sie den Raum des Spiels und die wirkliche Welt verbindet … Das Problem der Institutionalisierung alternativer Realitäten aus Kunst oder Spiel besteht darin, dass sie vom System vereinnahmt und der vorherrschenden Weltanschauung untergeordnet werden … Spieler unterwerfen sich der Logik des Spiels und werden durch die Beteiligung an den algorithmischen Prozessen des Spiels ausgebildet.[39]

Tracey Sitzmann, Professorin für Betriebswirtschaft an der University of Colorado, wertete 65 Untersuchungen zur Wirkung von Simulationsspielen in der Mitarbeiterschulung aus und stellte fest, dass explizites Wissen »bei mit Simulationsspielen geschulten Mitarbeitern um 11 Prozent besser war als bei einer Kontrollgruppe, implizites Wissen um 14 Prozent, das Erinnerungsvermögen um 9 Prozent und die Selbstwirksamkeit um 20 Prozent.«[40] Jennifer deWinter und ihre Kollegen führen als Beispiel ein Simulationsspiel der amerikanischen Eisdielenkette Coldstone an, das Spaß machen und die neuen Mitarbeiter darin schulen soll, die Kunden in unterschiedliche Szenarien zu bedienen. Zum Spiel gehört die technisch hoch entwickelte Simulation einer Eisdiele, die das Lernen zum Spaß machen soll. Die Mitarbeiter konkurrieren miteinander in Geschwindigkeit, korrekter Portionierung und korrekter Zubereitung eines Eisbechers, auf die sie Punkte bekommen. Am Ende rechnet das Programm jedem Mitspieler »bis auf den Cent genau vor, wie viel seine Fehler das Unternehmen kosten würden«.[41] Das Spiel macht so viel Spaß, dass die angehenden Mitarbeiter viel mehr von ihrer Freizeit darauf verwenden, als sie auf ein trockenes Handbuch verwenden würden. Simulationen sind ein effizientes Instrument der Schulung für bestimmte Aufgaben, und weil sie Spaß machen, sehen die Mitarbeiter auch ihre reale Arbeit positiver. Mit anderen Worten zahlen sie sich in mehr Effizienz und Motivation der Mitarbeiter oder vielleicht besser »Mitspieler« aus.

Genau wie der Taylorismus verwendet die Spielifizierung rationalisierte Prozesse der Mitarbeiterausbildung. Der Unterschied ist, dass die Mitarbeiter im ersteren Fall wachsam sind und sich widersetzen oder nur ein Mindestmaß an Einsatz zeigen, während die Spielifizierung die Manipulation verschleiert und den Spielern das falsche Gefühl vermittelt, selbstbestimmt zu lernen und später auch zu arbeiten.

Die Daten, die während der Ausbildung vom Simulationsprogramm gesammelt werden, lassen sich weiter verwenden, denn sie bieten reichhaltige Informationen, mit deren Hilfe man die Mitarbeiter auf einen sich verändernden Markt einstellen kann. Mit ihrer Hilfe lässt sich zudem die Leistung der Mitarbeiter bewerten, denn die Überwachung ist fester Bestandteil der Spielifizierung.

Die Ausweitung der Spielifizierung wird in Zukunft den Bereich der Freizeit einschränken. Das Tückischste ist jedoch, dass sich hier kommerzielle Kräfte des Spiels bemächtigen, um Millionen Menschen auf ein Leben der pausenlosen Arbeit zu konditionieren, die der Effizienz- und Ertragssteigerung dient.

Frederick Taylor hatte beispiellosen Einfluss auf die Wirtschaft, doch im Laufe des 20. Jahrhunderts ist er in fast jeden Bereich der Gesellschaft vorgedrungen. Sein Effizienzwahn wirkt bis in die Tiefen unseres Alltags hinein und hat unser gesamtes Selbstbild verändert, mit schädlichen Folgen nicht nur für unsere Psyche, sondern auch für die Umwelt.

Gary Hamel von der Harvard Business School bringt eine Begeisterung für Taylors Errungenschaften zum Ausdruck, die viele teilen:

> Der Einfluss Taylors mit seiner Betonung von Forschung, Planung, Kommunikation, Standards, Anreizen und Feedback ist in allen Bereichen zu spüren. Unternehmen, Staat, Gesundheit und Bildung

haben seine Grundsätze verinnerlicht. Ein Jahrhundert nach der Veröffentlichung seines Hauptwerks ist sein Einfluss so ausdauernd wie das Ticken seiner allgegenwärtigen Stoppuhr.[42]

Peter Drucker, der Vater der modernen Managementlehre, ist noch überschwänglicher und feiert Taylors Arbeit als »den einflussreichsten und haltbarsten Beitrag der Vereinigten Staaten zum westlichen Denken seit den Federalist Papers«.[43] Doch die Geschichte ist noch längst nicht zu Ende. Der Taylorismus könnte vor seinem ultimativen Triumph stehen, denn mit den Effizienzsteigerungen von Robotern und Künstlicher Intelligenz fallen selbst die besten Arbeitnehmer zurück und werden irrelevant. In den Führungsetagen der Hightech-Konzerne wird zunehmend darüber gesprochen, dass die Ankunft der Singularität – der Moment, in dem die Technik intelligenter und effizienter wird als der Mensch – unsere Rolle bei der Gestaltung unserer eigenen Zukunft vollkommen verändern wird.

Die Öffentlichkeit wurde hellhörig, als der Schachcomputer Deep Blue von IBM den Schachweltmeister Gary Kasparov besiegte und eine Debatte darüber anstieß, ob Künstliche Intelligenz irgendwann die menschliche überflügeln könnte und die Herrschaft auf dem Planeten übernehmen könnte. Neue Untersuchungen von führenden Universitäten und Beratungsunternehmen wie Oxford Economics, McKinsey oder dem Weltwirtschaftsforum gehen davon aus, dass intelligente Technik Millionen von Arbeitsplätzen vernichten wird.[44] Der unersättliche Hunger nach immer effizienterer und billigerer Technik ist der Antrieb sämtlicher Industriezweige. Terry Gou, Direktor des chinesischen Unternehmens Foxconn, des weltgrößten Auftragsfertigers, der unter anderem für Apple arbeitet, äußerte sich in einer Weise über seine menschlichen Arbeitskräfte, wie es andere Firmenchefs höchstens hinter verschlossenen Türen wagen würden. Er sagte: »Wir haben über eine Million Mitarbeiter, und da Menschen auch Tiere sind, bereitet es mir ein gewisses Kopfzerbrechen, eine Million Tiere zu halten.«[45] Gou machte Ernst mit seinem Ehrgeiz. Bis 2016 ersetzte Foxconn 60 000 Arbeitskräfte durch Roboter, und seither sind es noch deutlich mehr geworden. Sein Ziel ist es, in nächster

Zukunft die gesamte Fertigung zu automatisieren und nur noch in »dunklen Fabriken« zu produzieren. Eine Untersuchung von Oxford Economics geht davon aus, dass bis 2030 weltweit 8,5 Prozent der Arbeitnehmerschaft durch Roboter ersetzt wird.[46] Diese Prognosen übersehen allerdings, dass im Zeitalter der Resilienz Hunderte Millionen von Menschen in neue Kategorien der »resilienten Beschäftigung« übergehen und in Ökosystemdienstleistungen tätig sein werden, die selbst für die intelligenteste Technik zu komplex sind. In diesem neuen Zeitalter verändert sich unsere Vorstellung von Handlungsfähigkeit. Künftige Generationen werden von einer auf Produktion und Konsum basierenden »Arbeitsethik« zu einer auf der Sorge für die natürliche Welt basierenden »Bewahrerethik« übergehen. Der Frage, wie sich Art und Funktion der Arbeit wandeln, werden wir im vierten Teil dieses Buchs nachgehen, in dem wir uns mit den wirtschaftlichen Aspekten der Resilienzrevolution beschäftigen.

Wenn die Menschheit eine Zukunft haben soll, dann hängt diese vor allem davon ab, dass wir als Art zusammenfinden, die sich einer Bedrohung nicht nur ihrer eigenen Existenz gegenübersieht, sondern auch der ihrer Mitlebewesen, die mit uns auf diesem Planeten leben und denen wir auf eine Weise verbunden sind, die wir erst ganz allmählich verstehen. Wie können wir also unsere Existenz auf eine Weise neu verstehen, die es uns erlaubt, uns an die sich rasch erwärmende Erde anzupassen? Mit einer Mischung aus Staunen und Entsetzen müssen wir mitansehen, wie die Sphären unseres Planeten auf den Schaden reagieren, den wir während des Industriezeitalters angerichtet haben. Allmählich dämmert uns, wie sehr wir uns geirrt haben, als wir glaubten, dass sich der Mensch die Naturkräfte untertan machen könnte, die das Leben auf der Erde bestimmen.

Noch vor einer Generation mochte der Gedanke verrückt scheinen, dass wir als Zivilisation unseres Planeten kollektiv denken und handeln sollten. Das hat sich geändert. Auch wenn die Zukunft trostlos scheint, haben wir eine letzte Karte, die wir ausspielen können, damit wir und unsere Mitlebewesen die heraufziehenden Stürme und Brände überstehen. Dazu müssen wir das Leben auf der Erde und unseren Platz auf ihr ganz neu denken.

Als Charles Darwin 1859 sein Buch *Der Ursprung der Arten* veröffentlichte, revolutionierte er unser Verständnis von der Entwicklung des Lebens. Viele seiner Annahmen behalten bis heute ihre Gültigkeit, doch seine Theorie erzählt bei Weitem nicht die ganze Geschichte. Dramatische neue Entwicklungen auf den Gebieten der Chemie, Physik und Biologie schreiben eine noch weit umfassendere Erzählung von der Entstehung, der Entwicklung und dem Fortbestand des Lebens. Diese neue Geschichte der Evolution ist noch nicht allgemein bekannt, doch sie zertrümmert unsere grundlegenden Annahmen über das Leben.

Diese neuen Entdeckungen zeichnen ein ganz neues Bild davon, was es für uns Menschen bedeutet, auf einem lebendigen Planeten zu leben, dessen zahllose ineinander verschränkte Kräfte die Bedingungen für unser Wohl und unser gesamtes Dasein vorgeben. Sie liefern uns das Wissen, mit dessen Hilfe wir einen neuen Kurs einschlagen können – hoffentlich rechtzeitig, um uns und unsere erweiterte evolutionäre Familie zu retten.

TEIL 3

WIE WIR AN DIESEN PUNKT GEKOMMEN SIND

Ein neues Verständnis der Evolution

KAPITEL 7

DAS ÖKOLOGISCHE INDIVIDUUM

Der Mensch als dissipative Struktur

Für die meisten von uns ist unser Selbst ein wenig kontroverses Thema. Wir kommen mit einem bestimmten genetischen Profil zur Welt, das zum Teil vorgibt, was aus uns wird, und der Rest ergibt sich aus individuellen Trieben, Leidenschaften, Erfahrungen und Beziehungen, die uns zu einem ganz und gar einmaligen Menschen machen. Wir glauben, dass wir in unseren Handlungen weitgehend selbstbestimmt sind, auch wenn gelegentlich Zufälle ihre Hand im Spiel haben und wir Glück oder Pech haben können. Wir sind bereit anzuerkennen, dass nicht alle Menschen so denken und fühlen wie wir, und dass manche Menschen auch in alternativen Wirklichkeiten leben, die sogar an Psychosen grenzen können. Die übrigen sind sich allerdings im Großen und Ganzen einig, was einen bewussten Menschen ausmacht. Und so war es schon immer.

Die Menschwerdung des Menschen

Vielleicht ist aber auch alles ganz anders. In den gut fünf Jahrhunderten, die zwischen dem Ende des Mittelalters und der Postmoderne vergangen sind, hatten 25 Generationen von Menschen recht unterschiedliche Vorstellungen von einem bewussten Selbst. Unsere christlichen Vorfahren glaubten, dass sie mit der Erbsünde zur Welt kamen, und führten ein Leben in Angst und Schrecken, weil sie nicht wussten, ob sie nach ihrem Tod die Erlösung im Paradies finden oder für alle Ewigkeit in der Hölle schmoren würden. Charles Darwin war mit der Erbsünde nicht einverstanden; seiner Ansicht nach war das menschliche Bewusstsein eher ein Schuss ins Blaue, und die willkürliche Auswahl der von Eltern an ihre Kinder weitergegebenen Eigenschaften bestimmten nicht nur unser körperliches Sein, sondern in gewissem Maße auch unser Bewusstsein. Sigmund Freud war der Ansicht, dass wir mit einer unersättlichen Libido zur Welt kommen, und dass es in jedem Moment darum geht, den Sexualtrieb zu befriedigen. Seit der Aufklärung im 18. Jahrhundert sind sich Denker mehr oder weniger einig, dass wir als Menschen einmalige und freie Akteure sind, die zwar ständig mit einer Vielzahl von Kräften konfrontiert sind, die aber immer wieder – wie von Newton vorhergesehen – ins Gleichgewicht zurückfinden und dabei ihr autonomes Selbst bewahren. Für Immanuel Kant war die Autonomie der höchste Auftrag des Menschen, wobei sich der Mensch ein Leben lang bemühen müsse, vernünftig zu handeln und sich nicht durch Emotionen oder andere äußerliche Einflüsse ablenken zu lassen.

Den Menschen früherer Zeitalter wäre das Selbstbild des autonomen Akteurs allerdings vollkommen fremd gewesen. Die Jäger und Sammler der Steinzeit hatten keinerlei Vorstellung von Individualität, wie sie uns heute so selbstverständlich scheint. Diese Nomaden kannten kaum spezialisierte Fähigkeiten und hatten nur wenige Möglichkeiten, Dinge zu besitzen und zu verteilen, über die sich ein Individuum vom anderen hätte unterscheiden können. Der Ethnologe Lucien Lévy-Bruhl verweist darauf, dass »primitive« Menschen kein Ich kennen, sondern nur ein Wir.[1] Das Leben wurde kollektiv gelebt; wenn sich die Angehörigen einer Gruppe unterschieden, dann vor allem hinsichtlich ihres Alters und Geschlechts, und der Übergang von einer Lebensphase zur nächsten wurde durch Initiationsriten markiert. Die soziale Ordnung der Jäger und Sammler war einfach. Die Ältesten, die das Gedächtnis der Gruppe und die gesammelte Weisheit der Ahnen verkörperten, wurden um Rat gefragt, doch das Leben war deutlich egalitärer als während späterer Phasen der Geschichte. So wie es kaum etwas gab, das den Einzelnen zum unverwechselbaren Individuum machte, hatten die Menschen auch kein Bewusstsein von sich als eigener Spezies. Jäger und Sammler lebten in einer undifferenzierten Welt der Formen und Kräfte, die sich fortwährend vermischten und einen »Nebel der Einheit« erzeugten, so Lévy-Bruhl. Andere Tiere galten nicht als »andere«, sondern als Lebewesen, die ihnen ähnlich waren und sich nur in ihrer Gestalt unterschieden. Selbst Berge, Wasserfälle und Wälder galten als lebendige und handelnde Wesen.

Während seiner Fahrt auf der *Beagle* beobachtete Charles Darwin, dass Jäger und Sammler fortwährend Tiere beobachteten und ihr Verhalten nachahmten, so als würden sie deren Geist in den eigenen aufnehmen. Der Historiker Lewis Mumford beobachtete, dass unsere Vorfahren durch diese Einbeziehung der Handlungsfähigkeit anderer Lebewesen besser zu überleben lernten:

> Als nachahmendes und neugieriges Wesen könnte er Fallenstellen von Spinnen gelernt haben, Flechten von den Vogelnestern, Dammbau von Bibern, Graben von Kaninchen und den Gebrauch des Gifts von Schlangen. Anders als andere Spezies zögerte der Mensch nicht, von anderen Kreaturen zu lernen und sich ihr Verhalten abzuschauen. Durch Nachahmung ihrer Ernährung und Nahrungssuche verbesserte er seine eigenen Überlebenschancen.[2]

In ihren Ritualen trugen unsere steinzeitlichen Vorfahren Geweihe, kleideten sich in Felle, schmückten sich mit Federn und ahmten das Verhalten anderer tierischer Geister nach. Dieses Gefühl, dass alles um einen herum – nicht nur andere Lebewesen, sondern auch Nichtlebewesen – wie wir selbst mit einem Geist belebt ist, lässt sich an Kindern bis zu einem Alter von fünf oder sechs Jahren beobachten, die ebenfalls in einer magischen, von belebten Kräften durchsetzten Welt leben.

Dieser nahtlose Übergang zwischen der Welt der Lebenden und der Geister ist die Essenz des Animismus. Diese uralte Weltsicht geht davon aus, dass alle Phänomene, ob belebt oder unbelebt, handlungsfähig und in ihrem tiefsten Innern miteinander verbunden sind.

Die Menschen der Steinzeit lebten in einer zeitlichen Welt der Jahreszeiten und Kreisläufe, die der Historiker Mircea Eliade als

»ewige Wiederkehr« bezeichnete.[3] So wie ihre Wanderungen mit Geburt, Leben, Tod und Wiedergeburt der jahreszeitlichen Zyklen zusammenhing, so verstanden sie auch ihre eigenen Lebensphasen. Mit dem Tod bleibt der Geist erhalten und geht schließlich in andere Lebensformen ein, ob in Menschen, andere Lebewesen oder auch Nichtlebewesen.

Der Anthropologe Sir Edward Taylor war der Erste, der im 19. Jahrhundert solche Kulturen als animistisch bezeichnete. Die gesellschaftlichen Umbrüche, die mit dem Aufstieg der großen landwirtschaftlichen Kulturen des Nahen Ostens, Nordafrikas, Indiens und Chinas einsetzten, sich über die kriegerischen Imperien fortsetzten und bis zu unserem Industriezeitalter reichen, haben die animistische Weltsicht unerbittlich ausgelöscht. Im Mittelpunkt unserer sogenannten Zivilisation stand die Inbesitznahme und Ausbeutung dessen, was unsere früheren Vorfahren als lebendige Erde begriffen. Diese tiefe Dynamik der Zivilisation versteht die Wissenschaft jedoch erst seit Kurzem. Derzeit diskutieren Geologen und andere Wissenschaftler leidenschaftlich, ob man von einem neuen Erdzeitalter mit dem Namen »Anthropozän« sprechen kann. Diese mögliche neue Epoche markiert eine Phase, in der die Ausbeutung, der Konsum und die Veränderung der Geologie durch den Menschen derartige Ausmaße annimmt, dass wir in den Erdschichten einen Fußabdruck hinterlassen, der noch in Hunderten Millionen von Jahren erkennbar sein wird. Immer mehr Geologen vertreten die Auffassung, dass das Anthropozän vor rund zwei Jahrhunderten mit dem Abbau fossiler Brennstoffe aus den tiefen Schichten der Erde beginnt. Andere Geologen datieren den Beginn des Anthropozäns bereits mit dem Aufstieg der Landwirtschaft und den sich summierenden Auswirkungen der Inbesitznahme und Ausbeutung der Sphären der Erde, sprich der Schädigung der Umwelt.

Aber bei wem wir die Schuld auch suchen wollen, die westlichen Religionen haben nie einen Hehl daraus gemacht, dass sich die Menschheit die Erde untertan machen und sie ausbeuten soll, weil der allmächtige Gott Adam und Eva sowie ihren Nachkommen die Herrschaft über die Erde übertragen hat. Die östlichen Religionen und Philosophien sind dagegen etwas differenzierter und ganzheitlicher.

Sie sehen den Menschen nicht als Herrn der Schöpfung, sondern als Teil der Natur, der seine Zivilisation ständig mit den zahlreichen auf unserem Planeten wirkenden Kräften in Einklang bringen muss, denen wir genau wie alle anderen Lebewesen unterworfen sind. In der Praxis haben sich die großen Kulturen Asiens allerdings nicht immer daran gehalten. Auch wenn sie bis vor Kurzem einen deutlich flacheren Fußabdruck hinterließen, haben sie mit dem neuen Aufstieg Asiens in der zweiten Hälfte des 20. Jahrhunderts die Ausbeutung der Erde gleichermaßen vorangetrieben.

Wo auch immer wir den Beginn des Anthropozäns ansetzen mögen, wird unser Selbstverständnis gegenüber dem Rest der Natur von unserer zunehmenden Inbesitznahme der Erde geprägt. Während der fortschreitenden Ausbeutung der Erde durch das lange Zeitalter der Landwirtschaft und das kürzere Industriezeitalter trat an die Stelle der Gemeinschaft zuerst die Gesellschaft, dann das Individuum, und in jeder dieser Phasen wandte sich die Vorstellung der Person immer weiter nach innen.

Im Laufe des Zeitalters des Fortschritts verfestigte sich die Vorstellung von der Autonomie des Individuums, große Teile der Menschheit zogen sich hinter verschlossene Türen zurück, umgeben von ihren persönlichen Besitzgegenständen auf einer privatisierten Erde. Die Menschheit kapselte sich immer weiter ab, die Einzelnen wurden immer autonomer und einsamer, während sie sich voneinander abgeschottet in der immer trostloseren Umgebung der wuchernden Städte und Vorstädte zu Abermillionen zusammenballten. Das Jahr 2006 markierte einen Wendepunkt für die Menschheit: Seither lebt die Mehrheit der Menschen in dicht besiedelten urbanen Regionen, und der Mensch wurde endgültig zum *Homo urbanus*.[4] Die harten Lektionen des Klimawandels bieten jedoch einen Hoffnungsschimmer, genau wie die weichen Lektionen der neuen Erkenntnisse über unsere biologische Wahrheit, die unsere Spezies zu einem neuen Anfang zurückbringen und uns die Möglichkeit geben, die Zukunft zu schreiben. Die Inspiration beginnt bei dem ganz neuen Verständnis dessen, was Menschsein im tiefsten biologischen Sinn überhaupt bedeutet. Viele unserer Vorstellungen vom Menschen als biologischem

Wesen haben sich als grundfalsch herausgestellt und uns an diesen verzweifelten Punkt unserer Geschichte gebracht. Wenn wir die Augen für das öffnen, was wir wirklich sind, im strengsten physiologischen Sinne unserer irdischen Existenz, dann kann uns dies auf einen neuen Weg zurück in den Schoß einer lebendigen und dynamischen Erde führen. Diese Rückkehr in die Gemeinschaft des Planeten treten wir mit einem ganz anderen Bewusstsein an als dem, das der Gott der Bibel Adam und Eva und ihren Nachkommen mitgab.

Leben neu denken: Von Objekten und Strukturen zu Prozessen und Mustern

Wenn wir den Architekten der digitalen Revolution Tribut zollen wollen, müssen Norbert Wiener als Vater der Kybernetik und sein Zeitgenosse Ludwig von Bertalanffy als Begründer der Systemtheorie ganz oben auf der Liste der stehen. Mit ihren Theorien führten sie die Menschheit in das Zeitalter der Information, der Künstlichen Intelligenz und in die virtuellen Welten des Cyberspace. Jeder der beiden verstand, dass wir mit unseren herkömmlichen Vorstellungen von Raum, Zeit und Leben auf tragische Weise irrten, sehr zum Schaden unserer Art. Ludwig von Bertalanffy schrieb 1949: »Strukturen sind, für unseren menschlichen Maßstab, lang ausgedehnte, langsame, Funktionen hingegen kurze und rasche Prozesswellen.«[5] Fünf Jahre später warf Norbert Wiener einen intimeren Blick auf unsere Art, auch wenn seine Anmerkungen auf alles Leben und die gesamte materielle Welt zutreffen:

> Es ist ein von der Homöostase aufrechterhaltenes Muster, das der Prüfstein unserer persönlichen Identität ist. Unsere Gewebe verändern sich fortwährend: Die Nahrung, die wir zu uns nehmen, und die Luft, die wir atmen, werden zu unserem Fleisch und unseren Knochen, und die vergänglichen Momente unseres Fleisches und unserer Knochen werden täglich mit unseren Exkrementen aus un-

> serem Körper ausgeschieden. Wir sind Strudel in einem Fluss des stetig fließenden Wassers. Wir sind nicht die bleibende Substanz, sondern Muster, die sich fortschreiben.[6]

Bertalanffy, Wiener und weitere seiner Schüler, darunter Ilya Prigogine mit seiner Theorie der Thermodynamik und Nicholas Georgescu-Roegen mit seiner Anwendung der Thermodynamik auf wirtschaftliche Theorie und Praxis brachten ein neues Verständnis der Bedeutung der Existenz in ihre jeweiligen Fächer. Sie begannen damit, Räumlichkeit und Zeitlichkeit neu zu denken, und ermöglichten uns ein ganz neues Verständnis unseres Lebens und der Existenz.

Möglich wurden ihre bahnbrechenden Arbeiten erst durch die Ideen des Philosophen Alfred North Whitehead. Er war es, der Anfang des 20. Jahrhunderts aussprach, dass der Kaiser keine Kleider trägt. Whitehead kam aus der Mathematik. In Zusammenarbeit mit Bertrand Russell hatte er die *Principia Mathematica* verfasst, ein dreibändiges Grundlagenwerk der mathematischen Logik, das im 20. Jahrhundert zur Bibel der Zunft wurde. In der zweiten Hälfte seiner Laufbahn wandte er sich der Physik und Philosophie zu. Sein Buch *Prozess und Realität* aus dem Jahr 1929 beeinflusste im Laufe des 20. Jahrhunderts zahlreiche Vordenker in Wissenschaft und Philosophie. Whitehead kritisierte Isaac Newtons zeitlose Beschreibung von Materie und Bewegung

> mit ihrer Voraussetzung der elementaren Tatsache einer widerspenstigen nackten Materie oder eines Materials, das sich in wechselnden Konfigurationen über den ganzen Raum verteilt. Ein solches Material ist an sich sinn-, wert- und zweckfrei. Es tut ganz einfach, was es tut, folgt einem festgelegten Gang, der durch äußere Relationen entschieden ist, die nicht der Natur seines Seins entspringen.[7]

Whitehead widersprach Newtons Beschreibung der Existenz aus Momenten »ohne Dauer« und »ohne Bezug auf irgendeinen anderen Moment«. Seiner Ansicht nach waren »Geschwindigkeit in einem Moment« und »Bewegung in einem Moment« schlichtweg absurd.[8] Die

Vorstellung isolierter, bloß im Raum befindlicher Materie »ließ der Natur weder Sinn noch Wert«.[9] Es wurmte Whitehead, dass die »zeitlose« Physik, die zum Pfeiler der Naturwissenschaften geworden war, jegliche Beschäftigung mit den grundlegenden Aktivitäten der Natur mied.[10] Der Historiker und Philosoph Robin G. Collingwood verweist darauf, dass Beziehungen und Rhythmen nur »in einem Zeitraum [existieren], der lang genug ist, damit sich der Rhythmus der Bewegung etablieren kann«.[11] So ist zum Beispiel ein Ton in einem Musikstück nichts ohne die vorhergehenden und nachfolgenden Töne.

Freilich hatte auch Whitehead seine Erkenntnisse nicht aus der Luft gegriffen. In der klassischen Physik taten sich bereits zahlreiche Brüche auf. In den ersten Jahrzehnten des 20. Jahrhunderts erkannten zum Beispiel Atomforscher, dass frühere Annahmen über Atome als solide Materie mit einer festen Ausdehnung im Raum vollkommen falsch waren. Ihnen wurde klar, dass Atome keine Objekte im materiellen Sinn waren, sondern Beziehungen, die mit einem bestimmten Rhythmus funktionieren, und dass sie diese Eigenschaften in bestimmten Momenten überhaupt nicht besaßen.[12] Wie der Physiker Fritjof Capra erklärt, lösen sich auf subatomarer Ebene die festen stofflichen Objekte der klassischen Physik in Wahrscheinlichkeitsmuster und Beziehungen auf. Die Quantentheorie zwingt uns, das Universum nicht als Ansammlung physischer Objekte zu sehen, sondern als kompliziertes Beziehungsgeflecht zwischen den verschiedenen Teilen des Ganzen.[13] Die herkömmliche Trennung von Struktur und Funktion löste sich mit einer neuen Physik auf. Seither lässt sich das Sein von etwas nicht mehr von dem trennen, was dieses Etwas tut. Nichts ist fest, alles ist im Fluss. Nichts existiert für sich genommen, alles existiert in der Zeit. Whitehead fasste die neue Physik so zusammen:

> Die ältere Sichtweise gestattet uns, von Veränderungen abzusehen und die gesamte Realität der Natur in einem einzigen Moment aufzufassen, ohne zeitliche Dauer, und Beziehungen allein auf die räumliche Verteilung der Materie in diesem Moment zu reduzieren … Für die moderne Sichtweise sind Prozess, Aktivität und Verän-

derung die Tatsachen. In einem einzigen Moment ist gar nichts. Jeder Moment ist lediglich eine Möglichkeit, Tatsachen zu gruppieren. Da es keine Momente gibt, verstanden als primäre Größen, gibt es in einem Moment auch keine Natur.[14]

Nicht nur in der Physik wurden herkömmliche Vorstellungen zertrümmert, auch in der Biologie kam in der zweiten Hälfte des 19. Jahrhunderts ein neuer Ansatz auf, der die Geschichte von Raum und Zeit neu schreiben sollte. Charles Darwin hatte die Dimension der Zeit in die Biologie eingeführt und die herkömmliche Vorstellung widerlegt, nach der jede Art ein Teil von Gottes Schöpfung ist und sich daher nicht verändert. Darwins revolutionäre These besagte dagegen, dass durch den Prozess der natürlichen Auslese im Laufe der Zeit immer komplexere Arten entstehen. Neue Eigenschaften seien zwar Zufallsprodukte, doch diejenigen Mutationen, die einer Art einen Vorteil verschaffen und besser an die sich verändernde Umwelt angepasst sind, überleben mit größerer Wahrscheinlichkeit.

Auch wenn Darwin mit seiner Evolutionstheorie die Dimension der Zeit in die Biologie eingeführt und unser Verständnis der Natur revolutioniert hat, interessierten sich Biologen noch immer vor allem für die Struktur von Organismen, um ihre Anpassung an eine Umgebung zu erforschen. Damit blieb die Biologie nach wie vor der Taxonomie verhaftet.

Das änderte sich, als der deutsche Naturforscher Ernst Haeckel 1866 das Gebiet der Ökologie begründete. Eine neue Generation von Biologen hatte mehr Interesse an der »Wissenschaft der Beziehungen lebender Organismen zur Umwelt und ihren Lebensräumen, Gewohnheiten, Gegnern, Schädlingen und so weiter«.[15] Im Gegensatz zur klassischen Biologie richtete die Ökologie den Blick darauf, wie sich lebendige Gemeinschaften entwickeln und sich immer wieder an die sich verändernden Umstände anpassen. Die moderne Physik und die junge Disziplin der Ökologie erfanden Raum und Zeit neu und Whitehead wurde zu einer ihrer Leitfiguren. Er fasste die neue Haltung gegenüber der Natur in einem einfach Satz zusammen: »Es gibt keine Natur ohne Übergang, und es gibt keinen Übergang ohne zeitliche Dauer.«[16] Dieses neue Denken über das Verhältnis von Raum und Zeit, Sein und Werden, mag Wissenschaftler und Philosophen begeistern – doch was bedeutet es für uns Normalsterbliche, die wir uns für einzigartige und relativ autonome körperliche Wesen halten, die in einer Welt konkurrierender Kräfte fortwährend ihr Selbst bewahren und entwickeln wollen? Es kommt uns befremdlich vor, dass wir eher eine Art Gefäß und Medium sein sollen, durch das sich die umherschwirrenden Elemente der Erde – ihre Kräfte, Felder, Atome und Moleküle – kontinuierlich hindurch bewegen und damit unsere Vorstellung von einem autonomen Selbst ständig infrage stellen. Doch so sieht die Realität aus.

Jeder ein Ökosystem

Beginnen wir beim Wasser. Auch wenn es der Wissenschaft bis heute nicht gelungen ist, den tiefen Zusammenhang zwischen Wasser und der Entstehung und Evolution des Lebens auf der Erde zu erklären, ist es eine Tatsache, dass jede Spezies zu einem überwiegenden Teil aus dem Wasser der Hydrosphäre besteht. Einige Spezies sind sogar zu mehr als 90 Prozent Wasser, und bei einem erwachsenen Menschen macht es immerhin 60 Prozent des Körpergewichts aus.[17] Das Herz besteht zu rund 73 Prozent aus Wasser, die Lungen zu 83 Prozent, die Haut zu 64 Prozent, die Muskeln und Nieren zu 79 Prozent und die Knochen zu 31 Prozent.[18] Das Blutplasma, diese hellgelbe Flüssigkeit, die Blutzellen, Enzyme Nährstoffe und Hormone transportiert, ist zu 90 Prozent Wasser.[19] Wasser spielt eine wesentliche Rolle beim Erhalt lebender Systeme. Die Details sind beeindruckend. Wasser ist

> ein vitaler Nährstoff jeder Zelle und fungiert als wichtigster Baustoff. Es reguliert unsere Körpertemperatur über Schweiß und Atmung. Die Kohlenhydrate und Proteine, die unseren Körper ernähren, werden verstoffwechselt und durch Wasser im Blut transportiert. In

> Form von Urin spült Wasser die Abfallstoffe aus dem Körper. Wasser fungiert als Stoßdämpfer für Gehirn, Rückenmark und Fötus. Es ist der Grundstoff des Speichels und der Schmierstoff für die Gelenke.[20]

Wasser fließt fortwährend in unseren Körper hinein und wieder hinaus. Das halbdurchlässige offene System unseres Körpers nimmt frisches Wasser aus der Hydrosphäre der Erde auf, wo es die Grundfunktionen des Lebens übernimmt, um dann wieder in die Hydrosphäre zurückzukehren. Der menschliche Körper – und der jedes anderen Lebewesens – lässt sich also eher als Muster von Aktivitäten begreifen denn als feste Struktur, es funktioniert als dissipatives System, das sich von Energie ernährt und Entropie ausscheidet. Es ist kein geschlossener Mechanismus, der Energie aufnimmt, um seine Autonomie zu bewahren, wie sich anhand des Wasserkreislaufs gut erkennen lässt. Der Körper eines erwachsenen Mannes mit einem Gewicht von 70 Kilogramm besteht aus 30 Billionen Zellen.[21] Zwar trägt jede dieser Zellen den ererbten genetischen Bauplan des gesamten Organismus in sich, doch konkrete Aufgaben im Körper werden von spezialisierten Zellen übernommen. Im Jahr 2005 veröffentlichte ein Wissenschaftlerteam unter Leitung von Kirsty Spalding vom Karolinska Institutet in Stockholm einen Fachartikel,[22] über den die *New York Times* unter der Überschrift »Ihr Körper ist jünger als Sie denken« berichtete.[23] Die Untersuchung fand heraus, dass das Durchschnittsalter der Zellen in einem erwachsenen Körper bei sieben bis zehn Jahren liegen könnte. Einige Zellen, mit denen wir zur Welt kommen, bleiben zwar bis zu unserem Tod erhalten – vor allem Zellen in der Hirnrinde – doch der Rest erneuert sich fortwährend. Rein physisch betrachtet leben wir also im Laufe unseres Lebens in vielen unterschiedlichen Körpern.[24] Natürlich bemerken wir, dass Hautzellen, Haarzellen oder Finger- und Fußnägel kommen und gehen. Aber man nahm lange an, dass unsere lebenswichtigen inneren Organe uns ein Leben lang begleiten, was den Eindruck bestätigte, dass wir einzigartige und dauerhafte Wesen sind. Doch dieser Eindruck trügt.

Rote Blutkörperchen haben eine durchschnittliche Lebenserwartung von rund vier Monaten, Zellen der Rippenmuskulatur eines Erwachsenen Ende dreißig leben etwa 15,1 Jahre; unsere Magenschleimhaut wird über einen Zeitraum von fünf Tagen komplett ausgetauscht, die Darmdrüsen alle drei bis vier Tage, Osteoklasten im Knochenmark alle zwei Wochen, Paneth-Zellen im Dünndarm alle zwanzig Tage, Zellen der Luftröhre haben eine Lebenserwartung von ein bis zwei Monaten, Leberzellen von sechs Monaten, Fettzellen von acht Jahren. Die Zellen des Zentralnervensystems bleiben dagegen über das ganze Leben hinweg erhalten, genau wie die des Auges. Die Leber eines Erwachsenen wird im Durchschnitt alle 300 bis 500 Tage vollständig ausgetauscht.[25] Rund 3 Prozent des kompakten Knochengewebes und bis zu einem Viertel der schwammartigen Knochenenden werden alle zwölf Monate umgebaut und das Skelett wird im Laufe eines Jahrzehnts komplett runderneuert. Unser Zahnschmelz soll allerdings ein Leben lang halten,[26] ebenso wie die Zellen des Zentralnervensystems und die des Auges.[27]

Wenn wir uns von den Zellen hinunter auf die Ebene der Moleküle und Atome in unserem Körper begeben, dann verläuft der Durchsatz noch viel schneller. Der Körper eines Erwachsenen besteht aus sieben Quadrilliarden (7×10^{27}) Atomen.[28] Organe bestehen aus Zellen, Zellen aus Molekülen und Moleküle aus Atomen, und wenn auf wir auf dieser Ebene angelangt sind, hat der Mensch tatsächlich mehr Ähnlichkeit mit einem Muster von Aktivitäten zu einer bestimmten Zeit als mit einer autonomen Struktur im Raum. Wenn wir einatmen, trinken und essen, nimmt der Körper gewaltige Mengen von Atomen aus der Biosphäre in sich auf. Und wenn wir ausatmen, schwitzen, urinieren oder defäkieren, kehren die Atome in die Biosphäre zurück, um von dort aus irgendwann wieder in andere Menschen und Lebewesen zu gelangen.

65 Prozent unseres Körpergewichts ist Sauerstoff, 18,5 Prozent Kohlenstoff, 9,5 Prozent Wasserstoff, 3,2 Prozent Stickstoff, und das verbleibende Gewicht entfällt auf Kalzium, Phosphor, Natrium, Kalium, Schwefel, Chlor und Magnesium. Insgesamt befinden sich in unserem Körper mehr Atome als Sonnen im Universum.[29] Doch im Laufe eines Jahres werden über 90 Prozent der Atome in unserem Körper durch neue ersetzt.[30] Der Großteil des Sauerstoffs und Was-

serstoffs in unserem Körper kommt aus der Atmosphäre, der Hydrosphäre und der Lithosphäre, also der Biosphäre der Erde, die das gesamte Leben beherbergt. Wenn diese Moleküle in die Biosphäre zurückkommen, verteilen sie sich durch Luft- und Wasserströmungen leicht über den ganzen Erdball. Da sich in jedem menschlichen Körper mehr als 4×10^{27} Wasserstoffatome und 2×10^{27} Sauerstoffatome befinden, können wir sicher sein, dass sich viele dieser Atome irgendwann im Körper von anderen Menschen oder Lebewesen befanden, die vor uns lebten. Und einige dieser Sauerstoff- und Wasserstoffatome werden in andere Menschen oder Lebewesen eingehen, die nach uns kommen.[31]

Aus wissenschaftlicher Sicht sind unsere Körper keine geschlossenen, sondern offene, dissipative Systeme. Jede Zelle ist von einer halbdurchlässigen Membran umhüllt, die den Durchgang bestimmter Moleküle – Sauerstoff, Wasserstoff, Kohlenstoff, Kalzium, Phosphor, Kalium, Schwefel, Natrium, Chlor und so weiter – aus der Biosphäre ins Innere der Zelle zulässt.[32] Unser Körper ist also nur eines von zahllosen Medien, das die Elemente der Erde beherbergt. Doch chemische Elemente sind nicht das einzige, was durch unsere Zellen, Organe und die zahlreichen Systeme der Erde wandert. Da sind zum Beispiel noch die Bakterien, die kleinste Lebensform. Im Jahr 2018 veröffentlichten Wissenschaftler des Weizmann Institute of Science und des California Institute of Technology Schätzungen zur Verteilung der Biomasse auf der Erde. Sie errechneten, dass die Biomasse unseres Planeten aus rund 550 Gigatonnen Kohlenstoff besteht. Davon entfallen auf Pflanzen 450 Gigatonnen, auf die Bakterien kommen 70 Gigatonnen. Es folgen Pilze mit 12 Gigatonnen, Archaeen mit 7 Gigatonnen, Protisten mit 4 Gigatonnen, Tiere mit 2 Gigatonnen und Viren mit 0,2 Gigatonnen. In dieser Gruppe der Tiere machen Menschen weniger als 0,6 Gigatonnen der Biomasse der Erde aus.[33]

Wir teilen unseren Körper mit einer Vielfalt von Bakterien. Einem weiteren Bericht des Weizmann Instituts kann man entnehmen: »Die Zahl der Bakterien in unserem Körper bewegt sich in derselben Größenordnung wie die Zahl der Körperzellen, bei einem Gesamtgewicht von 0,2 Kilogramm.«[34] Im Darm leben gewaltige Mengen von Bakterien, doch auch im Magen, auf der Haut, im Speichel, in der Mundschleimhaut und im gesamten übrigen Körper sind sie heimisch. Wir sind also nicht allein in unserem Körper, wir sind eher so etwas wie Mitbewohner unserer ältesten Verwandten, der Bakterien. Im Magen und Darm unterstützen Bakterien die Verdauung, vor allem beim Zerlegen von pflanzlichen Ballaststoffen. Außerdem versorgen sie das Verdauungssystem mit lebenswichtigen Stoffen wie dem Vitamin-B-Komplex und Vitamin K.[35] Und schließlich sind Bakterien ein wichtiger Bestandteil unseres Immunsystems und tragen zur Abwehr von Krankheitserregern bei.[36]

Die meisten wissen, dass unser Körper von Bakterien bewohnt wird, doch daneben wimmelt es von weiteren Mikroorganismen wie Pilzen, Archaeen und Protisten. Noch weiß die Forschung nicht genau, wie viele Pilzzellen im menschlichen Körper vorkommen, doch es dürfte etwa ein Zehntel der Zahl der Bakterien sein.[37] Pilzorganismen wie *Candida albicans* können für Menschen mit Immunschwächekrankheiten tödlich sein; dieser Pilz spielt auch bei Erkrankungen des Magens, des weiblichen Genitaltrakts und des Mundes eine Rolle. Der hefeähnliche Pilz *Cryptococcus neoformans* kann in der Lunge gedeihen und lebensbedrohliche Krankheiten verursachen. Schlauchpilze der Gattung *Pneumocystis* können bei Patienten mit Immunschwäche zu Lungenentzündung führen. Andere Pilze spielen dagegen eine wichtige Rolle beim Erhalt der körperlichen Gesundheit. Bei manchen Menschen kann der Hefepilz *Saccharomyces boulardii* zur Linderung von Gastritis beitragen.[38] Bei einer neueren Untersuchung wurden beim Menschen 101 unterschiedliche Pilzarten nachgewiesen. Jeder von uns trägt zwischen 9 und 23 verschiedene Arten in sich, darunter auch Schimmelpilze der Gattung *Cladosporium*, die Asthma verursachen, oder hefeähnliche Pilze der Gattung *Aureobasidium*, die nach einer Organtransplantation zu Pilzinfektionen führen können.[39] Die am wenigsten erforschten Mikroorganismen in unserem Körper sind die Archaeen. Archaeen sind Einzeller ohne Zellkern und gehören zu den Prokaryonten. Bei neueren Untersuchungen wurden sie im menschlichen Darmtrakt, der Haut, der Lunge und der Nase gefunden. Mehr als 96 Prozent aller Menschen haben

Methanobrevibacter smithii im Darm, und *Methanosphaera stadtmanae* wurde bei rund 30 Prozent der untersuchten Personen gefunden. Weniger häufig ist *Methanomassiliicoccus luminyensis*, das bei nur rund 4 Prozent aller Menschen beobachtet wurde.[40]

Archaeen kommen vor allem im Darm vor und könnten zur Fettleibigkeit beitragen. Andere Untersuchungen beobachten einen Zusammenhang mit chronischer Verstopfung. Außerdem könnten sie ein Hinweis auf Herz-Kreislauf-Erkrankungen sein und mit Parodontose in Zusammenhang stehen.[41] Die Anwesenheit der Archaeen im menschlichen Körper weist allerdings auch darauf hin, dass sie eine wichtige Rolle bei Regulierungsprozessen spielen.

Auch Protisten kommen zahlreich in unserem Körper vor. Diese Eukaryoten haben einen Zellkern, zählen aber weder zu den Tieren noch zu Pflanzen oder Pilzen, sondern bilden eine eigene Untergruppe, zu der unter anderem Plasmodien, Amöben, Wimpertierchen und Giardien zählen. In der Natur kommen Protisten vor allem in wasserreichen Umgebungen vor und machen einen erheblichen Teil der Biomasse in Meeren und auf dem Festland aus. Auch Seetang, in vielen Weltgegenden ein wichtiger Bestandteil der menschlichen Ernährung, gehört zu den Protisten. Pflanzenähnliche Protisten – Phytoplankton – erzeugen durch Photosynthese die Hälfte des Sauerstoffs der Erde.[42] Zwischen 70 und 75 Arten von Protisten leben in unterschiedlichen Teilen des menschlichen Körpers, zum Beispiel in der Haut, den Zähnen, den Augen, der Nase, dem Verdauungstrakt, den Blutgefäßen, den Geschlechtsorganen und dem Hirngewebe. Einige Protisten sind harmlos, andere können krank machen.[43] Protisten sind für eine Reihe tödlicher Krankheiten verantwortlich, zum Beispiel Malaria, Amöbenruhr, Trichomoniasis und Schlafkrankheit.

Und dann sind da natürlich noch die Viren. Wir kennen Viren vor allem als Erreger, die sich in unseren Körper einschleichen, Krankheiten verursachen und Ansteckung und Tod bringen, wie das Coronavirus SARS-CoV-2. Karin Mölling vom Max-Planck-Institut für molekulare Genetik weist jedoch in einem Fachartikel darauf hin, dass Viren »mehr Freund als Feind« sind und dass es sich um »die erfolgreichsten Spezies der Erde« handelt, die »Erdreich, Meere, Luft, den menschlichen Körper und sogar unser Genom besiedeln«. Viren gelten zwar generell als Krankheitserreger und wir bringen sie sofort mit tödlichen Infektionskrankheiten wie Ebola, SARS, Aids, Zika und MERS in Verbindung, doch Mölling erinnert uns daran, dass die meisten Viren »keine Feinde und Killer« sind, sondern »eine wichtige Rolle bei der Entstehung, der Entwicklung und dem Erhalt des Lebens aller Spezies auf unserem Planeten« spielen. Mölling erklärt weiter: »Viren stärken unsere Immunität, Viren schützen vor anderen Viren... Sie sind Motoren der Evolution und der Anpassung an Umweltveränderungen.«[44]

In unserem Körper leben zwar rund 38 Billionen Bakterien, doch das ist nichts im Vergleich zu den rund 380 Billionen Viren, die uns bewohnen – eine Gemeinschaft, die derart allgegenwärtig und vielfältig ist, dass sie als »menschliches Virom« bezeichnet wird.[45] Die meisten dieser Viren sind zwar zum Glück harmlos, doch im Gegensatz zu den Bakterien, deren Funktion im menschlichen Körper relativ gut erforscht ist, wissen wir kaum etwas darüber, welche Rolle sie bei der Regulierung oder Destabilisierung der menschlichen Gesundheit spielen.

Auch Viren kommen in sämtlichen Regionen des menschlichen Körpers vor – im Blut, in der Lunge, in der Haut und überall sonst. Viren töten Bakterien – das ist ihre Mission. Wissenschaftler gehen heute der Frage nach, wie uns bestimmte Viren im menschlichen Virom vor bakteriellen Krankheitserregern schützen, vor allem solchen, die schwere und tödliche Infektionen auslösen und zunehmend immun gegen Antibiotika sind.[46] Die Suche nach neuen Ansätzen zur Bekämpfung von Infektionen im Gewimmel von Bakterien und Viren im menschlichen Körper ist eine der großen Herausforderungen der aktuellen Forschung.

Wenn wir unsere sämtlichen Mitbewohner zusammenzählen, stellen wir fest, dass nur 43 Prozent aller Zellen in unserem Körper tatsächlich menschliche Zellen sind. Die übrigen 57 Prozent gehören den Mikroorganismen, die uns bewohnen. Und wenn wir auf die Ebene des Erbguts hinabsteigen, dann finden wir eine Bauanleitung von rund 20 000 Genen für den menschlichen Körper, während sich die Summe der Gene sämtlicher Mikroorganismen in uns auf 2 bis 20 Millionen beziffern dürfte.[47] Der Mikrobiologe Sarkis Mazmanian von CalTech sagt uns etwas, das wir vermutlich noch nie bedacht haben: Aus biologischer Sicht »haben wir nicht nur ein Genom, denn die Gene unseres Mikrobioms sind im Grunde ein zweites Genom, das die Aktivität unseres Genoms verstärkt«. Und er fügt hinzu: »Was uns zu Menschen macht, ist meiner Ansicht nach die Kombination unserer eigenen DNA plus die DNA der Mikroben in unserem Verdauungstrakt.«[48] Das, was wir als Mensch ansehen, macht also aus biologischer Sicht weniger als die Hälfte unseres Körpers aus. Wir sind eine Chimäre, und als solche sollten wir uns auch verstehen. Der Gedanke mag beunruhigend sein, dass der Mensch nicht die einzigartige Spezies ist, für die er sich lange gehalten hat – doch die wissenschaftliche Realität ist noch viel komplizierter. Prabarna Ganguly vom National Human Genome Research Institute der Vereinigten Staaten versucht sich an einer neuen paradigmatischen Beschreibung des Menschen:

> In unserem Körper befindet sich ein gewaltiges, aber unsichtbares Reich von Mikroben. Unsichtbar, aber unglaublich mächtig, leben diese Tausenden von Arten und Billionen von Bewohnern in allen Teilen unseres Körpers und bilden das vielfältige menschliche Mikrobiom. Dieses Mikrobiom trägt und erhält unsere Gesundheit, doch Störungen des Mikrobioms wurden mit Hunderten Krankheiten wie Krebs, Autoimmunerkrankungen und Herz-Kreislauf-Erkrankungen in Zusammenhang gebracht … Noch wissen Forscher nicht, ob Veränderungen im Mikrobiom Krankheiten verursachen, oder ob das Mikrobiom mit Veränderungen auf Krankheiten reagiert.[49]

Im Jahr 2014 riefen die staatlichen medizinischen Forschungsinstitut der Vereinigten Staaten, die National Institutes of Health, das Human Microbiome Project (HMP) ins Leben, um die im menschlichen Körper lebenden Mikroben zu beschreiben, und zu erforschen, welche Rolle sie für uns spielen. Bis dahin wusste man wenig über die allgegenwärtigen Lebensformen in unserem Körper, und viele dieser Mikroorganismen waren nicht einmal identifiziert worden.

Mit dem Human Microbiome Project erkannte erstmals ein renommiertes medizinisches Forschungsinstitut den menschlichen Körper als Biom, also als »große, in einem Lebensraum natürlich vorkommende Gemeinschaft von Flora und Fauna«.[50] Indem die National Institutes of Health den menschlichen Körper – und damit auch die Körper anderer Lebewesen – als Mikrobiom auffassten, bestätigten sie, dass es sich bei der Menschheit und bei jedem einzelnen Menschen um Ökosysteme handelte. Ein Ökosystem ist »eine biologische Gemeinschaft von interagierenden Organismen und ihrer physischen Umwelt«.[51] Diese Neudefinition der menschlichen Physiologie ist ein historisches Ereignis, dessen Tragweite noch gar nicht absehbar ist. Die Leiter des Projekts beschrieben die Initiative so:

> Das HMP widmet sich einigen der inspirierendsten, kompliziertesten und grundlegendsten wissenschaftlichen Fragen von heute. Es hat das Potenzial, die künstliche Barriere zwischen der Erforschung der Mikrobiologie in der Medizin und in der Umwelt einzureißen … Die Erforschung des menschlichen Mikrobioms ist nur insofern neu, als sie auf ein neues System übertragen wird. Auf der Makroebene von Ökosystemen beschäftigen sich Ökologen schon seit Jahrzehnten mit ähnlichen Fragen.[52]

Die wissenschaftliche Erkenntnis, dass jeder Mensch ein Biom ist, und die Konsequenz, dass die Ökosysteme des Planeten nicht an der Grenze zu unserem Körper enden, sondern sich in den Mikrobiomen jedes Menschen fortsetzen, markiert die Geburt des ökologischen Selbst. Jeder von uns ist ein Biom, das von unseren Innereien bis an die Grenze der Biosphäre und darüber hinaus reicht. Dieser Paradigmenwechsel in der Erforschung des Menschen hat bereits Auswirkungen auf den Umgang der Wissenschaft mit Krankheit und Gesundheit.

Rob Knight von der University of California in San Diego unterstreicht: »Diese Kleinstlebewesen beeinflussen unsere Gesundheit auf eine Weise, von der wir bis vor Kurzem keine Vorstellung hatten.«[53] Forscher untersuchen, welche Rolle Mikroorganismen des gesamten menschlichen Mikrobioms bei der Verdauung, der Regulierung des Immunsystems, dem Schutz vor Erkrankung und der Herstellung lebenswichtiger Vitamine spielen. Knight und andere sind überzeugt, dass die Überwachung des Mikrobioms eines Tages zum medizinischen Alltag gehören wird, und dass unser Stuhlgang zum »Datenhaufen« aus mikrobieller DNA wird, aus dem sich Informationen über den Gesundheitszustand eines Patienten gewinnen lassen. Trevor Lawley vom Wellcome Sanger Institute hält es für vorstellbar, dass in Zukunft Krankheiten behandelt werden, indem man dem Mikrobiom des Patienten eine Handvoll unterschiedlicher Arten von Mikroorganismen zuführt.[54]

Heute wissen wir, dass unsere Innereien und die all unserer Mitlebewesen nichts anderes sind als Fortsätze der Biome, Ökosysteme und Sphären, die diesen Planeten vor Leben strotzen lassen. Jedes Lebewesen und jede Zelle ist ein offenes System, umhüllt von einer halbdurchlässigen Membran, durch die Elemente der Erdsysteme gefiltert werden, um die Muster des Lebens zu erhalten. Die Vorstellung einer von festen Strukturen bevölkerten Erde ist falsch. Ilya Prigogine brachte es auf den Punkt, als er sagte, dass es sich bei den Gegenständen der Biologie oder Chemie in Wirklichkeit um Prozesse handelt. Jedes Lebewesen ist ein dissipatives System, dessen Entwicklung von der verfügbaren Energie abhängt und entropischen Abfall erzeugt.

Aber ist wirklich alles Prozess? Was ist mit dem Gestein? Ist das auch Teil eines dynamischen Prozesses? Oder ist wenigstens das solide? Nein, das ist es nicht. »Strukturen sind, für unseren menschlichen Maßstab, lang ausgedehnte, langsame, Funktionen hingegen kurze und rasche Prozesswellen«, wie Bertalanffy es ausdrückte.[55] Wir bestaunen die gewaltigen Bergketten wie die Alpen, den Himalaja, die Rocky Mountains oder die Anden mit ihrer ehrfurchtgebietenden Majestät und empfinden ihre unerschütterliche Festigkeit als tröstlich. Doch auch das ist nur eine Illusion, denn die scheinbar festen Strukturen sind unaufhörlich in Bewegung. Auch sie sind Muster von Aktivitäten, die sich im Laufe der Zeit verändern. Wenn wir den Mount Everest im Zeitraffer sehen könnten, dann könnten wir seine Entwicklung über die Jahrmillionen beobachten. Im Erdkundeunterricht der Schule lernt man, wie sich die Erdkruste im Laufe der Zeit verändert. So gab es zum Beispiel vom späten Karbon vor 320 Millionen Jahren bis zum beginnenden Jura einen einzigen Superkontinent namens Pangaea, der ringsum von einem gewaltigen Ozean umgeben war. Vor rund 200 Millionen Jahren brach er allmählich auseinander und wurde zu den Kontinenten, wie wir sie heute kennen.[56] Aber man muss gar nicht so weit zurückgehen, um Gestein als Prozess zu erleben.

In Kapitel 3 haben wir gesehen, wie Gestein durch Verwitterung, Wurzeln, Pflanzen, Insekten und Tiere zu Erdreich zerlegt wird. Die Mineralien im Gestein werden zu Nährstoffen im Erdreich. Pflanzen nehmen diese Nährstoffe auf, und wenn wir die Pflanzen essen, gehen die Mineralien in unseren Körper ein. Zwei dieser Mineralien, Phosphor und Kalzium, sind wesentliche Bestandteile unserer Knochen und Zähne. Auch unsere halbdurchlässigen Zellwände, die Nährstoffe in die Zelle hinein- und entropische Abfälle wieder herauslassen, bestehen aus Phosphor.[57] Wir bestehen also zum Teil aus Elementen des Gesteins, die unsere Lebensprozesse aufrechterhalten. Langsam und aus fernen Zeiten ist dieses Gestein in das menschliche Ökosystem gelangt, und von dort aus wird es seine Reise weiter fortsetzen.

Jeder von uns ist ein Muster, hervorgebracht von zahllosen Kräften aus unterschiedlichen Zeitebenen und Maßstäben, die von uns aus weiterziehen und in andere Muster eintreten. Doch das ist noch nicht die ganze Geschichte. Zwei weitere Kräfte tragen zur Entstehung der Muster auf unserem Planeten bei: biologische Uhren und elektromagnetische Felder. Sie sind die fehlenden Bindeglieder in der Evolution des Lebens auf der Erde. Ihnen wenden wir uns im kommenden Kapitel zu.

KAPITEL 8

EINE NEUE URSPRUNGSGESCHICHTE

Wie biologische Uhren und elektromagnetische Felder das Leben takten und gestalten

Es war der Mittag des 28. Februar 1953 im Eagle Pub, der Stammkneipe einiger Professoren und Studenten der Universität Cambridge, als zwei Wissenschaftler zur Tür hereingestürzt kamen: ein 37-jähriger britischer Mediziner namens Francis Crick und ein 25-jähriger amerikanischer Molekularbiologe namens James Watson. Die Besucher erinnerten sich später, dass Crick die unsterblichen Worte rief: »Wir haben das Geheimnis des Lebens gefunden!« Für ihre Entdeckung der Doppelhelixstruktur der Desoxyribonukleinsäure (DNS) sollten die beiden später mit dem Nobelpreis für Medizin ausgezeichnet werden.[1] Doch das Geheimnis des Lebens hatten sie womöglich doch noch nicht entdeckt.

Biologische Uhren: Die Choreografen des Lebens

Springen wir zurück ins Jahr 1729. Damals wusste man, dass manche Pflanzen tagsüber ihre Blätter öffnen und sie abends wieder einrollen. Der französische Astronom Jean-Jacques d'Ortous de Mairan wollte jedoch herausfinden, ob sie das auch in einem verdunkelten Raum taten. Er stellte eine Mimose in einen Schrank und beobachtete, wie die Pflanze über einen Zeitraum von 24 Stunden ihre Blätter öffnete und wieder schloss, obwohl sie sich in völliger Dunkelheit befand. Daraus schloss er, dass hier eine Kraft am Werk sein musste, die nichts mit dem Licht zu tun hatte und die Aktivität der Pflanze anstieß.

Im Jahr 1832 bestätigte der Schweizer Biologe Augustin Pyramus de Candolle diese Beobachtung, fügte Mairans Erkenntnis jedoch einen aufschlussreichen Aspekt hinzu. Mairans Experiment schloss aus, dass die Mimose ihre Blätter durch den Einfluss des Lichts öffnete und schloss, und Candolle fragte sich, ob die Aktivität mit der Umgebungstemperatur zusammenhängen könnte. Also setzte er die Pflanze konstantem Licht aus und stellte fest, dass die Pflanzen ihre Blätter wiederum alle 22 bis 23 Stunden öffnete und schloss – »wie ein Uhrwerk«. Also kam er zu dem Schluss, dass die Pflanze eine Art innere Uhr haben müsse.[2] In den 1960er Jahren erdachte Curt Richter von der Johns Hopkins University grausame Experimente, um den Tag-und-Nacht-Rhythmus von Ratten zu stören. Er steckte sie in Gefriertruhen, misshandelte sie mit Stromstößen, fesselte sie, hielt ihr Herz an und entfernte sogar verschiedene Teile ihres Gehirns. Trotzdem behielten die Tiere ihren 24-Stunden-Rhythmus bei.[3] Ueli Schibler, Chronobiologe der Universität zu Genf, beschreibt, wie die biologische Uhr die zeitlichen Muster von Säugetieren überwacht:

> Bei den meisten Säugetieren unterliegen physiologische Prozesse täglichen Schwankungen, die vom System der zirkadianen Zeitmessung gesteuert werden. Dieses System besteht aus einem zentralen Schrittmacher im Nucleus suprachiasmaticus (NSC) des Gehirns und abhängigen peripheren Oszillatoren in fast allen Körperzellen. Der NSC, dessen Rhythmus durch tägliche Hell-Dunkel-Zyklen trainiert wird, stellt über eine Vielzahl von neuronalen, humoralen und physischen Outputs beobachtbare behaviorale und physiologische Rhythmen her. Einige der Outputs des NSC haben direkten Einfluss auf das zirkadiane Verhalten, andere dienen als Input zur Synchronisierung zahlloser zirkadianer Oszillatoren in peripheren Zelltypen. Auch tägliche Zyklen der Nahrungsaufnahme sind wichtige Zeitgeber bei der Synchronisierung der Oszillatoren in vielen peripheren Organen.[4]

Wir wissen inzwischen, dass die DNA die Tag-und-Nacht-Rhythmen der biologischen Uhr programmiert, doch sie ist nicht die einzige Quelle. Im Februar 2011 veröffentlichte die Zeitschrift *Nature* einen

Artikel von John S. O'Neill und Akhilesh B. Reddy vom Labor für Metabolismusforschung der Universität Cambridge, in dem die Wissenschaftler den tageszeitlichen Rhythmus in roten Blutkörperchen nachwiesen. Rote Blutkörperchen verwendeten sie deshalb, weil diese keinen Zellkern und damit auch kein Erbgut haben. Trotzdem beobachteten sie in den Blutkörperchen einen starken Tag-und-Nacht-Rhythmus von etwa 24 Stunden. Das bedeutete, dass der Rhythmus vom Zytoplasma generiert werden musste. Diese und andere Untersuchungen sagen nicht, dass es keine DNA-Uhr gibt, denn diese wurde bei Tieren und Pflanzen nachgewiesen und gründlich erforscht. Sie sagt uns vielmehr, dass die Gene nicht die einzige Quelle für biologische Uhren sind, wie Neo-Darwinisten angenommen hatten.[5] Innere Uhren passen sich fortwährend an den Tag-und-Nacht-Rhythmus an – vor allem Zyklen von Licht und Dunkel sowie Temperaturschwankungen. Um seine Gesundheit zu erhalten, muss ein Organismus Veränderungen in der Umwelt vorwegnehmen und auf sie reagieren können. Während der aktiven Phase, besonders während der Nahrungssuche, muss der Körper zu Kampf oder Flucht bereit sein. Die Planung und Durchführung der Verdauung, des Immunsystems und der Erholung passieren während der Ruhe- und Schlafphasen, was eine ganz eigene zeitliche Organisation verlangt. Dazu kommen all die anderen inneren Aktivitäten wie Herzschlag, Hormonspiegel und Ähnliches, die sich dauernd an die tageszeitlichen Veränderungen in der Umwelt anpassen und kontinuierliches Zeitmanagement und Synchronisierung verlangen.

Die Hinweise mehren sich, dass menschliche Krankheiten mit einer Entsynchronisierung der inneren Uhren zusammenhängen. Ein Beispiel ist Kunstlicht. Jahrmillionen lang lebten wir und unsere Mitlebewesen nach dem natürlichen Licht der Sonne und dessen Reflexion durch den Mond. Heute machen wir die Nacht zum künstlichen Tag mit elektrischem Licht, das unseren Schlaf unterbricht und Schichtarbeiter wach hält. Wir leben in dicht besiedelten Städten, die rund um die Uhr erleuchtet sind, und viele von uns haben nie den Sternenhimmel und die mit bloßem Auge erkennbaren Galaxien gesehen.[6] Die Tourismusbranche ist daher auf den glorreichen Gedanken gekommen, Touristen zu »Nachtparks« zu fliegen, einigen der wenigen unbesiedelten Fleckchen des Planeten, von denen aus sie das Universum bestaunen können.

Neue Untersuchungen zeigen, dass Kunstlicht unsere biologischen Uhren durcheinanderbringt, weil es die Melatoninproduktion in der Zirbeldrüse unterdrückt. Das wiederum könnte das Risiko von Prostata- und Brustkrebs erhöhen.[7] Andere Untersuchungen beobachten, dass Aufmerksamkeitsdefizitstörungen bei Erwachsenen mit Schlafstörungen in Zusammenhang stehen und diese wiederum mit Krankheiten.[8] Zahlreiche Studien belegen, dass Schichtarbeiter häufiger an Herzerkrankungen, Diabetes, Infektionen und Krebs leiden.

Nicht weniger beunruhigend ist die Beobachtung, dass eine gestörte innere Uhr schwere psychische Erkrankungen wie Schizophrenie und bipolare Störung verursachen kann.[9] Zahlreiche Untersuchungen stellen Verbindungen zwischen einer immer größer werdenden Zahl von Krankheiten und der inneren Uhr im Nucleus suprachiasmaticus des Gehirns her. Der Neurologe Russell Foster sieht in dem engen Zusammenhang zwischen einer Reihe schwerer Erkrankungen und dem Schlafwach-Rhythmus »eine Chance zur Entwicklung evidenzbasierter Behandlungsformen und Eingriffe, die die Gesundheit und Lebensqualität von Millionen von Menschen mit einer großen Bandbreite von Krankheiten verbessern«.[10] Bedauerlicherweise findet diese Art von Krankheiten im Medizinstudium bislang kaum Erwähnung.

Wissenschaftler haben außerdem bei verschiedenen Spezies innere Uhren beobachtet, die auf Mondzyklen, Gezeiten und Jahreszeiten abgestimmt sind. So paart sich zum Beispiel der Palolowurm nur während Niedrigfluten im Oktober und November.[11] Die Verhaltensforscher Kenneth C. Fisher und Eric T. Pengelley sperrten ein Eichhörnchen in einen fensterlosen Raum bei einer Temperatur in der Nähe des Gefrierpunkts und stellten ihm rund um die Uhr Nahrung und Wasser zur Verfügung. Das Eichhörnchen hielt seine Körpertemperatur auf 37 Grad Celsius und stellte pünktlich im Oktober die Nahrungsaufnahme ein, um mit dem Winterschlaf zu beginnen, so wie es das in der freien Natur getan hätte. Mit Beginn des Frühjahrs nahm es dann seine normale Aktivität wieder auf.[12] Unterhalb der Tag-und-Nacht-, Mond-, Gezeiten- und Jahreszeitenrhythmen beobachten Wissenschaftler auch sogenannte ultradiane Rhythmen. Diese Rhythmen wiederholen sich über den Tag hinweg und können unterschiedlich lange Perioden haben – der Herzschlag dauert beispielsweise weniger als eine Sekunde. Heute wissen wir, dass bei Tieren Hunderte (bei Pflanzen sind es weniger) körperliche Abläufe von inneren Uhren gesteuert werden, die in jeder Zelle wirken und in der komplexen Sinfonie zusammenspielen, die wir »Sein« oder besser »Werden« nennen.

Der Mikrobiologe David Lloyd von der Cardiff School of Biosciences in Wales fasst unseren Wissensstand zur grundlegenden Bedeutung der inneren Uhren so zusammen: »Eine korrekte innere Uhr ist fester Bestandteil der koordinierten Steuerung jeder unserer biochemischen, physiologischen und Verhaltensfunktionen sowie unserer Stimmungen und unserer Vitalität.«[13]

Viele der ultradianen Rhythmen steuern innere Abläufe von Lebewesen. Sie können unterschiedlich lange Perioden haben, von Picosekunden zu Stunden. Einer der bekanntesten Rhythmen ist der 90-Minuten-Zyklus unserer Konzentrationsphasen.[14] Schon vor einem halben Jahrhundert beobachtete der Psychologieprofessor Nathaniel Kleitman, dass der Mensch auf konzentrierte Aktivitäten von 90 Minuten Dauer eingestellt ist, danach beginnt eine Ruhephase. Ultradiane Rhythmen strukturieren die täglichen Aktivitäten aller Lebewesen. Sie synchronisieren miteinander vereinbare Abläufe und verhindern, dass nicht miteinander vereinbare Abläufe gleichzeitig aktiviert werden; sie bereiten biologische Systeme darauf vor, auf Reize wie die Kommunikation zwischen Zellen zu reagieren und erhalten die neuronale Integrität und Wachheit; sie stimmen sich mit Tag-und-Nacht-Rhythmen ab.[15] Ultradiane Rhythmen koordinieren zum Beispiel den Eisprung und stimmen Reproduktionsaktivitäten auf Veränderungen in der inneren und äußeren Umgebung ab.[16] Sie alarmieren einen Organismus bei Gefahr durch einen Fressfeind, indem sie die Körpertemperatur erhöhen und Reaktionsphasen organisieren. Besonders wichtig sind innere Uhren, die Funktionen über den Tag hinweg aufeinander abstimmen. Da jede Zelle und jedes Organ nur begrenzt Raum zur

Verfügung hat, ist es umso wichtiger, dass Aktivitäten in der richtigen Reihenfolge ablaufen und jede ihren Platz erhält.[17] Maximilian Moser vom Institut für Physiologie an der Medizinischen Universität Graz betont die zentrale Rolle dieser zeitlichen Organisation bei der Aufrechterhaltung der Aktivitätsmuster eines Organismus:

> Dank der zeitlichen Taktung können im selben Raum gegensätzliche Ereignisse stattfinden – im Universum unseres Körpers gibt es Polaritäten, die nicht gleichzeitig stattfinden können. Systole und Diastole, Einatmung und Ausatmung, Tätigkeit und Erholung, Wachen und Schlafen, Reduktion und Oxidation ... können nicht zur selben Zeit am selben Ort passieren.[18]

Eine gesunde Zelle bleibt im Takt mit ihren biologischen Uhren und Stoffwechselabläufen, das heißt, sie hält die von den ultradianen und zirkadianen Rhythmen zugewiesenen Zeiten für jede Funktion ein. In der inneren Dynamik jedes Organismus wird also jede Funktion über den Tag hinweg getimed, um das Funktionieren des Organismus als Ganzes zu gewährleisten.

Es mag beunruhigend sein, wie weit wir Menschen uns von den existenziellen Tag-und-Nacht-Rhythmen entfernt haben, doch dem Leben droht eine weit größere Gefahr, sollten wir nicht rechtzeitig etwas unternehmen.

Das Problem ist dies: In jeder Zelle jedes Organismus befinden sich biologische Uhren, die diesem Organismus das Überleben ermöglichen, indem sie ihm gestatten, die kommenden jahreszeitlichen Veränderungen vorwegzunehmen und die richtige Reaktion darauf vorzubereiten. Man spricht von Photoperiodismus, also der Verwendung des vorhandenen Tageslichts beziehungsweise der Tageslänge als Hinweis auf jahreszeitliche Ereignisse, zum Beispiel Wanderung, Nahrungssuche, Jagd, Fortpflanzung oder Winterschlaf. Wenn sich ein Tier zur falschen Zeit am falschen Ort befindet, fällt es leicht einem Fressfeind zum Opfer. Oder wenn es zu früh oder zu spät in einem neuen Lebensraum eintrifft, könnte es Gelegenheiten zur Nahrungssuche und Jagd oder den optimalen Zeitpunkt der Fortpflanzung, der Wanderung oder des Winterschlafs verpassen und damit seine Überlebenschancen beeinträchtigen. All diese Aktivitäten müssen zum richtigen Zeitpunkt stattfinden, und wird dieser versäumt, werden Spielräume für nachfolgende Aktivitäten, etwa zum Anlegen von Speck für den Winterschlaf oder zur Mauser vor dem Aufbruch eines Vogelschwarms kleiner. Das Problem ist, dass die Sphären der Erde inmitten das Klimawandels dramatisch verwildern und die inneren Uhren stören, mit denen sich die unterschiedlichen Spezies auf die jahreszeitlichen Veränderungen einstellen.

So wie der Nucleus suprachiasmaticus den Tagesrhythmus und damit den 24-stündigen Schlaf-und-wach-Rhythmus eines Organismus steuert, reguliert er über ein Signal der Tageslänge auch die Reaktion auf jahreszeitliche Veränderungen.

Dieses Signal wird durch die Dauer der nächtlichen Melatoninausschüttung kodiert, die im Winter länger und im Sommer kürzer ist. Hirnregionen, die auf das Melatoninsignal reagieren, bewirken Veränderungen in Verhalten und Physiologie, die auf die durch die Länge des Signals angezeigte Jahreszeit programmiert sind, wie der Psychiater Thomas A. Wehr, Emeritus des U.S. National Institute of Mental Health, erklärt.[19] Viele Menschen erleben mit dem Wechsel der Jahreszeiten körperliche und emotionale Veränderungen, zum Beispiel die saisonal-affektive Störung, im Volksmund auch Winterdepression genannt. Diese Störungen sind nicht etwa eingebildet, sondern körperliche Reaktionen auf das fehlende Tageslicht. Wehr hält fest: »Fast alle Aspekte der anatomischen und molekularen Grundlagen von photoperiodischen jahreszeitlichen Reaktionen, die bei Affen und anderen Säugetieren beobachtet wurde, kommen auch beim Menschen vor.«[20]

Experten vermuten, dass unsere Reaktion auf jahreszeitliche Veränderungen seit Beginn des Industriezeitalters abgeschwächt wurde, da die Menschheit in immer künstlicheren Umgebungen lebt. Klimaforscher, Biologen und Ökologen befürchten nun, dass sich die relativ stabilen jahreszeitlichen Muster, die das gemäßigte Erdklima des Holozäns seit 11 700 Jahren auszeichnen, durch die globale Erwärmung dramatisch verändern könnten. Mit dem Chaos, das die durch den Klimawandel bewirkten Veränderungen des Wasserkreislaufs mit ihren unberechenbaren Wetterereignissen in regionalen Ökosystemen anrichten, verändert sich auch der ererbte Photoperiodismus in unberechenbarer Weise und gefährdet das Überleben sämtlicher Spezies.

Mit anderen Worten sind wir Menschen, genau wie alle anderen Spezies, mit einer Vielfalt von biologischen Uhren ausgestattet, die jede Zelle und jedes Organ auf die tages- und jahreszeitlichen Rhythmen unseres Planeten und seiner Drehung um sich selbst und die Sonne einstellt. Ultradiane Uhren koordinieren die täglichen inneren Abläute, die einem Organismus das Überleben ermöglichen, andere biologische Uhren messen die Tageslänge und gestatten ihm, sich auf die jahreszeitlichen Veränderungen einzustellen. Diese biologischen Uhren sind der Beleg, dass wir und unsere Mitlebewesen zeitliche Muster sind und uns fortwährend mit den Rhythmen, Strömen und Kräften eines dynamischen und lebendigen Planeten verändern.

Der Anruf vom Nobelpreiskomitee kam an einem Oktobermorgen um 5:10 Uhr. Das Klingeln zu so früher Stunde ließ Michael Rosbash, Professor für Biologie an der Brandeis University, das Schlimmste befürchten. Als er den Hörer abnahm und hörte, dass er zusammen mit seinem Kollegen Jeffrey Hall von der Brandeis University und dem Genetiker Michael Young von der Rockefeller University den Medizinnobelpreis bekommen sollte, glaubte er zunächst, es handele sich um einen schlechten Scherz.[21] Die Entdeckung der DNA-Struktur war ein Meilenstein in der Geschichte der Naturwissenschaften, doch die Leistung dieser drei Biologen war es nicht weniger. Ein Geheimnis stellte Biologen seit drei Jahrhunderten vor große Rätsel, seit Jean-Jacques d'Ortous de Mairan beobachtet hatte, wie eine Mimose selbst in einem verdunkelten Raum ihre Blätter im 24-Stunden-Rhythmus öffnete und schloss.

Dann beobachteten der amerikanische Neurowissenschaftler Seymour Benzer und sein Doktorand Ronald Konopka durch Zufall, dass bei einigen mutierten Fruchtfliegen offenbar die innere Uhr defekt war, und diesen Defekt konnten sie auf ein bestimmtes Gen zurückverfolgen, das sie als »Periodengen« bezeichneten.[22] Im Jahr 1984 begannen Hall und Rosbash mit der Erforschung dieses Gens. Besonders interessierten sie sich für das Protein PER, das der Körper mithilfe dieses Gens herstellt. Dabei beobachteten sie, dass dieses Protein nachts in der Zelle auf- und tagsüber wieder abgebaut wird. Wie ein Uhrwerk nahm das Protein im 24-Stunden-Rhythmus zu und ab. Damit hatten sie die erste biologische Uhr entdeckt, und weitere sollten folgen. Im Jahr 1994 entdeckte Michael Young eine zweite biologische Uhr namens TIM. Wenn TIM-Proteine in einer Zelle auf PER-Proteine treffen, dann verbinden sie sich, gehen in den Zellkern ein und schalten das Periodengen ab. Seit Ende der 1990er Jahre bis heute haben Wissenschaftler immer neue biologische Uhren aufgespürt.

In seiner Würdigung erklärte das Nobelpreiskomitee: »Mit feiner Präzision passen unsere inneren Uhren unseren Körper an die sehr unterschiedlichen Phasen des Tages an … und regulieren wesentliche Funktionen wie Verhalten, Hormonspiegel, Schlaf, Körpertemperatur und Stoffwechsel.«[23] Wie zu erwarten unterstrich das Komitee die praktischen Auswirkungen, welche die Entdeckung der biologischen Uhren für die Medizin habe. Unerwähnt blieb jedoch die grundlegendere Bedeutung der Entdeckung, dass jedes Lebewesen ein dissipatives Muster aus Atomen, Molekülen, Zellen und Organen ist, die in einem beständigen Kommen und Gehen begriffen sind, und dass dieses Muster von einer Vielzahl eng aufeinander abgestimmter biologischer Uhren aufrechterhalten wird, die wir gerade erst verstehen lernen. Im Biologieunterricht der Zukunft wird vermutlich der zeitlichen Natur des Lebens dieselbe Bedeutung beigemessen werden wie der Bauanleitung der Gene. Wenn Kinder lernen, dass das Leben aus zeitlichen Mustern besteht, die engstens mit den Sphären unseres Planeten, der täglichen Erdrotation, den Jahreszeiten und der Drehung der Erde um die Sonne zusammenhängen, dann nehmen sie die tröstliche Erkenntnis mit, dass die Menschheit weder autonom noch allein ist, sondern ein Muster unter Mustern, die in wechselseitiger Abhängigkeit miteinander harmonieren und auf einer unteilbaren Erde leben.

Die biologischen Uhren takten die inneren Aktivitäten jedes Lebewesens und seine Beziehung zum Rhythmus der Tage, Jahreszeiten und Jahre. Doch es gibt eine weitere Kraft, die wir erst allmählich verstehen, und die eine wesentliche Rolle bei der Herstellung der räumlichen und zeitlichen Muster jeder Spezies spielt: die elektromagnetischen Felder.

Architekten des Lebens: Elektromagnetische Felder und biologische Muster

Rütger Wever war ein unbekannter Physiker am Max-Planck-Institut in München. Dort richtete er 1964 in einem unterirdischen Bunker zwei Versuchsräume ein, die von sämtlichen Umwelteinwirkungen – Sonne, Wind, Regen, Geräuschen – abgeschirmt waren. In den Räumen gab es elektrischen Strom und fließendes Wasser, und sie waren so ausgestattet, dass seine Versuchspersonen es dort zwei Monate lang gut aushalten konnten. Einer der beiden Räume war zusätzlich mit einem elektrischen Feld ausgestattet, das die Einflüsse des Erdmagnetfeldes zu 99 Prozent abschirmte.[24] Die Versuchspersonen wurden rund um die Uhr beobachtet und ihre physiologischen Rhythmen – Körpertemperatur, Schlaf-und-wach-Zyklus, Urinieren, Stuhlgang, und so weiter – aufgezeichnet. Zwischen 1964 und 1989 beobachtete Wever in über 450 Experimenten Freiwillige unter allen erdenklichen Bedingungen und fasste seine Ergebnisse schließlich 1992 in einer Veröffentlichung zu den Grundprinzipien der menschlichen Tagesrhythmen zusammen.[25] In dem nicht elektromagnetisch abgeschirmten Raum, in dem das Magnetfeld der Erde wirkte, verschoben sich die Schlaf-und-wach-Zyklen der Versuchspersonen nur geringfügig und hatten durchschnittlich eine Dauer von 24,6 Stunden. Die vom Erdmagnetfeld abgeschirmten Versuchspersonen verloren dagegen nicht nur ihren 24-stündigen Schlaf-und-wach-Zyklus, sondern auch den Rhythmus einiger ihrer Stoffwechselfunktionen.

In einigen seiner Experimente ersetzte Wever das Erdmagnetfeld durch künstliche elektromagnetische Felder. Dann passierte es. Als er in seinem abgeschirmten Raum ein schwaches Feld von 10 Hertz aufbaute, stellte sich der tageszeitliche Rhythmus der Versuchspersonen augenblicklich wieder her. Damit war zum ersten Mal bewiesen, dass das Erdmagnetfeld an der Regulierung der inneren Uhren des Menschen beteiligt sind.[26] Der schottische Physiker James Clerk Maxwell war der erste, der eine Theorie über die Erdmagnetfelder aufstellte. Diese Theorie ist die Grundlage der modernen Physik des 20. Jahrhunderts und skizzierte eine neue Erklärung der Natur der Existenz, die als neues wissenschaftliches und philosophisches Paradigma an die Stelle der Newton'schen Physik treten sollte. In den 1860er Jahren veröffentlichte er seine beiden einflussreichsten Artikel, in denen er seine Vermutungen zum »elektromagnetischen Feld« der Erde formulierte. Mit einer Reihe von Gleichungen konnte er zeigen, dass die Geschwindigkeit der Magnetfelder etwa der Lichtgeschwindigkeit entsprach. Daraus zog er den Schluss,

> dass Licht aus den transversalen Schwingungen desselben Mediums besteht, die die Ursachen der elektrischen und magnetischen Erscheinungen sind... Die Übereinstimmung der Ergebnisse legt nahe, dass Licht und Magnetismus von ein und derselben Substanz verursacht sind und dass sich Licht als eine elektromagnetische Störung durch das Feld entsprechend der elektromagnetischen Gesetze bewegt.[27]

Sein Hauptwerk, das *Lehrbuch der Electricität und des Magnetismus*, erschien 1873 und bereitete den Boden für Albert Einsteins Spezielle Relativitätstheorie Anfang des 20. Jahrhundert.

Elektromagnetische Felder sind wesentlich für das Universum und das Leben auf der Erde. Der Erdkern besteht aus geschmolzenem Nickel und Eisen und ist nichts anderes als ein gewaltiger Elektromagnet. Das Magnetfeld entsteht durch ein Zusammenspiel der Erdrotation und der elektrischen Ströme im geschmolzenen Kern, die das Erdinnere zu einem Geodynamo machen, und reicht über die Erdkruste hinaus in die Atmosphäre.[28] Der in den Raum reichende Teil des Erdmagnetfelds wird als Magnetosphäre bezeichnet. Diese schützt die Erde vor Sonnen- und kosmischer Strahlung und verhindert, dass die lebenswichtige Erdatmosphäre von Sonnenwinden verweht wird.[29] Maxwells Theorie der elektromagnetischen Felder veränderte das gesamte physikalische Denken und beeinflusste alles, was seither in der Physik geschah. Es waren jedoch die weitergehenden kosmologischen Implikationen, die Alfred North Whitehead Anfang des 20. Jahrhunderts beschäftigten. Wie wir in Kapitel 7 gesehen haben, missfiel Whitehead die Newton'sche Vorstellung, dass die Natur aus diskreten Einzeldingen im zeitlosen Raum bestehen sollte, und fand in Maxwell und seiner Theorie der elektromagnetischen Felder einen Gleichgesinnten. Whitehead erkannte, dass die Theorie des Elektromagnetismus »die Vorstellung hinter sich lässt, dass in der Raumzeit der Ort eines Objekts primär ist«; sie lasse stattdessen den Schluss zu, »dass in gewissem Sinne alles immer überall ist«.[30] Das schrieb er 1925 in seinem Buch *Wissenschaft und moderne Welt*. Bis 1934 reifte sein Denken zur ontologischen Bedeutung von Maxwells Theorie der elektromagnetischen Felder zu einem philosophischen Gedankengebäude heran, das heute unser Verständnis des Lebens als zeitabhängiges Muster prägt. In seinem Buch *Nature and Life* stellte er Überlegungen an, was die elektromagnetischen Felder für das Verständnis des Daseins bedeuteten. Der Elektromagnetismus sage uns:

> Die Grundkonzepte sind Aktivität und Prozess ... Die Vorstellung eines diskreten Ortes kommt in der modernen Physik nicht vor. Es gibt keine in sich abgeschlossenen Aktivitäten an in sich abgeschlossenen Orten ... Die Natur ist die Bühne der Wechselbeziehungen von Aktivitäten. Alles ist in steter Veränderung begriffen ... Die moderne Physik hat die Vorstellung des Nebeneinanders von Formen im Raum (nur äußerlich aufeinander bezogener Einzeldinge) durch die Vorstellung von Prozessformen ersetzt. Sie hat Raum und Materie hinweggefegt und durch die Erforschung innerer Beziehungen innerhalb eines komplexen Aktivitätszustandes ersetzt.[31]

Whitehead war überzeugt, dass in der Natur alles mit allem zusammenhängt, und sprach vom »Miteinander der Dinge«. In seiner Welt war »jedes Geschehen ein Faktor in jedem anderen Geschehen«.[32] Whitehead war etwas auf der Spur, doch es gelang ihm nicht, die kalte Physik der elektromagnetischen Felder in die warme Welt der Biologie und des Lebens zu übersetzen, womit seine Mutmaßungen über die Bedeutung des Lebens in der Schwebe blieben. Während Whitehead über elektromagnetische Felder sinnierte, machte sich ein russischer Wissenschaftler namens Alexander Gurwitsch Gedanken über die Natur der Morphogenese, einen biologischer Prozess zur »Gestaltung eines Organismus durch embryologische Prozesse der Differenzierung von Zellen, Geweben und Organen«.[33] Gurwitsch formulierte seine Vorstellung eines biologischen Feldes erstmals 1922, doch die Ausarbeitung seiner Theorie sollte noch bis in die 1940er Jahre dauern. Er schrieb:

> Eine Zelle schafft ein Feld um sich, das heißt, das Feld dehnt sich jenseits der Zelle in den extrazellulären Raum aus ... Daher existiert in einer Gruppe von Zellen ein einziges Feld, das sich aus den einzelnen Zellfeldern zusammensetzt ... Das Feld nutzt die Energie, die in exothermen chemischen Reaktionen lebender Systeme frei wird, um Molekülen (Proteinen, Peptiden und so weiter) eine geordnete und gerichtete Bewegung zu verleihen ... Der Ursprung eines Zellfelds fällt mit dem Zentrum des Zellkerns zusammen; daher ist das Feld im Allgemeinen radial.[34]

Gurwitschs biologische Feldtheorie hält an der herkömmlichen Vorstellung fest, dass das Feld an materielle Komponenten gebunden ist, und dass während der Embryonalentwicklung jede Phase aus einer vorhergehenden, weniger komplexen hervorgeht, die vom Zentrum des Zellkerns nach außen gerichtet ist. Es gab mit anderen Worten kein separates und vom Embryo unabhängiges Kräftefeld, das bei der Ausgestaltung der endgültigen Form des Embryos wirkte. Gurwitschs Theorie war noch der traditionellen Vorstellung des sich entwickelnden Embryos als einer Ansammlung von Einzelteilen verhaftet, die sich zu einem funktionierenden Ganzen verbinden – eine klassische Maschinenmetapher mit einer Prise Feldtheorie.

Andere Biologen gingen bei der Übertragung der physikalischen Feldtheorie auf die Biologie weiter. Der Österreicher Paul Weiss, seines Zeichens Biologe, Physiker und Medizintechniker, brachte das Verständnis der Theorie der elektromagnetischen Felder mit, das nötig war, um den nächsten Schritt auf dem Weg zu einer umfassenden Theorie der biologischen Felder zu gehen. Nach jahrelanger Erforschung der Biologie und der Evolution der Arten kam er zu dem Schluss, dass »die Struktur der Dynamik eines System als Ganzes ... die Aktivitäten seiner

Bestandteile [koordiniert]«, das heißt, der Organismus setzt sich nicht aus separaten Einzelteilen zusammen, wie es die orthodoxe Sicht mit ihrer klassischen Maschinenmetapher vorsieht.[35]

Weiss führte seine Argumentation am Beispiel des Gesichts aus. Wie soll das Gesicht von all den vielen kleinen Genen zusammengesetzt werden?, fragte er. Also betrachtete er das Gesicht stattdessen als unsichtbares Muster, das die Teile koordiniert. So wie Eisenspäne durch die unsichtbare und nicht materielle Kraft des Magneten in einer Richtung angeordnet werden, werden die Zellen durch eine unsichtbare Kraft an die richtige Stelle im Gesicht geführt. In seinem Buch *The Science of Life* (1973) beschrieb er Experimente, in denen Wissenschaftler an einem sich entwickelnden Embryo die Knospen von Gliedmaßen von ihrer ursprünglichen an eine andere Stelle transplantieren. Ob aus dieser Knospe ein linkes oder ein rechtes Glied wurde, hing dabei »im Wesentlichen von der Position relativ zur Hauptachse des Körpers oder besser von den Achsenmustern der unmittelbaren Umgebung« ab.[36] Ähnlich kann aus dem abgetrennten Fühler einer Gottesanbeterin entweder ein Fühler oder ein Bein werden, je nachdem, an welche Stelle des Organismus es verpflanzt wird. »Welche von beiden Alternativen sich einstellt, hängt vom weiteren Umfeld der Zellgruppe ab«, so Weiss.[37] Noch immer war unbeantwortet, worum es sich bei diesem biologischen Feld handelt und ob sich damit die größte aller Fragen nach der Entstehung eines Organismus beantworten lässt. Eine erste Antwort kam aus der jahrzehntelangen Forschung von Harold Saxton Burr, der von 1914 bis 1958 an der Yale University Anatomie lehrte. Burr untersuchte die Beziehung zwischen der Entwicklung von Organismen und elektromagnetischen Feldern und veröffentlichte seine Erkenntnisse 1972 in seinem Buch *Blueprint for Immortality*. Er war der Erste, der die Theorie des elektromagnetischen Feldes auf die Evolution des Lebens übertrug. Er schrieb:

> Das Muster oder der Aufbau jedes biologischen Systems wird von einem komplexen elektrodynamischen Feld bestimmt… Dieses Feld ist elektrisch im physikalischen Sinne, und durch seine Eigenschaf-

ten verbindet es die Bestandteile eines biologischen Systems zu einem charakteristischen Muster.[38]

Anders als in den rein theoretischen Spekulationen über biologische Felder konnte Burr seine Behauptungen durch seine jahrzehntelange Forschungsarbeit belegen. Zum Beispiel erforschte er in Zusammenarbeit mit einem landwirtschaftlichen Forschungsinstitut in Connecticut die elektrischen Muster von sieben Maissorten – vier preisgekrönten Züchtungen und drei Kreuzungen. Dabei beobachtete er »einen direkten Zusammenhang zwischen der elektrometrischen Aktivität der Samen und ihrem Wachstumspotenzial«. Diese Experimente sowie andere mit Bäumen und anderen Organismen brachten ihn »zu dem notwendigen Schluss, dass eine enge Beziehung zwischen der genetischen Konstitution und dem elektrischen Muster besteht«.[39] Die uralte Frage, was einen konkreten Organismus oder eine Spezies ausmacht, beantwortete Burr so: »Die Chemie liefert die Energie, doch die elektrischen Phänomene des elektrodynamischen Felds entscheiden über die Richtung, in der diese Energie in einem Organismus fließt.«[40] Weiss und Burr legten eine Revision der Darwin'schen Theorie nahe, um auch die Gene und die elektrodynamischen Felder eines Organismus einbeziehen zu können. In den folgenden Jahrzehnten wurden Labor- und Feldversuche durchgeführt, um einige der noch offenen Fragen zur Dynamik des Lebens zu beantworten. Neue Generationen von Biologen und Physiologen haben begonnen, eine neue Synthese aus Physik, Chemie und Biologie zu erarbeiten, und verheißen einen historischen Paradigmenwechsel in unserem Verständnis des Lebens und unserer Beziehung zu der pulsierenden, lebendigen und sich ständig verändernden Erde.

Die klassischen Biologen reagierten überwiegend ablehnend. Sie halten an der neodarwinistischen Theorie fest und meiden Quereinsteiger, die behaupten, dass Physik und vor allem endogene und exogene elektromagnetische Felder an der Entstehung der Organisationsmuster von Zellen, Organe, Gewebe und ganzen Körpern beteiligt sein könnten. Wenn sie anerkennen würden, welche Rolle bioelektromagnetische Felder bei der Entwicklung eines Organismus spielen, dann würde dies bedeuten, dass die Gene zwar die »Bauanleitung« für Zellen, Organe, Gewebe und Körper sind, aber dass die endogenen und exogenen elektromagnetischen Felder unverzichtbare Akteure sind und die Muster dirigieren, die vorgeben, wie Körperteile und der gesamte Organismus zusammengesetzt werden.

Die anfängliche Reserviertheit gegenüber der radikal neuen Vorstellung von der Rolle der elektromagnetischen Felder in der Evolution und der Programmierung des Lebens wurde zu Beginn des 21. Jahrhunderts aufgegeben. Grund sind die kommerziellen Möglichkeiten neuer elektromagnetischer Diagnoseinstrumente und Behandlungsformen, die gewaltige Fortschritte in der Medizin verheißen und die althergebrachte Annahme infrage stellen, dass der medizinische Fortschritt vor allem von Durchbrüchen auf dem Gebiet der Gentechnik ausgeht. In den vergangenen beiden Jahrzehnten wurden immer neue Einsatzmöglichkeiten für nicht-ionisierende elektromagnetische Felder (EMF) gefunden. Hier eine Auswahl der Anwendungen, die zur Zeit erprobt oder bereits verwendet werden:

> Magnetresonanztomografie; Krebsbehandlung; Tumorbehandlung; Hochfrequenz-Wärmetherapie zur Behandlung von Muskelschmerzen; Stimulation des Nervus vagus bei der Behandlung von Epilepsie; gepulste elektromagnetische Felder zur Behandlung von Knochenbrüchen; Elektroporation zur Verbesserung der Durchlässigkeit von Zellmembranen bei der Gabe von Medikamenten oder Genen in Tumorzellen; Behandlung von Störungen des Nervensystems; Elektroschockbehandlung; Behandlung neurologischer Störungen unter anderem durch tiefe Hirnstimulation; Behandlung der Parkinson-Krankheit und anderer Formen von Tremor; Behandlung von chronischen Schmerzen; Behandlung von therapieresistenter Depression; Behandlung von Nervenregeneration, Migräne und neurodegenerativen Erkrankungen; Behandlung von Gelenkverschleiß; Wundheilung; Modulation des Immunsystems; Behandlung von kanzerogenen und anderen Hauterkrankungen.[41]

Wie nah sind wir einem grundlegenden Neuverständnis der Evolution des Lebens auf der Erde? Im zurückliegenden Jahrzehnt hat uns eine Reihe Experimente einem neuen Verständnis lebender Systeme nähergebracht. Wenn die Entdeckung der Doppelhelixstruktur der DNS und die Entschlüsselung des »genetischen Codes« durch Watson und Crick den Anbruch des Genzeitalters markierte, dann nähert sich heute eine neue Generation von Biologen, die oft in Physik und Künstlicher Intelligenz geschult sind, der Entschlüsselung des »bioelektrischen Codes«. Damit sind die elektromagnetischen Felder gemeint, die sämtliche Lebewesen durchdringen und bei der Gestaltung der Formen und Muster jeder Zelle und jedes Organs, Gewebes und Organismus eine Rolle spielen könnten. Eine wachsende Zahl von Experimenten lässt vermuten, dass die elektromagnetischen Felder die »Pioniere« sind, die Muster und Formen jedes Organismus bestimmen.

Der Biologe Dr. Daniel Fels bietet eine knappe Beschreibung, wie bioelektrische Felder in Organismen funktionieren:

> Elektromagnetische Felder (EMF) spielen eine wesentliche Rolle in der Zelldynamik ... Zellinterne EMF schwingen nicht nur in den Zellen, sondern auch im Gewebe ... und führen zu Musterbildung ... Wenn zum Beispiel eine Sperma- auf eine Eizelle trifft, kommt es erst nach einem sogenannten Zinkfunken zur Befruchtung. Erst nach einer starken Spannungsveränderung in der Membran, die mit dem Zinkfunken einhergeht, beginnt die erfolgreiche Entwicklung des Embryos. Der Beginn des Lebensprozesses ist abhängig von der Membranspannung, und diese Abhängigkeit setzt sich in der Entwicklung mehrzelliger Organismen fort. Sie wird als Trigger bei der Genaktivierung und der epigenetischen Steuerung beobachtet, ebenso bei der Regenerierung oder Stammzellendifferenzierung. Auch außerhalb des Organismus liegende elektromagnetische Felder haben messbare Auswirkungen auf das Leben und gehören daher zur Umwelt von Zellen und Organismen.[42]

Zahlreiche wissenschaftliche Entdeckungen der letzten Jahre haben faszinierende Belege für die Wirkung von bioelektrischen Feldern auf und in lebenden Systemen erbracht. Im Juli 2011 veröffentlichte die Biologin Dany Adams von der Tufts School of Arts and Sciences einen bahnbrechenden Bericht über eine aufsehenerregende Entdeckung. Sie beobachtete, dass in der Frühphase der embryonalen Entwicklung eines Froschs, noch vor der Entwicklung des Gesichts, »ein Muster für dieses Gesicht auf der Oberfläche des Embryos aufscheint« – ein elektrisches Gesicht. Es war eine Zufallsentdeckung. Eines Abends im September 2009 hatte Adams eine Kamera, die die Entwicklung des Froschembryos aufzeichnete, versehentlich über Nacht eingeschaltet gelassen. Am nächsten Morgen sahen sie und ihre Kollegen im Zeitraffer, wie das bioelektrische Muster eines Gesichts entstand, das später mit lebender Materie ausgefüllt werden würde. Sie schrieb:

> Etwas Vergleichbares habe ich noch nie gesehen … Die Bilder zeigten drei Phasen bioelektrischer Aktivität. Zunächst blitzte eine Welle der Hyperpolarisierung (negative Ionen) über den gesamten Embryo, gleichzeitig mit der Entstehung von Flimmerhärchen, mit denen sich die Embryos bewegen. Dann erschienen Muster, die auf die bevorstehenden Formveränderungen und Bereiche der Genexpression des sich entwickelnden Gesichts passten. Helle Hyperpolarisierung markierte die Einfaltung der Oberfläche, während hyperpolarisierte und entpolarisierte Regionen die Domänen von Kopfmustergenen überlappten. In der dritten Phase entstanden begrenzte Regionen der Hyperpolarisierung, dehnten sich aus und verschwanden, ohne jedoch die in der zweiten Phase entstandenen Muster zu stören. Gleichzeitig begann der kugelförmige Embryo, eine längliche Form anzunehmen.[43]

In nachfolgenden Experimenten beobachteten die Wissenschaftler, dass eine Störung der bioelektrischen Signale durch Hemmung von Ductin – eines Proteins, das Wasserstoffionen transportiert – zur Entwicklung eines abnormalen Schädels und Gesichts führte; einige Embryonen entwickelten zwei Gehirne statt eines, andere bekamen abnormale Kiefer und andere gestörte Gesichtsmerkmale.[44] Laura

Vandenberg, eine Mitarbeiterin des Teams, beschrieb die Bedeutung der Entdeckung so:

> Unsere Beobachtungen zeigen, dass der elektrische Zustand einer Zelle wesentlich für die Entwicklung ist. Bioelektrische Signale scheinen die Abfolge von Ereignissen zu steuern … Entwicklungsbiologen denken in der Regel in Abfolgen, in denen ein Gen ein Proteinprodukt erzeugt, das wiederum zur Entwicklung eines Auges oder Mauls führt. Unsere Arbeiten zeigen jedoch, dass noch etwas – ein bioelektrisches Signal – nötig ist, bevor es dazu kommen kann.[45]

Es zeichnet sich ab, dass die 160 Jahre alte Darwin'sche Theorie zumindest teilweise erweitert wird. Was nicht bedeutet, dass Darwins Erkenntnisse mit ihren zahlreichen Korrekturen, Ergänzungen und Anhängen abtreten müssen. Einiges hat sich als falsch erwiesen, anderes behält seine Gültigkeit. Allerdings entsteht mit jeder Entdeckung auf dem Weg zur Entschlüsselung des bioelektrischen Codes ein immer komplexeres Verständnis des Lebens. Wir sind ein dissipatives zeitliches Muster, zusammengehalten von elektromagnetischen Feldern, die die gesamte Erde überziehen und in jeder Zelle jedes Lebewesens auf unserem Planeten zu finden sind. Die Wissenschaftler, die an der Entschlüsselung dieses Codes arbeiten, bringen Physik und Chemie zu einer neuen Synthese zusammen, die von einer lebendigen Erde zeugt. Das ist keineswegs metaphorisch gemeint. Die Erde ist nachweislich ein Organismus und in ihrer Art vielleicht einmalig im gesamten Universum.

Eine Reihe von Publikationen von Physikern, Physiologen und Biologen in renommierten Fachzeitschriften erschütterte spätestens 2014 die These, dass allein die Gene der Schlüssel zum Geheimnis des Lebens sind. Im Juni des Jahres veröffentlichte die Zeitschrift *Physiology* eine Sonderausgabe zur Integration der Physiologie in die Evolutionsbiologie.

Im einleitenden Artikel wagten fünf der führenden Wissenschaftler, die Frage aufzuwerfen, »ob die moderne Synthese erweitert oder durch ein neues Erklärungsmodell ersetzt wird, und wenn ja, welche Rolle die Physiologie bei der Entwicklung dieses Modells spielen wird«. Sie rüttelten an der zentralen Säule der Darwin'schen Theorie, als sie schrieben: »Der Mechanismus der Selektion zufälliger Mutationen wird nur einer von vielen denkbaren Mechanismen der evolutionären Veränderung.« Bei der Entthronung des genetischen Codes gingen sie sogar noch weiter:

> Die Physiologie im weitesten Sinne rückt in den Mittelpunkt der Evolutionsbiologie, denn wir sind endlich in der Lage, den engen Rahmen der modernen Synthese konzeptionell und technisch hinter uns zu lassen und Erklärungen für ein größeres Spektrum von evolutionären Phänomenen und Mustern in Raum und Zeit zu liefern.[46]

Charles Darwin präsentierte eine neue Theorie der Evolution des Lebens – die natürliche Auslese –, um zu erklären, wie Arten entstehen, sich entwickeln und neue Arten hervorbringen. Er erklärte, dass die zufällige Veränderung einer erblichen biologischen Eigenschaft, die dem Träger einen Überlebensvorteil verschafft, an die Nachkommen weitergegeben wird und diesen denselben Vorteil verleiht. Diese winzigen Veränderungen summieren sich im Laufe der Zeit zu einer neuen Spezies mit gemeinsamen Vorfahren. Darwin musste allerdings einräumen, dass er sich nicht erklären konnte, wie sich etwas derart Komplexes wie das Auge aus der Summe solcher winzigen Veränderungen ergeben sollte. Er schrieb: »Die Annahme, daß das Auge mit all seinen unnachahmlichen Vorrichtungen: die Linse den verschiedenen Entfernungen anzupassen, wechselnde Lichtmengen zuzulassen und sphärische wie chromatische Abweichung zu verbessern, durch die natürliche Zuchtwahl entstanden sei, erscheint, wie ich offen bekenne, im höchsten Grade als absurd.«[47] Anderthalb Jahrhunderte später führten Biologen unter der Leitung von Michael Levin, Direktor des Tufts Center for Regenerative and Developmental Biology, ein Experiment durch, das die Welt der Biologie erschütterte und ein weiteres Beweisstück für die Rolle der elektromagnetischen Felder bei der Bildung von Organen, Geweben und ganzen Organismen lieferte. Ihr Objekt war ausgerechnet das Auge.

Im Dezember 2007 vermeldete Levins Team: »Erstmals haben Wissenschaftler die natürliche bioelektrische Kommunikation zwischen Zellen verändert, um die Art des neuen Organs vorzugeben, die an einer bestimmten Stelle eines Wirbeltiers entstehen soll.« In ihrem Artikel[48] beschreiben Dr. Vaibhav Pai und die anderen Wissenschaftler aus Levins Team, wie sie das Spannungsgefälle der Zellen auf Rücken und Schwanz einer Kaulquappe so veränderten, dass es dem Spannungsgefälle des Ortes entsprach, an dem sich sonst die Augenzellen entwickeln.

> Das augenspezifische Spannungsgefälle brachte die Zellen in Rücken und Schwanz, die sich normalerweise zu anderen Organen entwickeln, dazu, sich zu Augen zu entwickeln ... Das führt zu der Hypothese, dass jede Körperstruktur einem konkreten Membranspannungsbereich entspricht, der die Organbildung steuert. Durch Verwendung einer konkreten Membranspannung konnten wir normale Augen in einer Region erzeugen, in der sich sonst keine Augen bilden. Das lässt vermuten, dass Zellen aus jeder Körperregion dazu gebracht werden können, ein Auge hervorzubringen.[49]

Die Forscher um Michael Levin sahen zwar in erster Linie auf den großen medizinischen Nutzwert ihrer Entdeckung bei der Korrektur von Geburtsfehlern und anderen regenerativen Behandlungen, doch sie nahmen auch das große Ganze in den Blick und bezeichneten das Experiment als »den ersten Schritt bei der Entschlüsselung des bioelektrischen Codes«.[50]

KAPITEL 9

JENSEITS DER WISSENSCHAFTLICHEN METHODE

Komplexe adaptive sozioökologische Systeme

Was wir heute über die Natur herausfinden, steht so sehr im Widerspruch zum traditionellen wissenschaftlichen Narrativ, das im Zeitalters des Fortschritts vorherrscht, dass es nicht verwundert, wenn die gesamte wissenschaftliche Methode ins Kreuzfeuer gerät. Dieses zutiefst mängelbehaftete naturwissenschaftliche Paradigma, mit dem wir der Natur ihre Geheimnisse entreißen, ist kein Zufallsprodukt. Vor vier Jahrhunderten von einem Menschen erdacht, wurde es zur Faustregel für das Verständnis der Natur und deren fast ausschließliche Aneignung durch die Menschheit.

Francis Bacon, der 1561 in London zur Welt kam, galt lange als Vater der modernen Naturwissenschaften. In seinem Werk *Novum Organum* ging er hart mit den antiken griechischen Philosophen ins Gericht. Beim Rückblick auf die westliche Zivilisation seit Platon kam er zu dem Schluss, dass sie nichts dazu beigetragen habe, um das Los der Menschheit zu erleichtern. Bei allem Nachdenken hätten die Griechen »nicht ein einziges Experiment beigesteuert, das die Situation des Menschen verbessert hätte«.[1] Bacon bereitete neuen Boden, indem er die Frage nach dem »Wie« der Dinge zum Fundament der Philosophie erklärte und sich auf die Seite der weltlichen Macht gegenüber der göttlichen Offenbarung stellte. Seiner Ansicht nach gründet die Mündigkeit eines Menschen in seiner Fähigkeit, sich von der Natur zu lösen, sie als unbeteiligter Beobachter aus der Distanz zu sehen, ihr ihre Geheimnisse zu entreißen, »objektives Wissen« über die Welt zu gewinnen und auf diese Weise »die Grenzen der menschlichen Macht soweit wie möglich zu erweitern«.[2] Für Bacon ist der Geist eine nichtmaterielle Instanz, deren Zweck darin besteht, sich die materielle Welt zu unterwerfen. Er verfolgte die Vernunft und trat dafür ein, sich die Erde untertan zu machen, wie es der Gott der Bibel Adam und Eva auferlegt habe. »Die Welt ist für den Menschen geschaffen, nicht der Mensch für die Welt«, schrieb er.[3] Bacon skizzierte die Grundlagen der späteren wissenschaftlichen Methode und prahlte, mit diesem neuen Ansatz hätten die Menschen die Macht, die Natur »zu erobern und zu unterwerfen« und »bis in ihre Grundfesten zu erschüttern«.[4] Das Ziel sei, »die Herrschaft des Menschen auf das ganze Universum auszudehnen«.[5] Bacons Ansehen als Vater der modernen Naturwissenschaften wuchs, und seine wissenschaftliche Methode wurde mit der Gründung der Royal Society in London im Jahr 1660 und weiterer wissenschaftlicher Gesellschaften in Europa und in aller Welt institutionalisiert.

Bacons vereinfachte, induktive, objektive, unbeteiligte und lineare Herangehensweise an die wissenschaftliche Forschung, die das Zeitalter des Fortschritts begleitet hat, scheint rückblickend naiv. Die sich ständig verändernden dissipativen Muster und Prozesse der ineinandergreifenden und sich selbst organisierenden Systeme der Erde, die wir heute erst allmählich verstehen, haben eine neue wissenschaftliche Methode hervorgebracht, die besser zu dem allmählich heraufdämmernden Verständnis unserer Welt passt.

Eine neue Wissenschaft für eine verwildernde Erde

Crawford Stanley Holling war ein kanadischer Ökologe, der zunächst an der University of British Columbia und später an der University of Florida lehrte. Im Jahr 1973 veröffentlichte er einen Aufsatz über ökologische Systeme, in dem er die Konzepte der Resilienz und des adaptiven Managements in die ökologische Systemtheorie einführte. Gemeinsam mit anderen Pionieren legte er damit die Grundlage für eine radikal neue wissenschaftliche Methode, die Ökologie und Gesellschaft miteinander verbindet und die Grundsätze der herkömmlichen Wirtschaftstheorie und -praxis infrage stellt.[6] Diese Theorie, die komplexe adaptive sozioökologische Systemtheorie (CASES), steht für einen ganz neuen Umgang mit komplexen gesellschaftlichen und ökologischen Systemen, der besser für das kommende Zeitalter geeignet ist als »Experimente«.[7] Die Bezeichnung mag unhandlich sein, doch die neue Theorie und Praxis hat immer größeren Einfluss auf unser Verständnis von Raum und Zeit sowie unseren Umgang mit unserer Umwelt. Holling schreibt: »Das Verhalten von ökologischen Systemen lässt sich nach zwei unterschiedlichen Eigenschaften definieren: Resilienz und Stabilität.«[8] Seine These ist so einfach wie elegant, doch sie schreckt auch nicht davor zurück, der Komplexität der Beziehungen in der natürlichen Welt sowie dem menschlichen Umgang damit auf den Grund zu gehen. Seine Theorie der Resilienz hat seither Eingang in fast alle Disziplinen gefunden – Psychologie, Soziologie, Politikwissenschaften, Anthropologie, Physik, Chemie, Biologie und Ingenieurwesen. Auch die Wirtschaft – Finanz- und Versicherungswesen genau wie Produktion, Kommunikation, Stromversorgung, Transport und Logistik, Bauwesen, Stadtplanung und Landwirtschaft – hat sich dem Trend angeschlossen. Das Epizentrum des Bebens ist jedoch der Schnittpunkt von Wirtschaft und Ökologie. Holling erklärt:

> Resilienz bestimmt den Fortbestand von Beziehungen innerhalb eines Systems und ist ein Maß für die Fähigkeit dieser Systeme, Veränderungen der Zustandsvariablen, der bestimmenden Variablen und Parameter aufzufangen und weiterzubestehen. Dieser Definition zufolge ist die Resilienz eine Eigenschaft des Systems und das Ergebnis ist Fortbestand beziehungsweise wahrscheinliche Zerstörung… Eine zu wählende Strategie würde daher nicht Effizienz oder eine bestimmte Belohnung maximieren, sondern auf Beständigkeit setzen und dazu vor allem die Flexibilität sichern. Eine Population reagiert auf Veränderungen der Umwelt, indem sie eine Reihe von physiologischen, ökologischen, genetischen und Verhaltensänderungen einleitet, um sich die Fähigkeit zu erhalten, auf künftige unberechenbare Umweltveränderungen reagieren zu können… Je homogener eine

Umwelt in Raum und Zeit ist, umso geringer sind die Schwankungen des Systems und umso geringer seine Resilienz ... Ein auf der Resilienz basierender Managementansatz betont die Notwendigkeit, Optionen offenzuhalten, Ereignisse nicht in einem lokalen, sondern einem regionalen Kontext zu betrachten und Heterogenität zu betonen. In der Folge verabschieden wir uns von der Annahme, dass wir über ausreichendes Wissen verfügen, und erkennen unsere Unwissenheit an; wir verabschieden uns von der Annahme, dass künftige Ereignisse vorhersehbar sind und erkennen an, dass sie unberechenbar sind. Das Konzept der Resilienz bietet Raum für diesen Perspektivwechsel, denn es setzt keine Fähigkeit voraus, die Zukunft vorherzusehen, sondern nur die qualitative Fähigkeit, Systeme so einzurichten, dass sie künftige Ereignisse absorbieren und aufnehmen können, wie unvorhersehbar diese auch sein mögen.[9]

In den folgenden drei Jahrzehnten wurde diese ursprüngliche Theorie der Resilienz und Anpassung von anderen modifiziert, erweitert und präzisiert. Im Jahr 2004 veröffentlichte Holling zusammen mit einigen anderen Autoren eine überarbeitete Fassung seiner Theorie, in der er größeres Gewicht auf die Wandelbarkeit von natürlichen Systemen legte. Dahinter steht der Gedanke, dass ein System, das sich nicht halten kann, zum Übergang in ein neues sich selbst organisierendes System gezwungen ist.

Diese Überarbeitung der Theorie ist insofern relevant, als frühere Definitionen der Resilienz den Eindruck erweckt haben könnten, es handele sich um ein Maß dafür, wie viel Störung ein sozioökologisches System verkraften kann, bis es nicht mehr in der Lage ist, in seinen ursprünglichen Zustand zurückzukehren. Das gehört zwar auch dazu, doch Resilienz umfasst einen größeren Zeitraum im Leben einer biologischen Gemeinschaft, der weit in die Zukunft reicht und eine Sukzession ökologischer Veränderungen beinhaltet. Mit diesem Begriff der Sukzession oder Abfolge beschreiben Biologen Geburt, Entwicklung, Tod und Veränderbarkeit von biologischen Systemen.

Die erste Lebensphase einer ökologischen Gemeinschaft wird als Pionierphase bezeichnet, in der das Leben nach Vulkanausbrüchen, Lavaströmen, Waldbränden, Überschwemmungen, Eiszeiten oder anderen Katastrophen wieder aufkeimt. Zu diesen Katastrophen zählt auch die menschliche Umweltzerstörung durch Rodung, Tagebau oder Vergiftung des Grundwassers. In diesen Frühphasen der Sukzession entstehen neues Erdreich, Flechte und Moose, gefolgt von Gräsern, Sträuchern und schließlich Bäumen. Es folgen Pflanzenfresser, die sich von der Vegetation ernähren, und Fleischfresser, die sich von den Pflanzenfressern ernähren. Jede neue Phase geht einher mit einer Anpassung aller vorhandenen Elemente der sich entwickelnden Lebensgemeinschaft in einem emergenten, sich selbst organisierenden System.

Die letzte Sukzessionsphase im Lebenszyklus einer biologischen Gemeinschaft ist die sogenannte Klimaxgesellschaft. Hier entsteht kaum noch neues organisches Material. Energieproduktion und -verbrauch halten sich die Waage, und das Klima ist über die Jahreszeiten hinweg relativ stabil. Eine Vielfalt von Arten interagiert in komplexen Nahrungsketten. Es besteht ein Gleichgewicht zwischen der Bruttoprimärproduktion und der Atmung der Gemeinschaft, zwischen der aufgenommenen Sonnenenergie und der durch Verfall freigesetzten Energie, sowie zwischen der Aufnahme von Nährstoffen aus dem Erdreich und der Rückführung von Nährstoffen aus Abfällen in das Erdreich. Jede Art passt sich fließend an die Anpassungen aller anderen Arten an.

Die Resilienz einer ökologischen Gemeinschaft basiert »auf Vielfalt und Zahl der Beteiligten«. Lance H. Gunderson vom Fachbereich für Umweltforschung der Emory University fügt die ähnlich aufschlussreiche Beobachtung hinzu, dass die Resilienz einer ökologischen Gemeinschaft von einander überlappenden Einflüssen zahlreicher Prozesse abhängt, »von denen jeder für sich ineffizient ist, die jedoch gemeinsam stabil funktionieren«.[10] Seit Holling wurde Resilienz menschlicher und ökologischer Gemeinschaften oft missverstanden als die Fähigkeit eines Systems, auf massive Störungen widerstandsfähig zu reagieren und immer wieder zum ursprünglichen Gleichgewicht zurückzufinden. Doch in den vorhergehenden Kapiteln haben wir gesehen, dass Akteure in der Natur, der Gesellschaft oder dem Universum nach einer Interaktion nie zu ihrem Ausgangspunkt zurückkehren, weil die Interaktionen, so geringfügig sie auch sein mögen, die Dynamik selbst verändern. Jede Interaktion verändert nicht nur die Beziehung der Akteure zueinander, sondern auch das gesamte System, in das sie eingebettet sind. Man kann also bestenfalls von einer relativen »Erholung« und einer »Rückkehr« zu einem neuen Zustand sprechen, in dem die Akteure, Handlungen und Beziehungen noch ungefähr vergleichbar mit den vorherigen sind und die ökologische Gemeinschaft mit ihren Eigenschaften, Prozessen, Dynamiken und Populationen erkennbar bleibt.

Resilienz bedeutet also nie eine Rückkehr in einen früheren Zustand. Zeit und Ereignisse bewirken immer eine Veränderung der Muster, Prozesse und Beziehungen, egal wie schwach ihr Fußabdruck auch sein mag. Resilienz sollte daher nie als Zustand oder Sein in der Welt begriffen werden, sondern als Werden oder Handeln, das auf die Welt wirkt. Und die Anpassungsfähigkeit ist eine zeitliche Größe, die angibt, inwieweit sich Individuen, Arten oder ganze biologische Gemeinschaften in die interagierenden Prozesse und Muster einbetten, aus denen sich die Mikrobiome, Ökosysteme und Biome unseres interaktiven Planeten zusammensetzen.

Die vor allem in den Sozialwissenschaften gängige Verwendung des Begriffs Resilienz hat in der Öffentlichkeit einige Verwirrung gestiftet. Dort bedeutet Resilienz nämlich oft die Verarbeitung von Traumata, die Handlungsspielräume einschränken, oft mit der unausgesprochenen Hoffnung, zu dem persönlichen beziehungsweise kollektiven Leben vor dem Trauma zurückzufinden. Doch wie jeder weiß, der je ein Trauma erlebt hat, führt kein Weg zurück, und Genesung ist immer ein Weg nach vorn zu neuer Handlungsfähigkeit, die durch die Verarbeitung der emotionalen und kognitiven Lektionen ermöglicht wird.

Daneben wird Resilienz außerdem oft als Beseitigung der Verwundbarkeit missverstanden. Doch Verwundbarkeit ist nicht immer gleichbedeutend mit Gefährdung. Sie bedeutet auch die Fähigkeit, sich füreinander zu öffnen. Verwundbar zu sein kann auch bedeuten, in der Begegnung mit dem Unbekannten Risiken einzugehen, die Komfortzone zu verlassen, persönliche Handlungsspielräume zu erweitern und vielfältigere Beziehungen und Lebensmuster zu entwickeln.

Die Geografin Fiona Miller von der University of Melbourne erklärt, wie schwer das Leben im Zeitalter der Resilienz sein kann: »Aus Sicht der gesellschaftlichen Resilienz besteht die große Aufgabe darin, mit Veränderungen leben zu lernen und die Fähigkeit zu entwickeln, mit ihnen umzugehen statt sie auszublenden.«[11] Dies ist der Punkt, an dem die Menschheit die Effizienz hinter sich lässt und sich die Anpassungsfähigkeit zu eigen macht, um in der Beziehung zur Erde von der Ausbeutung zu einer Reharmonisierung zu gelangen. Dies ist die Grenze, an der wir vom Zeitalter des Fortschritts ins Zeitalter der Resilienz übertreten. Auch wenn die Wirtschaftswissenschaften es noch nicht wahrhaben wollen, bröckelt auch ihre Festung, und zwar vor allem aus zwei Gründen: Erstens hat die Bedrohung durch Klimawandel und Pandemien ein Ausmaß angenommen, das sämtliche zur Bekämpfung dieser Krisen verfügbaren Mittel übersteigt. Und zweitens hat die fassungslose Menschheit den Glauben verloren, dass die Wirtschaft bereit ist, die Übel zu beheben, die uns und unsere Mitlebewesen in einen ökologischen Holocaust gestürzt haben.

Wenn die Wirtschaftswissenschaft als Disziplin überleben will, muss sie ihr Verhältnis zur natürlichen Umwelt vollständig überdenken. Dazu muss sie einige ihrer liebgewonnenen Grundannahmen auf den Prüfstand stellen, unter anderem die Theorie des Gleichgewichts, die Kosten-Nutzen-Analyse, die schmalspurige Definition der externen Effekte sowie die irreführenden Konzepte Produktivität und Bruttoinlandsprodukt. Der Effizienzwahn der Disziplin muss hinterfragt werden und es müssen Instrumente und Modelle entwickelt werden, die die Anpassungsfähigkeit in den Mittelpunkt stellen. Vor allem muss die Wirtschaft ihr Verständnis der Natur als »Ressource« aufgeben und sie stattdessen als »Lebenskraft« begreifen, zu der nicht nur die Menschheit gehört, sondern alle anderen Spezies, deren Reise auf diesem Planeten denselben Wert hat wie unsere eigene. Schließlich müssen wir erkennen, dass sich nicht alles um uns dreht, und dass es den anderen Arten auf diesem Planeten besser ginge, wenn wir in die lange Liste der Arten eingehen würden, die vor uns in den fossilen Archiven verschwunden sind. Es ist nicht einfach, dieser Wahrheit ins Auge zu sehen, doch es ist eine aufrichtige Einschätzung des aktuellen Zustands. So demütigend sie sein mag, sie ist nötig, um die Zukunft unserer Spezies neu zu schreiben. Doch wie können wir neu anfangen?

Ein guter Anfangspunkt wäre es, die Wirtschaftstheorie an den neuen Naturwissenschaften auszurichten, die auch andere Disziplinen aus dem Griff der konventionellen Forschung des Fortschrittszeitalters befreien. Die Theorie der komplexen adaptiven sozioökologischen Systeme ist mehr als nur eine neue Wissenschaftstheorie. Die neue Naturwissenschaft ist nicht weniger als ein ontologischer Sprung in unserem Denken über unsere Existenz. Die Bedeutung dieses kognitiven Wandels lässt sich am besten durch einen Vergleich zwischen der neuen und der herkömmlichen Wissenschaftsmethode darlegen.

Die Definition der wissenschaftlichen Methode war nie unumstritten, doch es gibt einige Gemeinsamkeiten, auf die sich die meisten einigen können. Die *Stanford Encyclopedia of Philosophy* schreibt beispielsweise: »Zu den als typisch für die Wissenschaft erkannten Elementen gehören unter anderem das Experiment, induktive und deduktive Schlussfolgerungen sowie das Aufstellen und Überprüfen von Hypothesen und Theorien.« Die wissenschaftliche Methode verfolgt mehrere Ziele, zum Beispiel »Wissen, Vorhersage und Kontrolle« und sie vertritt einige übergreifende Werte und Rechtfertigungen, die jeder Student kennt: »Objektivität, Wiederholbarkeit, Einfachheit oder früherer Erfolg«.[12] Die Theorie der komplexen adaptiven sozioökologischen Systeme steht für eine ganz andere Herangehensweise an die wissenschaftliche Forschung. Erstens geht es der klassischen wissenschaftlichen Methode wie erwähnt meist darum, Einzelphänomene zu isolieren und das Funktionieren ihrer Bestandteile zu untersuchen, um das Ganze zu verstehen. Zweitens wurde die wissenschaftliche Methode zwar lange als objektive Herangehensweise an die Natur gepriesen, doch genau das ist sie nicht.

Wenn Studenten ins Labor kommen, bringen sie eine ganze Reihe von Vorannahmen über die Natur und die Beziehung des Menschen zur natürlichen Umwelt mit. Vom ersten Tag an bläut man ihnen ein, objektiv zu sein und Vorurteile an der Garderobe abzugeben, doch den wenigsten ist klar, dass das Wort »objektiv« von »Objekt« kommt. Dahinter steht das unausgesprochene Vorurteil, dass die Natur eine Ansammlung von passiven oder gar unbelebten Gegenständen ohne eigene Handlungsfähigkeit ist. Und drittens wird die Natur oft als »Ressource« aufgefasst, die zum Vorteil der Gesellschaft ausgebeutet werden kann.

In der Theorie der komplexen adaptiven sozioökologischen Systeme besteht die Natur dagegen aus »offenen und dynamischen Systemen, die in der Lage sind, ihre strukturelle Konfiguration durch Austausch von Information und Energie selbst zu organisieren«.[13] Außerdem lernen komplexe adaptive Systeme, sich an neue Umstände, Muster und Umgebungen anzupassen; die Prozesse, mit denen sie sich verändern, werden als Emergenz bezeichnet. In einer Auswertung von Hunderten Fachartikeln aus zahlreichen Disziplinen stellten Rika Prieser, Reinette Biggs, Alta De Vos und Carl Folke 2018 den aktuellen Stand der Theorie der komplexen adaptiven sozioökologischen Systeme dar. Dabei benannten sie einige der Eigenschaften, in denen sich das neue Paradigma von der herkömmlichen wissenschaftlichen Methode unterscheidet:

- Von Eigenschaften der Einzelteile zu Systemeigenschaften: Dazu gehört eine Abwendung von der Untersuchung isolierter Teile hin zur Erforschung von Systemeigenschaften, die sich emergent aus den zugrunde liegenden Organisationsmustern ergeben. Systemeigenschaften verschwinden, wenn das System seziert wird, da sich emergente Eigenschaften nicht auf die Eigenschaften der Einzelteile reduzieren lassen.
- Von Objekten zu Beziehungen: Systemeigenschaften ergeben sich emergent aus dynamischen Interaktionsmustern. Deshalb müssen zugrunde liegende Organisationsprozesse, Beziehungen und emergente Verhaltensmuster verstanden werden.

- Von geschlossenen zu offenen Systemen: Komplexe Phänomene sind eingebettet in Netzwerke und Hierarchien, durch die ein kontinuierlicher Austausch von Information, Energie und Material erfolgt. Daher haben sozioökologische Systeme kein eindeutiges Innen und Außen, da alle Größen durch Organisationsprozesse in unterschiedlichen räumlichen und zeitlichen Maßstäben verbunden sind.
- Von der Messung zur Erfassung und Bewertung der Komplexität: Komplexe Phänomene existieren in dynamischen Beziehungen, aus denen sich emergente Verhaltensmuster ergeben. Daher ist ein Perspektivwechsel erforderlich, um die Beziehungen zu erfassen und zu verstehen, die sich nicht als materielle Ursachen messen lassen. Mit der Dynamik der Kartierung und Bewertung von Beziehungen, Verbindungen und multiplen komplexen Ursache-Wirkung-Beziehungen lassen sich Konfigurationen erkennen und Netzwerke, Zyklen und Interaktionen über verschiedene Ebenen hinweg beschreiben. Damit lässt sich die relationale Konstitution sozioökologischer Systeme und die Emergenz von Verhaltensmustern erfassen. Dies wiederum versetzt uns in die Lage, adaptive und transformative Verhaltensweisen und Entwicklungen vorherzusehen.
- Von der Beobachtung zur Intervention: Komplexe adaptive Systeme kontextualisieren und konstituieren sich in Beziehungen, und Informationen über Systemeigenschaften und -dynamiken sind nicht zu trennen von den Organisationseigenschaften, die ein System definieren. Die Erforschung von sozioökologischen Systemen ist immer abhängig vom Beobachter und impliziert Interventionen, die sich erheblich von denen der objektiven Beobachtung unterscheiden.[14]

Die Herangehensweise der Theorie der komplexen adaptiven sozioökologischen Systeme führt nicht zu der Art von Zukunftsprognose, wie sie bislang Ziel der Wissenschaft war. Jeder Versuch, ein selbstorganisiertes System zu isolieren, übersieht die Tatsache, dass solche Systeme Muster innerhalb von anderen Mustern sind, die sich räumlich und zeitlich durch alle Sphären der Erde erstrecken und einander auf eine subtile und ganz grundlegende Art beeinflussen, die sich nur selten vorhersehen lässt. Die Anwendung dieser Theorie verlangt, sich ein Stück weit von der Fixierung auf Prognosen zu verabschieden und sich mit Erwartungen und Anpassungen zufriedenzugeben.

Selbst viele der Erkenntnisse zum künftigen Klimawandel erfolgen in der Regel im Nachhinein. Klimaforscher geben zu, dass die vom Klimawandel verursachten Veränderungen in den Sphären und Ökosystemen der Erde schwer vorherzusehen sind, ehe ihre Auswirkungen erkennbar sind. Die Rückkopplungen und Selbstverstärkungseffekte des sich erwärmenden Planeten sind so umfassend und die Dominoeffekte breiten sich in so viele Richtungen aus, dass Prognosen kaum noch möglich sind.

So schenkten Klimaforscher jahrzehntelang dem Permafrostboden, der 24 Prozent des Festlands der Nordhalbkugel bedeckt, kaum Beachtung, bis sie bemerkten, welche Auswirkungen die Erderwärmung auf diese Böden hatte.[15] Dann stellten sie jedoch fest, dass unter dem Eis gewaltige Kohlenstoffreserven lagen – die üppigen Überreste von Tieren und Pflanzen, die vor der letzten Eiszeit in nördlichen Breiten lebten. Außerdem beobachteten sie, dass die Böden immer schneller auftauten, weil die weiße Eisschicht verschwand, die zuvor die Sonnenenergie ins All zurück reflektiert hatte. Der dunkle Erdboden, der nun zum Vorschein kam, nahm mehr Sonnenenergie auf, die wiederum die Eisschmelze beschleunigte – auch dies ein Selbstverstärkungseffekt. Als die Klimaforscher die aus dem auftauenden Boden austretenden Mengen von Kohlendioxid und Methan maßen, stellten sie fest, dass die Freisetzung von Treibhausgasen exponentiell anstieg und an die Mengen heranreichte, die in den vergangenen beiden Jahrhundert von der Industrie freigesetzt worden waren. Das war eine neue Realität, die nicht in die früheren Prognosen eingeflossen war – eine unbekannte Unbekannte. Allmählich erkannten sie, wie schwer es ist, die Entwicklung komplexer selbstorganisierter Systeme in einem sich rasant verändernden Klima vorherzusehen, von den mögliche Auswirkungen auf die Gesellschaft ganz zu schweigen. Umso wichtiger wird es in Zukunft, den wissenschaftlichen Fokus von der Prognose auf die Anpassung zu verschieben. Prognosen werden zwar nach wie vor eine gewisse Rolle spielen, doch auf einer rasch verwildernden Erde in den Fängen des Klimawandels werden ihre Möglichkeiten immer kleiner. Gleichzeitig ist die Wissenschaft der Anpassung so weit, dass sie unsere Reaktion auf den Klimawandel in neue Bahnen lenken kann. Anpassung ist schließlich die Methode, mit der sich auch alle anderen Arten auf die unberechenbaren Veränderungen eines dynamischen Planeten einstellen. Anpassungsfähigkeit ist kein neues wissenschaftliches Konzept. Es erhält lediglich durch die zunehmenden Gefahren für unsere Gesellschaft neuen Wind.

Von der Prognose zur Anpassung

Einer der ersten, der die Frage der Anpassungsfähigkeit in den Mittelpunkt der wissenschaftlichen Forschung und Problemlösung rückte, war John Dewey. Als Mitbegründer der Philosophie des Pragmatismus hatte Dewey wenig Interesse an der klassischen wissenschaftlichen Methode mit ihrer Betonung von Objektivität und Distanz. Noch weniger konnte er mit dem deduktiven Ansatz anfangen, der oft mit einer vorformulierten Hypothese beginnt und Experimente durchführt, um diese Hypothese zu beweisen. Besondere Abneigung hatte er für den Wissenschaftler als unbeteiligten Beobachter. Nach Ansicht von Dewey waren Wissenschaftler immer aktive Beteiligte, sie erlebten ihren Gegenstand aus der Nähe und waren von ihm betroffen.

Die ersten Pragmatiker, darunter auch Charles Sanders Peirce und George Herbert Mead, interessierten sich für anwendungsbezogenes Wissen, das sich bei der Problemlösung und der Suche nach neuen Ansätzen verwenden ließ. Dewey und seine Kollegen verstanden außerdem, dass jede Erfahrung mit anderen verzahnt war und dass es sich bei Problemen nie um isolierte Ereignisse handelte, die sich aus ihren zahllosen Beziehungen herauslösen lassen, weshalb sie ganzheitlich betrachtet werden müssen.

Auch den Dualismus von Theorie und Praxis lehnte Dewey ab; er »war der Ansicht, dass Wissen aus einer aktiven Anpassung des menschlichen Organismus an seine Umwelt erwächst«.[16] Dewey und andere frühe Pragmatiker gaben der Anpassungsfähigkeit neue Bedeutung als wesentliche Eigenschaft aller Lebewesen. Die Anpassungsfähigkeit erhielt zwar zu Beginn des 20. Jahrhunderts Aufwind, doch sie wurde schon bald von der Effizienzkampagne überrollt. Während der Glanzzeit der industriellen Revolution, die vom Gedanken der Steuerung künftiger Ergebnisse besessen war, brachte die Zeitoptimierung eine besondere Saite zum Klingen. Heute, da die von fossilen Brennstoffen befeuerte industrielle Revolution am Ende ist und Experten ihre Grundüberlegungen infrage stellen, feiert die Anpassungsfähigkeit mit einem Mal ihre Wiedergeburt.

Um die Effizienz dagegen, die bis vor Kurzem den gesamten wirtschaftlichen Diskurs beherrschte, ist es in letzter Zeit ruhig geworden, während die Menschheit von einer Krise in die nächste taumelt und sich eskalierenden Pandemien und klimabedingten Katastrophen gegenübersieht. Das Gerede von den unbegrenzten Möglichkeiten verstummt, die Debatte dreht sich um Risikobegrenzung, und an die Stelle des Themas Effizienz tritt die Anpassungsfähigkeit auf einer verwildernden Erde. Das Zeitalter des Fortschritts, das lange den Rahmen für die Moderne und die Lebensplanung zahlreicher Generationen abgab, hat sich still und leise aus dem öffentlichen Diskurs verabschiedet, ohne dass ihm jemand eine Träne nachweint. Stattdessen heißt das Thema Resilienz, und zwar nicht nur in Fachkreisen, sondern in der gesamten Öffentlichkeit.

Mitten in der Coronapandemie veröffentlichte die Zeitschrift *National Geographic* einen Artikel zu Anpassung und Überleben in der Natur. Die Autoren stellten verschiedene Formen der Anpassung vor, mit denen Tiere und Pflanzen ihre Chance auf Widerstandsfähigkeit, Fortpflanzung und Überleben verbessern. Es waren Beispiele der kreativen Anpassung, die zur Nachahmung in der Wirtschaft und der Gesellschaft insgesamt dienen könnten.

Die Autoren begannen mit einem der Lieblingstiere vieler Menschen, dem Koala, und schilderten, wie er sich auf den ausschließlichen Verzehr von Eukalyptusblättern angepasst habe, die nicht nur wenig Protein, sondern obendrein Giftstoffe enthalten. Damit hatte er sich eine Nahrungsquelle erschlossen, um die er nicht mit anderen konkurrieren musste.

Andere Anpassungen sind struktureller Art in Form von bestimmten physiologischen Eigenschaften. So haben sich zum Beispiel Kakteen an das Leben in trockenen und heißen Wüsten angepasst, indem sie Wasser in kurzen, dicken Stämmen und Blättern speichern.[17] Wieder andere Anpassungen betreffen das Verhalten. Grauwale schwimmen jedes Jahr Tausende von Kilometern von der kalten Arktis in die warmen Gewässer an der mexikanischen Pazifikküste, um dort zu kalben und dann wieder in die nährstoffreichere Arktis zurückzukehren.

Der Birkenspanner ist das klassische Beispiel für die Anpassung an eine sich verändernde Umwelt. Vor der industriellen Revolution waren die meisten Birkenspanner cremefarben und hatten nur einige dunklere Flecken; nur wenige Exemplare waren schwarz oder grau. Als sich jedoch der Ruß aus den Fabrikschloten auf den Baumstämmen niederließ, nahm der Anteil der dunkleren Motten zu, weil sie vor dem dunkleren Hintergrund weniger auffielen. Vögel übersahen die dunkleren Insekten und fraßen die helleren, mit der Folge, dass nun die dunklen zum dominanten Typ wurden.

Von »sympatrischer Artbildung« spricht man, wenn aus derselben Ursprungsart neue Arten entstehen, die sich denselben Lebensraum teilen, aber nicht zueinander in Konkurrenz treten, weil sich jede auf eine bestimmte Nahrung spezialisiert hat. So gibt es zum Beispiel im Malawisee in Tansania eine Reihe von Buntbarscharten; die einen ernähren sich von Algen, die anderen von Insekten und wieder andere von Fischen.

Die Zeitschrift *Harvard Business Review* gehörte zu den Ersten, die die Anpassungsfähigkeit zum Unternehmenswert der Zukunft ausrief. Martin Reeves und Mike Deimler von der Boston Consulting Group sahen in der Anpassungsfähigkeit einen neuen Wettbewerbsvorteil und schrieben, die erfolgreichsten Unternehmen hätten ihr Geschäft auf »Größe und Effizienz aufgebaut, die nur in einer stabile Umwelt einen Vorteil bieten«.[18] Doch in einer immer instabileren Welt voller unberechenbarer Risiken seien diese Werte zum Klotz am Bein geworden. Wenn ein Unternehmen heute überleben wolle, müsse es auf Anpassungsfähigkeit setzen. Dazu gehört die Bereitschaft, Experimente zu wagen und Fehler zu machen, selbst wenn dies kurzfristige Erträge gefährde. Nur so können Unternehmen sich neu aufstellen und im Spiel bleiben. Anpassungsfähigkeit begünstigt auch den Abschied von zentralisierten Bürokratien mit ihren vertikal integrierten Skaleneffekten, die zu starr und zerbrechlich sind, um in einer Welt zu überleben, die von einer Krise in die nächste taumelt. Die Autoren ziehen »dezentralisierte, fließende und sogar konkurrierende Organisationsstrukturen« vor und sind der Auffassung, ein solcher Ansatz »zerstört den großen Vorteil einer starren Hierarchie«. Der Wechsel zu einer breiten Zahl von alternativen Plattformen verleihe einem Unternehmen mehr Optionen und gebe ihm die Agilität, die es benötige, um sich an die wandelbaren Bedingungen einer risikoreichen Umgebung anzupassen.[19]

Die jüngste Begeisterung für neue Unternehmensmodelle mit größerer Anpassungsfähigkeit und Resilienz mag vor allem eine Modeerscheinung sein. Dennoch werfen die Umwälzungen der Zukunft schon ihre Schatten voraus. Man sollte die Bedeutung der Theorie der komplexen adaptiven Systeme für die Anwendung auf sozioökologische Fragen nicht unterschätzen. Es handelt sich um ein umfassendes Neuverständnis der Menschheit und macht uns einmal mehr zum Teil der Rhythmen unseres lebendigen Planeten. Wir geben die Hoffnung nicht auf, dass die Menschheit zu den Arten zählt, die das Anthropozän überleben.

Die herkömmliche Wirtschaftstheorie und der Kapitalismus werden die neue Modellierung komplexer adaptiver Systeme und die dadurch angestoßenen Umbrüche kaum in ihrer heutigen Form überleben. Die Grundannahmen der Wirtschaftswissenschaften stehen in krassem Widerspruch zur Dynamik unserer lebendigen Erde. Einige der kapitalistischen Werte und Methoden zur Bereitstellung von Energie, Mobilität und Wohnraum mögen überleben, wenn sich die Menschheit nun neu an die Fülle der Akteure und Systeme der Erde anpasst. Doch das Bollwerk der neoklassischen und neoliberalen Wirtschaftstheorie wird sich auflösen, genau wie das aktuelle Modell des Industriekapitalismus und das Narrativ des Zeitalters des Fortschritts.

Die Modellierung komplexer adaptiver Systeme wird zudem eine Neuerfindung der Universität erforderlich machen. Die Wissenschaften und Berufe, die mit dem Zeitalter der Aufklärung aufkamen und im Zeitalter des Fortschritts ihre Reife erreichten, waren Selbstzweck mit ihren eigenen Erzählungen, Sprachen, Maßsystemen und Regeln. Und jede war in gewisser Hinsicht ein Versuch, die ganze Wirklichkeit aus ihrer eigenen und eingeschränkten Sicht zu verstehen.

Pädagogisch wurden Schulen und höhere Bildungseinrichtungen bis vor Kurzem von Fachghettos bestimmt. Wissenschaftler wurden abgestraft, wenn sie in ihren Artikeln und Büchern über den Tellerrand ihrer Disziplin hinausblickten, und als »Generalisten« verhöhnt.

Zwar findet heute die interdisziplinäre Arbeit Eingang in die Lehrpläne einiger progressiver Schulen und Universitäten, doch sie ist nach wie vor optional und steht nicht im Mittelpunkt des Wissenserwerbs. Trotzdem ist dies ein erstes Zeichen für eine pädagogische Revolution, die Forschende, Lehrende und Lernende unter dem Banner der Modellierung komplexer adaptiver Systeme zusammenbringt. Die Realität des Klimawandels und das dadurch geweckte neue Bewusstsein der Öffentlichkeit für die zahlreichen aufeinander wirkenden und sich aneinander anpassenden Akteure des Planeten hat die Menschheit in den vergangenen Jahren in eine historisch einmalige Krise geführt. Der heutige Zustand lässt sich nur mithilfe der Modellierung komplexer adaptiver Systeme verstehen, die wiederum eine interdisziplinäre Herangehensweise an Wissen und Bildung verlangt.

Ist die resiliente und anpassungsfähige Wirtschaft nur eine vorübergehende Modeerscheinung und morgen schon wieder vergessen? Unwahrscheinlich, denn die mit der Klimaerwärmung einhergehenden Gefahren und Realitäten sind alles andere als eine vorübergehende Erscheinung. Unser kollektiver Einsatz im Kampf gegen den Klimawandel war zumindest bislang mehr oder weniger fruchtlos. Doch inzwischen warnt uns die Wissenschaftsgemeinde, dass ein toter Planet keineswegs ausgeschlossen ist. Die Menschheit muss die Reduzierung der Treibhausgase weiter vorantreiben, doch sie muss auch Wege finden, sich an die existenziellen Veränderungen anzupassen, die der Klimawandel mit sich bringt. Nur wenn wir die Grundlage für eine resiliente Gesellschaft legen, haben wir Aussicht auf eine Zukunft. Was uns zu der Frage zurückbringt, wie wir lernen können, uns anzupassen, widerstandsfähig zu werden, zu überleben und eine neue Blüte zu erreichen, die wenig mit unseren heutigen Vorstellungen vom erfolgreichen Leben zu tun hat. Die Begriffe der Anpassungsfähigkeit und der Resilienz kommen gerade erst im Bewusstsein der Allgemeinheit an, doch bislang werden wenige Versuche unternommen, tiefer zu schürfen und darüber nachzudenken, wie das Leben auf der Erde in dieser Art von Zukunft aussehen könnte.

Anregungen könnten wir uns bei unseren jagenden und sammelnden Vorfahren holen, die durch Eis- und Warmzeiten hindurch extrem anpassungsfähig und resilient waren und Bedingungen überlebten, die selbst die zähesten von uns vor große Herausforderungen stellen würden. Die Wissenschaft der vergangenen zwei Jahrzehnte hat verblüffende Beweise zutage gefördert, die zeigen, dass der *Homo sapiens* eine der anpassungsfähigsten Arten auf unserem Planeten sein könnte.

Der Geist des *Homo sapiens*: Auf Anpassung programmiert

Mitte der 1990er Jahre stießen Biologen, Kognitionsforscher und Anthropologen auf neue Daten, die zeigten, dass »die Struktur des menschlichen Denkens in erster Linie an das Leben der Jäger und Sammler des Pleistozäns angepasst [ist] und weniger an unsere modernen Lebensumstände«.[20] Im Jahr 2014 veröffentlichten Wissenschaftler der New York University und des Smithsonian National Museum of Natural History eine Untersuchung zur Evolution unserer frühen Vorfahren, die ältere Theorien ergänzte. Lange herrschte unter Evolutionsbiologen die Meinung vor, dass die Gattung *Homo* »zu Beginn einer Trockenphase in Afrika und der Ausdehnung des offenen Graslands« aufkam.[21] Die Savanne habe Anpassungen wie große, schlanke Körper, lange Beine, große Gehirne, eine Verringerung der Unterschiede zwischen den Geschlechtern, Umstellung der Ernährung auf Fleischverzehr sowie einmalige Eigenschaften wie Langlebigkeit, Werkzeugherstellung und soziale Kooperation gefördert.[22]

Neue Fossilfunde lassen die Ursprünge des Menschen in etwas anderem Licht erscheinen. Laut den an der Untersuchung beteiligten Wissenschaftlern »lassen neue Umweltdaten den Schluss zu, dass die Gattung *Homo* vor dem Hintergrund langer Phasen der Unberechenbarkeit der Lebensräume entstand, die mit der Trockenheit zusammenhingen«. Die Wissenschaftler beobachteten, dass »entscheidende Faktoren für den Erfolg und die Ausbreitung der Gattung die flexible Ernährung in einer unberechenbaren Umwelt sowie die kooperative Kindererziehung und Flexibilität in der Entwicklung waren, die eine Ausweitung des Lebensraums zuließen und das Sterblichkeitsrisiko minderten«.[23] Die Forscher verdankten ihre Erkenntnisse einer detaillierten Rekonstruktion des damaligen Klimas, die sie mit Fossilienfunden abglichen. Dabei stellten sie fest, dass die Gattung *Homo* eben nicht in einer relativ ruhigen, kühlen und stabilen Klimaphase entstand, wie man früher angenommen hatte.

Richard Potts, Direktor des Human-Origin-Programms der Smithsonian Institution und einer der beteiligten Forscher, erklärte zusammenfassend, dass sich »die Ursprünge der menschlichen Flexibilität bei unseren Vorfahren gerade aufgrund der instabilen klimatischen Bedingungen« hätten entwickeln können. Er fügte hinzu: »Die ersten Vertreter der Gattung Mensch zeichnen sich durch ihre Anpassungsfähigkeit aus.«[24] Diese Phase, die 2,9 Millionen Jahre der Erdgeschichte umfasst, als »instabil« zu bezeichnen, ist jedoch eine Untertreibung. Eiszeiten und Warmzeiten wechselten einander ab. Die Zeitschrift *National Geographic* erinnert uns daran, »dass sich vor rund 800 000 Jahren ein zyklisches Muster eingestellt hatte: Eiszeiten dauerten rund 100 000 Jahre, gefolgt von wärmeren, 10 000 bis 15 000 Jahre dauernden Zwischeneiszeiten. Die letzte Eiszeit endete vor rund 10 000 Jahren«. Das war der Beginn des relativ milden Holozäns, in dem die Menschheit die landwirtschaftliche Lebensweise aufnahm.[25] In einem

Interview mit der Zeitschrift *Scientific American* sagte Richard Potts, in dieser Phase der klimatischen Ausschläge verdankte die Menschheit ihr Überleben ihrem Einfallsreichtum und ihrer kreativen Anpassung an diese unwirtlichen Bedingungen. Potts ist überzeugt, »dass die Evolution des menschlichen Gehirns das offensichtlichste Beispiel für die Entwicklung unserer Anpassungsfähigkeit ist«.[26] In Rückblick auf seine Forschung zu den Ursprüngen des Menschen meint Potts:

> Unser Gehirn ist im Wesentlichen sozial. Wir tauschen Informationen aus, wir bauen Wissen auf und geben es weiter. Auf diesem Weg passen sich Menschen an neue Situationen an – darin unterscheidet sich der *Homo sapiens* von seinen früheren Vorfahren, und diese wiederum von den Primaten. *Homo sapiens* überlebten noch kältere Bedingungen als Neandertaler, und gleichzeitig zogen sie in Wüsten, tropische Regenwälder, Steppen und Gletscherregionen ... Wie dieser dünne, langbeinige Hominide in solchen unterschiedlichen Umgebungen überleben konnte, das ist für mich ein Paradebeispiel dafür, wie man anpassungsfähig wird.[27]

Ob unsere Anpassungsfähigkeit mit der Geschwindigkeit mithalten kann, mit der sich die Wasserkreisläufe im Zuge der Erderwärmung verändern, das ist die große Frage unserer Zeit.

Unsere Anpassungsfähigkeit an stark schwankende Klimabedingungen ist jedenfalls unsere Stärke. Sie hat uns zu einer der widerstandsfähigsten Arten auf dem Planeten gemacht. Das ist vielleicht die beste Nachricht unserer Zeit und das sollten wir uns zu Beginn dieses Zeitalters der Resilienz zu eigen machen, wenn auch mit einer Einschränkung. Dieselbe Anpassungsfähigkeit, die es unserer Spezies erlaubt, große Klimaschwankungen zu überleben, war nämlich in gewisser Hinsicht auch unser Verderben. Die kognitiven Eigenschaften, die den Jägern und Sammlern während der paläolithischen Klimasprünge gute Dienste leisteten, wurden in den letzten 11 700 Jahren mit dem relativ berechenbaren und milden Klima des Holozäns überbeansprucht. Der Mensch drehte den Spieß um und wollte die Natur seinen Bedürfnissen unterordnen – auch ein Ausweis von Anpassungsfähigkeit. Mit Beginn der landwirtschaftlichen Revolution und später mit dem Übergang zur industriellen Revolution rüsteten wir unsere Anpassungsinstinkte um. Nun ging es nicht mehr darum, sich an das Leben im Wechsel der Jahreszeiten anzupassen, sondern um die Lagerung von Überschüssen. In den zwei Jahrhunderten der kohlenstoffbasierten industriellen Zivilisation, dem Zeitalter des Fortschritts, wuchsen diese Überschüsse exponentiell an.

Was nicht heißen soll, dass die Früchte der industriellen Revolution vielen Menschen vor allem im Westen nichts Gutes gebracht haben. Die meisten Einwohner der hoch entwickelten Industrienationen führen heute zweifellos ein besseres Leben als unsere Vorfahren vor Beginn des Industriezeitalters. Doch man muss auch darauf hinweisen, dass fast die Hälfte der Weltbevölkerung (46 Prozent) unterhalb der sogenannten Armutsgrenze lebt und mit weniger als 5 Euro am Tag auskommen muss, und dass diese Menschen heute bestenfalls kaum besser leben als ihre Vorfahren, möglicherweise auch schlechter.[28] Den Sieg tragen in jedem Fall die Reichsten davon. Im Jahr 2017 besaßen die acht reichsten Menschen der Welt so viel wie die Hälfte der Menschheit – 3,5 Milliarden Menschen.[29] Gandhi beschrieb die Wahl, vor der wir stehen, am besten, als er sagte: »Die Welt hat genug für jedermanns Bedürfnisse, aber nicht für jedermanns Gier.«[30]

TEIL 4

DAS ZEITALTER DER RESILIENZ

Das Ende des Industriezeitalters

KAPITEL 10

DIE INFRASTRUKTUR DER RESILIENZREVOLUTION

Seit Anbeginn der menschlichen Zivilisation besteht ein enger Zusammenhang zwischen unserem Umgang mit der Natur und unserer Infrastruktur beziehungsweise den Umbrüchen bei beiden. Für die meisten Historiker ist die Infrastruktur zwar nicht mehr als das Gerüst, das eine große Anzahl von Menschen zu einem Kollektiv verbindet, doch in Wirklichkeit spielt sie eine viel zentralere Rolle. Ein neues Paradigma der Infrastruktur vereint drei für den Fortbestand der sozialen Existenz unverzichtbare Komponenten: Energie, Kommunikation und Transport. Diese drei spielen in einer nahtlosen Dynamik zusammen und bestimmen, wie wir im wirtschaftlichen, gesellschaftlichen und politischen Leben »kommunizieren, produzieren und uns bewegen«.

Die Soziologie infrastruktureller Umbrüche

Unsere Infrastruktur ist vergleichbar mit den Dingen, die jeder Organismus zum Lebenserhalt benötigt: Mittel zum Austausch mit anderen, zum Überleben erforderliche Energie sowie Fortbewegungsmittel. Mit der Revolution unserer Infrastruktur schaffen wir uns technische Prothesen, die immer mehr Menschen zu immer komplexeren wirtschaftlichen, gesellschaftlichen und politischen Einheiten verbinden, in denen sie immer differenziertere Rollen übernehmen – ein sich selbst organisierendes System, das als Ganzes agiert.

So wie jeder Organismus eine halbdurchlässige Membran benötigt – zum Beispiel eine Haut oder eine Schale –, um die dynamische Beziehung zwischen innen und außen herzustellen, von der sein Überleben abhängt, so haben wir unsere Infrastruktur mit Gebäuden und Anlagen aller Art. Mit diesen künstlichen Membranen schützen wir uns vor der Witterung, speichern Energie und andere überlebenswichtige Ressourcen, errichten sichere Orte, an denen wir die Güter zur Aufwertung unserer Existenz produzieren und konsumieren, und schaffen Wohn- und Versammlungsorte, an denen wir mit unseren Familien leben und unser Sozialleben führen.

Die großen Revolutionen der Infrastruktur verändern unsere Orientierung in Raum und Zeit sowie unsere wirtschaftlichen Aktivitäten, das gesellschaftliche Miteinander und die politische Ordnung im Zusammenspiel mit den Chancen und Zwängen, die sich durch die neuen und differenzierteren kollektiven Lebensmuster in dieser neuen Infrastruktur ergeben.

Im 19. Jahrhundert vereinten sich Drucktechnik und Telegrafie, reiche Kohlevorkommen und nationale Eisenbahnsysteme zu einer neuen Infrastruktur, die die erste industrielle Revolution sowie den Aufstieg der Städte, der kapitalistischen Wirtschaft und der nationalen Märkte unter der Ägide des Nationalstaats ermöglichte. Im 20. Jahrhundert entstand im Zusammenspiel aus Elektrifizierung, Telefon, Rundfunk und Fernsehen, billigem Rohöl, dem Verbrennungsmotor sowie Straßennetzen, Binnenschifffahrt, Seewegen und Luftfahrt die Infrastruktur für die zweite industrielle Revolution mit dem Aufstieg der Vorstädte, der Globalisierung und der globalen Institutionen.

Heute befinden wir uns mitten in der dritten industriellen Revolution. Das globale, digitalisierte Kommunikationsnetz des Internets trifft auf das grenzüberschreitende, digitalisierte und aus Sonne und Wind gespeiste Stromnetz. Millionen von Hausbesitzern, regionalen und überregionalen Stromversorgern, Kommunen, Landwirten, Institutionen und Behörden produzieren Wind- und Solarstrom für ihren Eigenbedarf. Der Überschuss wird mithilfe von Big Data und Algorithmen in das grenzüberschreitende Stromnetz eingespeist, sodass wir Energie aus erneuerbaren Quellen genauso teilen wie Nachrichten, Wissen und Unterhaltung im Internet. Zu diesen beiden digitalisierten Netzwerken gesellt sich ein drittes: ein Netzwerk der Mobilität und Logistik aus mit Batterien und Brennstoffzellen betriebenen Fahrzeugen, die ihre Energie wiederum aus der mit Sonne und Windkraft erzeugten Energie des Stromnetzes beziehen. Im kommenden Jahrzehnt bewegen sich diese Fahrzeuge zunehmend autonom auf Straßen, Schienen, Wasserwegen und in der Luft und werden dabei genauso von Big Data und Algorithmen gesteuert wie das Internet und das Stromnetz.

Diese drei Netze teilen zunehmend einen kontinuierlichen Datenstrom mit fließenden Algorithmen, die die Kommunikation, die Erzeugung, Speicherung und Verteilung des grünen Stroms sowie die Steuerung von emissionsfreien autonomen Fahrzeugen über Länder und Kontinente hinweg steuern. Alle drei Netze werden fortwährend mit Daten aus den allgegenwärtigen Sensoren versorgt, die in Echtzeit aus Ökosystemen, landwirtschaftlichen Nutzflächen, Lagerhallen, Straßen, Fabriken und vor allem Wohn- und Nutzgebäuden eingespeist werden, um der Menschheit eine flexiblere Steuerung ihres wirtschaftlichen und gesellschaftlichen Zusammenlebens, ihrer Arbeit und ihres Alltags zu ermöglichen. Das ist das Internet der Dinge.

Im kommenden Zeitalter werden Gebäude energiesparend und klimaresilient nachgerüstet und in das Internet der Dinge eingebettet. Auch sie werden zu Datenzentren, sodass die Öffentlichkeit direkten Zugang zu ihren Daten erhält. Intelligente Gebäude werden außerdem zu kleinen Stromerzeugern, Energiespeichern sowie Drehscheiben für batterie- und wasserstoffbetriebene Fahrzeuge in einer verteilten Null-Emissions-Gesellschaft.

In der dritten industriellen Revolution sind Gebäude keine passiven, separaten und privaten Einheiten mehr, sondern werden je nach Wunsch ihrer Bewohner zu Knotenpunkten in einem Energie- und Mobilitätsnetzwerk und einer großen Bandbreite wirtschaftlicher und gesellschaftlicher Aktivitäten. Sich selbst steuernde, intelligente Gebäude sind ein wesentlicher Teil der aufkommenden resilienten Gesellschaft.

Natürlich sind viele Menschen zu Recht besorgt, dass dunkle Mächte diese digitale Infrastruktur des Planeten dazu missbrauchen werden, um die Macht in der Hand der neuen Elite zu konzentrieren, der großen Mehrheit der Menschen ihre Handlungsfähigkeit zu rauben und den Planeten auszuplündern. Doch es gibt einen besseren Weg. Diese alternative Geschichte beginnt mit dem Höhepunkt der zweiten und dem Aufkommen der innovativen Technologien der dritten industriellen Revolution.

Das Ende des Kapitalismus

Mit dem Ausbau der Infrastruktur der dritten industriellen Revolution in Europa, China und andernorts war ein sonderbares Phänomen zu beobachten, auf welches das kapitalistische System nicht vorbereitet war. Es zeichnet sich ab, dass die Daten und Algorithmen der digitalen Plattformen neue Formen der Organisation wirtschaftlicher Aktivitäten ermöglichten, die zentrale Teile der kapitalistischen Wirtschaftstheorie und -praxis der beiden vorigen industriellen Plattformen infrage stellten.

Der amerikanische Biochemiker Lawrence Joseph Henderson soll gesagt haben: »Die Wissenschaft verdankt der Dampfmaschine mehr als die Dampfmaschine der Wissenschaft.« Durch die Erforschung der Dampfmaschine und ihrer Funktionsweise entdeckten Wissenschaftler nämlich die Gesetze der Thermodynamik. Ähnlich könnte man sagen, dass der Kapitalismus in seiner Theorie und Praxis der industriellen Infrastruktur mehr verdankt als diese dem Kapitalismus.

Die Infrastrukturen der ersten beiden industriellen Revolutionen waren zentralisiert und hierarchisch aufgebaut und funktionierten auf der Grundlage des geistigen und materiellen Eigentums. Diese zentralisierte Infrastruktur begünstigte die vertikale Integration der beteiligten Branchen, die wiederum ausreichend große Skaleneffekte ermöglichte, um Investitionen rentabel zu machen. So gelang es einer Reihe von Pionieren, sich eine vorherrschende Machtstellung in ihren jeweiligen Branchen zu verschaffen. Das Geschäftsmodell ließ sich nicht anders organisieren, denn die Technik der Infrastruktur –

Eisenbahnen, Telegrafen, Telefonsystem, Stromnetz, Ölpipelines und Automobilindustrie – war in Entwicklung, Aufbau und Betrieb derart kostspielig, dass sie die Mittel selbst der reichsten Familien und Staaten überstieg und auf die moderne Aktiengesellschaft, das Finanzkapital sowie die aufstrebende kapitalistische Klasse angewiesen war. Auch alle anderen Branchen, die an die Infrastruktur der von fossilen Brennstoffen angetriebenen industriellen Revolutionen angeschlossen waren, wurden vom kapitalistischen Aktionärsmodell dominiert und waren gezwungen, es zu übernehmen, um die erforderlichen Skaleneffekte herzustellen. So kommt es, dass 2020 die 500 größten Unternehmen der Welt 33,3 Billionen US-Dollar Gewinn verzeichneten und ein Drittel des globalen Bruttoinlandsprodukt erwirtschafteten, obwohl sie nur 69,9 Millionen der weltweit 3,5 Milliarden Arbeitnehmer beschäftigten.[1] Die vor allem von fossilen Brennstoffen betriebenen Infrastrukturen der ersten beiden industriellen Revolutionen erforderten zur Aufrechterhaltung ihres Betriebs zudem massive geopolitische und militärische Unterstützung. Und jede war auf Effizienzoptimierung ausgelegt, damit die Unternehmen einen immer größeren Anteil ihrer Gewinne an die Aktionäre ausschütten konnten. Die zunehmende Effizienz wiederum ermöglichte nahezu grenzenloses materielles Wachstum ohne Rücksicht auf negative externe Effekte ihres Betriebs. Auch in technischer Hinsicht waren die beiden industriellen Revolutionen einander sehr ähnlich, und zwar sowohl in sozialistischen als auch in kapitalistischen Ländern.

Die Infrastruktur der dritten industriellen Revolution ist jedoch nicht zentralisiert, sondern verteilt angelegt. Mit ihren Netzwerkeffekten funktioniert sie am besten, wenn sie offen und transparent bleibt und nicht privatisiert wird. Je mehr Menschen an ihren Netzwerken und Plattformen teilhaben, umso mehr »soziales Kapital« wird von allen Beteiligten eingebracht. Im Gegensatz zur Infrastruktur der ersten und zweiten industriellen Revolution entwickelte die Infrastruktur der dritten industriellen Revolution ihre Skaleneffekte nicht vertikal, sondern in der Breite. Tim Berners-Lee legte das World Wide Web so an, dass jeder mit jedem Informationen austauschen kann, ohne um Erlaubnis fragen und ohne an jemanden Benutzungsgebühren entrichten zu müssen. Und während die Infrastrukturen der ersten und zweiten industriellen Revolution darauf abzielten, in einem Nullsummenspiel einige Wenige reich zu machen, während der Rest die Zeche zahlte, sollte die Infrastruktur der dritten industriellen Revolution – vorausgesetzt sie funktioniert im Sinne des Erfinders – die wirtschaftliche Macht breiter verteilen und eine Demokratisierung des Wirtschaftslebens fördern.

Es ist natürlich richtig, dass es den Start-ups der ersten Generation – Google, Facebook, Amazon und so weiter – gelang, vorherrschende globale Plattformen zu errichten, die kurzzeitig Kontrolle zumindest über das Internet gewannen, indem sie zwar kostenlosen und offenen Zugang zu ihren Plattformen ermöglichten, aber gleichzeitig die persönlichen Daten von Milliarden Nutzern abgriffen und an Dritte verkauften, die damit Zugang zu potenziellen Kunden für ihre Waren und Dienstleistungen erhielten.

Es ist jedoch unwahrscheinlich, dass sich diese Monopolisten langfristig halten werden. Die Europäische Union und andere Staaten sind im Begriff, diesen digitalen Giganten das Handwerk zu legen, sie schränken die Verwendung der Nutzerdaten ein und nutzen die Wettbewerbsgesetze, um ihre Monopolstellung in der eigentlich verteilt, offen und demokratisch angelegten Infrastruktur zu brechen.

Mehr noch, globale Monopole haben vermutlich auch deshalb keine Zukunft, weil sich die Infrastruktur der dritten industriellen Revolution ständig weiterentwickelt und zentralisierte Steuerung und Kontrolle der Plattformen immer unwahrscheinlicher wird. Die Milliarden und Billionen Sensoren des Internets der Dinge erreichen jedes Viertel und jede Kommune auf dem Erdball und generieren schon heute gewaltige Datenmengen. Das forciert eine räumliche Verlagerung der Sammlung, Speicherung und Auswertung von Daten weg von den gigantischen, vertikal integrierten globalen Unternehmen hin zu regionalen, verteilten kleinen bis mittelgroßen Unternehmen, die sich lateral über den Planeten verteilen.

Experten der Informations- und Kommunikationstechnologie sehen vorher, dass die schiere Masse der Daten aus dem Internet der Dinge die Verarbeitungskapazitäten von zentralen Datenzentren schon bald sprengen wird. Schon heute entstehen parallel zum Internet der Dinge sogenannte Edge Data Centers, kleine und dezentralisierte Datenzentren, die Informationen vor Ort sammeln und in Echtzeit an zahlreiche Plattformen weitergeben.

Cloud-Computing – die Speicherung und Verarbeitung regional gewonnener Daten in riesigen zentralen Datenwolken – ist viel zu träge, um zeitnah auf regionale Dynamiken reagieren zu können. Man spricht vom »Latenzfaktor«. Wenn beispielsweise ein autonomes Fahrzeug im Begriff ist, einen Unfall zu verursachen, dann wäre die Reaktionszeit zu lang, wenn es Daten an ein zentrales Rechenzentrum schicken und von dort Anweisung erhalten würde. Daher hat ein neuer Begriff Eingang in das IT-Lexikon gefunden: das »Fog-Computing«, also der »Datennebel«. In den kommenden Jahrzehnten werden Millionen immer billigerer kleiner Datenzentren in Haushalten, Büros, Kleinunternehmen, Kommunen und in der Umwelt die regionale Datensammlung und -speicherung ermöglichen und eine datengestützte Bürgergesellschaft ermöglichen. Diese untereinander verbundenen regionalen Netzwerke werden weitgehend ohne die vertikal integrierten und zentralisierten IT-Netzwerke der großen Internetunternehmen der ersten Generation auskommen. Die neue digitale und dezentrale Infrastruktur bietet Aussicht auf eine gewaltige Demokratisierung des Handels und der Wirtschaft im globalen Maßstab. Viele global agierende Unternehmen werden den Übergang überleben und erfolgreich bleiben, doch ihre neue Rolle wird eher in der Verknüpfung von Lieferketten, der Koordinierung von Aufgaben, der Bereitstellung von Know-how und der Ausbildung regionaler und agilerer kleiner und mittelgroßer Unternehmen bestehen, auf die ein Großteil der Wirtschaftsleistung entfallen wird.

Während sich die Infrastruktur der ersten und zweiten industriellen Revolution überwiegend in der Hand von Staaten und großen privatwirtschaftlichen Konzernen befand, sind viele der Komponenten der Infrastruktur der dritten industriellen Revolution von Natur aus verteilt und befinden sich im Besitz der Bürger. Windräder, Solardächer, Mikrostromnetze, intelligente Gebäude, dezentrale Datenzentren, Stromspeicher, Brennstoffzellen, Ladestationen und

Elektrofahrzeuge gehören zu einer verteilten Infrastruktur, die sich im Besitz von Hunderten Millionen Familien und Hunderttausenden Unternehmen und Bürgerorganisationen befindet. Wenn sich in den kommenden beiden Jahrzehnten diese dezentrale Infrastruktur entfaltet, werden Milliarden Menschen diese Bestandteile verwenden, in fließenden Blockchain-Plattformen immer neu kombinieren und über ihre Kommunen, Ländergrenzen und Kontinente hinweg miteinander verbinden. Hier gehört buchstäblich »alle Macht dem Volke«.

Mit seiner komplexen, aber dezentralen und integrierten Infrastruktur funktioniert dieses System eher wie ein Ökosystem aus zahlreichen interagierenden Akteuren. Nutzer von intelligenten Plattformen wissen, dass sie mit dem sozialen Kapital, das sie beisteuern, eher einen Beitrag zur Anpassung des Systems leisten als eigene Gewinne machen. Jede Investition von sozialem Kapital trägt zur Entwicklung der Plattform, ihrer Interdependenz und Selbstorganisation bei und erhöht so wiederum das soziale Kapital der Beiträger – wie ein Wiki.

Die Vernetztheit wesentlicher Teile der Infrastruktur – Kommunikation, Energie, Mobilität, Logistik und das Internet der Dinge – begünstigt die Kreislaufwirtschaft. Im Gegensatz zu ihren beiden linearen Vorgängern ist die dritte industrielle Revolution zirkulär; wie in einem lebendigen Ökosystem ist jedes Element und jeder Input mit allen anderen vernetzt. Auf diese Weise entstehen Wirtschaftsprozesse, die Regenerierbarkeit über Produktivität stellen und negative externe Effekte verringern.

Die Infrastruktur der dritten industriellen Revolution lässt sich am besten als Kohorte von intelligenten, nichtlinearen, selbstorganisierenden Ökosystemen vorstellen, die miteinander kommunizieren, ihre eigene Energie erzeugen, ihre Mobilität steuern, dabei aus zahlreichen Rückkopplungsschleifen lernen und sich in der vernetzten Interaktion ständig weiterentwickeln und verändern. Auf diese Weise entsteht eine Dynamik, die sich völlig vom Gleichgewicht statischer zentralisierter Wirtschaftssysteme unterscheidet, wie sie die Wirtschaftspraktiken der ersten und zweiten industriellen Revolution auszeichneten. Die Infrastruktur der dritten industriellen Revolution bringt ein neues Wirtschaftssystem mit ganz eigenen Funktionsprinzipien und Zielen hervor.

Mit dem Wandel von der analogen zur digitalen Infrastruktur wird einer der Anker der marktwirtschaftlichen Theorie bedeutungslos – der Marktwert von Transaktionen. In der Analogwirtschaft ist jeder Unternehmer auf der Suche nach immer günstigeren Techniken und immer optimaleren Praktiken, um seine Fixkosten zu senken und vor allem die Grenzkosten von Herstellung und Vertrieb zu senken. Damit steigert er seinen Ertrag pro verkaufter Einheit und die Gewinne der Anteilseigner. Der optimale Markt verkauft zu Grenzkosten. Doch in den zweihundert Jahren der kapitalistischen Expansion hätte niemand von einer technischen Revolution geträumt, die ihre Grenzkosten so weit senkt, dass sie gegen null gehen. Bei derart niedrigen Grenzkosten ist es fast unmöglich, mit dem herkömmlichen »Tausch« von Gütern und Dienstleistungen einen Gewinn zu erzielen. Genau das passiert jedoch mit der digitalen Revolution.

Märkte sind zu schwerfällig für eine digitale Infrastruktur. Käufer und Verkäufer müssen einander finden und sich auf einen Preis einigen, dann gehen sie wieder auseinander. Der Killer sind die Zeiten zwischen den Geschäften. Der Verkäufer hat Betriebskosten wie Lagerhaltung, Miete, Steuern, Löhne und so weiter. Außerdem muss er Zeit und Geld für Marketing, Werbung und Vertrieb aufwenden.

In einer digitalisierten Wirtschaft ist der Start-Stop-Mechanismus des Marktes ein Anachronismus. Märkte leben von Transaktionen. Netzwerke sind dagegen digital gesteuerte und kybernetisch vernetzte Ströme. Damit wandelt sich das Geschäftsleben vom Start-Stop-Betrieb zum kontinuierlichen Fluss. Netzwerke kennen keine Auszeiten. Mit diesem grundlegenden Wandel vollzieht die Wirtschaft den historischen Schritt von Eigentum zu Zugang und von Käufern und Verkäufern auf dem Markt zu Anbietern und Nutzern im Netzwerk. Die Grenzkosten sind in der digitalen Vernetzung zwar geringer, doch dank des kontinuierlichen Stroms von Dienstleistungen können Netzwerke diesen Verlust auffangen. Im neuen Netzwerkzeitalter ist jede wirtschaftliche Tätigkeit potenziell eine Dienstleistung – Wissen, Energie, Autos, alles wird geteilt. Da Anbieter von

Dienstleistungen in der Regel Eigentümer sind, haben sie ein Interesse daran, hochwertige und leistungsstarke Geräte mit einer hohen Lebenserwartung herzustellen und Lieferketten mit eingebauten Redundanzen aufzubauen, die das System widerstandsfähiger machen, um Ausfallzeiten zu verringern und auch bei unerwarteten Störungen einen verlässlichen Betrieb zu gewährleisten.

Einige Grenzkosten gehen heute fast gegen null. Damit wird die neue digitale Ökonomie zu einem Wirtschaftssystem, das man als eine resiliente Share-Ökonomie beschreiben könnte. Aus einigen der Share-Dienstleistungen sind kapitalistische Netzwerke wie Uber und Airbnb hervorgegangen, die Anbieter und Nutzer nahezu ohne Grenzkosten miteinander verbinden, für ihre Dienstleistung jedoch einen Anteil kassieren. Das wird sich langfristig nicht halten. Schon heute organisieren sich selbstständige Taxifahrer in regionalen und bald auch überregionalen kooperativen Plattformen, auf denen sie einen guten Lebensunterhalt verdienen und keinen erheblichen Anteil ihrer Einnahmen an einen Dritten abführen müssen. Andere Share-Dienstleistungen wie Wikipedia sind kostenlos und finanzieren sich als gemeinnützige Plattformen über kleine Spenden. Millionen Studierende belegen kostenlose Onlinekurse renommierter Universitäten, die sie oft sogar auf einen Studienabschluss anrechnen lassen können. Millionen weitere verschenken Blogs, Musik, Kunst und andere Güter und Dienstleistungen über digitale Plattformen. Nichts davon findet seinen Niederschlag im Bruttoinlandsprodukt, aber alles trägt zur Steigerung der Lebensqualität einer Gesellschaft bei.

Zyniker mögen spotten, doch Breitband, erneuerbare Energien und Carsharing werden immer billiger, je mehr sich die verteilte Ökonomie ausweitet. In einem Teil der Share-Ökonomie wird der Zugang weiterhin kostenpflichtig sein. Doch ein größerer Teil wird sich in Hightech-Kooperativen verwandeln und Anbieter und Nutzer in nahtlosen Dienstleistungen zusammenbringen. Wieder andere Aktivitäten werden nahezu kostenlos sein.

Noch steckt die digital vernetzte, dezentrale Share-Ökonomie in den Kinderschuhen, doch sie ist das erste neue Wirtschaftssystem, das seit dem Kapitalismus des 18. Jahrhunderts und dem Sozialismus des 19. Jahrhunderts die Weltbühne betritt – ein weiterer Beleg dafür, wie sehr sich die neue Wirtschaftsordnung von der des Industriekapitalismus unterscheidet. In der digitalen Internetökonomie verliert das Bruttoinlandsprodukt rasch seinen Stellenwert als Messlatte für wirtschaftliche Leistung. Es war nie ein vernünftiges Maß, sondern immer schon ein krudes Instrument zur Messung der Wirtschaftsleistung, egal ob sie dem Wohl der Gesellschaft nutzt oder schadet. Die Beseitigung von illegalen Giftmülldeponien trägt genauso zur Steigerung des Bruttoinlandsprodukts bei wie die Herstellung von Massenvernichtungswaffen, der Bau von Gefängnissen, die Behandlung von chronischen Lungenerkrankungen durch Luftverschmutzung und der Wiederaufbau von durch Klimakatastrophen zerstörten Gemeinden.

In jüngster Zeit ist das Bruttoinlandsprodukt ein wenig in den Hintergrund getreten. Globale Institutionen wie die OECD, die Vereinten Nationen und die Europäische Union gehen dazu über, das wirtschaftliche Wohl mit verschiedenen Indizes zur Messung der Lebensqualität zu ermitteln. Dazu gehören Werte wie die Säuglingssterblichkeit, Lebenserwartung, Bildungsniveau, staatliche Dienstleistungen, Luft- und Trinkwasserqualität, Freizeit, Freiwilligenaktivitäten, die Verfügbarkeit von gemeinsamen Ressourcen und Sicherheit. Diese Werte bestimmen heute die Erwartungen jüngerer Generationen an die Lebensqualität.

Milliarden Menschen besitzen heutzutage ein Smartphone, jedes mit mehr Rechenleistung als die Computer, die die ersten Astronauten auf den Mond beförderten.[2] Dank der rapide sinkenden Fix- und Grenzkosten vernetzt sich die Menschheit heute auf einer Vielzahl von Plattformen, um zu spielen, zu arbeiten und zu kommunizieren. Diese aufkommende globale Vernetzung eröffnet neue Kommunikationskanäle, die ohne traditionelle Türsteher wie Staat oder Unternehmen auskommen. Die neuen digitalen Plattformen demokratisieren die zeitlichen und räumlichen Beziehungen und ermöglichen neue, weltumspannende wirtschaftliche, zivilgesellschaftliche und soziale Beziehungen. Aus der Globalisierung wird die Glokalisierung. Glokalisierung bedeutet auf der einen Seite, dass die Produktion teilweise zurück in die Regionen verlagert wird und sich die Kommunen mehr auf Selbstversorgung und Verantwortung für ihre Biosphäre besinnen. Auf der anderen Seite können – dank des Verfalls von Fest- und Grenzkosten bei Produktion und Vertrieb von Gütern und Dienstleistungen mit lateralen Skaleneffekten – auch kleine und mittlere Hightech-Kooperativen grenzüberschreitend zusammenarbeiten, und zwar oft agiler und wettbewerbsfähiger als große Konzerne. Der Übergang von der Globalisierung zur Glokalisierung – begleitet von einer Digitalisierung von Kommunikation, Energie und Mobilität in Wirtschaft, Gesellschaft und Staat – verlangt eine gründliche Neuausrichtung der Beschäftigung. Während sich die Industriearbeit des 19. und 20. Jahrhunderts vor allem der Ausbeutung der Ressourcen des Planeten widmete, wird sich die Arbeit des 21. Jahrhunderts zunehmend um den Schutz der Biosphäre drehen. Ökologische Dienstleistungen werden neue Branchen hervorbringen und Millionen neue Arbeitsplätze schaffen, und der Kampf gegen Klimakatastrophen wird gewaltigen menschlichen Einsatz verlangen, genau wie die kreative Anpassung an eine unberechenbare und verwildernde Erde.

Der Thinktank Brookings Institution hat bereits 320 neue Ausbildungsberufe und Studiengänge ausgemacht, die für den Aufbau und Betrieb einer resilienten und emissionsfreien Wirtschaft benötigt werden.[3] Eine Untersuchung der TIR Consulting Group geht davon aus, dass zwischen 2022 und 2042 allein in den Vereinigten Staaten netto 15 bis 22 Millionen neue Arbeitsplätze entstehen, unter konsequenter Verwendung der Infrastruktur der dritten industriellen Revolution und ihren neuen Unternehmen und Beschäftigungsmöglichkeiten.[4] Schon heute geben Gemeinden ihren regional erzeugten Ökostrom zunehmend an Nachbargemeinden ab, und in den kommenden zwanzig Jahren werden sie grüne Energie überregional und global verkaufen und die ganze Menschheit vernetzen. Mit der Weiterleitung von Strom aus Sonne und Wind endet der lange Albtraum einer von fossilen Brennstoffen betriebenen Industriezivilisation, deren Energiereserven Gegenstand von Kriegen waren und im 20. Jahrhundert hinter zwei Weltkriegen standen.

Das Zeitalter der Resilienz befreit die Menschheit von einer militarisierten Geopolitik, in deren Mittelpunkt die Kontrolle über reichhaltige Kohle-, Erdöl- und Erdgaslagerstätten steht, und führt uns in eine neue Ära der »Biosphärenpolitik«, die den Anreiz bietet, erneuerbare Energie über eine digitale Pangaea hinweg zu teilen. Gewiss steht die Sorge im Raum, dass die heutigen Supermächte versuchen könnten, sich die Kontrolle über das glokale Energie-Internet zu verschaffen und die Menschheit unter ihre Knute zu bekommen. Doch sie ist unbegründet. Im Zeitalter der Resilienz werden Milliarden Haushalte, Millionen Unternehmen und Hunderttausende große und kleine Kommunen auf allen Kontinenten Solar- und Windenergie erzeugen, in Mikronetzen speichern und den Überschuss der grünen Energie in das entstehende glokale Energie-Internet einspeisen.

Im Gegensatz zu fossilen Brennstoffen, die sich auf wenige Orte konzentrieren, gibt es Sonne und Wind überall. Da sie jedoch nicht immer verfügbar sind, muss Elektrizität im Tandem mit der Witterung, der Erdrotation und den wechselnden Jahreszeiten verteilt werden.

Jeder Versuch eines Landes oder Bündnisses, sich als Türsteher des Stromnetzes aufzuschwingen, ist zum Scheitern verurteilt, denn jede Region könnte jederzeit aus dem glokalen Energienetz aussteigen und sich in die regionalen Mikronetze einstöpseln, die bald sämtliche Kontinente überziehen werden. So können sie verhindern, dass die Lichter ausgehen. Das dezentralisierte Energienetz mit seinen vielen Millionen regionalen Mikronetzen rund um den Erdball ist unmöglich von einem einzigen Land zu beherrschen.

Der Umstieg auf die intelligente Infrastruktur der dritten industriellen Revolution bewirkt eine grundlegende Revolution unseres Wirtschaftsverständnisses – von Eigentum zu Zugang, von Märkten mit Käufern und Verkäufern zu Netzwerken mit Anbietern und Nutzern; von analogen Bürokratien zu digitalen Plattformen; von Nullsummenspielen zu Netzwerkeffekten; von Wachstum zu Wohlstand; von Finanzkapital zu Naturkapital; von Produktivität zu Erneuerbarkeit; von linearen zu kybernetischen Prozessen; von negativen externen Effekten zur Kreislaufwirtschaft; von vertikal zu lateral integrierten Skaleneffekten; von zentralisierten zu verteilten Wertschöpfungsketten; von Bruttoinlandsprodukt zu Lebensqualität; von Globalisierung zu Glokalisierung; von globalen Konzernen zu agilen und mittelständischen Hightech-Unternehmen in fließenden glokalen Netzwerken; von Geopolitik zu Biosphärenpolitik, und so weiter. Die Infrastruktur der dritten industriellen Revolution ist ein wirtschaftliches Übergangsparadigma – zum einen steckt sie noch im älteren industriellen Wirtschaftsmodell fest, zum anderen weist sie bereits viele grundlegenden Eigenschaften der anbrechenden Resilienzrevolution auf.

In den vergangenen siebzig Jahren entwickelte sich die dritte industrielle Revolution von den ersten kommerziellen Computern, den Rechenkontrollzentren und der Automatisierung bis zu voll integrierten globalen Schnittstellen satellitengesteuerter GPS-Leitsysteme und den allgegenwärtigen Sensoren des Internets der Dinge. Im Verlauf dieser sieben Jahrzehnte hat sich die interne Dynamik dieses sich selbst organisierenden Systems ganz anders entwickelt als anfangs erwartet. Wir erleben einen ungewöhnlichen Sprung in ein neues Wirtschaftsmodell, das man schon zu Beginn der 2040er Jahre nicht mehr als ausschließlich kapitalistisch bezeichnen wird. Die Weltgesellschaft lässt zweieinhalb Jahrhunderte der industriellen Revolution hinter sich und tritt in ein neues Zeitalter ein, das sich am besten als Resilienzrevolution bezeichnen lässt.

Wenn das Mittelalter Frömmigkeit honorierte und die Moderne Fleiß und grenzenlosen materiellen Fortschritt, dann geht es im kommenden Zeitalter um Resilienz und den Versuch, die Menschheit wieder in die Rhythmen und Ströme des Planeten einzugliedern. Wesentliche Zeichen dieses Wandels sind die Veränderung der räumlichen und zeitlichen Orientierung durch den Aufbau einer resilienten Infrastruktur, in der die Effizienz der Anpassungsfähigkeit weicht und die Loslösung von der Natur einer grundlegenden Teilhabe an einer lebendigen Erde. Das Zeitalter der Resilienz bricht an.

Ein Brückenkopf in den Vereinigten Staaten

Während die Europäische Union und China den Übergang zu einer digital integrierten resilienten Infrastruktur vorantreiben, sind die Vereinigten Staaten bislang Zaungast, von einigen wenigen Bundesstaaten und Großstädten einmal abgesehen. Der überwiegende Teil des Landes steckt noch tief im fossilen Paradigma der zweiten industriellen Revolution. Zufällig war ich zugegen, als im Januar 2019 ein klimafreundlicher Unternehmer, den ich berate, einen Anruf von Charles Schumer erhielt, dem Fraktionsvorsitzenden der Demokraten im US-Senat. Als ich ihn nach dem Telefonat fragte, in welcher Beziehung er zu Schumer stehe, erwiderte er, sie seien gute Freunde.

Ich kannte Schumer als Vorkämpfer der Klimapolitik und vor allem als jemanden, der den Ausbau einer intelligenten grünen Infrastruktur verlangt, die Internet, erneuerbare Energie und emissionsfreie Mobilität in einer resilienten Gesellschaft zusammenbringt – ein ähnlicher Ansatz wie der, den die Europäische Union und China verfolgen. Ich bat meinen Bekannten, ein Gespräch zu arrangieren.

Am 11. März 2019 traf ich den Senator im Kapitol und berichtete ihm vom klimafreundlichen Umbau der Infrastruktur, den wir in der Europäischen Union und China vorantrieben. Der Senator war begeistert und fragte mich, ob unser globales Team in Zusammenarbeit mit ihm und seinen Mitarbeitern einen Plan für eine resiliente Infrastruktur 3.0 in den Vereinigten Staaten entwickeln könnten. Wir waren uns schnell einig. Zwischen März 2019 und März 2020 besprachen wir uns zehnmal. Zudem lud Senator Schumer uns beide sowie sieben Senatskollegen, die wir für die Einführung der intelligenten resilienten Infrastruktur 3.0 gewinnen wollten, zu einem Abendessen ein. Außerdem entwickelte mein Büro ein strategisches Exposé zum Aufbau und Einsatz der neuen Infrastruktur.

Nach Abschluss dieser ersten Phase schlug ich vor, tiefer in die Einzelheiten einzusteigen und einen detaillierten Zwanzigjahresplan für den Umbau der Infrastruktur zu entwerfen, der die Vereinigten Staaten in eine emissionsfreie grüne Wirtschaft führen würde. Senator Schumer stimmte zu, und wir machten uns an die Arbeit.

An dieser Stelle ist eine Anmerkung angebracht. In den Vereinigten Staaten kursieren zahlreiche Vorschläge für den Übergang zu einer emissionsfreien Zukunft. Bei den meisten handelt es sich um Wunschlisten von Einzelvorschlägen und Initiativen, nicht um die Art von umfassendem Plan, wie wir sie in der Europäischen Union und China mitentwickelt hatten. Sie stammen überwiegend aus akademischen Kreisen, die keine praktische Erfahrung mit einem langfristigen Umbau der Infrastruktur mitbringen. Selbst fortschrittlich denkende Gouverneure und Bürgermeister konzentrieren sich überwiegend auf Einzelprojekte und haben keine klare Vorstellung von einer Infrastruktur, die das Land zu einem neuen wirtschaftlichen Paradigma und in ein nachfossiles Zeitalter führen könnte.

Wir brachten einige der internationalen Branchenführer zusammen, mit denen wir seit Jahren eng zusammenarbeiten. Wir begannen mit der Frage: Was wäre nötig und möglich, um in den Vereinigten Staaten bis 2040 in eine funktionsfähige emissionsfreie und resiliente Infrastruktur 3.0 aufzubauen? Wir sahen uns an, was technisch und wirtschaftlich möglich war, ausgehend von der bestehenden Technik und den Schätzungen der Kosten, Ersparnisse und Einnahmen für den Zeitraum von 2020 bis 2040. Das Ergebnis war ein 237-seitiger Plan für einen Infrastrukturumbau von historischen Ausmaßen. Der Bericht war ein Generationenwandel von der Infrastruktur der dritten industriellen Revolution zu einer neuen resilienten Infrastruktur bis zur Mitte des 21. Jahrhunderts.

Nachdem Senator Schumer den Plan studiert hatte, verabredeten wir uns für den 26. August 2020 zu einer Videokonferenz, um Einzelheiten zu besprechen und unser weiteres Vorgehen zu vereinbaren. Der Senator war begeistert und kündigte an, auf dem Parteitag der Demokraten, im Kongress und in den Bundesstaaten Verbündete zu suchen. Außerdem sollten wir in Zusammenarbeit mit seinen Mitarbeitern zügig weitere Einzelheiten ausarbeiten und im Vorfeld des Regierungswechsels im Januar 2021 wichtige Senatoren ins Boot holen.

Es folgen die wichtigsten Punkte aus dem Bericht.

Umbau zu einer resilienten Infrastruktur 3.0 (2020–2040)

- 16 Billionen Dollar für den Aufbau einer intelligenten, digitalen, emissionsfreien Infrastruktur der dritten industriellen Revolution für die Wirtschaft des 21. Jahrhunderts;
- Schaffung von 15 bis 22 Millionen neuen Arbeitsplätzen von 2022 bis 2042;
- jeder in die Infrastruktur 3.0 investierte Dollar bringt zwischen 2022 und 2042 einen erwarteten Zuwachs von 2,90 Dollar beim Bruttoinlandsprodukt;
- Anstieg des jährlichen Wirtschaftswachstums von derzeit 1,9 Prozent auf 2,3 Prozent, bis 2042 ein Zuwachs des Bruttoinlandsprodukts um 2,5 Billionen Dollar (von 29,2 auf 31,7 Billionen);
- 377 Milliarden Dollar für die Verlegung von 37 000 Kilometern unterirdischer Kabel und den Aufbau von 65 Umspannwerken für ein modernes landesweites Hochspannungsnetz;
- 2,3 Billionen Dollar für den Aufbau von 74 000 000 Mikronetzen für Privathaushalte, 90 000 Mikronetzen für Unternehmen und 12 000 kommunalen Mikronetzen für die Erzeugung und Nutzung erneuerbarer Energie;
- 97 Milliarden Dollar für die Installation von Glasfaserkabeln in allen 121 Millionen Haushalten der Vereinigten Staaten;
- 1,4 Billionen Dollar für den Aufbau eines landesweiten Netzes von Ladestationen für die Millionen von Elektroautos, die zwischen 2020 und 2040 auf den Markt kommen werden;
- 4,4 Billionen Dollar für die Wärmedämmung von gewerblich genutzten Gebäuden;
- 4,3 Billionen Dollar für die Installation von Photovoltaikanlagen auf und an gewerblich genutzten Gebäuden;
- 1.8 Billionen Dollar für die Wärmedämmung von privaten Wohngebäuden;
- 1,61 Billionen Dollar für die Installation von Photovoltaikanlagen auf und an privaten Wohngebäuden;
- Verdopplung der Energieeffizienz der Arbeit;

- Einsparung von 3,2 Billionen Dollar bei durch Luftverschmutzung verursachten medizinischen Kosten und 6,2 Billionen bei durch Klimakatastrophen verursachte Kosten;
- Priorisierung der Infrastruktur 3.0 in 8700 strukturschwachen Förderregionen;
- Übergang des Geschäftsmodells von Eigentum zu Zugang, Märkten zu Netzwerken, Käufern und Verkäufern zu Anbietern und Nutzern, Produktivität zu Erneuerbarkeit, Bruttoinlandsprodukt zu Lebensqualität und negativen externen Effekten zu Kreislaufwirtschaft in allen Wertschöpfungsketten.

Der Bericht nimmt Bezug zu fast jedem erdenklichen technischen und wirtschaftlichen Aspekt des auf zwanzig Jahre ausgelegten Aufbaus einer resilienten Infrastruktur. Außerdem geht er auf Details der Herstellung, Beschaffung und Montage der verschiedenen Teile auf einer landesweiten Baustelle ein. Die technische Seite wird untermauert von Schätzungen der Kosten, Einsparungen und Erträge. Außerdem gehen wir auf die vielen Hundert neuen Berufe und Ausbildungsgänge ein, wie sie die Infrastruktur 3.0 verlangt.

Der Bericht ist eine Blaupause für ein Umbauprojekt, das den Infrastrukturrevolutionen des 19. und 20. Jahrhundert in nichts nachsteht, auch wenn dieser Umbau dezentralisierter erfolgt und auf die Bedürfnisse, Wünsche und Ziele der fünfzig Bundesstaaten und ihrer Regionen zugeschnitten sein wird. Das Ergebnis ist ein engmaschiges, aber diversifiziertes Geflecht, wie es einem adaptiven, komplexen sozioökologischen System angemessen ist. Der gesamte 237 Seiten umfassende Bericht für Senator Schumer mit dem Titel *America 3.0 The Resilient Society A Smart Third Industrial Revolution Infrastructure And The Recovery Of The American Economy* ist als Open Source verfügbar.

Während der ersten und zweiten industriellen Revolution begünstigte die Infrastruktur kurzfristige Effizienzgewinne und schnelle Profite gegenüber langfristiger Resilienz und verlässlicher Investitionserträge. Daher leben wir heute in einer extrem brüchigen und gefährdeten Gesellschaft. Verwerfungen, die oft ohne jede Vorwarnung in Form von zunehmend heftigen Klimakatastrophen, Pandemien und Cyberangriffen auftreten, treffen ganze Teile der Gesellschaft schwer, zerstören die Umwelt, schaden der Wirtschaft und gefährden Gesundheit und Wohl von Abermillionen Menschen.

In den Vereinigten Staaten wird die Schwäche des kurzfristigen Denkens gegenüber langfristiger Resilienz nirgends deutlicher als in der heruntergekommen Infrastruktur der zweiten industriellen Revolution. Zum Beispiel haben wir unsere Telefon- und Stromnetze überirdisch verlegt, weil das billiger ist als unterirdische Kabel. Daher vergeht kaum ein Jahr ohne zerstörte Leitungen und massive Telefon- und Stromausfälle durch vom Klimawandel verursachte Überschwemmungen, Dürren, Waldbrände und Wirbelstürme, die Wirtschaft und Gesellschaft Jahr für Jahr viele Milliarden kosten.

Auch Wohnhäuser, Gewerbeimmobilien und Fabriken wurden möglichst billig und mit Blick auf den schnellen Profit gebaut, doch dadurch sind unsere Gebäude schutzlos gegenüber den heftiger werdenden Klimakatastrophen und den damit einhergehenden Verlusten an Menschenleben und Eigentum. Unsere Stromversorgung, ein Flickenteppich aus regionalen Energieversorgungsunternehmen mit einem veralteten Leitungsnetz, wird Ziel von Cyberterroristen, die Netze lahmlegen und Regionen und Kommunen ins Chaos stürzen wollen.

Dazu kommt die massive Privatisierung der öffentlichen Infrastruktur in den vergangenen vier Jahrzehnten, die das kurzfristige Profitdenken gefördert und der Resilienz systemrelevanter Einrichtungen geschadet hat.

Eine Zukunft mit immer heftigeren Klimakatastrophen und Cyberangriffen kann unsere Lieferketten schnell zerreißen und damit Kommunen und sogar die gesamte Gesellschaft in Gefahr bringen. Pandemien bringen Lieferketten über Nacht zum Erliegen. Wenn die Logistik ausfällt, bricht die Grundversorgung mit Trinkwasser, Lebensmitteln und Medikamenten zusammen und ganze Regionen sind gefährdet. Diese Lektion mussten wir während der Coronapandemie auf die harte Tour lernen, als in aller Welt die Wirtschaft lahmgelegt, die Versorgung mit lebenswichtigen medizinischen Geräten,

Medikamenten und Lebensmitteln unterbrochen, die Regionalwirtschaft abgeschnitten und die Gesundheit und das Wohl der Bürger gefährdet wurde.

Logistik und Lieferketten müssen resilienter gemacht werden, zum Beispiel durch die Regionalisierung der Produktion und Rohstoffgewinnung. Genauso wichtig ist es, beim Übergang zu autonom fahrenden elektrischen Pkw und mit Brennstoffzellen betriebenen Lkw sowie einem intelligenten Straßennetz dafür zu sorgen, dass überall Stromreserven zur Verfügung stehen, um die Lieferketten zu sichern. Dazu benötigen wir ein Netz von Raststätten mit Wasserstoffzapfsäulen und Schnellladestationen, die von nahegelegenen Windrädern oder Solaranlagen gespeist werden. Auch Lagerhallen und Logistikzentren benötigen eigene Wind- und Solaranlagen für Beleuchtung, Heizung oder Kühlung sowie ihre Bediengeräte, um Produkte des täglichen Bedarfs annehmen, lagern und ausliefern zu können.

Die Infrastruktur 3.0 stellt in jedem Aspekt Resilienz an erste Stelle. Nehmen wir beispielsweise eine Situation, in der die Stromversorgung regional oder gar landesweit durch Brände, Überschwemmungen oder Stürme zusammenbricht und Millionen Haushalte und Unternehmen ohne Strom und damit auch ohne Internet und Mobilfunk sind. In diesem Fall könnten Haushalte, Unternehmen und Kommunen schnell vom zentralen Stromnetz auf die regionalen Mikronetze mit ihren Millionen von Solaranlagen und Windrädern auf Hausdächern und Feldern umschalten und auf diese Weise die Stromversorgung und Kommunikation aufrechterhalten, bis das landesweite Netz wieder intakt ist.

Auch die Klimanachrüstung von Wohnhäusern, Bürogebäuden und Fabriken wird überlebenswichtig. Eine Vielzahl bestehender Gebäude werden vollständig umgebaut werden müssen, um die Wärmedämmung nachzurüsten und ihre Strukturen klimafest zu machen. In Wohn- und Gewerbeimmobilien sowie in öffentlichen Gebäuden müssen Gas- und Ölheizungen – ein wichtiger Emissionsfaktor – durch elektrische Heizungen ersetzt werden. Diese Maßnahmen machen sich bereits in wenigen Jahren bezahlt, danach kommen Eigentümer oder Mieter in den Genuss der Energieeinsparung.

Auch die Trinkwasserversorgung wird zu einem Wasser-Internet. Hochbehälter, Zuleitungen, Kanalisation und Kläranlagen werden mit Sensoren ausgestattet, die fortwährend den Leitungsdruck messen, den Verschleiß beobachten, Lecks melden und die Wasserqualität in Echtzeit messen, um mithilfe dieser Daten automatisch eingreifen können. Intelligente Zähler und Messungen liefern aktuellste Daten über die Wasserversorgung, den Verbrauch und die Spitzenzeiten. Sie ermöglichen ein effektives Trinkwassermanagement von der Bereitstellung bis hin zur Aufbereitung, und Wasserersparnisse in einem Kreislaufsystem. Das Wasser-Internet wird besonders relevant, wenn wir uns klar machen, dass allein in den Vereinigten Staaten täglich 28 Millionen Kubikmeter Wasser durch defekte Leitungen, fehlerhafte Zähler und andere Schäden verloren gehen.[5]

Das Nervensystem der Infrastruktur 3.0 wird auch für die Überwachung der Auswirkungen des Klimawandels unerlässlich. Beispielsweise werden in der gesamten Biosphäre Sensoren installiert, um Niederschlagsmengen oder Windströmungen zu beobachten, vor möglichen Hitzewellen, Fluten oder Waldbränden zu warnen und so den Rettungskräften ausreichend Vorlauf zu geben. Andere Sensoren des Internets der Dinge werden in Wildregionen eingesetzt, um Tierbestände zu beobachten und Daten über bedrohte Arten oder das Schrumpfen von Herden und Schwärmen zu sammeln. Die Auswertung der Daten ermöglicht außerdem Maßnahmen zum Schutz von Wildtieren und zum Erhalt der biologischen Vielfalt. Auch bei der Beobachtung der Luftqualität leistet das Internet der Dinge gute Dienste und liefert Daten für Menschen mit Asthma und anderen mit der Luftverschmutzung zusammenhängenden Erkrankungen. Bodensensoren messen die Qualität des Erdreichs und informieren Wissenschaftler über den Nährstoffgehalt in der kritischen Zone, von der das gesamte Leben auf der Erde abhängt.

Das Internet der Dinge wird so etwas wie das Nervensystem der Erde und beobachtet den Gesundheitszustand ihrer wichtigsten Organe – der Atmosphäre, der Hydrosphäre, der Lithosphäre und der Biosphäre. Dabei beobachten wir in Echtzeit, wie Veränderungen in der einen Sphäre Auswirkungen auf alle anderen Sphären und Arten haben, darunter auch uns selbst. Diese Erkenntnis wird die Weltsicht der Menschheit grundlegend verändern und uns vor Augen führen, dass alle irdischen Phänomene, ob biologisch, chemisch oder physikalisch, aufs Engste miteinander verknüpft sind, und dass alles, was in den komplexen Systemen der Erde geschieht, unmittelbare Auswirkungen auf alles andere hat, auch auf das Wohl der Menschheit. Dieses grundlegend neue Verständnis führt uns in eine resiliente Gesellschaft und einen neuen Gesellschaftsvertrag für die gesamte Menschheit.

Bei den hier beschriebenen Veränderungen handelt es sich um gewaltige Umwälzungen, die in der Summe den zweieinhalb Jahrhunderten des Fortschrittszeitalters ein Ende setzen. Das Zeitalter der Resilienz bricht an, und mit ihm eine unbefristete räumliche und zeitliche Neuorientierung in unserem Umgang mit der Welt. Dabei kommt es entscheidend auf unsere Fähigkeit an, die bekannten Unbekannten und die unbekannten Unbekannten des Anthropozäns zu erkennen und adaptive politische Ordnungen zu finden, die eine echte Teilhabe an den Lebenskräften der Erde fördern.

Wie also geht es jetzt weiter?

KAPITEL 11

DIE ENTSTEHUNG DER BIOREGIONALEN ORDNUNG

Zu Beginn des Industriezeitalters erwies sich die repräsentative Demokratie als geeigneter Kompromiss, um das empfindliche Gleichgewicht zwischen Nation und Region aufrechtzuerhalten. Doch auf einer verwildernden Erde, die immer wieder ohne Vorwarnung von schrecklichen Naturkatastrophen heimgesucht wird, wird Demokratie zu einer kommunalen Angelegenheit, an der sich die gesamte Bevölkerung beteiligt – beim Schutz, der Rettung, dem Wiederaufbau und der Vorbereitung auf den nächsten Schlag. Die neue politische Ordnung verlangt die Beteiligung von allen und wird deutlich persönlicher.

Klimakatastrophen respektieren keine Grenzen und suchen ganze Ökoregionen heim. Wir betreten eine neue Wirklichkeit, in der politische Grenzen nicht nur sinnlos, sondern bei der Suche nach Lösungen für eine von Katastrophen bedrohte Welt sogar hinderlich sind. Regionalverwaltungen verstehen allmählich, dass das Wohl der Menschen eng mit grundlegenderen Einheiten zusammenhängt – den ökologischen Räumen, zu denen sie gehören. In den Vereinigten Staaten sind beispielsweise die Bundesstaaten um die Großen Seen immer größeren Überschwemmungen ausgesetzt. Die amerikanische Westküste wird von Dürre und Waldbränden heimgesucht, die eine gemeinsame Reaktion verlangen. Rund um den Golf von Mexiko muss die Bevölkerung Jahr für Jahr von Juni bis November mit Wirbelstürmen rechnen. Alle Bewohner eines ökologischen Raums sind betroffen, und Regionalverwaltungen und Bürger verstehen allmählich, wie wichtig die Zusammenarbeit über ihre gesamte Region hinweg ist.

Die Erkenntnis, dass die politische Identität und Zugehörigkeit eng mit dem Wohl des eigenen ökologischen Raums zusammenhängt, wird sich in den kommenden Jahren, Jahrzehnten und Jahrhunderten immer mehr durchsetzen. Die Menschheit findet den Weg zurück zur Natur, von der wir uns nie gelöst haben, auch wenn wir das nicht wahrhaben wollten. Die politische Rückkehr in den Schoß der Natur hat bereits begonnen. Doch es ist keineswegs sicher, dass wir rechtzeitig zurückfinden werden – destabilisierende Kräfte könnten den Weg dahin sabotieren oder beschleunigen.

Sezessionsfieber

In aller Welt greift das Sezessionsfieber um sich. Zentralregierungen werden von Regionen bestürmt, die ihre Unabhängigkeit fordern. Dieses einst seltene politische Phänomen rüttelt inzwischen auch an den politischen Grundfesten der Vereinigten Staaten, die lange als stabilster aller Nationalstaaten und Inbegriff der repräsentativen Demokratie galten.

Bei einer vor den Präsidentschaftswahlen des Jahres 2020 durchgeführten Umfrage gaben fast 40 Prozent der Wähler an, eine Unabhängigkeit ihres Bundesstaates zu befürworten, sollte ihr Kandidat die Wahl verlieren.[1] Dahinter steckt vor allem die Wahrnehmung vieler Wähler, dass ihre Stimme nicht zählt. In zwei Präsidentschaftswahlen der jüngeren Zeit verlor der Kandidat mit den meisten Stimmen, weil er im Wahlmännergremium weniger Stimmen erhielt. Unmittelbar nach den Präsidentschaftswahlen des Jahres 2020 gaben 77 Prozent der Republikaner an, sie glaubten, »dass es verbreitet zu Wahlbetrug kam« und nur 60 Prozent der Wähler glaubten, »dass Biden der rechtmäßige Sieger ist«.[2] Die zunehmende Entfremdung der Wähler hat politische Ursachen, doch das eigentliche Problem ist geografischer Natur. Wie viele andere Länder erleben auch die Vereinigten Staaten eine Entvölkerung ländlicher Regionen und eine fortschreitende Verstädterung. Die ländlichen Gemeinden schrumpfen, doch sie behalten ihren politischen Einfluss. Gleichzeitig wird die Kluft zwischen Stadt und Land immer tiefer, die Unterschiede bei Bildungsstand, Einkommen, Aufstiegsorientierung, sozialen Werten und Weltanschauung werden größer, die Menschen leben in ganz unterschiedlichen Welten. Ähnliche Gräben sind in allen verstädterten und industrialisierten Ländern der Welt zu beobachten. Der Graben führt dazu, dass extreme populistische Bewegungen sich ausbreiten und politische Unruhen in Provinzstädten und auf dem Land zunehmen, die oft zu gewalttätigen Protesten gegen die städtischen Zentren ausufern.

Die industrielle Revolution und ein kosmopolitisches Narrativ begünstigte die Stadt gegenüber dem Land, mit der Folge, dass sich ländliche Kommunen in hinterwäldlerische Armutsregionen verwandelten. Wie der Rest der Wirtschaft wurde auch die Landwirtschaft zunehmend vertikal integriert, eine Handvoll Konzerne kontrolliert nahezu jeden Aspekt der Produktion und des Vertriebs, von der Patentierung von genetisch manipuliertem Saatgut über die Lagerung der Ernte bis zum Verkauf der Produkte. Gerade in den Industrienationen des Westens wurden Familienbetriebe an den Rand gedrängt, Kleinstädte verkümmerten und Millionen Landbewohner wurden vergessen.

Gegenmigration: Die Flucht zurück aufs Land

Mit der Resilienzrevolution verändert sich die Dynamik. Im anbrechenden Anthropozän werden ländliche Kommunen wiederbelebt, genau wie intelligente Klein- und Mittelstädte mit bis zu 100 000 Einwohnern. Diese geografische Verschiebung hat eine Reihe von Ursachen.

Es beginnt damit, dass in einer digital vernetzten und glokalisierten Welt, in der Fest- und Grenzkosten von Herstellung und Vertrieb rapide sinken, die für das Industriezeitalter typische vertikale der lateralen Integration weicht. An die Stelle der internationalen Konzerne, wie sie die zweite industrielle Revolution des 20. Jahrhunderts dominierten, treten kleine und mittelgroße Hightech-Unternehmen. Mario Carpo, Professor für Architektur und Geschichte am Bartlett University College in London, erklärt den Wandel so:

> Die technische Logik des Industriezeitalters basiert auf der Massenproduktion und Skaleneffekten. Die Maschinen der industriellen Fertigung arbeiten zumeist mit Abgüssen, Pressformen und Stanzen… Je mehr identische Exemplare wir herstellen, umso billiger wird jedes einzelne Exemplar. Die digitale Fertigung arbeitet dagegen nicht mit mechanischen Abgüssen. Somit ist es auch nicht nötig, immer wieder dieselbe Form herzustellen, um die Kosten der Einrichtung der Maschinen hereinzuholen; daher ist jedes digital (zum Beispiel mit 3-D-Druck) hergestellte Stück ein Einzelstück: Mit der Herstellung weiterer identischer Exemplare wird ihre Produktion nicht billiger… Die Grenzkosten der Produktion sind immer dieselben. Digitale Produktion kennt keine Skaleneffekte.[3]

Daher können intelligente Hightech-Start-ups auch von ländlichen Regionen aus operieren, wo die Mieten und sonstigen Kosten günstiger sind, und trotzdem auf glokalen Märkten agieren.

Selbst die Logistikkosten gehen gegen null, denn dank 3-D-Druck kann ein mittelständisches Unternehmen ein Programm für den Druck eines Produkts entwickeln und an Hersteller oder Händler an jedem beliebigen Ort auf der Welt verschicken, wo das Produkt ausgedruckt und direkt an den Endkunden verkauft wird. Der Trend zur Dezentralisierung der Wirtschaft und ihrer Ausweitung auf ländliche Regionen wird sich fortsetzen, wenn sich die resiliente und intelligente Infrastruktur auf alle Kontinente ausweitet.

Die Coronapandemie hat die Rückkehr aufs Land weiter beschleunigt, jüngere Generationen suchen das Grüne und wollen in einer angenehmeren natürlichen Umgebung ihre Kinder großziehen, Unternehmen gründen und arbeiten. Dazu kommt eine wachsende Zahl von Digital Natives aus ländlichen Regionen, die früher auf der Suche nach Arbeit in die Städte abgewandert wären, aber heute bleiben, weil sich die Beschäftigungsmöglichkeiten verbessern. Viele Menschen scheinen zu ahnen, dass Metropolen mit Abermillionen Einwohnern, die fern der Natur in einer künstlichen Umgebung leben, ein sicheres Rezept für den Untergang einer Zivilisation sind. Dagegen wird dem ländlichen Umland von Metropolen eine zentrale Rolle bei der Wiederherstellung der Ökosysteme und der Neuerfindung der Zivilisation zukommen. Der Klimawandel bringt Städte, Umland und ländliche Kommunen unter einem gemeinsamen Dach zusammen, das 19 Kilometer bis zur Grenze der Biosphäre hinaufreicht. Das ist der Raum, den die Menschheit zunehmend als ihr Zuhause verstehen wird. Dieses neue Verständnis von Raum, Ort und Zugehörigkeit geht mit einer Neuordnung unserer wirtschaftlichen Prioritäten einher. Im Zeitalter der Resilienz geht es weniger um die Produktion und den Konsum von Dingen als um die Regeneration der Ökoregionen und Sphären der Erde. Andere wirtschaftliche Dienstleistungen werden zentral. Im Mittelpunkt einer resilienten Wirtschaft stehen ökologische Unternehmen und Dienstleistungen, und mit ihr entsteht eine hochqualifizierte, ökologisch orientierte Arbeitnehmerschaft. Der wirtschaftliche, politische und gesellschaftliche Graben zwischen Stadt und Land, wie er für das Industriezeitalter typisch war, wird verschwinden.

Das Gefühl der Zugehörigkeit zu einem Ort hat großen Einfluss auf unsere Weltsicht und das Narrativ, nach dem wir leben. Um eine Annäherung und schließlich einen kollektiven Zusammenschluss unter einer gemeinsamen ökoregionalen Ordnung zu finden, müssen wir daher verstehen, wie sich Menschen auf dem Land beziehungsweise in der Stadt zu ihrer Umwelt und der Natur in Bezug setzen. So ging beispielsweise eine Umfrage des Nicholas Institutes, einer Forschungseinrichtung an der Duke University in North Carolina, im Jahr 2020 dem Verhältnis der Bewohner ländlicher Regionen der Vereinigten Staaten zu Umwelt und Naturschutz nach. Studien dieser Art sind wichtig für die Beseitigung der Kluft zwischen Stadt und Land und die Entwicklung einer gemeinsamen Verantwortung für Ökoregionen überall auf der Welt.

Die Umfrage ergab, dass die Bevölkerung in ländlichen Regionen der Vereinigten Staaten der Einmischung der Zentralregierung in ländliche Angelegenheiten sehr kritisch gegenübersteht, dass sie Umweltorganisationen misstraut und Prognosen der Erderwärmung skeptisch sieht. Die Landbevölkerung ist in ihren Ansichten religiöser, konservativer und weniger offen für neue gesellschaftliche Gepflogenheiten als Städter. Gleichzeitig ist sie der Natur stark verbunden und fühlt Verantwortung für sie. Als Landbewohner Gründe benennen sollten, warum sie für wirksamen Umweltschutz sind, nannten 62 Prozent als wichtigsten Grund ihre große moralische Verantwortung für die Bewahrung der natürlichen Umwelt für künftige Generationen – ländlichen Kommunen sollte daher eine zentrale Rolle beim Schutz der Ökoregionen zukommen.[4] Dass beim Übergang zum Zeitalter der Resilienz mit seinen neuen ökologischen Dienstleistungen ausgerechnet ländliche Kommunen eine Vorreiterrolle spielen sollen, ist keine bloße Hoffnung, sondern zeigt sich bereits auf unerwartete Weise. In den Vereinigten Staaten haben gerade konservative und ländliche Bundesstaaten das größte Potenzial für regenerative Energie. Sechs der zehn führenden Erzeuger von Windenergie und fünf der zehn führenden Erzeuger von Solarstrom sind Bastionen der Republikaner. In ländlichen Regionen mit ihrem Potenzial für grüne Energie entstehen gerade Tausende neue Unternehmen und Arbeitsplätze.

Genauso interessant ist die Beobachtung, dass die Automobilindustrie der Vereinigten Staaten, ein Standbein der zweiten industriellen Revolution und derjenige Sektor, der mehr fossile Brennstoffe verbraucht und mehr Kohlendioxidemissionen aufweist als jeder andere, seine traditionellen Standorte im Nordosten und Mittleren Westen aufgibt und sich in konservativen Bundesstaaten im Süden und Westen ansiedelt. Im Oktober 2021 überraschte zum Beispiel Ford mit der Mitteilung, in den ländlichen Regionen von Kentucky und Tennessee riesige Fabriken zu errichten, um dort die nächste Generation elektrischer Pick-ups vom Typ F-150 sowie die dazu nötigen Batterien zu fertigen. Mit einer Investition von 11,4 Milliarden Dollar sollen hier 11 000 neue Arbeitsplätze geschaffen werden – die grüne Fabrik ist größte Investition in der Geschichte der Ford Motor Company.[5] Die Entscheidung von Ford, den F-150 auf Elektroantrieb umzustellen, hat nicht nur Auswirkungen auf die Automobilbranche, sondern auch auf die soziopolitische Dynamik. Die Pick-ups F-150 sind das beliebteste Fahrzeug in den Vereinigten Staaten und das Zugpferd von Ford, das 2021 einen Umsatz von 42 Milliarden Dollar machte – das machte ihn hinter dem iPhone zum umsatzstärksten Markenprodukt der Vereinigten Staaten.[6]

Elektrische Pick-ups sind jedoch erst der Anfang. In einer Pressemeldung teilte Ford mit, das Unternehmen gehe davon aus, dass bis 2030 zwischen 40 und 50 Prozent seiner weltweit verkauften Fahrzeuge mit Elektroantrieb fahren.[7] Nicht erwähnt wurde dabei, dass sich die Pick-ups bei der Landbevölkerung und den stereotypischen republikanischen Wählern besonderer Beliebtheit erfreuen. Wähler der Republikaner kaufen achtmal so viele Pickups wie Wähler der Demokraten, und der F-150 ist das Modell der Wahl.[8] Nirgends werden die Auswirkungen stärker spürbar als in der Politik. Um Ford und andere Unternehmen anzulocken, verabschiedete das Parlament von Kentucky ein Konjunkturpaket von 410 Millionen Dollar; Ford allein nahm Hilfen in Höhe von 250 Millionen Dollar in Anspruch. Weitere 36 Millionen Dollar stellt der Bundesstaat für Ausbildung zur Verfügung. Der Nachbarstaat Tennessee wollte sich nicht lumpen lassen und stellte Subventionen von 500 Millionen Dollar in seinen Haushalt ein, um Unternehmen in den Bundesstaat zu locken.[9] Die grüne Wirtschaftswelle wächst, und Staaten mit großem Potenzial für erneuerbare Energien stellen sich allmählich darauf ein. Stromerzeuger und Automobilhersteller übernehmen die Vorreiterrolle, weitere werden die Umstellung auf grüne Infrastruktur, Produkte und ökologische Dienstleistungen vollziehen. Ländliche Regionen dieser Pionierstaaten und anderer Bundesstaaten im Süden und Westen der Vereinigten Staaten werden in den kommenden dreißig Jahren nicht nur die Unternehmenslandschaft verändern, sondern auch das soziale, kulturelle und politische Milieu.

Die neue kulturelle Dynamik, die mit dem Aufstieg ländlicher Regionen einhergeht, wird sich vor allem in der politischen Ordnung niederschlagen. Wenn sich Bundesstaaten, Bezirke und Kommunen in ökologischen Unternehmen und Dienstleistungen engagieren, wird es auch um die Frage gehen, wie sich ihre regionalen Ökosysteme am besten verwalten lassen. In vielen Teilen der Welt erleben wir bereits eine Veränderung, die den Graben zwischen Stadt und Land überwindet und zu lokalen Ökoregionen übergeht, mit denen sich die Menschen identifizieren. In jeder dieser Regionen ist der Klimawandel auf andere Weise spürbar, weshalb alte politische Grenzen zum Teil aufgehoben werden, damit sich die Bürger gemeinsam um ihre jeweilige Ökoregion kümmern können. Aus diesen ersten politischen Regungen entwickelt sich allmählich ein neues Verständnis von Demokratie, das sich als »bioregionale Ordnung« beschreiben lässt.

Die neue bioregionale Ordnung

Als Rahmen für die bioregionale Ordnung könnte man die Forderung einiger Wissenschaftler sehen, die Hälfte der Erde der Natur zu überlassen. So fordert zum Beispiel der renommierte Biologe E. O. Wilson in seiner Streitschrift *Die Hälfte der Erde* aus dem Jahr 2016, um das sechste Artensterben noch abzuwenden und die biologische Vielfalt zu erhalten, müsse man in den kommenden Jahrzehnten massive Anstrengungen unternehmen und die Hälfte der Erdoberfläche in Schutzgebiete verwandeln.

Wilsons Plan stieß zunächst nur unter einigen Wissenschaftlern auf Resonanz. Doch als aus allen Teilen der Welt neue Daten über das Artensterben und die Vernichtung von Ökosystemen eintrafen, traf der Gedanke in Europa, China und den Vereinigten Staaten auf immer breiteres Interesse. Im Jahr 2019 veröffentlichten Wissenschaftler aus aller Welt eine Studie mit dem Titel »A Global Deal for Nature«, in der sie konkrete Schritte und Ziele für eine derart ehrgeizige Mission darlegten. Als oberstes Ziel nannten die Autoren die Begrenzung der Erderwärmung auf 1,5 Grad Celsius, da ab dieser Marke der Zusammenbruch vieler Ökosysteme und ein massenhaftes Artensterben nahezu unvermeidlich seien. »Der konsequenteste Weg, um die sich abzeichnende Krise noch abzuwenden, ist der Erhalt und die Rückführung von 50 Prozent der Erdoberfläche in intakte natürliche Ökosysteme sowie Maßnahmen zur Umstellung der Energieversorgung.«[10] Die Wissenschaftler verwiesen darauf, »dass intakte Wälder und vor allem tropische Wälder doppelt so viel Kohlendioxid speichern wie künstliche Monokulturen« und »dass zwei Drittel aller Arten der Erde in natürlichen Wäldern leben, weshalb der Erhalt der Wälder entscheidend für die Abwendung des Massensterbens ist«. Außerdem hielten sie fest, »dass die Abscheidung und Speicherung von Kohlendioxid weit über Regenwälder hinausgeht: Auch Torfland, Tundra, Mangroven und Steppen sind wichtige Kohlendioxidspeicher und dienen unterschiedlichen Zusammensetzungen von Tier- und Pflanzenarten«, weshalb auch sie in die Maßnahmen miteinbezogen werden müssen.[11] Die Autoren des Berichts richteten den Blick ebenso auf maritime Ökosysteme und verwiesen darauf, dass Meeresschutzgebiete »beim Erhalt und der Wiederherstellung der biologischen Vielfalt deutlich wirkungsvoller sind als andere Maßnahmen, und sowohl die Erträge benachbarter Fischereien als auch die Resilienz der Ökosysteme steigern«.[12]

Forderungen nach dem Schutz von Ökosystemen sind zwar nicht neu, doch neuerdings finden sie ihren Weg auch in die Politik. US-Präsident Joe Biden überraschte mit der Ankündigung, das Land werde bis zum Jahr 2030 mindestens 30 Prozent seiner Landfläche und Gewässer unter Schutz stellen.[13] Die Küstengewässer der Vereinigten Staaten stehen heute bereits zu 26 Prozent unter Schutz, doch nur 12 Prozent der Landfläche sind bislang geschützt. Um bis 2030 weitere 18 Prozent unter Schutz zu stellen – eine Fläche doppelt so groß wie der Bundesstaat Texas – ist ein Kraftakt nötig. Die Zentralregierung und die Bundesstaaten müssten an einem Strang ziehen, um den aktuellen Trend umzukehren.

Denn in den vergangenen Jahrzehnten hat die Zerstörung von natürlichen Ökosystemen in den Vereinigten Staaten rasant an Fahrt aufgenommen. Allein zwischen 2001 und 2017 vergrößerte sich der menschliche Fußabdruck um fast 10 Millionen Hektar – das heißt, dass alle dreißig Sekunden eine Fläche von der Größe eines Fußballfeldes versiegelt wird.[14] Im Rest der Welt ist die Entwicklung ähnlich ernüchternd. Deshalb sind mehr als eine Million Tier- und Pflanzenarten gefährdet, was für das Überleben unserer eigenen Spezies nichts Gutes verheißt.[15]

Das Projekt »30 bis 30« stößt auf breite Zustimmung in der Bevölkerung. In einer Umfrage aus dem Jahr 2019 stimmten 86 Prozent der Amerikaner dem Plan zu.[16] Doch der Teufel steckt wie immer im Detail. Es herrscht weitgehend Einigkeit, dass Washington die Ziele und den Zeitrahmen vorgeben, Gelder bereitstellen und Gesetze, Verordnungen und Vorgaben verabschieden muss, während die Bundesstaaten und Kommunen für die praktische Durchführung des Plans verantwortlich sind und ihn auf ihre ökologischen, kulturellen und politischen Gegebenheiten zuschneiden müssen. Außerdem herrscht große Einigkeit, dass benachteiligte Regionen, deren Umwelt und damit auch ihre Trinkwasser- und Luftqualität besonders gefährdet ist, Priorität genießen sollten. In den Vereinigten Staaten befinden sich 28 Prozent der Landfläche im Besitz des Bundes und weitere 12 Prozent im Besitz der einzelnen Bundesstaaten, Bezirke und Kommunen. Drei Viertel der natürlichen Flächen, die zwischen 2001 und 2017 versiegelt wurden, befanden sich jedoch in Privatbesitz.[17] Mehr noch, 56 Prozent der rund 304 Millionen Hektar Wald befinden sich in privater Hand, weshalb die Bürger stark in die Umsetzung der Ziele von »30 bis 30« eingebunden werden müssen.[18]

Zunächst einmal müssen wir klarmachen, was sich hinter dem Begriff »bioregionale Ordnung« verbirgt und was er mit den Ökoregionen zu tun hat. Die beiden Begriffe haben zwar vieles gemeinsam, doch es gibt auch wichtige Unterschiede. Als Ökoregionen bezeichnet man unterscheidbare Untereinheiten der biogeografischen Großräume der Erde. Der Naturforscher Alfred Russel Wallace, der zeitgleich mit Charles Darwin seine eigene Evolutionstheorie aufstellte, war der Begründer der Biogeografie und erstellte eine erste Klassifizierung der biogeografischen Regionen der Erde. Er beschrieb diese Großräume als »Hauptzonen der Erdoberfläche von etwa kontinentaler Größe, die sich durch eigene Zusammensetzungen der Tierwelt auszeichnen«.[19] Heute versteht man darunter Großräume mit mehr oder weniger ähnlichem Biom. Die Erde besteht aus acht solchen biogeografischen Regionen: Australis, Afrotropis, Arktis, Ozeanis, Antarktis, Orientalis, Neotropis und Paläarktis.[20] Der World Wildlife Fund definiert ideale Ökoregionen wiederum als »herausragende Beispiele der biologischen Vielfalt in einem übergeordneten Lebensraum«. Sie zeichnen sich aus durch Artenreichtum, Endemismus, taxonomische Einzigartigkeiten, ökologische oder evolutionäre Besonderheiten und Seltenheit des übergeordneten Lebensraums.[21] Mit dieser Klassifizierung können Wissenschaftler, Behörden und Kommunen die biologische Vielfalt und Gesundheit der Ökosysteme ihrer Region beurteilen, um die Gesellschaft an die Natur anzupassen und die Schwächen der Ökoregion zu erkennen, die es zu korrigieren gilt.

Die bioregionale Ordnung meint dagegen den Teil der Ökoregion, der von der Gemeinschaft verwaltet wird und ein Gefühl der Zugehörigkeit, Identität und Bindung bietet, ob menschlicher, psychischer, sozialer, wirtschaftlicher oder politischer Natur. Das Zugehörigkeitsgefühl geht oft über politische Grenzen hinweg und umfasst die gesamte menschliche Gemeinschaft in einer Ökoregion. Diese grenzüberschreitende ökologische Identität wurde in den letzten Jahren spürbarer, als die durch den Klimawandel verursachten Überschwemmungen, Dürren, Brände und Wirbelstürme Regionen über alle Grenzen hinweg heimsuchten und eine gemeinsame Reaktion der Staaten in einer Ökoregion erforderlich machten.

Der Journalist Peter Berg und der Ökologe Raymond Dasmann gehörten zu den Vordenkern des Bioregionalismus. Sie verliehen der Bioregion gesellschaftliche, psychische und biologische Dimensionen mit ihrem Gedanken des »Lebens am Ort«, worunter sie eine Gesellschaft verstanden, »die sich im Gleichgewicht mit dem Lebensraum befindet, durch Beziehungen zwischen Menschen, anderen Lebewesen und den Prozessen des Planeten – Jahreszeiten, Wetter, Wasserkreisläufe –, wie sie sich an diesem Ort äußern«.[22] Der Begriff »Bioregion« mag neu sein, doch der Gedanke ist schon älter. Die Wirtschaftswissenschaftlerin Elinor Ostrom, die als erste Frau den Wirtschaftsnobelpreis erhielt, beschäftigte sich nicht nur mit der Ökonomie, sondern war auch Anthropologin. Sie untersuchte, wie eng historische Gesellschaften mit ihrem Lebensraum und ihrer Umwelt verbunden waren und wie sie ihre wirtschaftliche, gesellschaftliche und politische Ordnung um die Allmende herum organisierten, den gemeinsamen Besitz ihrer ökologischen Region.[23] Auf diese Weise stellten sie sicher, dass sie die Kapazitäten ihrer Umwelt nicht überschritten, sondern auf nachhaltige Weise im jahreszeitlichem Rhythmus ihrer Biosphäre lebten.Im Alltag der nationalen und globalen Umtriebe von Politik und Wirtschaft wird die tiefe Verbundenheit zur Region, die vor Beginn des Industriezeitalters und der Verstädterung das Leben bestimmte, leicht vergessen. Noch Thomas Jefferson war jedoch der Ansicht, dass eine Regierung umso wirkungsvoller ist, je näher sie sich am Wohnort der Menschen befindet. Der Bioregionalismus blieb eine zentrale Säule der Identität. Als die amerikanische Regierung 1934, auf dem Höhepunkt der Weltwirtschaftskrise, herausfinden wollte, wie ihre Bürger ihre Zugehörigkeit definierten, kam sie zu dem Schluss: »Regionale Identität ist möglicherweise der einzig wahre Ausdruck des Lebens und der Kultur der Vereinigten Staaten und bringt amerikanische Ideale, Bedürfnisse und Ansichten besser zum Ausdruck als ein Bewusstsein für und eine Loyalität gegenüber dem Staat.«[24] Zu den am besten definierten Bioregionen der Vereinigten Staaten, die sich durch ein ausgeprägtes politisches und kulturelles Regionalengagement auszeichnen, gehören die Appalachen, die Mississippi-Ebene, die Mississippi-Mündung, der Black Belt im Südosten, die Great Plains, die Großen Seen, die Küste Südkaliforniens, die Sonora-Wüste, die Mojave-Wüste, das Central Valley von Kalifornien, die Küste Zentralkaliforniens, die Sierra Nevada, die Küste Nordkaliforniens, der Süden des Kaskadengebirges und das Große Becken.[25]

Pioniere: Die Bioregionen des Kaskadengebirges und der Großen Seen

Einige bioregionale Ansätze sind bereits weit genug, um ahnen zu lassen, wohin die politische Revolution gehen könnte. In den Vereinigten Staaten vermitteln die Bioregionen des Kaskadengebirges an der nördlichen Pazifikküste sowie der Großen Seen einen Eindruck von den Veränderungen, die im weiteren Verlauf des Anthropozäns die politische Ordnung bestimmen werden.

Die Bioregion Kaskaden gehört zu den ältesten der Welt. Ihre Anfänge reichen zurück bis in die frühen 1970er Jahre und die Geburtsstunde der modernen Umweltbewegung. Die Region im Westen Kanadas und dem Nordwesten der Vereinigten Staaten besteht aus 75 eigenen Bioregionen und reicht vom Copper River im Süden Alaskas bis zum 4 000 Kilometer südlich gelegenen Cape Mendocino, im Osten bis zum Yellowstone Park und der kontinentalen Wasserscheide.[26] Allein im Herzen der Bioregion Kaskaden, der kanadischen Provinz British Columbia und den US-Bundesstaaten Washington und Oregon, leben 16 Millionen Menschen. Die Kaskaden sind Heimat des größten gemäßigten Regenwalds der Erde und sieben der zehn wichtigsten kohlenstoffspeichernden Wälder.[27]

Daneben ist der Korridor zwischen Portland, Seattle und Vancouver der zweitgrößte Technologiestandort der Welt. Viele der führenden Technologiekonzerne, darunter Amazon, Microsoft, Boeing und T-Mobile, haben hier ihren Sitz. Für sich genommen wäre die Bioregion Kaskaden der neuntgrößte Wirtschaftsraum der Welt. Rund 30 Prozent der Fläche werden landwirtschaftlich genutzt.[28] Im Jahr 1991 schlossen sich die Bundesstaaten Washington, Oregon, Idaho, Montana und Alaska sowie die kanadischen Provinzen British Columbia, Alberta, Saskatchewan, Yukon und Northwest Territories zur Wirtschaftsregion Pacific Northwest Economic Region (PNWER) zusammen. Seither hat die PNWER ihre Zusammenarbeit unter Einbeziehung von gemeinnützigen Organisationen und Privatunternehmen ausgebaut. Das Sekretariat setzt sich aus Gouverneuren der amerikanischen Bundesstaaten und Premiers der kanadischen Provinzen zusammen. Zu den Hauptzielen der PNWER gehört »Wirtschaftswachstum bei gleichzeitigem Erhalt der natürlichen Umwelt der Region«, und zu diesem Zweck übernimmt sie die »Kommunikation der Politik von Provinzen und Bundesstaaten der Region«.[29] In den vergangenen Jahren stand die Anpassung der Region an den Klimawandel im Mittelpunkt, insbesondere eine bioregionale Reaktion auf Klimakatastrophen, der Ausbau der Klimaresilienz sowie gemeinsame Projekte zum Schutz der Ökoregion. In jüngster Zeit bekam die Region die Folgen des Klimawandels in Form von Dürre, Waldbränden, Anstieg der Meeresspiegel, Schädlingsbefall und Waldsterben zu spüren, die das Bestehen ihrer 75 Ökoregionen gefährden. Ein Bericht der Regierung in Washington entwirft ein düsteres Szenario und warnt, dass die Zeit für eine Reaktion auf den Klimawandel knapper wird. Unter anderem heißt es in dem Bericht:

> Veränderungen der Pegelstände in Zusammenhang mit der Schneeschmelze sind bereits in vollem Gange und werden sich fortsetzen, die Versorgung zahlreicher konkurrierender Interessen mit Trinkwasser verschlechtert sich, was weitreichende Folgen für Umwelt, Gesellschaft und Wirtschaft nach sich zieht … Die Folgen des Anstiegs der Meeresspiegel, Erosion, Überschwemmungen, Gefahren für Infrastruktur und Wohngebiete sowie die zunehmende Versauerung der Meere stellen eine Gefahr für die Region dar; zunehmende Waldbrände, Schädlingsbefall sowie Erkrankungen der Bäume führen zu verbreitetem Waldsterben und langfristigen Veränderungen der Waldlandschaften … In der Landwirtschaft herrscht große Sorge über die Kosten der Anpassung, die Entwicklung klimaresilienter Verfahren und Management sowie die Verfügbarkeit von Wasser.[30]

Aber nicht nur die Bioregion Kaskaden ist bei der formellen Zusammenarbeit in der bioregionalen Verwaltung weit gekommen, sondern auch die Anrainer der Großen Seen. Diese Seenregion zwischen den Vereinigten Staaten und Kanada ist das größte Süßwasserreservoir der Erde, auf sie entfallen 20 Prozent des Volumens sämtlicher Binnengewässer des Planeten.[31] Schon der französische Entdecker Samuel de Champlain erkannte das gewaltige Wirtschaftspotenzial der Region, als er diese Binnenmeere 1615 zum ersten Mal sah. Zu den Anrainern zählen die acht US-Bundesstaaten Minnesota, Wisconsin, Illinois, Indiana, Michigan, New York, Ohio und Pennsylvania sowie die beiden kanadischen Provinzen Ontario und Quebec.

Die Großen Seen sind eine der Wiegen der ersten und zweiten industrielle Revolution. Hier haben einige der Industriegiganten der

Vereinigten Staaten ihren Ursprung, darunter US Steel, Standard Oil, International Harvester, Ford, General Motors, Chrysler und Goodyear. Auch die Holz- und Papierverarbeitung sowie die chemische Industrie ließen sich hier nieder. Heute hat die Region 107 Millionen Einwohner, 51 Millionen Arbeitsplätze und ein Bruttoinlandsprodukt von 6 Billionen Dollar pro Jahr.[32]

Die Entropiezeche des Wirtschaftsraums war hoch. Am 22. Juni 1969 wurde eine Vorabrechnung präsentiert. Als gegen Mittag ein Zug die Brücke des Cuyahoga River in Cleveland überquerte, entzündete ein Funke den im Wasser schwimmenden Industriemüll. Schnell stand der ganze Fluss in Flammen, stellenweise loderte das Feuer fünf Stockwerke hoch.[33] Es war nicht das erste Unglück dieser Art. Zwischen 1868 und 1962 gab es insgesamt neun Feuersbrünste auf dem Cuyahoga.[34] Und der Cuyahoga, dessen hochgradig verschmutztes Wasser in den Erie-See fließt, war auch nicht der einzige betroffene Fluss. Während der Glanztage der industriellen Revolution standen auch der Chicago River in Illinois, der Buffalo River in New York und der Rouge River in Michigan, die sämtlich in die Großen Seen münden, immer wieder in Flammen.

Die Einleitung von Öl, Lösungsmitteln, Chemikalien und ungeklärten Abwässern in die Zuflüsse der Großen Seen galt lange als normaler Industriealltag. Die meisten Amerikaner, die während des 19. und 20. Jahrhunderts an den Ufern der Großen Seen lebten, nahmen die Verschmutzung der Gewässer als Preis des wirtschaftlichen Fortschritts hin. Der Umweltforscher John Hartig, der in seinem Buch *Burning Rivers* die Brände auf den Flüssen der Region beschreibt, brachte die Einstellung der Zeit auf den Punkt, als er schrieb: »Die Industrie war König, und verschmutzte Flüsse galten als Zeichen des Wohlstands.«[35] Doch in den 1960er Jahren änderte sich diese Haltung. Rachel Carson hatte 1962 in ihrem Buch *Der stumme Frühling* beschrieben, wie Vögel und Wildtiere durch DDT und andere Pestizide getötet wurden, und damit einen Nerv getroffen – die Öffentlichkeit war für die negativen Auswirkungen der Umweltverschmutzung durch die Industrie sensibilisiert.[36] Das Feuer auf dem Cuyahoga stieß die Öffentlichkeit mit der Nase auf die Entropiezeche, die sich in anderthalb Jahrhunderten der Industrialisierung angehäuft hatte. Zehn Monate nach dem Brand, im April 1970, gingen zwanzig Millionen Amerikaner am ersten »Tag der Erde« zu friedlichen Protesten auf die Straße und forderten grundlegende Reformen zum Schutz der Umwelt. Im Dezember 1970 rief der Senat die Umweltschutzbehörde EPA ins Leben und beauftragte sie mit der Lösung von Umweltproblemen und Reformen. Es sollte allerdings noch bis 1983 dauern, bis die Gouverneure von Illinois, Indiana, Michigan, Minnesota, Ohio und Wisconsin den Council of Great Lakes Governors einberiefen. 1989 traten auch die Bundesstaaten New York und Pennsylvania bei. Einige Jahre später wurden die Premierminister von Ontario und Quebec als Beobachter zugelassen, und 2015 wurden sie zu Vollmitgliedern der Organisation, die nun Conference of Great Lakes and St. Lawrence Governors and Premiers genannt wurde. Die Regierungschefs erkannten an, dass der Schutz der Großen Seen und ihrer Umwelt entscheidend für das wirtschaftliche und soziale Wohl der Menschen in der Region ist.

Zur bioregionalen Ordnung der Großen Seen gehört auch die Great Lakes Commission. Die Leitung setzt sich aus Vertretern der Bundesstaaten und Provinzen zusammen und entwickelt Gesetzesvorhaben, die Umweltschutz und Wirtschaft in Einklang bringen sollen. Sie soll sicherstellen, dass »Wasserressourcen vor Verschmutzung und den Folgen des Klimawandels geschützt werden«.[37] Die Abstimmung von Bundesstaaten, Provinzen, Ökoregion, Wirtschaft und Gesellschaft ist eine große Herausforderung für diese neue bioregionale Ordnung. Sie muss den Übergang schaffen von traditionellen Maßstäben der Wirtschaftsleistung, wie sie in der ersten und zweiten industriellen Revolution angelegt wurden, zu den Maßstäben der dritten industriellen Revolution und ihrer Wandlung zur Resilienzrevolution. Dieser Wechsel von Effizienz zu Anpassungsfähigkeit, Fortschritt zu Resilienz, Produktivität zu Erneuerbarkeit, externen Effekten zu Kreislaufwirtschaft, Eigentum zu Zugang und Bruttoinlandsprodukt zu Lebensqualität ist eine schwierige Aufgabe, vor der auch die übrigen bioregionalen Ordnungen in den Vereinigten Staaten und im Rest der Welt stehen.

Die Zeit für den Übergang von Modellen und Pilotprojekten zu einer flächendeckenden neuen Infrastruktur wird knapp. Eine umfassende Studie von Universitäten der Anrainerstaaten zeigt, was die Bioregion in den kommenden Jahrzehnten zu erwarten hat, wenn sie mit voller Wucht vom Klimawandel getroffen wird.

Knapp zusammengefasst, führt der Bericht auf, wie der Mensch in den vergangenen beiden Jahrhunderten mit seinen Aktivitäten Lebensräume zerstört, invasive Arten eingeschleppt und Luft und Wasser verschmutzt hat. Intensive Landwirtschaft hat die Böden ausgewaschen und Nährstoffe ausgelaugt. Die industrielle Viehhaltung hat verheerende Schäden in den Wildbeständen angerichtet und das Trinkwasser verseucht. Seit Beginn des Industriezeitalters hat sich die Region der Großen Seen um 0,9 Grad Celsius erwärmt, gegenüber 0,7 Grad Celsius im Landesdurchschnitt. Diese Erwärmung hat wiederum zu mehr und intensiveren Niederschlägen geführt. Während die Niederschlagsmenge in den Vereinigten Staaten zwischen 1901 und 2015 um 4 Prozent anstieg, nahm sie in der Region der Großen Seen um fast 10 Prozent zu. Der Bericht warnt, »die Zunahme der Niederschläge wird in der gesamten Region der Großen Seen zu verstärkten Überschwemmungen führen«, die Wasseraufbereitung beeinträchtigen und die Kanalisation überlasten, weshalb die Gefahr besteht, dass die Gewässer der Region mit Krankheitserregern verschmutzt werden.[38]

Die Zukunft ist bereits da. Um resilient zu werden, sind weitaus größere Anstrengungen nötig als bisher. Die Großen Seen sind anderen Regionen bei der bioregionalen Zusammenarbeit im Kampf gegen den Klimawandel und beim Aufbau einer resilienten Wirtschaft und Gesellschaft zwar deutlich voraus, doch auch sie bleiben weit hinter den Erfordernissen zurück. Im Jahr 2019 rief Detroit den Notstand aus, als der Erie-See nach starken Regenfällen über die Ufer trat, Häuser und die Kanalisation überflutete und die Sicherheit und Gesundheit der Bürger gefährdete. In Duluth, Minnesota richtete ein starker Sturm über dem Oberen See erhebliche Schäden an Gebäuden und Infrastruktur in Ufernähe an. Buffalo im Bundesstaat New York erlebte im Jahr 2019 Rekordüberschwemmungen aufgrund des gestiegenen Pegels im Erie-See. Auch in Chicago sorgen Rekordwasserstände des Lake Michigan jedes Jahr im Frühjahr und Sommer für immer größere Überschwemmungen. Im Jahr 2019 stand der Pegel der Großen Seen zum Teil bis zu 90 Zentimeter über dem langjährigen Durchschnitt.[39] Der Klimawandel ist keine Zukunft mehr, auf die man sich vorbereiten kann – der Notfall ist bereits da und verlangt Maßnahmen und Anpassung. Konventioneller Umweltschutz reicht nicht mehr aus. Es braucht zusätzlich Katastrophenmanagement und den Aufbau einer klimaresilienten Infrastruktur in der gesamten Bioregion.

In den Großen Seen, den Kaskaden und überall sonst, wo Schritte in Richtung einer bioregionalen Verwaltung unternommen werden, stehen die Institutionen vor einem Dilemma. Sollen sie sich an den überkommenen Weisheiten des Industriezeitalters und des Evangeliums der Effizienz orientieren, die Umweltschutz nach streng wirtschaftlichen Kriterien beurteilen? Mit anderen Worten: Sehen es die Beteiligten als ihre Hauptaufgabe an, die Ressourcen der Bioregion für die künftige wirtschaftliche Ausbeutung zu erhalten? Sollte diese traditionelle Sicht die Oberhand behalten, wird die bioregionale Ordnung das kurzsichtige und anthropozentrische Verhältnis zu ihrem jeweiligen Ökosystem fortsetzen und fragen, wie die Umwelt an die Anforderungen des Menschen angepasst werden kann, und nicht umgekehrt, wie sich der Mensch an die Erfordernisse des Ökosystems anpassen kann.

Das ist ein entscheidender Unterschied. Das Ergebnis der Diskussion, wer sich an wen anpassen muss, entscheidet darüber, ob es in Zukunft um das Management von Bioregionen geht oder um ihren Schutz. Der Weg ist steinig und führt ins Unbekannte, doch wir müssen ihn gehen, wenn die Menschheit überleben und eine neue Blüte erleben will.

KAPITEL 12

ABSCHIED VON DER REPRÄSENTATIVEN DEMOKRATIE

Auftritt der Peerocracy

Im Falle einer Katastrophe, egal ob einer Klimakatastrophe oder einer Pandemie, ist der Staat allein überfordert und muss unweigerlich die Bürger um ihre Mithilfe bitten. Aufgrund dieser Erfahrung beginnen die jüngeren Generationen heute, die repräsentative Demokratie mit all ihren Erfolgen, enttäuschten Hoffnungen und Schwächen mit einer umfassenderen Form des politischen Engagements zu verbinden, das Gemeinschaften in Zusammenhang mit den Ökosystemen, Biomen und planetaren Sphären betrachtet, mit denen sie aufs Engste verbunden ist. Sie fordern eine direktere politische Teilhabe, die weit über das Kreuzchen am Wahltag hinausgeht und eine Beteiligung aller Bürger an den für sie relevanten Entscheidungsprozessen vorsieht.

Genau wie Bürger zu Schöffen berufen werden können, um sie in die Rechtsprechung einzubeziehen, berufen Kommunalregierungen schon heute Bürgerbeiräte ein, die sie in Angelegenheiten ihrer Biosphäre beraten sollen. Diese Beiräte sind keine Bürgerinitiativen oder Interessengruppen, sondern sie sind als formelle Gremien eingebunden und sollen dafür sorgen, dass die Bürger aktiv an Entscheidungsprozessen beteiligt sind. Diese Ausweitung der Demokratie ist in zahlreichen Kommunen zu beobachten und intensiviert die Bürgerbeteiligung. So wie Regionalregierungen einer bioregionalen Ordnung weichen, macht die repräsentative Demokratie einer auf viele aktiv Beteiligte verteilten »Demokratie der Gleichen« Platz: der Peerocracy. Die Bürgerschaft stellt sich neu auf, um die Herausforderungen und Chancen anzunehmen, die mit der Verantwortung für ihre Bioregionen einhergehen.

Neuformatierung der Freiheit: Autonomie vs. Teilhabe

Peerocracy bedeutet nicht nur, ein paar Bürger an den Tisch zu bringen, damit sie sich über Entscheidungen und Maßnahmen unterhalten und diese abnicken. Es handelt sich vielmehr um ein grundlegend neues Verständnis von Freiheit, das seit der Aufklärung und dem Beginn des Zeitalters des Fortschritts den politischen Diskurs bestimmt und hinter verschiedenen Formen der Demokratie steht.

Der Ruf nach Freiheit hängt eng mit dem Beginn der industriellen Revolution und dem Aufstieg des Kapitalismus zusammen. Vom Untergang des Römischen Reichs und den ersten Anfängen einer landwirtschaftlichen protoindustriellen Revolution des 13. Jahrhunderts wurde Europa von der katholischen Kirche und dem Klerus dominiert, während die weltliche Herrschaft von Kaisern, Königen, Herzögen, Fürsten, Baronen, Grafen, Freiherren, Rittern, Edlen und Junkern ausgeübt wurde. Am unteren Ende der Feudalgesellschaft standen die Bauern und Leibeigenen, die zum Land gehörten und es nicht verlassen durften. Sie lebten in Knechtschaft und schuldeten ihrem jeweiligen Herrn ihre Treue und ihren Dienst.

Mit der sogenannten Enclosure, der Kommerzialisierung der Landwirtschaft und der Beseitigung der Allmende, die im England des 15. Jahrhunderts begann und später als »Bauernlegen« auch auf Deutschland übergriff, änderte sich die Beziehung der Menschen zum Land grundlegend. Neue Gesetze wurden erlassen, die es den Herren gestatteten, ihr Land zu verkaufen. Aus Land wurde Grundbesitz und ein käufliches Gut, und die Bauern wurden in Scharen davongejagt. Dieser abrupte Wandel im Verhältnis zum Land hatte viele Ursachen, doch die wichtigste war der wirtschaftliche Aspekt: Die Besitzer konnten das Land nun gewinnbringend als Weiden für Schafe verwenden und ihre Wolle an die aufkommende Textilindustrie verkaufen, die den Anfang der industriellen Revolution machte.

Millionen Bauern wurden vertrieben und zu Lohnarbeitern in einer protoindustriellen Arbeiterschaft. An die Stelle des feudalen Gehorsams trat die Freiheit des Einzelnen. So groß das Elend der Leibeigenen gewesen sein mag, hatte ihre Bindung an das Land über Jahrhunderte ihre wirtschaftliche Existenz gesichert, und dieser Wandel – die Loslösung vom Land – war für sie vermutlich verheerend. Was bedeutete es, frei zu sein und seine Arbeitskraft auf dem Markt zu verkaufen?

Mit der Freiheit kam die Autonomie – etwas, das einst nur Kaiser und Könige und in geringerem Maße die übrigen Fürsten hatten. Seither gehen Freiheit und Autonomie Hand in Hand. Autonom zu sein bedeutet, frei zu sein, und frei zu sein bedeutet, autonom zu sein. Es war jedoch eine eigentümliche Form der Freiheit. Im Zeitalter des Fortschritts herrschte die negative Freiheit vor – die Freiheit von Bindungen, die Freiheit von Zwang, die Freiheit der Autarkie und Eigenständigkeit, die wir bis heute kennen.

Unter den Angehörigen der sogenannten Generationen X, Y und Z stößt dieses Verständnis von Freiheit zunehmend auf Ablehnung. Sie sind in einer Welt aufgewachsen, die von Eigentum zu Zugang, von Tauschwert zu Teilwert, von Märkten zu Netzwerken und von Autonomie zu Teilhabe übergeht. Für eine intelligent vernetzte globale Kohorte von Digital Natives kämen Autonomie und Ausschließlichkeit – die Abschottung vom Rest der Welt – einem Todesurteil gleich. Ohne die Vernetzung per Handy und Internet wären sie verloren. Für Hunderte Millionen, vielleicht Milliarden von digital vernetzten Menschen ist Freiheit gleichbedeutend mit Zugang und Teilhabe, nicht mit Autonomie. Sie messen ihre Freiheit daran, welchen Zugang sie zu den immer zahlreicheren virtuellen Plattformen haben. Teilhabe ist für sie einschließend und bedeutet Offenheit für alle Geschlechter, Hautfarben, sexuelle Orientierungen und unsere Mitlebewesen. Für die digitalen Generationen bedeutet Freiheit die Interaktion mit all den zahlreichen und vielfältigen Akteuren der Erde, der sie ihr Leben und ihr Wohl verdanken.

Dieses neue Freiheitsverständnis passt zu einer Welt, die zunehmend als vernetzt erkannt wird, und in der das Wohl des Einzelnen – seine Freiheit, wenn Sie so wollen – vom sozialen Kapital abhängt, das er in der digitalen Allmende erwirbt. Die als Zugang und Teilhabe verstandene Freiheit ist das politische Fundament der »Peerocracy«.

Man sollte vorsichtig sein mit dem, was man sich wünscht, wie es schön heißt. Tatsächlich unternehmen Demokratien in aller Welt erste Schritte hin zu mehr Bürgerbeteiligung. Im besten Fall meinen sie es dabei ehrlich, doch allzu oft handelt es sich dabei nur um ein Mäntelchen für eine Machtstruktur, die den Kontakt zu den Bedürfnissen und Wünschen der Bürger verloren hat und nur noch als Instrument der Selbstbereicherung einer opportunistischen Elite wahrgenommen wird. Die Geschichte lässt jedoch vermuten, dass wir vor einem grundlegenden politischen Wandel stehen, an dessen Ende eine verstärkte Einbeziehung der Bürger in die politischen Entscheidungsprozesse oder eine Phase der zunehmend brutalen autokratischen Herrschaft steht. Wobei die Bürgerbeiräte mehr sind als nur ein sporadisches Anhängsel der repräsentativen Demokratie. Sie sind etwas sehr viel Revolutionäreres. Eine verteilte Peerocracy, die Handeln und Entscheiden in die Hände vieler legt, stellt die Regierungsform der repräsentativen Demokratie und das mit ihr zusammenhängende Freiheitsverständnis infrage. Sollte die Entwicklung in diese Richtung weitergehen, wird sich daraus ein ganz neues Verständnis von freien und aktiven Bürgern in einer resilienten Gesellschaft entwickeln.

Die wenigsten Amerikaner wissen, dass der Begriff »Demokratie« weder in der Unabhängigkeitserklärung noch in der Verfassung ihres Landes erwähnt wird. Ein Versehen? Ganz und gar nicht. Allein das Wort war den Gründervätern ein Gräuel. James Madison, einflussreicher Vordenker und vierter Präsident der Vereinigten Staaten, gab die Meinung seiner Zeitgenossen wieder, als er in den *Federalist Papers* schrieb: »Demokratien sind seit jeher Spektakel von Unruhe und Streit, ihr Leben ist im allgemeinen so kurz wie ihr Ende gewalttätig.«[1] John Adams, der zweite Präsident der Vereinigten Staaten, fand kaum freundlichere Worte: »Eine Demokratie hält nicht lange. Sie verschwendet, erschöpft und erledigt sich selbst. Es gab noch nie eine Demokratie, die nicht Selbstmord begangen hätte.«[2] Die Gründerväter waren in Sorge, dass in einer Demokratie unweigerlich Lager und Interessengruppen gegeneinander antreten und die Herrschaft des Volkes in die Herrschaft des Pöbels umschlägt, die Minderheiten zum Schweigen bringt und an den Rand drängt. Daher sprachen sie sich für eine Republik aus mit verschiedenen Instanzen der gegenseitigen

Kontrolle, wie dem Wahlmännergremium und der Bill of Rights, die den Gelüsten des Volks Einhalt gebieten und den gewählten Volksvertretern das Regieren erleichtern sollten.

Zwei Jahrhunderte später kam der Film *The Candidate* mit Robert Redford in die Kinos. Hauptfigur ist ein idealistischer junger Anwalt, der sich um einen der beiden Senatorenposten in Kalifornien bewirbt. Vor einer Versammlung denkt er laut nach: »Ein ziemlich komischer Gedanke, dass zwei Typen die Entscheidungen für zwanzig Millionen Menschen treffen sollen.«[3] Die Zuschauer wussten vermutlich zu gut, was er meinte, doch die meisten dürften es schnell wieder vergessen haben, um ihren Glauben an die repräsentative Demokratie nicht vollends zu verlieren.

Der Geist der Peerocracy

Die Peerocracy ist eine Erweiterung der repräsentativen Demokratie und ein Mittel gegen ihre Schwächen. Bürgerbeiräte heben die Demokratie auf eine neue Ebene. Zentral- und Regionalregierungen werden wohl erhalten bleiben, doch in den kommenden Jahrzehnten und Jahrhunderten werden sie vermutlich ihre hierarchische Struktur verlieren und ein verteiltes Muster annehmen, und die Entscheidungen dürften immer mehr auf der vertrauten Ebene der Bioregion getroffen werden, wo die Menschen leben. Von dort aus werden Entscheidungen an weitere Regierungsebenen weitergegeben und auf diese Weise ein tieferes Muster der Vernetzung zwischen Bioregionen und dem gesamten Kontinent geschaffen.

Die bioregionale Ordnung ist kein Markt, sondern eine Allmende, und die Handlungsspielräume der Menschen passen sich ständig an die anderen Akteure ihrer jeweiligen Ökoregionen an. Die bioregionale Demokratie basiert auf der neuen Vorstellung von Freiheit als Teilhabe – eine Vernetztheit, die weit über die Menschheit hinausreicht und unsere Mitlebewesen und alle anderen Akteure des Planeten einbezieht. Diese Einbettung wird schon in den kommenden

Jahren unsere Wirtschaft und Gesellschaft verändern und schafft ein neues Gefühl der Verortung, der Zugehörigkeit und der politischen Repräsentation in einer resilienten Gesellschaft, in der die Politik durch und durch bioregional ist.

Noch stecken bioregionale Initiativen von wenigen Ausnahmen abgesehen in den Kinderschuhen, während die alte Ordnung schon in Auflösung begriffen ist. Ein Anzeichen dafür ist die zunehmende politische Entfremdung, die etwa in den Vereinigten Staaten zum Sturm auf das Kapitol und zum zweiten Amtsenthebungsverfahren gegen Donald Trump geführt hat, und in anderen Teilen der Welt in ähnlichen Aktionen zum Ausdruck kommt.

Die größer werdende wirtschaftliche Kluft und die zunehmende Ausgrenzung großer Teile der Bevölkerung vertieft die politische Entfremdung weiter und gefährdet das Bestehen von Zentralregierungen. In einer Umfrage, die das Meinungsforschungsinstitut Gallup 2018 in sämtlichen OECD-Staaten durchführte, gaben nur 45 Prozent der Befragten an, ihrer Regierung zu vertrauen.[4] Das Edelman-Vertrauensbarometer gibt noch mehr Anlass zur Beunruhigung. Dessen 2020 durchgeführt Erhebung in 28 Ländern ergab, dass 66 Prozent ihrer aktuellen Regierung nicht vertrauen.[5] Besonders besorgniserregend ist die Lage in den Vereinigten Staaten. Im Jahr 1958, auf dem Höhepunkt der zweiten industriellen Revolution, gaben 73 Prozent der Bürger an, ihrer Regierung zu vertrauen.[6] Im Jahr 2001 waren es gerade noch 31 Prozent.[7] Diese und weitere Umfragen aus aller Welt zeigen, dass der soziale Zusammenhalt bröckelt, während Verschwörungskulte auf dem Vormarsch sind, vor allem weil die unregulierten und unbeaufsichtigten sozialen Medien die Verbreitung von Desinformation begünstigen. In der britischen Tageszeitung *The Guardian* beschrieb der Soziologe William Davies die Krise so:

> Im Rahmen unseres vor drei Jahrhunderten begonnen Projekts [der Demokratie] schenken wir einer Elite das Vertrauen, an unserer Stelle Dinge zu wissen, über sie zu berichten und sie zu beurteilen. Doch dieses Projekt könnte langfristig nicht mehr funktionieren, zumindest nicht in seiner bestehenden Form. Man könnte sich dem

> Wunschdenken hingeben und hoffen, dass sich die Kräfte, die das Projekt unterwandert haben, wieder umkehren lassen, oder dass wir sie mit einem größeren Arsenal an Fakten zum Rückzug zwingen könnten. Doch dazu müssten wir die Augen vor dem umfassenden Vertrauensverlust verschließen.[8]

In einer Umfrage nach der anderen, egal in welchem Land, hören wir immer wieder dieselbe Anklage: »Meine Stimme wird nicht gehört.« Im Jahr 2019 legte die OECD einen Bericht über das Scheitern der repräsentativen Demokratie vor, deren Schlussfolgerung es auf den Punkt brachte: »Die aktuellen Strukturen von Demokratie und Staatsführung lösen ihre Versprechen nicht ein.«[9]

Partizipative Haushaltsplanung: Eine Weiterentwicklung der Demokratie

Unter den herrschenden Eliten hält sich zwar die Vorstellung, dass die Öffentlichkeit kein Interesse an einer aktiven Beteiligung an der Politik hat und erwartet, dass ihre gewählten Vertreter und deren Experten die richtigen Entscheidungen treffen. Doch diese Vorstellung ist falsch. Der Funken ging von Porto Alegre aus, der Hauptstadt des brasilianischen Bundesstaats Rio Grande do Sul.[10] Dort wurde 1989 die erst wenige Jahre zuvor gegründete Arbeiterpartei in die Regierung gewählt. In einer ihrer ersten Amtshandlungen stellte sie ein zentrales Element der Verwaltungsarbeit auf den Kopf – das Entscheidungsverfahren zur Verteilung von Geldern. Sie bezeichneten ihre Neuerung als »partizipative Haushaltsplanung«. An dieser neuen Form der Etatdebatte sind Vertreter der Kommune und von Bürgerorganisationen beteiligt. Über das ganze Jahr hinweg sammeln sie Anträge von Bürgern und Organisationen der ganzen Stadt, wählen Delegierte und veranstalten Bürgerversammlungen, um die Anträge zu erörtern und daraus einen Haushaltsplan zusammenzustellen. Das Auswahlverfahren ist kompliziert, doch am Ende wird der Bürgerhaushalt als Empfehlung an Stadtparlament und Bürgermeister übergeben. Rein rechtlich bleibt die Haushaltsverantwortung bei der Kommune, doch in der Regel übernimmt diese die Bürgerhaushalte. Andernfalls würde sie dem Verfahren seine Legitimität nehmen und die Bürgerschaft gegen sich aufbringen.

Die partizipative Haushaltsplanung hat den Zweck, den Menschen eine Stimme zu geben, vor allem den Bewohnern von sozial benachteiligten Vierteln. Die partizipative Haushaltsplanung von Porto Alegre war zumindest ein Teilerfolg. Bis 1997 stieg der Anteil der an Wasser und Kanalisationen angeschlossenen Haushalte von 75 auf 98 Prozent, der Anteil von Bildung und Gesundheit an den kommunalen Ausgaben stieg von 13 auf 40 Prozent, die Zahl der Schulen vervierfachte sich, die Zahl der Straßenbauprojekte vor allem in Armenvierteln verfünffachte sich. Und die Zahl der Teilnehmer an Bürgerversammlungen stieg von rund 1 000 im Jahr 1990 auf fast 40 000 im Jahr 1999.[11]

Inzwischen gibt es weltweit mehr als 11 000 ähnliche Beispiele, darunter auch aus Metropolen wie New York und Paris.[12] In New York ist partizipative Haushaltsplanung besonders interessant, aufgrund der Vielfalt der Bevölkerung und der Tatsache, dass die Stadt in fünf Bezirke eingeteilt ist, von denen jeder seine ganz eigene Geschichte und sein eigenes Gewicht hat. Wissenschaftler der Hochschule für Wirtschaft und Recht in Berlin und der New York University bewerteten die Auswirkungen der partizipativen Haushaltsplanung von 2009 bis 2018. Dabei stellten sie fest, dass seit deren Einführung »ein erheblicher Teil des verfügbaren Kapitals auf Schulen, Straßen, öffentlichen Nahverkehr und sozialen Wohnungsbau verwendet wurde«.[13] Erin Godfrey, Professorin für Angewandte Psychologie an der New York University, fasst die Ergebnisse der Untersuchung so zusammen: »Die Untersuchung zeigt uns zum ersten Mal, dass partizipative Haushaltsplanung die Prioritäten zugunsten der unmittelbaren Bedürfnisse und Anliegen der Bürger verschiebt.«[14]

Partizipative Haushaltsplanung erfreut sich auf allen Erdteilen zunehmender Beliebtheit, aber sie hat auch ihre Tücken, die sie als neue Form der Bürgerregierung untergraben können. In Porto Alegre blieb zum Beispiel das Verfahren der partizipativen Haushaltsplanung erhalten, doch mit dem Sturz der Arbeiterpartei im Jahr 2004 und dem Aufstieg der Parteien des Zentrums und des rechten Spektrums wurde weniger Geld für große Infrastrukturprojekte zur Verfügung gestellt, und die Bürgerbeteiligung wurde zurückgeschraubt. Nachdem 2017 die Partei der brasilianischen Sozialdemokratie PSDB die Regierung übernahm, setzte sie die partizipative Haushaltsplanung zwei Jahre lang aus und führte als Rechtfertigung fehlende Mittel und Reformbedarf an.

Verfahren und Umfang der partizipativen Haushaltsplanung müssen gesetzlich verankert werden, um zu gewährleisten, dass die Bürgerbeteiligung nicht nach einem Regierungswechsel wieder abgeschafft wird, was die Bürger weiter entfremdet und einen neuerlichen schweren Vertrauensverlust bewirkt.

Seit ihren Anfängen wurde die Bürgerbeteiligung auf andere Bereiche ausgeweitet, zum Beispiel Bildung, Gesundheit, Sicherheit, Infrastrukturplanung, Reaktion auf den Klimawandel sowie Bürgerwissenschaften. Das neue Modell ist auch unter verschiedenen Bezeichnungen bekannt, etwa Öffentlichkeitsbeteiligung oder Partizipation. Die Bezeichnung der »Peerocracy« fängt die Vernetztheit der jüngeren Generationen von Digital Natives ein, die Teilhabe eher in Form von Plattformen verstehen und sich selbst als »Peers« begreifen, als gleichberechtigte Teilnehmer in einem paritätischen politischen Prozess.

Die neue Form der Demokratie fiel nicht einfach vom Himmel von Porto Alegre, sie hat eine lange Geschichte und geht in ihrer modernen Form zurück auf die 1960er Jahre. Die Bürgerrechtsbewegung, die Friedensbewegung, die Frauenbewegung, die Umweltbewegung, die Schwulenbewegung, die New-Age-Bewegung und die Gegenkultur hatten eines gemeinsam: Sie waren zutiefst enttäuscht von der vorherrschenden repräsentativen Demokratie, die vor allem die Bedürfnisse einer gebildeten, weißen und städtischen Mittelschicht wiedergab und »die anderen« an den Rand drängte.

Diese »anderen« mobilisierten ihre eigenen Anhänger und verschafften ihrer Forderung nach politischer Teilhabe Gehör. Diese Teilhabe wurde zum neuen Freiheitsbegriff einer ganzen Generation.

Aus diesen Bewegungen gingen in aller Welt Tausende von Organisationen der Zivilgesellschaft hervor und wurden zur Gegenkraft des vorherrschenden kapitalistischen Wirtschaftsmodells und zu einer informellen Selbstverwaltung neben den von der Verfassung vorgesehenen Institutionen. Überall schossen ehrenamtliche Hilfsorganisationen, Hausbesetzergruppen, Umwelt- und Naturschutzgruppen, offene Universitäten und Ähnliches aus dem Boden, begleitet von politischen Bewegungen, die die formellen und von den Eliten beherrschten Regierungen unter Druck setzten.

Die Geburt der Peerocracy ist also Evolution und Revolution zugleich. Sie steht für die Mündigkeit der zivilgesellschaftlichen Organisationen, die unter zahlreichen Bannern auftreten. Häufig werden diese Organisationen in den Medien, im staatlichen und privatwirtschaftlichen Sektor als »Nichtregierungsorganisationen« (NGOs) oder als »nicht-kommerzielle Organisationen« bezeichnet, was einer Abwertung gleichkommt, so als müsse man sie über das definieren, was sie nicht sind. Dahinter verbirgt sich die Annahme, dass die Zivilgesellschaft eine untergeordnete Rolle spielt. Diese Abwertung des »Dritten Sektors« durch Wirtschaft und Politik ist umso unangebrachter, wenn wir uns die Zahlen ansehen: In den Vereinigten Staaten waren die NGOs im Jahr 2019 nach Einzelhandel und Gastronomie der Sektor mit dem meisten Beschäftigten, gleichauf mit der Fertigungsindustrie.[15] In Deutschland ist die wirtschaftliche Bedeutung des Dritten Sektors für das Bruttoinlandsprodukt dem Statistischen Bundesamt zufolge vergleichbar mit der im Fahrzeugbau und im Baugewerbe.[16] Die Organisationen der Zivilgesellschaft sind also eine Kraft, mit der man rechnen muss, auch wenn sie in den wirtschaftswissenschaftlichen Erhebungen, Studien und Modellen noch immer kaum Beachtung finden.

Sie sind politische Bewegungen, Unternehmen und eine neue Form der Bürgerdemokratie. Sie sind die Vorläufer einer neuen Ordnung, der Peerocracy, die politische Teilhabe paritätisch verteilt und an diejenigen Orte bringt, denen sich die Menschen wirklich zugehörig fühlen – die Kommunen, in denen sie leben, arbeiten und spielen.

Kollektive Leitung der Schulen

Während in Porto Alegre die partizipative Haushaltsplanung eingeführt wurde, begann im Schulbezirk von Chicago, dem drittgrößten der Vereinigten Staaten, ein ähnliches peerdemokratisches Experiment. 1987 geißelte der republikanische Bildungsminister William Bennett die staatlichen Schulen Chicagos als die schlechtesten des Landes.[17] Im Jahr darauf verabschiedete die Stadt eine Bildungsreform und richtete Schulräte für jede der Schulen ein. In jedem dieser Räte saßen sechs Eltern, zwei Lehrer, der Direktor sowie ein Schülervertreter und ein Mitarbeiter der Schulverwaltung. Die beiden Lehrervertreter werden vom Lehrkörper vorgeschlagen und von der Schulbehörde ernannt, die übrigen Ratsmitglieder werden von den Bürgern im Einzugsgebiet der Schule gewählt. Sämtliche Ratsmitglieder nehmen vor Antritt ihres Amtes an einer Schulung teil.

Seit der Schulreform werden Direktoren nicht mehr auf Lebenszeit angestellt, sondern vom Schulrat gewählt und auf vier Jahre ernannt, danach müssen sie sich der Wiederwahl stellen. Die Schulräte haben großen Einfluss darauf, wie die Schulen ihre Mittel einsetzen, sie wirken an der Finanzplanung mit und entscheiden über das Budget. Auch Veränderungen des Lehrplans werden vom Schulrat beschlossen.[18]

Im Jahr 2017, 29 Jahre nach dieser radikalen Umstellung der Schulpolitik, stellte eine Untersuchung der Universität Stanford fest, dass die Schüler Chicagos »zwischen der 3. und der 8. Klasse mehr lernen als in jedem anderen mittelgroßen oder großen Schulbezirk des Landes«.[19] Diese Wende ist umso bemerkenswerter, als sich die staatlichen Schulen von Chicago in einigen der ärmsten sozialen Brennpunkte der Vereinigten Staaten befinden. Das macht Hoffnung, dass dieser peer-demokratische Ansatz langfristig den Teufelskreis aus Armut und Gewalt durchbricht, der Chicago und andere Metropolen des Landes seit Jahrzehnten im Griff hat.

Die Peerocracy ist eine wichtige Errungenschaft, doch sie hat auch ihre Schwächen. So ist es zum Beispiel nicht einfach, die anfängliche Begeisterung und das Engagement der Bevölkerung am Leben zu erhalten. In der ersten Schulratswahl von Chicago beteiligten sich beispielsweise noch 300 000 Bürger, doch 25 Jahre später war die Beteiligung erheblich zurückgegangen. Das mag allerdings zu erwarten sein und könnte auch damit zusammenhängen, dass die Bürger mit den Ergebnissen der Demokratisierung zufrieden waren.[20]

Peerocracy und Beaufsichtigung der Polizei durch die Bürger

Einige Aspekte der Demokratisierung sind umstrittener als andere, insbesondere wenn es darum geht, die Bürger an der Macht zu beteiligen. Die aktuelle Debatte um die Beaufsichtigung der Polizei durch die Bürger ist ein solcher Fall. In den Vereinigten Staaten ist die Polizeigewalt verteilt; die Zentralregierung, die Bundesstaaten, die Bezirke und Kommunen haben eigene Polizeikräfte, die jeweils eigene Befugnisse haben und zusammenarbeiten. Die Polizeigewalt ist also dezentralisiert und zentralisiert zugleich. Die aktuelle Debatte sollte also kein Entsetzen auslösen, da die Beaufsichtigung der Polizei durch die Bürger die Verteilung nur um eine Ebene erweitert und das System auf diese Weise stabilisiert.

Doch in der Diskussion sind die Fronten verhärtet. Die zahlreichen Fälle der letzten Jahre, in denen unbewaffnete Afroamerikaner von Polizeibeamten getötet wurden, haben die Öffentlichkeit auf ein Brutalitätsproblem seitens der Polizei aufmerksam gemacht und die Debatte um die lange und hässliche Geschichte des Rassismus in den Vereinigten Staaten wieder eröffnet. Die Ermordung von Eric Garner, Breonna Taylor und George Floyd, um nur drei herauszugreifen, hat eine neue Bürgerrechtsbewegung unter dem Banner von »Black Lives Matter« mobilisiert. Dieser Protest fällt in eine Zeit, in der die Polizeikräfte mit modernstem militärischem Gerät aufgerüstet und mit neuester Überwachungstechnologie, Analyseprogrammen und Vorhersageinstrumenten ausgestattet werden, die Verbrechen verhindern sollen, ehe sie begangen werden.

Die Polizeibudgets der Metropolen berichten von einem Land, das sich in eine waffenstarrende Festung verwandelt. Los Angeles gab 2020 mehr als 1,8 Milliarden Dollar für seine Polizeistreitkräfte aus.[21] New York City, die größte Stadt des Landes, veranschlagte für 2020 Ausgaben von 6 Milliarden Dollar, während die Ausgaben für Bildung und andere staatliche Dienstleistungen stark gekürzt wurden.[22] In Philadelphia wurden 2020 mehr als 970 Millionen Dollar für Polizei und Gefängnisse bereitgestellt, rund 20 Prozent des gesamten Budgets der Stadt.[23] Gleichzeitig befindet sich in den Vereinigten Staaten ein weitaus größerer Anteil von Bürgern in Haft als in jedem anderen Land der Welt. Die überwiegende Mehrheit der Häftlinge sind Nicht-Weiße aus den ärmsten Schichten des Landes. Viele sitzen für geringfügige Vergehen lange Haftstrafen ab, während Schreibtischtäter in der Regel freigesprochen werden oder mit kurzen Strafen und vorzeitigen Haftentlassungen davonkommen. Wenn vorwiegend Nicht-Weiße verfolgt, verhaftet und verurteilt werden, dann wird dies oft als Rassismus ausgelegt, was es ja auch ist. Aber genauso handelt es sich um wirtschaftliche Diskriminierung. Es geht um ein Land, das sich zwar als Einwanderungsland begreift, dessen Weg jedoch von Versklavung und Ausbeutung von indigenen, afrikanischen, lateinamerikanischen und asiatischen Arbeitskräften gesäumt ist. Diese finstere Realität liegt von Beginn an wie ein Schatten auf der amerikanischen Erfolgsgeschichte.

Als nach den Morden an Afroamerikanern Demonstranten mit dem Ruf »Black Lives Matter« auf die Straßen gingen, forderten sie daher eine Kürzung der Polizeibudgets. Die meisten Bürger hatten Verständnis für die Bewegung, waren jedoch gegen die Etatkürzungen bei der Polizei. In einer Umfrage, die das Pew Research Center im Juni 2020, kurz nach der Ermordung von George Floyd durchführte, war nur ein Fünftel der Befragten der Ansicht, dass die Ausgaben für die Polizeistreitkräfte gekürzt werden sollten, während 42 Prozent meinten, sie sollten unverändert bleiben. 20 Prozent wünschten sich eine geringfügige und 11 Prozent sogar eine deutliche Anhebung.

Auf die Frage, ob Polizeibeamte Immunität vor strafrechtlicher Verfolgung genießen sollten, meinte die Mehrheit der Befragten, »Bürger müssen die Möglichkeit haben, Polizeibeamte anzuzeigen, um sie wegen Fehlverhalten und unangemessener Gewaltanwendung zur Rechenschaft zu ziehen«.[24] Diese Antwort impliziert eine starke Zustimmung für eine Beaufsichtigung der Polizei durch formellere Institutionen der Bürgergesellschaft. Im Geschrei der polarisierten Debatte um die Kürzung der Polizeiausgaben ging die Forderung von Black Lives Matter unter, das eingesparte Geld für dringend benötigte Investitionen in Bildung, bezahlbaren Wohnraum, Gesundheit, Ausbildung und staatliche Dienstleistungen wie Straßen und Beleuchtung sowie die wirtschaftliche Förderung von sozial benachteiligten Stadtvierteln zu verwenden. Da Metropolen einen großen Teil ihres Etats für die Militarisierung der Polizei ausgeben und damit die Schlinge um die am stärksten benachteiligten Gruppen weiter zuziehen, ist diese Forderung nur vernünftig. Wie soll denn sonst der Teufelskreis aus wachsender Armut, Kriminalität und Polizeigewalt in den Innenstädten durchbrochen werden?

Wieder liefert Chicago ein Beispiel für Bürgerbeteiligung, wenn die Ergebnisse auch nicht so positiv ausfallen wie im Schulwesen. Die South Side von Chicago ist weit über die Stadtgrenzen hinaus berüchtigt für Bandenkriminalität und Polizeigewalt, weshalb die Frage der Bürgerbeteiligung hier besonders heikel ist. Trotzdem wurde ein Versuch unternommen. Ende der 1980er Jahre wurde allerorten die Zukunft der Polizeiarbeit und der öffentlichen Sicherheit debattiert. Auch in der Polizei von Chicago diskutierte man, ob Notrufe und präventive Patrouillen mit Streifenwagen ausreichten, um der zunehmenden Kriminalität in der Stadt, vor allem der South Side, Herr zu werden. Damals kam der Gedanke der gemeinschaftsorientierten Polizeiarbeit in Kooperation mit Bürgerorganisationen auf.

Der damalige Bürgermeister Richard M. Daley konnte sich für die Idee erwärmen. So kam es, dass 1993 in zunächst fünf der 25 Polizeibezirke Bürgerbeiräte eingerichtet wurden, der Rest folgte 1995. Jedem Viertel wurden »Streifenteams« von Polizeibeamten zugewiesen, mit dem Ziel, sie in die Gemeinschaft zu integrieren. In jedem Viertel wurden Treffen abgehalten, in denen sich Streifenbeamte und Bürger über die Sicherheit des Viertels austauschten, neue Probleme erörtern und Empfehlungen zur Verbesserung der öffentlichen Sicherheit aussprachen. Es gab allerdings keine festen Räte aus gewählten Bürgervertretern und keine klaren Protokolle für den Umgang mit den Empfehlungen. Doch im Grunde nahm diese rudimentäre Polizeiaufsicht durch die Bürger ähnliche Formen an wie die Schulräte: Diskussionsrunden erörterten die Lage, entwickelten Strategien und sprachen im Konsens konkrete Empfehlungen aus. Obwohl es kein verbindliches Protokoll gab, um sicherzustellen, dass die Empfehlungen der Bürger auch umgesetzt wurden, beauftragte die Stadt eine gemeinnützige Organisation mit der Durchführung von Kursen, in denen Bürger und Polizeibeamte geschult wurden und die Werkzeuge für eine erfolgreiche Zusammenarbeit erhielten. In diesen Kursen wurden mehr als 12 000 Bürger und einige Hundert Beamte in der Praxis der Bürgerbeteiligung fortgebildet.[25] Das erste Programm wies bescheidene Erfolge auf, vor allem in der Anfangszeit. Der Politikwissenschaftler Wesley Skogan stellte fest, dass die Bürgerbeteiligung in Problemvierteln mit hoher Kriminalität größer war und dass die Kriminalität dort auch zurückging.[26]

Bewohner von sozialen Brennpunkten hatten erstmals das Gefühl, dass sie in Fragen der Sicherheit ihres Stadtteils etwas mitzureden hatten. Doch wie das bei Programmen der Bürgerbeteiligung so oft der Fall ist, führten Personalwechsel an der Spitze – in diesem Fall drei neue Polizeichefs – zu einer Vernachlässigung des Programms und einer Kürzung von Mitteln und Personal. Im Jahr 2014 war das Programm nur noch »ein Schatten seiner selbst«, wie Skogan schrieb.[27] Daraus lernen wir einmal mehr, dass die Bürgerbeteiligung gesetzlich geregelt und langfristig mit ausreichenden finanziellen Mitteln ausgestattet werden muss, um sich entwickeln, festigen und zu einer dauerhaften Form der Peerocracy heranreifen zu können.

Wie es die Geschichte so will, erhielt die Überwachung der Polizei durch die Bürger eine zweite Chance in Chicago, und diesmal wurde sie gesetzlich verankert. Im Juli 2021 verabschiedeten Bürgermeisterin Lori Lightfoot und das Stadtparlament eine historisch einmalige Verordnung zur »Einrichtung eines unabhängigen Bürgerkomitees zur Überwachung der Polizei von Chicago, der internen Aufsichtsstelle und der Polizeibehörde«. Das Komitee besteht aus sieben Bürgern von Chicago, die von der Stadt ernannt werden. Es hat unter anderem das Recht, die Polizeidirektion mit Untersuchungen zu beauftragen, zusammen mit dem Stadtparlament die Leitung der internen Aufsichtsstelle zu ernennen und Budgetempfehlungen auszusprechen.[28] Die Verordnung sieht außerdem die Einrichtung von Stadtteilräten in sämtlichen Polizeibezirken der Stadt vor, deren Angehörige von den Bürgern gewählt werden. Anders als frühere Bürgerversammlungen haben diese Räte das Recht, über das Vorgehen der Polizei mitzuentscheiden.[29] Die Bürgerbeteiligung an der Polizeiaufsicht ist in vielen Ländern ein umstrittenes Thema und wird es auch in naher Zukunft bleiben. Doch wenn die Peerocracy in anderen Bereichen Fuß fasst und die Bürger direkter an der Verwaltung ihrer Angelegenheiten beteiligt sind, wird auch die Mitbestimmung in Fragen der öffentlichen Sicherheit unvermeidlich werden.

Unterschiede zwischen verteilter und dezentraler Ordnung

Die verteilte Peerocracy ist kein Ersatz für die repräsentative Demokratie, sondern vielmehr eine Vertiefung, die weitere Teile der Bevölkerung einbezieht. Frühe Experimente mit Bürgergremien werden in der Fachliteratur oft als »Dezentralisierung« bezeichnet, doch das trifft es nicht. Vielmehr handelt es sich bei den Bürgergremien um ein »verteiltes« Phänomen. Bei der partizipativen Haushaltsplanung, den Schulräten und der Beaufsichtigung der Polizei durch die Bürger tritt eine repräsentativ-demokratisch gewählte Regierung einen Teil der Aufgaben an die Bürgergremien ab und behält andere in ihrer Hand.

Das ist nicht ungewöhnlich. Länder wie die Vereinigten Staaten oder Deutschland sind föderale Republiken, in denen die Zuständigkeiten zwischen Bund, Ländern, Bezirken, Kreisen und Gemeinden verteilt werden. Keine dieser Ebenen steht für sich allein, alle greifen ineinander. Das Grundprinzip der Europäischen Union ist die sogenannte Subsidiarität, also die Verteilung der Macht zwischen der Union, den Mitgliedsstaaten und den Regionen. Dabei trägt jede Ebene zum Ganzen bei, je nachdem, welche Dimension gefragt ist, um die Funktionsfähigkeit der Gesellschaft als Ganzer zu wahren.

Der Politologe Archon Fung von der Harvard University und der Soziologe Erik Olin von der University of Wisconsin weisen darauf hin, dass es sich bei der Peerocracy nicht um eine Abtretung von Befugnissen handelt, sondern um eine Ausweitung der Demokratie und eine aktive Beteiligung der Bürger an der Gestaltung ihrer jeweiligen Gemeinschaft. Fung schreibt:

> Erstens ist die aktuelle institutionelle Struktur weder zentralisiert noch dezentralisiert. Regionalregierungen und Bürger genießen heute mehr Einfluss und Mitsprache als unter früheren hierarchischen Ordnungen, doch sie sind weiterhin auf zentrale Instanzen angewiesen und müssen ihnen Rechenschaft über Ergebnisse sowie die Korrektheit von Verfahren ablegen. Zweitens verschiebt sich die Rolle der Zentralmacht von einer Lenkung der regionalen Einheiten (wie dies in hierarchischen Systemen der Fall war) dahin, diese bei der eigenen Problemlösung zu unterstützen und die Einhaltung der Regeln von Entscheidungsverfahren und der Zielvorgaben zu überwachen. Drittens fördert die Unterstützung durch und Rechenschaft gegenüber dem Zentrum drei demokratische Ziele: Teilhabe, Beratung und Ermächtigung.[30]

Eine verteilte Demokratie ist eine neue Form der Demokratie, die die Bürgerbeteiligung an öffentlichen Angelegenheiten erweitert und vertieft, und neue, kollaborative Formen der Entscheidungsfindung verlangt. Mit diesen Verfahren erörtern Bürgergremien aktuelle Themen, treffen Entscheidungen und sprechen Empfehlungen aus, die informell umgesetzt werden oder in Gesetze einfließen. Die Peerocracy hat vieles mit den Praktiken der repräsentativen Demokratie gemeinsam, doch es gibt einige wesentliche Unterschiede – allen voran die Bedeutung der Konsensbildung. Auch der herkömmliche Entscheidungsprozess zielt auf Konsens, doch oft werden Entscheidungen opportunistisch ausgefeilscht, um widerstreitende Interessen zufriedenzustellen. Die Entscheidungsfindung der Peerocracy sucht dagegen zumindest theoretisch nach Einvernehmlichkeit. Nach Ansicht ihrer Befürworter sind Entscheidungen nur dann demokratisch legitimiert, wenn sie einen Konsens finden, der am ehesten dem Willen der Öffentlichkeit entspricht. Die üblichen Mehrheitsentscheidungen gelten dagegen eher als ein Zeichen dafür, dass der Prozess der politischen Willensbildung gescheitert ist. In diesem Sinne sind die öffentlichen Beratungen selbst oft genauso wichtig wie das Ergebnis. Dort müssen die beteiligten Bürger ihre Meinungen frei äußern können, sie müssen aber auch offen dafür sein, den Meinungen der anderen aufmerksam zuzuhören, um eine gemeinsame Lösung zu finden. Und wenn dies nicht möglich ist, müssen neue Möglichkeiten zur Erörterung des anstehenden Themas ausgelotet werden, um ihre Interessen auf eine Weise zusammenzubringen, die über die ursprüngliche Fragestellung hinausgeht.

So vernünftig das klingen mag, so schwer ist die Durchführung in der Praxis, vor allem in einer Welt der zahllosen widerstreitenden Stimmen. Doch genau das wird schließlich auch von Schöffen erwartet, wenn sie vom Gericht aufgefordert werden, sich die Beweise und widersprüchlichen Darstellungen von Staatsanwaltschaft und Verteidigung sehr genau anzuhören und dann in ihrer Beratung ein hoffentlich einvernehmliches Urteil zu fällen.

Aber wie geht man den sehr viel schwierigeren Prozess der Konsensbildung in einer Welt an, in der Millionen von Menschen in Tausenden Echokammern gefangen sind und nur eine Seite der Geschichte hören, die ihnen von Millionen anderen bestätigt wird, während alle anderen Sichtweisen ausgeblendet werden? Aus diesem Dilemma können wir uns nur befreien, wenn Bürger in ihren Vierteln zusammenkommen, in denen sie leben, arbeiten und ihre Freizeit verbringen, und sich über ihre Erfahrungen in der wirklichen Welt austauschen. Bürgerversammlungen ermöglichen die direkte, physische Begegnung von Menschen, die sich gemeinsam über ihre reale Alltagserfahrung verständigen und einvernehmliche Entscheidungen darüber treffen sollen, um das Leben ihrer Gemeinschaft zu verbessern.

Zumindest theoretisch ist wohl niemand gegen die Vorstellung von Bürgergremien, die mit den repräsentativ gewählten Volksvertretungen zusammenarbeiten. In der Praxis wird die Sache allerdings komplizierter. Die Peerocracy kennt viele Formen, doch in einer Zeit, in der unser Überleben davon abhängt, wie gut die Politik ihre neue Rolle als Hüter der Biosphäre annimmt, hängt der Erfolg dieser erweiterten Demokratieform entscheidend davon ab, die richtigen Verfahren zu finden.

Zwei Ansätze der Peerocracy

Im Jahr 2019 wurden sowohl in Großbritannien als auch in Frankreich Bürgerbeiräte eingerichtet, um Initiativen und Programme zur Klimakrise zu erörtern, die auf nationaler Ebene umgesetzt werden sollten. Andere Länder, die die Verantwortung ihrer Bioregionen in die Hände der Bürger legen wollen, können in diesen sehr unterschiedlichen Herangehensweisen Anregungen und Hinweise finden, was sinnvoll ist und was nicht. Die Politologin Claire Mellier von der Cardiff University und der Analyst Rich Wilson von der Osca Agency analysierten die beiden Projekte und veröffentlichten ihre Ergebnisse in der Fachzeitschrift *Carnegie Europe*.[31]

Beide Bürgerbeiräte wurden nach Protesten in Zusammenhang mit dem Klimawandel eingerichtet. Das französische Forum war eine Reaktion auf die Erhöhung der Besteuerung fossiler Kraftstoffe, die der Reduzierung der Treibhausemissionen dienen sollte. Die von Lastwagenfahrern angeführten Proteste blockierten wichtige Verkehrsadern des Landes und erschütterten die Regierung von Präsident Emmanuel Macron. Die Einberufung des britischen Bürgerbeirats folgte auf Demonstrationen der Umweltschutzbewegung Extinction Rebellion, die auf den Klimawandel aufmerksam machen will und dazu ebenfalls wichtige Verkehrsadern besetzte. Die Proteste führten im Frühjahr 2019 zur Forderung nach der Ausrufung des Klimanotstands durch das britische Parlament.

Jeder Bürgerbeirat setzte sich aus zufällig ausgewählten Bürgern zusammen, die einen repräsentativen Querschnitt der Bevölkerung darstellen sollten. In Großbritannien hatte der Rat 108 Angehörige, in Frankreich 150. Beide Bürgerbeiräte wurden in Arbeitskreise unterteilt, in Großbritannien zu den Themen Reisen, Haushalt, Konsum, Ernährung, Landwirtschaft und Landnutzung, in Frankreich zu Wohnen, Reisen, Essen, Konsum, Arbeit und Industrie. Beide legten Abschlussberichte und Empfehlungen zur Bekämpfung der Klimakrise vor, die deutlich weiter gingen als die gewählter Politiker. Darüber hinaus gab es auch große Unterschiede zwischen beiden Gremien.

Der französische Bürgerbeirat sah deutlich mehr Investitionen vor als der britische – zehnmal so viel, um genau zu sein. Vor allem aber sollten in Frankreich die Ergebnisse des Bürgerbeirats per Volksentscheid, Parlamentsbeschluss oder Dekret des Präsidenten in die Gesetzgebung eingehen, während in Großbritannien die Vorschläge des Bürgerbeirats lediglich Empfehlungscharakter hatten, auch wenn die Initiative von sechs Parlamentsausschüssen unterstützt wurde.

Nicht weniger aufschlussreich ist, wie die Agenda der beiden Bürgerbeiräte zustande gekommen war. Die Franzosen überließen die Leitfragen für die Diskussion im Beirat den Mitgliedern selbst, während in Großbritannien das Parlament die Agenda vorgab. Der französische Bürgerbeirat wurde dazu angehalten, die Öffentlichkeit zu suchen, Standpunkte in den Medien zu erörtern und Expertenmeinungen einzuholen. Das britische Gremium sollte dagegen unter Ausschluss der Öffentlichkeit debattieren und keine Meinungen von außen einholen.

Diese Unterschiede schlugen sich im Ergebnis nieder. Der französische Bürgerbeirat empfahl 149 Maßnahmen zum Klimawandel – deutlich mehr als der britische. Allerdings bot die britische Regierung ihrem Bürgerbeirat mehr technische Unterstützung in Form von Experten und professionellen Moderatoren, während der Prozess in Frankreich offener verlief und die Teilnehmer selbst die Diskussion lenkten und Konsens suchten.

Diese beiden sehr unterschiedlichen Herangehensweisen an Bürgerbeiräte haben ihre Stärken und Schwächen. Der französische Ansatz räumt den Bürgern größere Spielräume ein und macht die Peerocracy zu einer quasi formellen Ergänzung der Regierung. Der britische Ansatz mit seiner Unterstützung durch Experten und Moderatoren straffte dagegen die Arbeit des Bürgerbeirats. Mit einer Kombination von beidem können Bürgergremien zu einer sinnvollen lateralen Ergänzung der formellen Demokratie werden.

Starthilfe für die Revolution

Haushalt, Bildung und innere Sicherheit gehören zu den zentralen Aufgaben jeder Regierung. Nach zwei Jahrhunderten der repräsentativen Demokratie sind die Bürger in aller Welt jedoch enttäuscht, weil sie überzeugt sind, dass die Politik ihren Interessen, Anliegen und Wünschen keine Beachtung schenkt. Die Entfremdung und der Vertrauensverlust der repräsentativen Demokratie fallen mit einem Zeitpunkt zusammen, an dem die Menschheit vor der größten Herausforderung ihrer Geschichte steht – dem Überleben auf einem verwildernden Planeten.

Vor dem Hintergrund des Klimawandels erhalten die Diskussionen um die Demokratie eine viel umfassendere politische Bedeutung. Auf jeder Ebene muss eine politische Agenda aufgestellt und umgesetzt werden, die ganz der Verantwortung für die Bioregion und der flexiblen Anpassung an Klimakatastrophen gewidmet ist. Im Anthropozän muss jeder Aspekt der Demokratie im Hinblick auf die Entwicklung einer resilienten Gesellschaft neu gedacht werden.

Ein Neudenken der Demokratie in diesem Maßstab erfordert die aktive Teilnahme der gesamten Gesellschaft. Weder repräsentativ gewählte Zentralregierungen noch dezentrale und isoliert arbeitende Regionalregierungen sind imstande, die gewaltigen Aufgaben zu lösen, die auf uns zukommen. Nur eine paritätisch verteilte Bürgerregierung, die als Bindeglied zwischen Lokalbereich und Bioregion, Zivilgesellschaft und Regierung vermittelt, kann gewährleisten, dass die Gesellschaft ihre ganze Kraft auf die Bewältigung des Klimawandels verwendet.

Bis vor Kurzem beschränkte sich die Reaktion der Öffentlichkeit nach Klimanotfällen auf kurzfristige spontane Hilfsleistungen, meist durch Organisationen der Zivilgesellschaft. Seit die Klimakatastrophen jedoch an Häufigkeit und Heftigkeit zunehmen, werden aus diesen spontanen Reaktionen festere Einrichtungen in Form von Bürgerorganisationen, die mit den Regionalbehörden zusammenarbeiten, gemeinsam aus den Erfahrungen der Vergangenheit lernen und sich auf künftige Notfälle vorbereiten. Diese zunehmend institutionalisierten Bürgergruppen werden sich in den kommenden Jahren und Jahrzehnten weiterentwickeln und zu einer Verbreiterung der Demokratie beitragen, die vom unmittelbaren Lokalbereich ausgehend die gesamte Bioregion erfasst.

Ob unsere Anpassung an den Klimawandel erfolgreich verläuft oder nicht, hängt davon ab, inwieweit jede Kommune und Gemeinschaft eine resiliente Infrastruktur aufbauen kann, die die Erde wiederbelebt und uns eine neue Chance gibt, unsere Nische auf unserem Planeten zu finden. Die emissionsfreie Technologie der dritten industriellen Revolution ist die Infrastruktur, mit der die Menschheit die Prioritäten der Demokratie erneuern und sie auf Bioregionen und Kontinente ausweiten kann. Bürgerbeteiligung gibt die Verantwortung für die Allmende an die Gemeinschaft zurück und macht die Bürger zu Hütern ihrer Bioregionen. Ohne eine verteilte resiliente Infrastruktur ist die bioregionale Demokratie dagegen unmöglich, und ohne verteilte Demokratie können Bioregionen nicht ausreichend geschützt werden.

Die Menschheit hat sich als eine der widerstandsfähigsten Spezies des Planeten erwiesen und sich im Laufe ihrer Geschichte immer wieder an heftige Klimaschwankungen angepasst, von Eiszeit zu Warmzeit und wieder zurück. Unsere Gene sind dieselben geblieben, doch unsere kognitiven Fähigkeiten haben sich weiterentwickelt, weshalb wir die Kräfte, an die wir uns anpassen müssen, heute besser verstehen als unsere Vorfahren.

Wir können die Zukunft der Menschheit nur sichern und die Gewalt, die wir der Erde angetan haben, rückgängig machen, indem wir die Demokratie auf den Boden holen, auf dem wir stehen, und an die Orte, an denen wir leben, und indem wir ein scharfes Auge und feines Ohr für unsere Bioregionen entwickeln. Wir müssen nicht zum

Lebensstil der Jäger und Sammler zurückkehren. Wir müssen uns jedoch bewusst dafür entscheiden, in die Gemeinschaft des Lebens zurückzukehren und uns mit unseren neuen Technologien und unserem Verständnis von komplexen Systemen neu an unseren Heimatplaneten anpassen. Das bedeutet Resilienz. Nur dann bekommen wir eine neue Chance, in ganz neuer Form zur Blüte zu gelangen. Der erste Schritt ist das Bekenntnis der gesamten Menschheit zur peer-demokratischen Verantwortung für unsere Bioregionen und zur Hege und Heilung oder ökologischen Allmende, die wir gemeinsam mit unseren Mitlebewesen bewohnen. Dazu müssen wir eine zentrale, in unserer Biologie angelegte Eigenschaft mobilisieren: unsere Fähigkeit zum tiefen Mitgefühl mit anderen Lebewesen. Indem wir andere Lebewesen in unser Mitgefühl einbeziehen, schlagen wir ein neues Kapitel auf, das uns zurück in den Schoß der natürlichen Welt führt.

KAPITEL 13

DAS BIOPHILE BEWUSSTSEIN

Als Leiterin der Kinderpsychiatrie des Bellevue Hospitals in New York fiel Lauretta Bender auf, dass mit den Kindern in ihrer Abteilung etwas nicht stimmte. Sie waren auf geradezu unheimliche Weise menschenfeindlich. Im Jahr 1941 schrieb sie in einem Fachartikel über die Kinder:

> Sie zeigen keinerlei Spielverhalten. Sie können nicht in der Gruppe spielen, sondern beleidigen andere Kinder, klammern sich an Erwachsene und bekommen einen Tobsuchtsanfall, wenn sie mit anderen Kindern kooperieren sollen. Sie sind hyperaktiv und leicht ablenkbar; sie haben kein Verständnis von zwischenmenschlichen Beziehungen und ... verlieren sich in destruktiven Fantasien, die gegen die Welt und sich selbst gerichtet sind.[1]

Bender fragte sich, ob dieses Verhalten das Ergebnis von mangelnder elterlicher Zuwendung sein könnte.

»Nehmen Sie ein Kind in den Arm«

Damals ging man in der Wissenschaft davon aus, dass Kinder mit einem angeborenen Bedürfnis nach Autonomie zur Welt kommen, passend zu der Weltsicht, dass Autonomie und Freiheit zwei Seiten derselbe Medaille seien. Unter Ärzten und Pädagogen war die Vorstellung verbreitet, je eher ein Kind entwöhnt werde, umso besser angepasst sei es. Die Mitarbeiter von Kliniken und Waisenhäusern sollten die Kleinkinder so füttern, dass sie keinerlei körperlichen Kontakt zu ihnen hatten. Sie durften sie nicht in den Arm nehmen oder liebkosen, um keine lebenslange Infantilisierung zu riskieren, wie es hieß.

Der amerikanische Psychologe John B. Watson, einer der Pioniere des Behaviorismus, behauptete in den 1920er Jahren, es schade dem Autonomiebedürfnis eines Kindes, wenn man es verwöhnte. Sein Rat an junge Mütter war:

> Behandeln Sie Ihr Baby, als wäre es ein junger Erwachsener, kleiden und baden Sie es mit Sorgfalt und Umsicht. Verhalten Sie sich stets objektiv und mit freundlicher Festigkeit. Umarmen und küssen Sie Ihr Kind nicht, lassen Sie es nicht auf Ihrem Schoß sitzen. Wenn es sein muss, geben Sie ihm einen Gutenachtkuss auf die Stirn. Geben Sie ihm morgens zur Begrüßung die Hand. Tätscheln Sie seinen Kopf, wenn es eine schwierige Aufgabe außergewöhnlich gut gemeistert hat.[2]

Obwohl die Kinder in Bellevue und anderen staatlichen Einrichtungen gut versorgt waren, starben sie in Scharen. Besonders in Waisenhäusern war die Sterblichkeit während der ersten beiden Lebensjahre hoch. Die Ärzte konnten sich das nicht erklären und bemühten einen mysteriösen Zustand namens »Heimkrankheit«.[3] Damals übernahm Harry Bawkin die Leitung der Kinderabteilung von Bellevue. Besonders fiel ihm eine »Kiste mit Öffnungen für die Hände« auf, in die die Mitarbeiter die Kinder legten und behandelten, ohne sie direkt berühren zu müssen.[4]

Bawkin war überzeugt, dass den Kindern die Berührungen und Zärtlichkeiten fehlten. Ihnen wurde jede menschliche Zuwendung vorenthalten. Also hängte er in der ganzen Abteilung Schilder auf, auf denen stand: »Nehmen Sie beim Betreten der Abteilung ein Kind in den Arm.«[5] Die Zahl der Erkrankungen und Todesfälle ging sofort zurück und den Kindern ging es besser.

Erst in den 1950er Jahren wurde diese Praxis auch von der Wissenschaft bestätigt. In drei Fachartikeln stellte der britische Psychiater John Bowlby seine neue Theorie der Kindesentwicklung auf, die er als »Bindungstheorie« bezeichnete. Nach Ansicht von Bowlby war der entscheidende Trieb der Kinder nicht die Autonomie, sondern die Suche nach Zuneigung und Bindung. Bowlby schrieb:

> [Das Kleinkind] unterscheidet rasch zwischen Vertrauten und Fremden, aber unter den Vertrauten hat es einen oder mehr Lieblinge. Sie begrüßt es freudig, ihnen folgt es, wenn sie fortgehen, und sie sucht es, wenn sie nicht da sind. Ihr Abschied verursacht Angst und Leid, ihre Rückkehr Erleichterung und ein Gefühl der Sicherheit. Auf dieser Grundlage baut sein übriges Gefühlsleben auf, und ohne diese Grundlage sind sein künftiges Glück und seine Gesundheit in Gefahr.[6]

Die Sache hat allerdings einen Haken. Das Kleinkind sucht zwar die emotionale Bindung zu Erwachsenen, doch es will auch die Welt erforschen – immer in dem Wissen, dass es in den sicheren Hafen der Bindungsperson zurückkehren kann. Bowlby weiter:

> Kinder und andere Jungtiere sind bekanntermaßen neugierig und wissbegierig, weshalb sie sich von der Bindungsperson entfernen. Dieses Explorationsverhalten steht im Gegensatz zum Bindungsverhalten. In gesunden Kindern wechseln sich diese beiden Verhaltensweisen in der Regel ab.[7]

Bowlby kommt zu dem Schluss, dass die Bindungsperson »ausreichend gut« sein muss: Sie muss das Bindungsverhalten des Kindes intuitiv und wohlwollend verstehen und bereit sein, darauf einzugehen: gleichzeitig muss sie wissen, dass eine der wichtigsten Ursachen für den Zorn des Kindes die Enttäuschung dieses Bedürfnisses nach Liebe und Zuwendung ist, und dass dahinter die Ungewissheit steckt, ob die Bindungsperson weiterhin verfügbar sein wird. Genauso wichtig ist jedoch die Anerkennung des kindlichen Bedürfnisses, die Welt zu erforschen und eigene Beziehungen zu Gleichaltrigen und anderen Erwachsenen aufzubauen.[8]

Wenn Eltern eine sichere Bindung herstellen und dem Kind gleichzeitig die Möglichkeit geben, seine Welt zu erforschen und unabhängig zu werden, dann entwickelt es die emotionale Sicherheit, die nötig ist, um eigene Beziehungen aufzubauen. Wenn die Bindungsperson das Kind erstickt oder wenn sie nicht ausreichend verfügbar ist, dann bleibt es in seiner Ich-Entwicklung zurück und ist nicht zu reifen emotionalen Beziehungen zu anderen Menschen in der Lage. Schlimmer noch, wenn Eltern das Kind zurückweisen oder körperlich misshandeln, wächst es mit einer konstanten Angst auf, wird aggressiv, zeigt neurotische und phobische Tendenzen bis hin zu psychotischen und soziopathischen Verhaltensweisen. Beim Übergang ins Erwachsenenalter kann es diese Angst ausleben, indem es völlige Autonomie sucht und jede emotionale Bindung meidet.

Empathie und Bindung

Seit Bowlbys Beobachtungen zur Rolle des Bindungsverhaltens in der kindlichen Entwicklung haben Kognitionsforscher, Neuropsychologen und andere Wissenschaftler die neurologischen Grundlagen der Empathie beim Menschen erforscht. Dabei haben sie festgestellt, dass im Kern unseres Wesens – das, was uns so besonders macht – die angeborene Fähigkeit zum Mitgefühl mit »dem anderen« steht.

Wenn auf der Kinderstation ein Baby weint, dann fangen spontan auch andere an, obwohl sie gar keinen Grund haben – sie fühlen das Leid eines anderen wie ihr eigenes. Dieser Impuls der Empathie ist zwar in unserem Gehirn angelegt, doch seine weitere Entwicklung hängt von der Zuwendung der Bindungspersonen ab und später auch von der Zuwendung durch Geschwister, Verwandte, Lehrer und andere, zu denen wir eine Bindung entwickeln.

Die Bindung eines Kindes an eine Bindungsperson ist der erste Akt im Leben eines Neugeborenen. Wenn diese Bindungsperson nicht in der Lage ist, mit dem Leid oder der Freude des Kindes mitzufühlen und dieses Mitfühlen durch Zuwendung und aktive Unterstützung des Kindes bei seiner Menschwerdung – also bei der Entwicklung zu einem mitfühlenden und sozialen Wesen – zum Ausdruck zu bringen, dann bleibt das Kind zeitlebens in seiner Entwicklung zurück. Es ist nicht in der Lage, zu einem sozialen Lebewesen heranzureifen, das Solidarität mit seinen Mitmenschen und Mitlebewesen empfindet.

Die Entwicklung der Empathie ist eng verbunden mit dem Bewusstsein des Kindes von Sterblichkeit und Tod. Ihre erste Ahnung vom Tod bekommen Kinder im Alter von fünf bis sieben Jahren. Allmählich wird ihnen klar, dass die Menschen, die sie lieben, eines Tages sterben werden, und dass sie eines Tages dasselbe Schicksal ereilen wird. In diesem Moment seiner Entwicklung dämmert dem Kind der wichtigste Aspekt des Lebens – seine Vergänglichkeit. Diese Ahnung befördert sein Mitgefühl. Wenn wir das Leid und die Freude anderer erleben wie unsere eigene, dann regt sich in unserem Gehirn ein empathischer Impuls und wir erkennen emotional und kognitiv an, dass der andere genauso verwundbar ist und genauso nach Glück strebt wie wir selbst. Unsere emotionale Solidarität ist der tiefste Ausdruck unserer Verbundenheit als Mensch, der dieselbe Bürde und denselben Segen der Sterblichkeit kennt. Mit unserem Mitfühlen bringen wir zum Ausdruck, dass wir Mitreisende sind, die auf dieser unbeschreiblichen Reise des Lebens einen Moment lang hier und füreinander da sind.

Im Paradies oder in einer Fantasiewelt gäbe es keine Empathie, denn es gäbe keine Sterblichkeit und kein Leid, und das Streben nach Glück wäre kein Kampf. Dort wäre alles perfekt, das Leben hätte weder Makel noch Härten, aber auch keine Momente des Glücks oder Leids. Unsterblichkeit hat keinen Platz für Empathie.

Bowlby verstand den Zusammenhang zwischen einer »ausreichend guten« elterlichen Fürsorge und der Entwicklung der Empathie bei Kindern sowie der Folgen für ihr späteres Leben. Seine Theorien wurden seither in zahlreichen Untersuchungen bestätigt. Heute wissen wir, dass »die Aktivierung der Bindungssicherheit empathische Reaktionen fördert«,[9] wie es in einem Übersichtsartikel über die Forschung heißt. Der Bericht stellt Untersuchungen zusammen, aus denen hervorgeht, dass Kinder, die keine ausreichende Fürsorge erhalten und Bindungen meiden, weil sie Angst haben, dass die Nähe zu anderen nicht erwidert wird, oder die Bindungsangst entwickeln, weil sie fürchten, zurückgewiesen oder verlassen zu werden, keine emotionalen Reserven haben, um Mitgefühl mit anderen zu entwickeln, weil sie zu sehr in ihr eigenes Gefühl der Zurückweisung und des Verlassenseins verstrickt sind.

Im Mittelpunkt von Bowlbys Arbeiten standen die Mütter als wichtigste Bindungsperson des Kindes. Doch Untersuchungen aus anderen Gesellschaften und sich wandelnden demografischen Verhältnissen zeigen, dass auch Väter, ältere Geschwister und weitere nahe Verwandte zu diesen Bezugspersonen gehören. In Jäger-und-Sammler-Gesellschaften, die nach wie vor die Messlatte für die Erziehung der Kinder zur Anpassungs- und Widerstandsfähigkeit gegenüber der Natur sind, wird diese Aufgabe oft gemeinsam vom erweiterten Familienkreis übernommen. Die heutigen Kibbuzim in Israel sind ein modernes Beispiel für die gemeinsame Fürsorge und Kindererziehung.

Wenn »ausreichend gute« Fürsorge für Kinder der Schlüssel ist, um folgende Generationen widerstandsfähig gegen Widrigkeiten und zu Bannerträgern des Zeitalters der Resilienz zu machen, dann müssen wir einer besorgniserregenden Realität ins Auge sehen. Was Wissenschaftler amerikanischer und britischer Universitäten bei einer Untersuchung zu Elternbindung bei Kindern herausfanden, ist wenig ermutigend. Sie beobachteten, dass Kinder mit unsicher vermeidender oder ambivalenter Bindung besonders häufig Verhaltensprobleme aufweisen, schlechte schulische Leistungen zeigen oder die Schule abbrechen. Und sie stellten fest, dass Kinder ohne starke elterliche Bindung als Erwachsene eher aggressiv, trotzig und hyperaktiv sind.[10]

Daneben besteht ein enger Zusammenhang zwischen ungenügendem Bindungsverhalten und einer Kindheit in Armut, in der Eltern täglich mit Hoffnungslosigkeit und Angst leben und oft nicht wissen, ob die Familie Essen auf dem Tisch oder ein Dach über dem Kopf haben wird. Es ist schwer, sich vorzustellen, woher Eltern unter diesen Umständen die emotionalen Reserven nehmen sollen, um ihren Kindern zuverlässig fürsorgliche Bindungspersonen zu sein. Die Psychologin Susan Campbell beschreibt, wie Armut über Generationen hinweg der elterlichen Fürsorge und der kindlichen Entwicklung schadet: »Wenn die Bindungspersonen von ihren eigenen Schwierigkeiten überfordert werden, lernen die Kinder eher, dass die Welt kein sicherer Ort ist, und werden zu emotional bedürftigen, frustrierten, bindungsunfähigen und desorganisierten Menschen.«[11]

In einer repräsentativen Untersuchung von 14 000 im Jahr 2001 in den Vereinigten Staaten geborenen Kindern stellten Wissenschaftler fest, dass 60 Prozent eine »starke Elternbindung« entwickelt hatten. Besorgniserregend sind jedoch die 40 Prozent, die ohne diese Bindung aufwuchsen und ein Leben lang an den psychischen Folgen tragen werden.[12]

Bowlby und seine Kollegin Mary Ainsworth, die seine Arbeiten mit rigorosen wissenschaftlichen Verhaltensforschungen fortsetzte, konzentrierten sich vor allem auf die frühe Kindheit, wenn sichere oder unsichere Bindung ihre ersten Spuren hinterlassen. Wissenschaftler verschiedener Fachgebiete untersuchten die Bedeutung anderer Bindungspersonen in verschiedenen Lebensphasen. Partner, Freunde, Lehrer, Mentoren, Therapeuten, Arbeitgeber und andere übernehmen häufig die Rolle von Bindungspersonen, sie bestätigen oder verändern frühere Bindungsmuster und haben Einfluss auf die Bindungssicherheit und die Empathie eines Menschen.

Der mitfühlende Impuls ist jedoch nicht auf die Erziehung eines Menschen und eine Abfolge von Bindungspersonen im Laufe eines Lebens beschränkt. Empathie entwickelt sich auch im Laufe der Menschheitsgeschichte und hängt eng mit der Evolution einer Gesellschaft und dem Aufstieg und Niedergang von Zivilisationen zusammen – ein gesellschaftliches Gebiet, das von Sozialwissenschaftlern bislang vernachlässigt wurde.

Der Umstieg einer Gesellschaft auf eine neue Infrastruktur hat auch Auswirkungen auf die Empathie dieser Gesellschaft. Die Infrastruktur einer Zivilisation geht Hand in Hand mit einem unverwechselbaren wirtschaftlichen Paradigma, einer neuen gesellschaftlichen Ordnung, einer neuen Herrschaftsform und einem ökologischen Fußabdruck sowie bestimmten Weltanschauungen. Die neue Infrastruktur ermöglicht eine weitere empathische Bindung und ein emotionales Band zwischen verschiedenen Teilen der Bevölkerung, die in und mit dieser neuen Infrastruktur leben und arbeiten. Diese nicht miteinander verwandten Menschen verstehen sich als sozialer Organismus und eine Art fiktiver Familie, in denen sie einander mit derselben Empathie begegnen wie ihren Blutsverwandten.

Jäger und Sammler lebten in kleinen isolierten Verbänden mit zwanzig bis hundert Angehörigen, die hin und wieder in größeren Verwandtschaftsgruppen interagierten. In ihren Vorstellungen und Ritualen gab es so gut wie keine Götter. Sie verehrten vor allem ihre verstorbenen Ahnen, und ihre Weltsicht war animistisch. Ihre Bindungsfähigkeit und Empathie war stark, blieb jedoch beschränkt auf ihre kleine Gruppe von Blutsverwandten und ihre etwas größere Gruppe von entfernteren Verwandten. Andere Gruppen, die gelegentlich ihren Weg kreuzten, betrachteten sie vermutlich als Nichtmenschen oder Dämonen.

Mit dem Übergang zur Landwirtschaft und Sesshaftigkeit vor rund 10 000 Jahren kam die sichere Bindung an regionale Gottheiten, die in Bergen, Erde, Flüssen und Seen lebten und deren Wohlwollen man sich erhalten musste. Die Empathie reichte selten über den Rand der kleinen bäuerlichen Gemeinschaften im Tal oder der Fischergemeinschaften an einem Uferstreifen hinaus.

Vor etwa 6 000 Jahren machte die Empathie einen Sprung mit dem Aufstieg der großen landwirtschaftlichen Kulturen an den Ufern des Euphrat, Tigris und Nil im Nahen Osten, im Tal des Indus im heutigen Indien und in den Tälern des Jangtse und des Gelben Flusses in China. Menschen kamen aus großen Regionen zusammen, um die gewaltigen Bewässerungsanlagen zu bauen und zu nutzen und eine groß angelegte landwirtschaftliche Produktion zu ermöglichen.

Bewässerungstechniken wurden erfunden, um die jahreszeitlichen Überschwemmungen zu bändigen, Wasser aufzufangen und während der Pflanzzeit auf die Felder zu verteilen, ausreichend Nahrung für den Moment zu haben und gewaltige Vorräte zur späteren Verwendung anzulegen. Diese Kulturen basierten auf technischen Meisterleistungen wie Kanälen, Dämmen, Bewässerungssystemen, königlichen Kornkammern und Straßen, überwacht von einer zentralen Bürokratie von Technikern, die die Massen der versklavten Arbeiter kontrollierten.

In dieser sogenannten Achsenzeit entstanden auch die großen Weltreligionen wie Hinduismus, Buddhismus, Taoismus und Judentum, die zu neuen Bindungsfiguren wurden. Sie markieren den Wandel vom animistischen zum religiösen Bewusstsein. Die Religionen der Achsenzeit verwandelten Hunderttausende nicht miteinander verwandte Menschen in Anhänger einer neuen gemeinsamen Bindungsfigur und ermöglichten es ihnen, sich als Teil einer fiktiven Großfamilie zu verstehen, der sie Treue und Ergebenheit schuldeten und mit der sie Empathie empfinden konnten.

Stellen Sie sich vor, was die Abermillionen Migranten empfunden haben müssen, die aus ihren fernen Dörfern ins Hunderte Kilometer entfernte Rom aufbrachen und sich in den Vororten der Hauptstadt des Imperiums niederließen. Sie hatten das Land ihrer Väter und Götter hinter sich gelassen, lebten allein in einer Stadt mit mehreren Millionen Einwohnern und fanden dort eine neue Bindungsfigur in Jesus Christus und dem Christentum, einem Kult, der im Jahr 313 von Kaiser Konstantin als Religion zugelassen wurde. Für die Frühchristen des ersten Jahrhunderts war dieser Christus eine Vaterfigur, der seine Herde vom Himmel aus behütete und jedem Gläubigen seine Liebe schenkte. Christen küssten einander zum Gruß auf die Wange, sie nannten einander Bruder und Schwester und Gott ihren liebenden Vater. Die Empathie wurde auf diese neue fiktive Familie ausgeweitet.

Wenn die Jäger und Sammler der Steinzeit das animistische Bewusstsein hervorbrachten und die landwirtschaftlichen Zivilisationen das religiöse Bewusstsein, dann bescherte uns das Industriezeitalter das ideologische Bewusstsein. Das Zeitalter glaubte, dass Wissenschaft, Technik, Industrie und Kapitalismus das Paradies auf Erden einläuten würden. Diese materialistische Utopie war mit verschiedenen Spielarten des ideologischen Bewusstseins unter den Bannern von Demokratie, Sozialismus, Faschismus und Kommunismus verknüpft.

Doch auch das ideologische Bewusstsein benötigte ein Narrativ, um Massen höchst unterschiedlicher Menschen zu einer gesellschaftlichen Organisation zu bündeln. Der Aufstieg der industriellen Infrastruktur im Europa und den Vereinigten Staaten des ausgehenden 18. Jahrhunderts und die Ausweitung von regionalen zu nationalen Märkten brachte den Nationalstaat hervor. Die Bevölkerung dieser Staaten bestand jedoch meist nicht aus einer einzigen ethnischen Gruppe, sondern war ein Gemisch von Gruppen mit eigenen Sprachen, Dialekten, Kulturen, Mythen und Bindungsfiguren. Deshalb begannen die neuen Nationalstaaten massive Indoktrinierungsprogramme, um das bunte Gewimmel von Menschen zu Bürgern zu formen, sie zu ihrer Ideologie zu bekehren und sie zu Hütern der Nation zu machen.

Wie in Kapitel 4 gesehen, entwickelte jede Nation ihre einheitliche Volkssprache. Sie richtete ein Schulwesen mit einem Lehrplan ein, der dieser Nation huldigte, und erfand Feiertage, die – oftmals fiktive – vergangene Ereignisse begingen, um ein gemeinsames Band zu knüpfen. Einige wenige Generationen reichten aus, um eine italienische, deutsche, spanische oder französische Kultur zu erschaffen, mit der Nation als wichtigster Bindungsfigur. Im Namen von »Volk und Vaterland« wurden die Massen in patriotischen Ritualen gedrillt und schworen der Nation ihre Treue. Das Ergebnis sind Generationen von Bürgern, für die der Nationalstaat eine verlässliche Bindungsfigur ist. Die Bürger erkennen einander als Großfamilie, mit der sie mitfühlen und für die sie im Ernstfall sogar sterben. In den folgenden zwei Jahrhunderten verloren in Europa Millionen von Menschen ihr Leben, um ihre fiktive Großfamilie zu schützen und der überragenden Bindungsfigur des Vaterlands ihre Treue zu beweisen.

Die Philosophinnen Nelli Ferenczi von der Brunel University in London und Tara Marshall von der McMaster University in Toronto gehörten zu den ersten, die die Bindung an die Nation erforschten.

Sie kamen zu ähnlichen Ergebnissen wie Bowlby und andere Psychologen, die ein halbes Jahrhundert zuvor die Elternbindung untersucht hatten. Die Forscherinnen befragten 232 Freiwillige zwischen 16 und 65 Jahren, je etwa zur Hälfte Männer und Frauen. 35 Prozent der Befragten gaben an, nicht in ihrem Geburtsland zu leben.[13] Dabei stellten die Forscherinnen fest, dass die Bindung an ein Land psychisch ähnlich funktioniert wie die Elternbindung von Kindern. Die Teilnehmer fielen in drei Gruppen: Die eine Gruppe war erfolgreich in die Gesellschaft integriert, egal ob die Teilnehmer in dem Land geboren oder zugewandert waren, sie identifizierten sich mit seiner Erzählung und fühlten sich dort geborgen. Sie sahen sich als Teil einer fiktiven Großfamilie und wiesen alle Anzeichen einer Bindung auf. Die anderen hatten entweder das Gefühl, dass die Bindungsfigur – der Staat – abwesend war oder dass er sie zurückwies. Analog zu den von Bowlby und Ainsworth beobachteten Verhaltensweisen fühlten sie sich ängstlich, nervös, verlassen und allein. Typische Antworten waren: »Ich habe Angst, von meinem Land im Stich gelassen zu werden« oder »Es ist mir wichtig, unabhängig von meinem Land zu sein«.[14]

Das animistische, das religiöse und das ideologische Bewusstsein liefern große Rahmenerzählungen, mit deren Hilfe sich die Menschheit ihre Existenz erklärt – Geburt, Leben, Tod und Jenseits, unser Geist und unsere Triebe, unsere Pflichten und Beziehungen. Jede steht außerdem für einen ganz eigenen Umgang der Menschheit mit Wirtschaft, Politik und Natur.

Historiker und Anthropologen interessieren sich für die wesentlichen technischen Infrastrukturen, die zahllose Menschen zu einer Familie mit unterschiedlichen Rollen und Aufgaben zusammengeführt haben, um die Schätze der Erde auszubeuten. Weniger Beachtung schenken sie der Tatsache, dass die Revolutionen der Infrastruktur, die uns zum Beispiel die landwirtschaftliche und die industrielle Revolution beschert haben, auch die Reichweite unserer Empathie von Blutsbanden über religiöse Bande bis zur ideologischen Identifikation immer weiter ausdehnt haben. Allerdings haben die neuen Infrastrukturen und die damit einhergehenden Bande der Empathie neue Grenzen geschaffen und neue Grenzen aufgeworfen, oft mit furchtbaren Folgen: Kriege, Massenmorde und immer neue Formen der Diskriminierung.

Jede neue Ausweitung des Mitgefühls brachte die Evolution der Empathie weiter voran, sie führte zu religiöser Toleranz, Abschaffung der Sklaverei, Ächtung der Folter, Ahndung des Völkermords, Fortschritt von Demokratie und Menschenrechten und neuerdings auch Gleichstellung der Geschlechter und sexuellen Orientierungen. Diese Fortschritte wurden möglich durch die zunehmende Vernetzung der Menschheit durch integrierende Infrastrukturen, die die Menschen einander immer näher bringen, im Verbund mit empathischen Bindungen, die immer vielfältigere Gruppen zu fiktiven Großfamilien zusammenführen.

Was nicht heißen soll, dass die Menschheit nicht auch weiterhin Fehler machen und Rückschläge erleiden wird. Jeder neue Fortschritt der Infrastruktur, der immer mehr Menschen zu fiktiven Großfamilien mit größerer empathischer Identifikation zusammenbringt, ist gleichzeitig eine Gefahr für schwindende Kollektive – Clans, Stämme, Religionen oder Ideologien. Diese früheren Bande verschwinden nicht einfach, sondern existieren weiter, wenngleich in eingeschränktem Maße. Diese kulturellen Bindungen, die scheinbar der Vergangenheit angehören, bleiben am Leben und können sich jederzeit wieder erheben.

Unsere Bindungsfähigkeit und Empathie haben sich zwar in großen Sprüngen entwickelt und gleichzeitig immer wieder Rückschritte in die finstere Vergangenheit erlebt. Doch auf neurologischer Ebene bleibt der empathische Geist lebendig, und es besteht kein Zweifel, dass er die Menschheit nun auf die nächste Ebene der mitfühlenden Revolution hebt – hoffentlich rechtzeitig für uns und unsere Mitlebewesen.

Eine jüngere Generation befreit sich heute von religiösen und ideologischen Banden und begreift sich als neue und umfassendere biologische Familie. Heute regt sich das biophile Bewusstsein, das die zentrale Erzählung des Zeitalters der Resilienz sein wird, in dem die Menschheit lernt, mit ihren Mitlebewesen zu fühlen.

Ein neuer Bund mit der Natur

Die Ausgangssituation. Das biophile Bewusstsein – die Ausweitung der Empathie auf unsere Mitlebewesen – ist mehr als nur eine Empfehlung oder ein Wunsch. Wenn wir es nicht schaffen, unser Mitgefühl auf unsere wahre Großfamilie von Mitlebewesen auf diesem Planeten ausdehnen, dann wird der Klimawandel uns allen ein quälendes Endspiel bereiten. Nur durch eine tiefe und mitfühlende Identifikation mit unseren Mitlebewesen können wir darauf hoffen, unsere eigene Zukunft zu sichern.

Aber die Biophilie kommt nicht allein, sondern im Paket. Die neue resiliente digitale Infrastruktur und die mit ihr einhergehende Vernetzung verleiht der Menschheit die Reichweite, die wir brauchen, um eine paritätische demokratische Ordnung in Bioregionen und Ökosystemen zu ermöglichen. Der Übergang zur bioregionalen Demokratie bringt die Bürger wieder in engeren Kontakt zur Biosphäre, die sie und ihre Mitlebewesen bewohnen. Das ist entscheidend, denn die Macht der Empathie liegt auch in der räumlichen Nähe der Erfahrung. Bioregionale Demokratie und peer-demokratische Verantwortung für regionale Ökosysteme bringen uns in direkten Kontakt mit unseren Mitlebewesen, wo die Empathie ihre Macht entfalten kann.

Wer die engere Beziehung zwischen Menschen und Ökosystemen für unwahrscheinlich oder gar eine romantische Fantasie hält, dem sei verraten, dass diese Beziehung auch ohne unser Zutun immer enger wird, ob wir das wollen oder nicht. Mit den Klimakatastrophen und der Verwilderung der Erde und ihren fatalen Folgen für den Alltag der Menschen dringt die Natur mit Macht in unser Leben vor und wird zu einer allgegenwärtigen Kraft in sämtlichen Lebensbereichen – in Arbeit, Freizeit, Alltag und Zukunftsplanung. Wie können wir unsere Kinder auf ein Leben auf einem verwildernden Planeten vorbereiten?

Im Jahr 2019 veröffentlichten europäische Psychologen einen detaillierten Forschungsüberblick über den Zusammenhang von Bindung in der Kindheit auf der einen Seite und Angepasstheit und Resilienz auf der anderen. Dabei fanden sie heraus, dass es vor allem von der Fürsorge der Eltern oder Bindungspersonen abhängt, ob sich ein Kind erfolgreich an eine von Verwerfungen und Umbrüchen gekennzeichnete Welt anpasst und widerstandsfähig wird. Die Forschungsliteratur ist sich einig, »dass Resilienz von zwei entscheidenden Faktoren abhängt: Widrigkeit und positiver Anpassung«. Dabei ist »sichere Bindung eine Voraussetzung für positive Anpassung«.[15]

Um in Zukunft bestehen zu können, müssen wir die Angst vor der existenziellen Gefahr des Klimawandels überwinden und uns anpassen. Die Ausweitung der Empathie – die biophile Bindung – auf unsere Mitlebewesen ist die wichtigste Kraft des Zeitalters der Resilienz. Was uns wieder zur Bindung zurückbringt, ist in diesem Fall die Bindung an einen bestimmten Ort.

Die Bindungstheorie wurde in Zusammenhang mit einer Reihe soziologischer Phänomene erforscht, unter anderem mit religiöser und ideologischer Zugehörigkeit. Ortsbindung wurde dabei weniger erforscht, obwohl der Ort die erste Dimension der Bindung und Erkundung jenseits der elterlichen Fürsorge ist. Durch die Erkundung ihrer Welt – ihre physische Wirklichkeit, ihr Da-Sein und das, was in ihr geschieht – bauen Kinder ihre physische Beziehung zu ihrer Umwelt auf.

Nirgends wird die Bindung an den Ort wichtiger für die Entwicklung des Kindes und sein Zugehörigkeitsgefühl als in der Beziehung zur natürlichen Welt, die in der Faszination der Kinder für alles, was krabbelt, kriecht, fliegt oder schwimmt zum Ausdruck kommt. Ob die Eltern ihr Kind ermutigen, seine natürliche Umgebung zu erkunden, oder ob sie diese als gefährlichen Ort darstellen, den das Kind meiden sollte, wirkt sich zeitlebens auf die Ortsbindung des Kindes aus. Dazu kommt, dass in einer zunehmend verstädterten Kultur, in der Kinder überwiegend in den eigenen vier Wänden und neuerdings auch in der virtuellen Welt leben, die Natur als fremd und bedrohlich wahrgenommen werden kann, oder schlimmer noch, als bedeutungslos. In seinem Buch *Das letzte Kind im Wald?* beschreibt Richard Louv ein Gespräch mit einem zehnjährigen Jungen, dessen Wahrnehmung typisch für viele Kinder von heute ist. Auf die Frage, warum er denn nicht draußen spiele, erwiderte der Junge: »Ich spiele lieber drin, weil da die Steckdosen sind.«

Wenn wir uns weiter keine Gedanken über unsere Ortsbindung machen, dann vielleicht deshalb, weil der Ort für unsere Selbstdefinition in Zeit und Raum selbstverständlich ist und wir vergessen, wie prägend er für unser In-der-Welt-Sein ist. Selbst unsere Sprachentwicklung hängt eng mit unserer ersten Erkundung der Welt zusammen. Die Aktivitäten und gegenseitigen Abhängigkeiten, die wir beobachten und erleben, bieten uns reichhaltige Metaphern, aus denen wir Sprache aufbauen, Beziehungen verstehen und unsere Identität erschaffen.

Kinder, die abgeschirmt von der Umwelt und dem Kommen und Gehen des Lebens aufwachsen, haben ein deutlich reduziertes Ortserleben und eine weniger sichere Bindung an die Umwelt, die sie später meistern müssen. Während der raschen Verstädterung des Industriezeitalters achtete leider niemand auf den Verlust der Beziehung zur Umwelt, die so wesentlich für den Aufbau einer Bindung zur natürlichen Welt ist. Kindererziehung und Schule lassen wenig Raum für Naturerfahrung. Selbst in den Pausen, in denen die Kinder an die frische Luft gehen sollen, ist der Kontakt zur Natur weitgehend beseitigt, an seine Stelle treten virtuelle Welten und Bildschirme, die Kindern die Rolle von Zuschauern zuweisen.

Genau wie die Elternbindung hängt die Ortsbindung von der Art des Kontakts und der Erfahrung ab. Wenn die Naturerfahrung sicher ist – wenn sie als zuverlässig, verlockend, bestätigend und tröstlich erlebt wird –, dann bleibt diese positive Bindung in der Regel ein Leben lang bestehen. Untersuchungen der Ortsbindung zeigen eine ähnliche Kurve wie die der Bindung an Eltern, Religion oder Nation. Wird die Beziehung als harsch, gleichgültig oder nicht existent erlebt, dann ist das Bindungsverhalten ambivalent bis vermeidend. Wird die Beziehung dagegen als förderlich und produktiv erlebt, dann wird die Ortsbindung zu einem wichtigen Teil der eigenen Identität.

Eine sichere Bindung an die natürliche Umwelt bedeutet nicht automatisch, dass wir uns an ihre Anforderungen anpassen oder Verantwortung für ihren Schutz übernehmen. So können Menschen mit starker Ortsbindung auch nach wiederholten Klimakatastrophen die Ohren vor wissenschaftlichen Warnungen verschließen, dass die Klimaerwärmung in ihrer Region vermehrt zu Katastrophen führen wird. Sie wollen nicht wahrhaben, dass es sinnvoller wäre, die Region zu verlassen und sie im Rahmen von Naturschutzmaßnahmen zu renaturieren. Stattdessen bauen sie ihre Häuser wieder und wieder in derselben Weise auf, weil sie es eben so kennen – darin äußert sich schließlich ihre sichere und starke Ortsbindung, die jedoch in diesem Fall ihnen und dem Ökosystem schaden kann. Diese Unfähigkeit, die Bindung an einen Ort und eine Umgebung aufzugeben, äußert sich oft in der mangelnden Bereitschaft, neue Fähigkeiten zu erlernen und anderswo Arbeit zu suchen, selbst wenn die Natur ausgelaugt ist und keinen Lebensunterhalt mehr bietet, oder wenn die Arbeit der Umwelt schadet, etwa beim Tagebau oder der Rodung von Wäldern.

Andere Situationen sind noch komplizierter. Naturliebhaber mit ähnlich sicherer und enger Bindung an ihre Umwelt sehen den Bau von Windrädern oder Solarfarmen in ihrer Gegend sehr unterschiedlich. Gegner fürchten eine Verschandelung der Landschaft und eine Beeinträchtigung der Umwelt. Befürworter halten dagegen, dass der Umstieg von fossilen auf erneuerbare Energiequellen die einzige Möglichkeit ist, den Klimawandel und die Erderwärmung aufzuhalten und die Ökosysteme widerstandsfähiger zu machen. In Fällen, in denen beide Seiten eine sichere Bindung an ihre natürliche Umwelt mitbringen, aber andere Auffassungen von ihrem Schutz haben, finden sie oftmals Gemeinsamkeiten.[16] Eine Reihe von Untersuchungen zur Ortsbindung konnte nachweisen, dass ein gemeinsamer Einsatz für den Umweltschutz das bürgerliche Engagement entfacht und den Menschen hilft, einen für alle annehmbaren Weg in eine resiliente Zukunft für sie und künftige Generationen zu finden. Das ist ein gutes Omen für die Ausweitung der verteilten Peerocracy und Bürgergremien, die gemeinsam mit den Behörden die Verantwortung für regionale Bioregionen übernehmen.

Die Bindung an Orte und vor allem an die natürliche Umwelt bietet jedoch nicht nur einen sicheren Hafen und eine Lebenswelt, in der man sich verorten kann, sondern sie übernimmt darüber hinaus zwei wichtige Funktionen. Eine sichere Bindung an die natürliche Umwelt ist ein Schlüssel zum persönlichen Glück und der Weg hin zu einer Empathie, die die Natur als Ganzes einschließt.

Glück neu denken

Jeremy Benthams Vorstellungen davon, was Glück ausmacht, wurden während des Industriezeitalters kaum infrage gestellt. Als Vordenker des Utilitarismus ging Bentham davon aus, dass alles menschliche Verhalten von dem Bedürfnis gelenkt wird, Lust zu erleben und Leid zu vermeiden. Seiner Ansicht nach sind wir Menschen von Natur aus Hedonisten und Utilitaristen und verbringen unser ganzes Leben mit dem Versuch, unsere unersättlichen Begierden zu befriedigen. Die Werbebranche nahm Benthams Credo wörtlich und nutzte es, um Generationen dazu zu bringen, die Schätze der Erde in Form von immer neuen Produkten und Dienstleistungen zu vertilgen. Schon in den 1950er Jahren beschrieb der Wirtschaftswissenschaftler Victor Lebow die Konsumkultur so:

> Unsere enorm produktive Wirtschaft verlangt, dass wir den Konsum zu unserem Lebensstil machen, dass wir den Kauf und Gebrauch von Waren zum Ritual erheben, und dass wir unsere Spiritualität und unser Ego im Konsum befriedigen. Wir sind darauf angewiesen, dass Dinge verbraucht, verbrannt, verschlissen, ersetzt und weggeworfen werden, und zwar immer schneller.[17]

Es würde zwar niemand behaupten, dass Armut glücklich macht, aber kann ein Übermaß an Konsum nicht auch schädlich sein?

Just als die Konsumkultur ihren Höhepunkt erreichte und sich weite Teile der Bevölkerung in Schulden stürzten, aus denen sie sich nie wieder befreien können, wurden Untersuchungen zum Zusammenhang zwischen Konsum und Unglück durchgeführt. Psychologen, Soziologen und Anthropologen kamen zu dem Schluss, dass Konsum mit der Drogensucht vergleichbar ist, und dass wir umso unglücklicher werden, je mehr wir konsumieren. Und je mehr wir besitzen, umso mehr werden wir von unseren Gegenständen besessen.

Je mehr wir von unserem Besitz umgeben sind, umso mehr sind wir in künstlichen Welten gefangen und umso ferner sind wir unserer natürlichen Umwelt. Das ist umso besorgniserregender, als Wissenschaftler in den vergangenen Jahren herausgefunden haben, dass es bei der Begegnung mit der Natur nicht einfach nur darum geht, draußen unterwegs zu sein oder eine schöne Umgebung zu genießen, sondern dass Naturerfahrung eine weit größere Bedeutung für uns hat. Unsere ureigensten Körperfunktionen bis hinunter auf die Ebene der Zellen und kognitiven Funktionen hängen eng mit den Rhythmen und Strömen der Natur zusammen, aus der sie kommen und mit der sie noch immer verwoben sind. Was uns wieder zur Biophilie zurückbringt: Wir sind uns bis in die tiefsten Fasern unseres Seins des Beistands und der Gefahren der Natur bewusst.

Als Städter bemerken wir oft nicht, wie sehr unsere Stimmungen, Verhaltensweisen und Körperfunktionen, vor allem aber unser geistiges und körperliches Wohl von unserer Beziehung zur Natur abhängen. Das zeigt sich zum Beispiel am Unterschied zwischen einem Spaziergang im Wald und in der Stadt.

Während eines Waldspaziergangs sinkt der Anteil des Stresshormons Cortisol im Speichel um 13,4 bis 15,8 Prozent und der Puls um 3,9 bis 6 Prozent; auch der Blutdruck geht nach unten. Die Aktivität des Parasympathikus – das Gefühl der Entspannung – steigt durch die Bewegung um 102 Prozent, die des Sympathikus – das Gefühl von Stress – geht dagegen um 19,4 Prozent zurück. Das alles bewirkt ein einfacher Spaziergang im Wald.[18]

In Japan war der Zusammenhang zwischen Natur und Gesundheit in den 1980er Jahren Gegenstand einer landesweiten Debatte. Die Arbeitnehmer waren zunehmend ausgebrannt vom belastenden und engen Stadtleben und der unermüdlichen Arbeit. Japan genoss den zweifelhaften Ruf, die erste Rund-um-die-Uhr-Gesellschaft zu sein. Der Hedonismus der Japaner wurde zwar reichlich bedient, dafür wurde das Erholungsbedürfnis vernachlässigt. Etwa zu dieser Zeit kam eine neue Mode auf, das sogenannte *Shinrin-yoku* oder »Waldbaden« – nichts anderes als ein Waldspaziergang und eine therapeutische Übung zur Wiederherstellung des körperlichen Wohlbefindens. Die Reaktionen ließen nicht auf sich warten, die Menschen fühlten sich wie neu geboren. Um zu überprüfen, ob das nicht nur in den Köpfen der Menschen passierte, untersuchten Wissenschaftler das Blut der Probanden nach einem gemächlichen drei bis sechs Kilometer langen Spaziergang und stellten fest, dass ihr Blutzucker um 39,7 Prozent sank, während er bei ähnlichen Übungen auf dem Laufband oder im Schwimmbecken nur um 21,2 Prozent zurückging.[19] Der Unterschied war allein die Umgebung – die Biophilie, wie Naturfreunde sagen würden.

Vor einigen Jahren werteten Wissenschaftler Untersuchungen aus verschiedenen Disziplinen aus, um zu ermitteln, welche Auswirkungen eine Naturerfahrung auf unser Wohlbefinden hat. Dabei fanden sie zweifelsfreie Belege, »dass Naturverständnis und Naturerleben uns zu glücklicheren und gesünderen Menschen machen«.[20] Bei der detaillierten Auswertung stellten sie fest, dass das Naturerleben starke Auswirkungen auf zehn Dimensionen des Wohlbefindens hat: Kontakt mit der Natur verbessert die körperliche Gesundheit, baut Stress ab, verbessert die Selbstdisziplin und die psychische Gesundheit, fördert die Spiritualität, vergrößert die Aufmerksamkeitsspanne, verbessert die Lernfähigkeit, regt die Fantasie an, vertieft das Identitätsgefühl und stärkt das Gefühl der Verbundenheit und Zugehörigkeit.[21]

Der Begriff der Biophilie geht auf den humanistischen Psychologen Erich Fromm zurück, der damit die Liebe zum Leben und allem Lebendigen beschrieb. Es war jedoch der Biologe E. O. Wilson, der erkannte, dass die Biophilie tief mit unserem biologischen Sein verwoben ist. Wilson betont, dass die Biophilie in unser Erbgut eingeschrieben ist: Sie ist das Grundgefühl, dass wir Teil der großen Familie des Lebens sind, und dass unser individuelles und kollektives Wohl von unserer tiefen Beziehung zu allem Lebendigen abhängt. Unser verbindendes Band ist das mit allen Lebewesen gemeinsame Bedürfnis nach einem erfüllten Leben. Das soll die dunkle Seite der lebendigen Wirklichkeit nicht verharmlosen. Auch wenn wir aus unserem tiefsten biologischen Grund heraus unsere Verwandtschaft zu allem Leben spüren, tragen wir in unseren Genen auch die Furcht vor bestimmten Arten, deren Überlebensinstinkte unsere eigene Existenz bedrohen können. Wie andere Säugetiere zucken wir vor Schlangen oder Spinnen zurück, weil in unsere Gene die Erinnerung daran eingeschrieben ist, welche Gefahr diese und andere Tiere für uns bedeuten können. Unser Körper und Geist sind zwar von der Biophilie bestimmt, doch sie kennen auch die Biophobie. Beides, Biophilie und Biophobie, begleiten uns ein Leben lang.

Vereinfacht gesagt, definiert E.O. Wilson die Biophilie als »angeborene Neigung, unsere Aufmerksamkeit auf Leben und lebensähnliche Prozesse zu richten«.[22] Vor dem Hintergrund der Biophilie stellt sich die Geschichte des Lebens und der menschlichen Art mit einem Mal ganz anders dar. Das Schlagwort vom »Überleben des Stärksten« (beziehungsweise »am besten Angepassten«), das der englische Philosoph Herbert Spencer prägte und Darwin 1869 in die fünfte Ausgabe seines Buchs *Der Ursprung der Arten* übernahm, hat das Ansehen von Darwins Evolutionstheorie seither befleckt. Dieses Schlagwort zeichnet die Natur als erbarmungslosen Kampf der Stärksten gegen die Schwächsten und »rot an Zähnen und Klauen«. Man sollte hinzufügen, dass Darwin diesem Naturverständnis niemals zugestimmt hätte.

E.O. Wilson führt die Evolutionstheorie auf einen besseren Weg, wenn er betont, dass es uns genau wie allen anderen Arten nicht darum geht, zu beherrschen, sondern darum, ein erfülltes Leben zu führen, und dass die Biophilie unsere angeborene Neigung zum Mitgefühl mit unseren Mitlebewesen und der natürlichen Welt ist. Mit einem Federstrich befreite er die Menschheit vom Kampf um die Unterwerfung der Natur und verweist auf unsere genetische Veranlagung, in Einklang mit der Natur zu leben und auf diese Weise ein erfülltes Leben zu führen.

Die Schule der Natur

Die Erziehung zur Biophilie beginnt in jungen Jahren. Die Biologen Giuseppe Barbiero und Chiara Marconato setzen sich dafür ein, Kinder genauso an die Natur heranzuführen wie an die Gesellschaft. Da es bei der Biophilie um eine emotionale Beziehung zur Natur geht, müssen Eltern, ältere Geschwister oder Lehrkräfte einen sicheren Ort bieten, der es den Kinder gestattet, die Natur für kurze Zeit selbst zu erkunden, in dem Wissen, dass sie jederzeit zu ihrer Bindungsperson zurückkehren können. Längere und kürzere Ausflüge, die mit der sicheren Rückkehr enden, erweitern den sicheren Hafen des Kindes und sorgen dafür, dass das Gefühl der Geborgenheit auch auf die Natur ausgedehnt werden kann. Mit dieser fürsorglichen Dynamik lernt das Kind, seine Beziehung über die Bindungspersonen auf den Rest der lebendigen Welt auszuweiten. So kommen wir von der »Sozialisierung« zur »Naturalisierung« der Kinder, mit der die künstlichen, von unserer Kultur aufgebauten Grenzen zwischen uns und dem Rest unserer evolutionären Verwandtschaft aufgehoben werden. Auf diese Weise wird die biophile Beziehung zur radikalsten Verwandlung des menschlichen Bewusstseins und beseitigt das letzte verbleibende »andere«. So erleben wir unsere Mitlebewesen als reale Verwandte und die Natur als unser erweitertes Zuhause.

Das ist kein Wunschdenken. Weitgehend unbeachtet von den Medien erfasst ein neues Phänomen die Schulen in aller Welt und verschiebt das Gewicht von der Sozialisierung auf die Naturalisierung. Die Waldpädagogik findet in Deutschland, Italien, Dänemark, Schweden, Großbritannien, den Vereinigten Staaten, Kanada, Australien, Neuseeland, China und Japan immer mehr Anhänger. Sie führt den Nachwuchs auf den Weg des biophilen Bewusstseins in der Hoffnung, die Beziehung der Menschheit mit dem Rest unserer evolutionären Familie zu verbessern.[23]

Dabei handelt es sich keineswegs um exotische Experimente. In Deutschland gibt es inzwischen rund zweitausend Waldkindergärten, in den Vereinigten Staaten immerhin fast 600.[24]

Die Kinder, meist im Alter von vier bis sechs Jahren, werden von ausgebildeten Waldpädagogen in die Natur geführt. Erzieher und Kinder erinnern mehr an ein Rudel als an eine Kindergartengruppe. Waldkindergärten sind bei jedem Wetter geöffnet, sommers wie winters. Oft ist der einzige geschlossene Raum eine Hütte, in der Proviant abgelegt wird. Toiletten gibt es keine, und die Kinder lernen, sich im Freien zu erleichtern, natürlich immer in Rufweite der erwachsenen Begleiter. Die Kinder dürfen sich nicht aus Sichtweite der Erwachsenen entfernen, doch sie dürfen auf eigene Faust die Natur erkunden, erfahren Flora und Fauna, lernen den Umgang mit der natürlichen Umgebung, erzählen von ihren Erlebnissen, stellen Fragen und tauschen sich untereinander aus.

Wenn die Coronapandemie und die Schließung der Schulen und Kindergärten etwas Positives gebracht haben, dann vielleicht das gestiegene Interesse an Wald- und Umweltpädagogik. Pädagogen und Eltern erkannten hier ein Gegenmittel sowohl gegen Lernen am Bildschirm als auch gegen das Infektionsrisiko. Während Kinder isoliert von Gleichaltrigen zu Hause saßen und die Stimmung schlecht war, erschien der Waldkindergarten als pragmatische Lösung. Die Kinderpsychotherapeutin Angela Hanscom beobachtete, wie »immer mehr Menschen nach draußen gehen, um mit den Herausforderungen von Covid fertigzuwerden«. Sie erklärte: »Kinder sind nun mal nicht dazu geschaffen, den ganzen Tag lang still vor dem Bildschirm zu hocken. Um das zu wissen, muss man kein Hirnforscher sein. Kinder müssen sich bewegen.«[25]

Traci Moren aus Berkeley in Kalifornien, Mutter zweier Söhne, sagte: »Die Berkeley Forest School hat alles verändert. Ohne sie würde unsere Familie nicht überleben. Die Kinder haben ihren Spaß, in der Natur toben sie sich aus und das Lernen kommt mit der Bewegung. Sie kommen zufrieden nach Hause.« Liana Chavarín, Gründerin der Berkeley Forest School, erklärt, die Umweltpädagogik »hilft beim Aufbau der Resilienz. Die Kinder haben das Gefühl, das Land gehört ihnen«.[26]

Waldpädagogen erklären, im Klassenzimmer des Waldes lernen die Kinder die komplexen Beziehungen in der Natur kennen, vor allem die dynamischen Anpassungen in einem lebendigen System.

Joanna Ferraro, Gründerin der Oakland Early Ecology Preschool, meint: »Die Natur ist unser eigentlicher Lehrer. Man hat einen Plan, aber auf einmal fliegen ein paar Marienkäfer durch die Luft, und plötzlich haben Sie ein neues Thema. Und wenn unsere Neugierde geweckt wird, können wir stehen bleiben und einer Spinne zuschauen, solange wir wollen.«[27]

Erziehung in der Natur ist etwas ganz anderes, als allein auf einen toten Bildschirm zu glotzen. Chavarín sagt, das Lernen in der Natur, wo sich überall das Drama des Lebens auf neue Weise abspielt, bietet einen reichen Schatz an Erfahrungen, die allesamt die weitere Erkundung lohnen. »Alles, worüber die Kinder in der Natur stolpern, kann eine Lernerfahrung anstoßen. Ein toter Vogel ist Anlass für ein Gespräch über den Kreislauf des Lebens. Der Kuss eines Froschs wird zur Lektion über den Wasserkreislauf. Ein matschiger Bach wird zum Ort für ein Kunstprojekt mit Lehm. Wir sammeln Matsch und töpfern damit, und dann lernen wir, wie Ton gebrannt wird.«[28]

Am stärksten ist der biophile Instinkt bei Kindern unter sechs Jahren, später wird er von der traditionellen Schule ausgetrieben. Der australische Bildungsforscher Tony Loughland untersuchte Faktoren, die die Umweltvorstellungen von jungen Menschen prägen. Dazu fragte er 2 249 Schüler zwischen 9 und 17 Jahren, was sie mit dem Wort »Umwelt« verbinden. Die kurze Antwort lautet, dass die

> beschränkteren Vorstellungen die Umwelt als eine Art Objekt auffassen, während umfassendere Vorstellungen erkannten, dass es Beziehungen zwischen Mensch und Umwelt gibt.[29]

Auffällig war, dass jüngere Kinder eher in Beziehungen dachten, und ältere die Umwelt eher als Objekt auffassten, was vermuten lässt, dass Kinder mit einer genetisch angelegten biophilen Orientierung zur Welt kommen, die dann durch das, was sie in der traditionellen Schule über ihr Verhältnis zur Umwelt lernen, nach und nach getilgt wird. Kinder stellen instinktiv eine Beziehung zu anderen Tieren her, sie kommunizieren mit ihnen und identifizieren sie als Verwandte in ihrer Großfamilie – auch dies ist in unsere Biologie eingeschrieben.

Untersuchungen zufolge handeln Träume von Kindern unter sechs Jahren zu 90 Prozent von Tieren.[30] Andere Untersuchungen zeigen, dass kleine Kinder großes Interesse an anderen Tieren haben und ihre Nähe offen zum Ausdruck bringen, vor allem gegenüber Jungtieren.[31] Diese biophile Beziehung wurde schon bei Kindern unter zwei Jahren beobachtet.[32]

Bleiben Kinder in Waldkindergärten in ihrer Entwicklung an irgendeinem Punkt hinter Gleichaltrigen in konventionellen Kindergärten zurück? Untersuchungen aus den vergangenen vier Jahrzehnten zeigen, dass das Gegenteil der Fall ist: In sprachlicher Ausdrucksfähigkeit, Konzentrationsfähigkeit, Achtsamkeit, Denkfähigkeit und emotionaler Reife waren die Waldkinder ihren Altersgenossen im Allgemeinen voraus.

Was bedeutet es für unseren Zusammenhang, dass Kinder die Natur als ihre ursprüngliche Gemeinschaft und bereichernden Ort erleben, zu dem sie eine tiefe innere Bindung haben, und dass dieser instinktive biophile Sinn in der schulischen Ausbildung unterdrückt wird, wenn sie lernen, dass die Natur eine bloße Ressource ist, die nur der Ausbeutung und der Befriedigung hedonistischer Konsumwünsche dient? Wieder kommen wir zu den beiden unterschiedlichen Begriffen von Freiheit. Wenn kleine Kinder ihre Naturerfahrung beschreiben, erwähnen sie immer wieder das Gefühl der Freiheit, wobei sie diese Freiheit als Teilhabe und tiefe Zugehörigkeit zu einer verwandten Lebenswelt erfahren. Mit zunehmendem Alter lernen sie in der Schule, die Welt »objektiv« zu beschreiben und Freiheit als Autonomie, Eigenständigkeit und Vereinzelung zu verstehen. Die Gleichsetzung von Freiheit und Autonomie passte bestens ins Zeitalter des Fortschritts mit seiner Vorstellung, dass jeder das unveräußerliche und von Gott gegebene Recht auf Leben, Freiheit und Eigentum hat, wobei Eigentum mit Glück gleichgesetzt wird. Diese Erzählung ist jedoch in einer Sackgasse angekommen und wirkt geradezu tödlich auf einer verwildernden Erde, auf der wir unsere Beziehung zu unserer natürlichen Gemeinschaft nur durch Resilienz, nicht durch Fortschritt wiederherstellen können.

Um die Erzählung der Menschheit für das Zeitalter der Resilienz neu zu schreiben, müssen wir die Erziehung unserer Kinder neu denken. Wir müssen ihnen gestatten, ihre natürlichen und in ihren Genen angelegten biophilen Impulse zum Ausdruck zu bringen und diese in Schule und Ausbildung weiterzuentwickeln. Es macht Hoffnung, dass viele Länder in ihren Schulen Fächer wie Umweltforschung und Umweltbildung eingeführt haben, das Schülern Nachhaltigkeit und die Natur nahebringen und so ihre biophile Sensibilität schärfen soll. Dort beschäftigen sich die Schüler mit dem Klimawandel und lernen vor Ort, oft im Rahmen eines Praktikums, Wildtiere zu beobachten, Veränderungen der Niederschlagsmengen zu messen, Bodenbeschaffenheit zu ermitteln, in Wassereinzugsgebieten Müll einzusammeln, die Kohlendioxidbilanz zu errechnen und regionale Ökosysteme zu pflegen.[33]

Bei einer Auswertung von über hundert wissenschaftlichen Untersuchungen, die sich mit den Auswirkungen des Umweltunterrichts beschäftigen, stellten Wissenschaftler der Stanford University fest, dass Schüler nicht nur Wissen erwerben, praktische Umweltforschung betreiben und Verantwortung für ihre Gemeinschaft übernehmen, sondern dass sie auch »ihr kritisches Denken schulen, persönliches Wachstum erfahren und praktische Alltagskompetenzen erwerben«, darunter auch »Selbstbewusstsein und Führungsqualitäten«. Außerdem motivierte der Umweltunterricht die Schüler auch zu verstärktem Engagement in der Zivilgesellschaft und zu einer Veränderung ihres Umweltverhaltens.[34]

Doch das Lernen endet nicht mit dem letzten Schultag. In den Vereinigten Staaten bieten inzwischen Hunderte Universitäten fächerübergreifende Kurse und Studiengänge zum Thema Umwelt an, um jungen Menschen ein Verständnis der Natur als komplexes adaptives soziales und ökologisches System nahezubringen.

Vor einem halben Jahrhundert war die Ökologie bestenfalls eine Fußnote im Fach Biologie, die sich in einer einzigen Vorlesung abhandeln ließ. Heute jedoch werden die Biologie und andere Fächer zunehmend von der Ökologie her neu gedacht und gelehrt.

Schulen und Universitäten treiben einen Paradigmenwechsel in der Pädagogik voran, der die kommenden Generationen darauf vorbereitet, als Spezies zu denken und zu handeln. Sie bauen eine Identität auf, die die jungen Menschen mitnehmen können – in ihr Berufsleben, das sich zunehmend um die Verantwortung für die Biosphäre drehen wird, aber auch in ihr Leben in der Zivilgesellschaft, in der sie sich im Rahmen von Bürgergremien am Schutz der Bioregionen beteiligen.

Zudem kommt eine neue Form der Wissenschaft auf, die sogenannte Bürgerforschung. In mehr als 500 000 Vereinigungen in aller Welt engagieren sich viele Millionen Menschen als Bürgerforscher und beobachten Wildtiere, überwachen die biologische Vielfalt, messen die Verschmutzung von Luft und Gewässern, ermitteln die Kohlendioxidbilanz, befreien Wassereinzugsgebiete von Müll, forsten Wälder auf, päppeln verletzte Wildtiere auf, messen den Nährstoffgehalt der Böden, beteiligen sich an der Erstellung von Notfallplänen für Klimakatastrophen und vieles mehr.[35]

In der Bürgerforschung erwerben Bürger eigene Erfahrungen im praktischen Umweltschutz; wissenschaftliche Erkenntnisse und Know-how erreichen die Breite der Gesellschaft und werden demokratisiert. Diese Arbeit bereitet kommende Generationen darauf vor, sich am Schutz ihrer regionalen Ökosysteme zu beteiligen und das praktische und technische Wissen zu erwerben, das nötig ist, um in ihren Bürgergremien Empfehlungen für Gesetze und Verordnungen zu geben.

Wenn wir nun Kindern und jungen Erwachsenen ein neues ökologisches Verständnis ihrer Selbst und der Menschheit als eingebettet in die Natur vermitteln, bringen wir ihnen das biophile Bewusstsein nahe. Die Coronapandemie verlieh dem Vorhaben unerwartet Flügel. Mit der Fortdauer der Pandemie schlug das Homeschooling in künstlicher Umgebung zunehmend in Verzweiflung um. Die virtuelle Welt war nicht mehr unterhaltsam und kein Zufluchtsort, sondern wurde immer mehr zum Fluch. Selbst unter den jungen Digital Natives, für die der Cyberspace fester Bestandteil der Wirklichkeit ist, machte sich das Gefühl breit, in der virtuellen Welt gefangen zu sein und nur noch in einer Simulation der Wirklichkeit zu leben. Immer mehr junge Menschen kehrten dem virtuellen Dasein den Rücken zu und gingen nach draußen, um den Wind auf der Haut zu spüren, in die Wolken am Himmel zu blicken, die Stimmen ihrer Mitlebewesen zu hören, die Lebenskraft der Erde aufzusaugen und eine Befreiung zu erleben.

Im Coronajahr 2020 besuchten sieben Millionen Amerikaner – überwiegend junge Menschen – die Nationalparks des Landes. *New-York-Times*-Kolumnist Timothy Egan beschrieb die unerwartete Wiederentdeckung der Natur mit den Worten »das Draußen ist überfüllt mit den Flüchtlingen des stickigen Drinnen« und führte aus:

> Die Entstehung einer schlagkräftigen Lobby des Planeten könnte mit einer religiösen Erfahrung beginnen – der Moment, in dem das Grau der von Menschenhand gemachten Umwelt der Buntheit einer nicht von uns geschaffenen Welt weicht, erinnert an das Gefühl der Verliebtheit.[36]

Er fragte sich, ob diese neue Verliebtheit ein »Übergangsmoment« sein könnte, in dem die Menschheit ihre wahre Heimat wiederentdeckt – die Natur.

Es war Taylor Swift, die mit den beiden im Lockdown entstandenen Alben *Folklore* und *Evermore* diesen Hunger ihrer Generation zum Ausdruck brachte. Thema beider Alben war die tiefe Naturverbundenheit ihrer Kindheit. Während der Coronakrise hatte sie das biophile Bewusstsein ihrer jungen Jahre wieder entdeckt. *Folklore* erhielt 2021 den Grammy für das Album des Jahres. Wichtiger war jedoch, dass Taylor Swift damit für eine jüngere Generation sprach, die den Atem der Natur wiederentdeckte oder zum ersten Mal spürte – vielleicht ein Signal für die beginnende Enttäuschung über die Armseligkeit der virtuellen Welt und ein Erwachen für die Natur.[37]

Die beiden Alben, in denen Taylor Swift die Natur umarmt, kamen wie aus heiterem Himmel. Eine Untersuchung aus dem Jahr 2017 zeigte, dass Verweise auf die Natur seit den 1950er Jahren aus Büchern, Filmen und Liedern immer weiter verschwanden und neue Generationen in einer immer künstlicheren Umwelt aufwuchsen – erst vor dem Fernseher, dann vor dem Computer. Die Wissenschaftler »werteten 6 000 zwischen 1950 und 2017 entstandene Liedtexte aus und stellten fest, dass Begriffe aus der Natur um 63 Prozent abnahmen«.[38] Sie kamen zu dem Schluss, dass sich jede Generation weiter in eine künstliche und virtuelle Realität verkroch, während die Natur in die Ferne rückte oder ganz aus der Alltagserfahrung verschwand.

Taylor Swifts Alben sind ein stiller Aufruf an ihre Generation, den Wind selbst zu spüren und an der Lebenskraft der Natur teilzuhaben. Ihre Lieder sind die Ode einer Generation, die den Weg zurück in die Arme einer lebendigen Erde findet.

Der Weg aus dem Empathie-Paradox

In einem Artikel über die biologischen Grundlagen der Moral, den E. O. Wilson für das *Atlantic Magazine* schrieb, stellt er die Begriffe »Empathie« und »Bindung« in den Vordergrund. Wilson fragte sich, ob die Biophilie in das menschliche Erbgut eingeschrieben sein könnte. Er schrieb: »Diejenigen nachgewiesenermaßen erblichen Eigenschaften, die einem moralischen Sinn am nächsten kommen, sind ›Mitgefühl‹ mit dem Leid anderer und bestimmte Prozesse der ›Bindung‹ zwischen Kindern und Eltern.«[39] Dabei belässt er es dann allerdings.

Andere Wissenschaftler gehen weiter und erforschen den Zusammenhang zwischen Empathie und Bindungsverhalten auf der einen Seite und der biophilen Beziehung zwischen Menschen und anderen Tieren beziehungsweise der Natur als Ganzer auf der anderen. Dabei nehmen sie eine Einschränkung vor: In diesem Fall ist Empathie »asymmetrisch«, denn im Gegensatz zur Empathie mit anderen Menschen ist es keine wechselseitige Erfahrung, auch wenn das Tier den emotionalen Zustand des Menschen möglicherweise spüren kann.[40] Selbst wenn Tiere – allen voran Hunde – menschliche Emotionen wahrnehmen können, erleben sie sie anders. Das ändert jedoch nichts an unserer Fähigkeit, das Leid und Glücksstreben unserer Mitlebewesen wahrzunehmen wie unser eigenes, und unser Mitgefühl durch Fürsorge zum Ausdruck zu bringen.

Das Video einer Eisbärin und ihrem Jungen, die als Schiffbrüchige des Klimawandels auf einer Eisscholle festsaßen, rührte Millionen Menschen in aller Welt. Sie fühlten das Leid der Tiere, als wäre es ihr eigenes. Auch die Rettung eines von Waldbränden versengten Koala-Jungen wurde von Millionen mitfühlend mitverfolgt. Die meisten von uns kennen ähnliche Geschichten, haben mit einem misshandelten Hund mitgefühlt oder einen verletzten Vogel beschützt. Biophilie ist der nächste Schritt in der Evolution des empathischen Bewusstseins.

Das biophile Bewusstsein zeichnet sich durch die Ausdehnung der Empathie auf immer mehr Lebewesen aus. Allerdings gibt es einen tiefen inneren Widerspruch, den Historiker, Anthropologen und Philosophen bislang außer Acht gelassen haben. Auf diesen Widerspruch stieß ich 2003, als ich anfing, mich intensiver mit der Rolle der Empathie in der Entwicklung der Menschheit auseinanderzusetzen. Bereits in früheren Büchern hatte ich mich immer wieder mit der Empathie beschäftigt, aber nie eingehend. Damals beschloss ich jedoch, der Evolution der Empathie auf den Grund zu gehen – der Anthropologie und Geschichte sowie ihren Auswirkungen auf Familie, Gesellschaft, Wirtschaft, Herrschaft, Weltbild und andere zentrale Aspekte unseres Zusammenlebens. In meinem Buch *Die empathische Zivilisation* schrieb ich:

> Dreh- und Angelpunkt in der Geschichte der Menschheit ist die widersprüchliche Beziehung zwischen Empathie und Entropie. Veränderte Energienutzung und Kommunikationsrevolutionen haben zur Entstehung immer komplexerer Gesellschaftsstrukturen geführt. Technologisch weiter entwickelte Kulturen wiederum boten den Menschen die Möglichkeit, ihr empathisches Bewusstsein zu erweitern. Doch je komplexer die sozialen Umfelder, umso höher der Energieverbrauch und umso dramatischer die Ausbeutung der natürlichen Ressourcen. Die Ironie der Geschichte ist, dass sich unser wachsendes empathisches Bewusstsein überhaupt erst durch die immer größere Ausbeutung der irdischen Energiequellen und anderer verfügbarer Ressourcen und auf Kosten der Gesundheit unseres Planeten hat herausbilden können.

So stehen wir heute vor der traurigen Aussicht, ausgerechnet als Folge und zum Preis einer Zunahme von Entropie, die unsere Existenz selbst bedroht, eine Geisteshaltung zu entwickeln, die man als universelles globales Bewusstsein bezeichnen könnte. Ob wir in der Lage sind, das Empathie-Entropie-Paradoxon aufzulösen oder nicht, wird darüber entscheiden, ob unsere Spezies eine Zukunft auf der Erde hat. Jedenfalls erfordert es eine grundlegende Änderung unserer Denk-, Wirtschafts- und Gesellschaftsmodelle.[41]

Trotzdem ist Verzweiflung nicht angebracht. Das ideologische Bewusstsein, das Hand in Hand mit dem Zeitalter des Fortschritts und der auf fossilen Brennstoffen basierenden industriellen Infrastruktur ging, hat seine Attraktivität eingebüßt. Vor allem unter jüngeren Generationen ist das biophile Bewusstsein im Aufstieg und verspricht eine Ausweitung der Empathie auf die gesamte Natur. Die Gegenreaktion auf einen Bewusstseinswandel dieser Größenordnung wird nicht ausbleiben. Schon heute regen sich die Überreste älterer Bewusstseinsformen, um ihren schwächer werdenden Einfluss auf die Menschheit zu wahren. Die Geburt des biophilen Bewusstseins und die Ausweitung der Empathie auf unsere Mitlebewesen geht weit über wirtschaftliche und politische Erwägungen hinaus zum Kern der Selbstwahrnehmung der Menschheit.

Ich habe teil, also bin ich

Wenn das animistische Bewusstsein auf Blutsbanden, Ahnenkult und die ewige Wiederkehr gründete, das religiöse Bewusstsein in der Erlösung im Himmelreich und das ideologische Bewusstsein im materiellen Fortschritt und der technischen Unsterblichkeit, was ist dann das Fundament des biophilen Bewusstseins? Der Siegeszug der Biophilie führt das menschliche Narrativ aus seiner Autonomie-Fixiertheit heraus und stellt die Beziehung in den Mittelpunkt. René Descartes' klassischer Ausspruch »Ich denke, also bin ich« ist längst passé bei einer jüngere Generation, die im Cyberspace und einer lateral vernetzten physischen Welt aufwächst. Auf sie trifft eher der Leitspruch »Ich habe teil, also bin ich« zu. In diesem neuen Zeitalter der unaufhörlichen Anpassung zahlloser interaktiver Akteure weicht die Vorstellung der Autonomie dem Prinzip der Beziehung. Wenn unsere Erde durch einander überlappende Prozesse geprägt ist und nicht durch miteinander ringende Kräfte, dann ist allein die Vorstellung des Menschen als autonomem Akteur, der seine Souveränität in einer Welt konkurrierender Akteure absteckt und verteidigt, eine Sache der Vergangenheit. Genau wie unsere im Zeitalter des Fortschritts entstandene Vorstellung von Gleichheit.

Im Zeitalter des Fortschritts wurde Gleichheit aus der Autonomie hergeleitet. Um für Gleichheit einzutreten, muss man an die Autonomie glauben. Insoweit ich mich als autonomen Akteur begreife, kann ich Gleichheit einfordern. Gleichheit ist territorial. Wenn es in unserer Natur liegt, nach Autonomie zu streben, dann folgt uns das Bedürfnis nach Gleichbehandlung wie ein wachsamer Begleiter, der immer darauf achtet, dass unsere Autonomie gewahrt bleibt.

Das ideologische Bewusstsein ist untrennbar mit dem Gedanken der Autonomie verbunden. Auf diesem Fundament wurde das Zeitalter des Fortschritts errichtet. In dieser Epoche sind »Menschenrechte« die Messlatte, mit der Autonomie eingefordert und gesichert wird – das heißt, jeder Einzelne pocht auf dem unveräußerlichen Recht auf körperliche, geistige und spirituelle Autonomie. Im großen Maßstab würden die Menschenrechte die Existenz von acht Milliarden autonomen menschlichen Akteuren bedeuten, die frei und ungehindert ihrem Leben nachgehen, solange sie die Autonomie der anderen nicht verletzen.

Aber was wäre, wenn keiner von uns ein autonomer Akteur wäre, weder politisch und schon gar nicht im Grunde unseres biologischen Daseins? In den vorangegangenen Kapiteln haben wir gesehen, dass jeder Mensch und jedes Lebewesen einmalig, aber nicht autonom ist, zumindest nicht in biologischer Hinsicht. Wir sind vielmehr die Verkörperung aller Beziehungen, in die wir im Laufe unseres Lebens eingetaucht sind, von der Zeugung bis zum Tod und sogar noch darüber hinaus.

Die interaktive Herangehensweise an das Verständnis der Natur und des Menschen zwingt uns, das philosophische und politische Narrativ des Zeitalters des Fortschritts grundlegend zu überdenken. Wenn die Wirklichkeit in jedem Moment unseres Lebens partizipativ ist, dann können wir auch unser Selbst nur in Beziehung zu anderen erleben. Das heißt, je reichhaltiger, vielfältiger und intensiver die Beziehungen, umso tiefer sind wir in das eingebettet, was wir unser Dasein nennen.

Das biophile Bewusstsein ist der tiefste Ausdruck der Gleichheit – keiner aus Autonomie, sondern einer aus der Teilhabe geborenen Gleichheit. Der reinste Ausdruck der Gleichheit ist keine durch Gesetze und Erklärungen zugesicherte Anerkennung, sondern der einfachste Akt der Empathie. Wenn wir das Leid und Glücksstreben eines anderen so tief empfinden wie unser eigenes, knüpfen wir das engste Band – das Gefühl des Einsseins auf der Reise des Lebens. Der Theologe Martin Buber brachte es auf den Punkt: In diesem Moment gibt es kein »Mein und Dein«, sondern nur »Ich und Du«.[42] Die mitfühlende Umarmung ist der ultimative politische Gleichmacher. Sie schiebt alle Unterschiede beiseite und kennt nur einander verbundene Gefährten.

Die Evolution der Empathie zeichnet sich aus durch die zunehmende Beseitigung des »anderen«, bis es nur noch »einer für alle und alle für einen« gibt. In diesem Zusammenhang sind die Evolution der Empathie und die Evolution der Gleichheit nicht voneinander zu trennen. Wir, das Gemeinwesen, tauchen auf der grundlegendsten politischen Ebene, unseren Gemeinschaften, in das Leben aller anderen ein. Unser mitfühlendes Miteinander – also unser biophiles Bewusstsein – wird zur Sensibilität, mit der wir die Lebenskräfte unseres kleinen Teils der Biosphäre, in dem wir leben, nicht nur managen, sondern behüten.

Im Zeitalter des Fortschritts war die Souveränität des Einzelnen die Grundlage der Demokratie, auch wenn diese beiden nicht leicht zu vereinbaren sind. Wenn jeder wahrhaft souverän und allen anderen gegenüber zu nichts verpflichtet ist, wie können wir dann in einer Demokratie zusammenleben? Warum sollten wir uns dem Willen eines anderen Souveräns beugen? Demokratie ist nur möglich, wenn wir uns im anderen erkennen. Damit wird Empathie zum Bindemittel der Demokratie. Wenn die Empathie der eigentliche Ausdruck der Gleichheit ist, dann muss es auch der emotionale Funke der Demokratie sein.

Die Empathie weitete sich gemeinsam mit der Evolution der Demokratie aus. Je mitfühlender eine Kultur, umso demokratischer ihre Werte und Herrschaftsformen. Und je weniger mitfühlend eine Kultur, umso totalitärer ihre Werte und Herrschaftsformen. Das liegt auf der Hand, und umso unverständlicher ist es, wie wenig Beachtung der Zusammenhang zwischen Empathie und Demokratie gefunden hat. Die Ausweitung der repräsentativen Demokratie zur verteilten Peerocracy und von souveräner Herrschaft zu bioregionaler Verantwortung wird nur insoweit erfolgen, als sich das Gemeinwesen das empathische biophile Bewusstsein zu eigen macht.

Auch die Resilienz stellt sich aus Sicht der Empathie ganz anders dar, als wir es gewohnt sind. Resilienz bedeutet ursprünglich, die Moral und den Charakter zu haben, um sich von persönlichen Rückschlägen zu erholen und seine Autonomie zurückzugewinnen. Es bedeutet, über die physische, mentale und emotionale Kraft zu verfügen, die nötig ist, um das Selbst wiederherzustellen, statt sich auf andere Menschen oder günstige Umstände verlassen zu müssen oder einfach unterzugehen. Resilienz bedeutete, unverwundbar gegenüber allen erdenklichen destabilisierenden äußeren Umständen zu sein, es bedeutete, stark zu sein.

Das über Beziehungen verstandene Selbst erhält seine Resilienz jedoch gerade daraus, dass es offen und verwundbar für »die anderen« ist, und nicht abgeschlossen und autonom. Mit seiner Offenheit für den Austausch lebensbejahender Erfahrungen schafft es ein reiches Netz von Beziehungen, die seine Resilienz stärken. Das biophile Bewusstsein erweitert die Teilhabe an der Natur, lässt sich von ihren lebensbejahenden Kräften stärken und durch das Leben tragen.

Diese Vorstellung der Resilienz ist nicht neu. Zwei Jahrhunderte bevor E.O. Wilson das biophile Bewusstsein beschrieb, sah Johann Wolfgang von Goethe im biophilen Bewusstsein einen Gegenentwurf zu Newtons steriler Vision eines toten, rationalen und mechanistischen Universums. Goethe war der Ansicht, dass unser Selbst und unsere Resilienz aus den Beziehungen entstehen, die uns mit dem Stoff des Lebens verweben. »Natur! Wir sind von ihr umgeben und umschlungen – unvermögend aus ihr herauszutreten, und unvermögend tiefer in sie hineinzukommen.«[43]

Goethe staunte über die einfache Tatsache, dass jedes Lebewesen einmalig und doch Teil einer großen Einheit ist: »Jedes ihrer Werke hat ein eigenes Wesen, jede ihrer Erscheinungen den isoliertesten Begriff und doch macht alles eins aus.« Er erlebte die Natur als stets in Veränderung, im Fluss, in Entwicklung, und immer neue Realitäten hervorbringend. Im Gegensatz zu den rationalen Wissenschaftlern seiner Zeit begriff er die Natur nicht als fest und unveränderlich, sondern als etwas, das vor Neuem pulsierte und voller Überraschungen und Synergien war. Er schrieb:

> [Sie] verwandelt sich ewig und ist kein Moment Stillstehen in ihr ... Sie spritzt ihre Geschöpfe aus dem Nichts hervor und sagt ihnen nicht, woher sie kommen und wohin sie gehen. Sie sollen nur laufen; die Bahn kennt sie.[44]

Goethe kannte das Mitgefühl, lange bevor es die Wissenschaft entdeckte: Er beschrieb es als die Fähigkeit, sich »in die Zustände anderer zu finden, eine jede besondere Art des menschlichen Daseins zu fühlen und mit Gefallen daran teilzunehmen«.[45] Über sich und seine Zeit reflektierend, schrieb er: »Dann tritt das schöne Gefühl ein, dass die Menschheit zusammen erst der wahre Mensch ist, und dass der Einzelne nur froh und glücklich sein kann, wenn er den Mut hat, sich im Ganzen zu fühlen.«[46]

Für Goethe endete »das Ganze« jedoch nicht bei unserer Spezies, sondern umfasste die gesamte Natur. Er lieferte die erste Beschreibung dessen, was wir heute Biophilie nennen – das Mitfühlen mit allem Leben. Unsere individuelle Resilienz erhalten wir aus unserer biophilen Einbettung. Sie ist die Verwirklichung dieses unzerstörbaren Bandes, das uns gegenüber allen Rückschlägen widerstandsfähig macht.

Wobei wir uns daran erinnern sollten, dass die Empathie neben der emotionalen auch eine kognitive Dimension hat, die unsere Vorstellungen von der Natur des Daseins und unserer Beziehung zu ihm prägt. Was wir über das Dasein wissen, das wissen wir aus der Begegnung mit dem anderen. Wenn es keine anderen gäbe, dann hätten wir keinerlei Bezugspunkt, um Vergleiche anzustellen und zu wissen, dass wir wirklich lebendig sind und existieren. Unser Dasein erhält seine Realität nur durch den anderen.

Unser mitfühlendes Gehirn hält uns fortwährend an, über uns hinauszugehen, das Leben zu erfahren und mit dieser Erfahrung Verbindung zu unserer Umwelt herzustellen und uns ihr anzupassen. Wir wissen, wie wichtig das Mitgefühl ist, denn ohne das Mitgefühl wären wir nicht in der Lage, die Zerbrechlichkeit des Lebens eines anderen Menschen und sein Streben nach Entfaltung zu spüren. Es sind diese Momente, in denen wir Ehrfurcht vor der Existenz empfinden. Und ohne Ehrfurcht könnten wir nicht staunen. Ohne Staunen hätten wir aber keine Vorstellungskraft, und ohne Vorstellungskraft könnten wir uns nicht selbst transzendieren. Und wenn wir nicht in der Lage wären, uns selbst zu transzendieren, könnten wir nicht mit anderen mitfühlen. Nur durch dieses Geflecht kennen wir unser Dasein und leben wir unser Leben. Wir erleben es nicht als ein Nebeneinander, sondern als ein Ganzes. Durch Ehrfurcht, Staunen, Vorstellungskraft und Selbsttranszendenz, ermöglicht durch die Empathie, sind wir in der Lage, auf der Suche nach dem Sinn des Daseins über uns selbst hinauszureichen. Das sind die Grundelemente des empathischen Impulses. Sie sind es, die uns zum Menschen machen.

Ob bewusst oder unbewusst, uns begleitet die Sinnsuche in jedem Moment unseres Lebens. Insoweit wir unsere Empathie nähren, leben und erleben wir unser Leben in größerer Fülle. Das wissen wir, denn wenn wir am Ende eines Lebens zurückblicken, dann erinnern wir uns besonders lebhaft an die Momente der mitfühlenden Umarmung – das sind die Momente, die unserem Leben Sinn geben.

Für die großen Philosophen der Aufklärung und der Moderne war körperliches Erleben bestenfalls unbedeutend und schlimmstenfalls verderblich, weshalb sie das Alpha und Omega des menschlichen Daseins – die große Frage danach, was und wer wir sind – in den Gewissheiten der Mathematik und der reinen Vernunft suchten, statt in der mitfühlenden Selbsttranszendenz. Dieses irrige Verständnis unserer Menschlichkeit hat unserer kollektiven Psyche schweren Schaden zugefügt. Aber noch größer war der Schaden für die Natur und unsere Mitlebewesen.

Glücklicherweise verlieren ihre verqueren Vorstellungen der menschlichen Natur heute an Zuspruch, denn inzwischen erkennen wir, wohin sie unsere Zivilisation geführt haben – ein sicheres Zeichen dafür, dass unsere Vorstellung von der Reise der Menschheit eine Wende nimmt. Das sehen wir zum Beispiel daran, dass die Wissenschaftsgemeinde auf der Suche nach Antworten auf die tiefsten Fragen nach dem Sinn des Daseins und dem Platz der Menschheit neue Wege einschlägt. Der neue Ansatz der komplexen adaptiven sozialen und ökologischen Systeme ist ein Ausdruck des neuen Denkens über das Denken. Neuere Untersuchungen von Menschen, die in Systemen denken, beobachten »eine gesteigerte Fähigkeit für die fremdbezogenen Komponenten der kognitiven und affektiven Empathie«.[47]

Im Zeitalter der Resilienz müssen wir unsere Empathie vertiefen und die nächste Phase der empathischen Erweiterung anstreben – ein biophiles Bewusstsein, das die Menschheit in die Familie des Lebens zurückführt. Der Lackmustest ist die Erziehung, die wir unseren Kindern angedeihen lassen, um ihre Ehrfurcht zu wecken – auch vor den furchteinflößenden Zuckungen der Erde. Dieses neue Gefühl der Ehrfurcht mag überwältigend sein, doch es kann auch befreien. Wenn wir uns diesem Gefühl stellen, kann es ein umfassenderes Staunen wachrufen und unsere kollektive Vorstellungskraft beflügeln, um neue Wege der Anpassung an die Natur zu entdecken und resilient zu werden – nicht nur zu überleben, sondern gemeinsam mit unserer evolutionären Großfamilie zu einer neuen und unerwarteten Blüte zu finden.

Heimkehr

Wir sind die großen Nomaden der Geschichte, auf tausendundeiner Wanderung über Kontinente und Ozeane, im Kampf gegen tückische Klimaturbulenzen und Fährnisse aller Art, rastlos auf der Suche nach unserer Heimat, unserem Platz in der Welt. Unser übergroßes Gehirn auf unserem zweibeinigen Körper ist uns dabei Fluch und Segen zugleich. Wenn eine Spezies auf diesem Planeten als Ausnahme gelten darf, dann sicherlich wir. Keine andere Spezies wird derart von der Frage nach dem Warum verzehrt, während alle unsere Verwandten bestens mit dem Wie umgehen. Warum ist dieser mitfühlende Impuls so tief in unseren neurologischen Schaltkreisen verankert? Warum kennen von allen Lebewesen nur wir Ehrfurcht und Staunen, warum wissen nur wir um unsere Sterblichkeit?

Lange haben wir in der Überzeugung gelebt, dass alles jenseits von uns nur tumbe Materie ist, Ressourcen, die für uns nur insofern Bedeutung haben, als sie unsere hedonistischen Triebe und Bedürfnisse befriedigen. Doch der mitfühlende Impuls pocht unermüdlich in unserem Gehirn, er macht sich im Leben des Einzelnen immer wieder bemerkbar und weitet sich in historischen Schritten auf immer mehr Angehörige unserer Art aus, nur um dann wieder in sich zusammenzufallen und uns ins Dunkel zu stürzen.

Was treibt uns an, wenn nicht die Suche nach einem Ort der sicheren Bindung in dieser Welt? Was heißt es, so von Angst beladen zu sein? Wenn Aliens zu Besuch kämen und Zeuge unserer Misere würden, dann würde ihnen vielleicht als unsere ungewöhnlichste Eigenschaft unsere Sehnsucht nach allumfassender Nähe auffallen – eine Art Widerspruch in sich. Wie kann eine Erfahrung sowohl allumfassend als auch nah sein? Doch das scheint unser Kreuz zu sein oder vielleicht auch eine transzendente Gabe von unschätzbarem Wert.

Die Reise war lang, berauschend, manchmal anstrengend, und heute, genau in dem Moment, in dem wir das Ende unseres irdischen Daseins spüren, finden wir endlich den Weg nach Hause. Das biophile Bewusstsein der Menschheit erwacht, das Gefühl der allumfassenden Nähe, des Einsseins mit der Lebenskraft der Erde.

Der britische Philosoph Owen Barfield schilderte im letzten Jahrhundert das Drama des menschlichen Abenteuers. Er teilte es in drei große Akte ein, von denen jeder mit einem tiefgreifenden Wandel des menschlichen Bewusstseins und einer neuen Weltsicht einhergeht.

Unsere jagenden und sammelnden Vorfahren spürten kaum einen Unterschied zwischen sich und ihren Mitlebewesen. Sie lebten in tiefer Teilhabe mit der natürlichen Welt und passten sich fließend an die Rhythmen, Jahreszeiten und Kreisläufe der Erde an. Sie lebten in Gemeinschaft und organisierten ihr Zusammenleben in Kohorten, nicht in Hierarchien. Sie sahen die Welt als Animisten und erlebten ihre Mitlebewesen als verwandte Geister, deren Dasein tief mit dem ihren verwoben war. Das animistische Bewusstsein hatte keinen Platz für das, was spätere Generationen »Geschichte« nennen sollten, und war zufrieden mit der ewigen Wiederkehr des Jahreskreises.

Mit einem Leben in Gemeinschaft, ohne Differenzierung von Rollen und ohne Überschüsse, deren Verteilung Unterschiede und Hierarchien hätten hervorbringen können, blieb das Selbst weitgehend unentwickelt. Die Menschen lebten nicht als Ansammlung von Einzelpersonen, sondern als gemeinschaftliches Wir in einer »undifferenzierten gewaltigen Einheit«, wie Psychologen es heute nennen könnten. Ihr Bewusstsein lebte im Wechsel aus Biophilie und Biophobie, wie sie ihrer tiefen Teilhabe an der Natur entsprach.

Von dort aus führte unsere Reise zu den großen landwirtschaftlichen Zivilisationen und dann weiter ins Industriezeitalter. Unterwegs entfernte sich die Menschheit immer weiter von der Natur und sah in ihr immer mehr einen passiven Hort von Ressourcen, die keinen Wert hatten, solange sie nicht von Menschen ausgebeutet und zu nützlichen Gütern verarbeitet wurden. Heute lebt die Menschheit in immer engmaschigeren Gesellschaften mit immer stärker ausdifferenzierter Arbeitsteilung, in immer ausgedehnteren Infrastrukturen für Milliarden von Menschen, die nebeneinander her leben und immer stärker vom Rest des Lebens abgeschirmt sind. Ein Durchschnittsamerikaner verbringt heute 90 Prozent des Tages in klimatisierten und künstlich beleuchteten Innenräumen, fern der Natur, die

die Menschen während mehr als 95 Prozent ihres irdischen Daseins ihre Heimat nannten.[48]

Dieses Gefühl der Sicherheit, das eine von uns geschaffene künstliche und nun sogar virtuelle Welt vorgaukelte, war nie mehr als eine Illusion. Wir haben uns unserer ursprünglichen Heimat entfremdet und uns dabei eingebildet, wir hätten uns eine autonome Existenz geschaffen. Doch heute zahlen wir den Preis für unsere Torheit – die Entropiezeche der Treibhausemissionen und des sechsten Artensterbens in der Geschichte der Erde. Doch wir können etwas lernen.

Klimawandel und Pandemien haben uns gelehrt, dass alles, was wir auf dieser Welt tun, direkte Auswirkungen auf alles andere hat, und umgekehrt. Wir sind uns bewusst geworden, dass kein Mensch eine Insel ist, und dass wir keine autonomen Akteure sind, die auf die Welt wirken, sondern dass unser Dasein von allen anderen lebenden Akteuren und der Dynamik der irdischen Sphären abhängig ist. Diese nicht verhandelbare Wirklichkeit ist die treibende Kraft hinter der Weiterentwicklung des biophilen Bewusstseins – des tiefen Mitfühlens mit allem Leben. Umso mehr, als heute unsere ganze Zukunft auf dem Spiel steht.

Barfield sah die Menschheit an der Schwelle einer dritten großen Phase des Bewusstseins – eine Bekräftigung unserer Verwandtschaft mit der natürlichen Welt. Dieser biophile empathische Sprung ist eine bewusste Entscheidung zu einer rückhaltlosen Teilhabe am Leben des Planeten und zur allumfassenden Nähe. Dahinter steht kein blinder Aberglaube, sondern das tiefe, mitfühlende, achtsame und kognitive Verständnis unserer unverbrüchlichen Bindung an das Leben selbst.

Es war eine lange und epische Reise, die die Menschheit wieder heimgeführt hat – geerdet und hoffentlich erneuert und bereit für den kommenden Kraftakt der Wiederbelebung des Lebens. Die Erde erwartet uns.

DANK

Im Jahr 2013 habe ich mit der Recherche zu den zentralen Themen dieses Buchs begonnen und mich acht Jahre lang damit beschäftigt. Bücher sind immer gemeinschaftliche Abenteuer. Mein erster Dank gilt hier der editorischen Unterstützung von Claudia Salvador, meine Stabschefin und Leiterin unserer verschiedenen Projekte. Claudias Beitrag ist unschätzbar, sie hat buchstäblich Tausende Fachartikel, wissenschaftliche Untersuchungen und Forschungsberichte gesucht, geordnet und gesichtet und die Erstellung der umfangreichen Fußnoten begleitet. Ihre klugen Verbesserungsvorschläge sind überall im Text zu spüren und haben geholfen, dem Buch den letzten Schliff zu geben.

Dank auch an Daniel Christensen, den ehemaligen Stabschef meines Büros, für seinen Beitrag während der ersten Phase der Recherche, sowie Joey Bilyk für seine Unterstützung in der Schlussphase. Außerdem danke ich Jon Cox für seine intensive Arbeit am Manuskript und seine redaktionellen Vorschläge für die Straffung des Buchs.

Ein großes Dankeschön an meine amerikanische Agentin Meg Thompson für ihren weisen Rat und dafür, dass sie das Buch immer auf Kurs gehalten hat. Und an meine ausländische Agentin Sandy Hodgman, die durch die Zusammenarbeit mit unseren ausländischen Verlagen dazu beigetragen hat, dass dieses Buch weltweit ein breites Publikum findet.

Außerdem danke ich meinem Verleger Tim Bartlett von St. Martin's Press für seine begeisterte Unterstützung und sein persönliches

Engagement, die wichtigen Themen dieses Buchs einer breiten Öffentlichkeit nahezubringen. Es hat mich sehr ermutigt, einen Verleger zu haben, dem die Existenzkrise der Menschheit an diesem Scheideweg unserer Geschichte so sehr am Herzen liegt.

Vor allem aber danke ich wie immer meiner Frau Carol Grunewald, für ihren Beitrag zum Inhalt und seiner Darstellung, und für die zahllosen Gespräche, die wir über die Jahre geführt und die meine Herangehensweise an dieses Projekt geprägt haben.

ANMERKUNGEN

Einleitung

1 Vivek V. Venkataraman, Thomas S. Kraft, Nathaniel J. Dominy und Kirk M. Endicott, »Hunter-Gatherer Residential Mobility and the Marginal Value of Rainforest Patches«, in: *Proceedings ft he National Academy of Sciences* 114/12. 6. März 2017, S. 3097. https://doi.org/10.1073/pnas.1617542114

2 Marie-Jean-Antoine-Nicolas Caritat, Nicolas de Condorcet, *Outlines of an Historical View of the Progress of the Human Mind*. Philadelphia: M. Carey, 1796. https://oll.libertyfund.org/titles/1669%20

3 *Die Bibel*. Lutherbibel 2017, 1 Mose 1,26.

4 Nicholas Wade, »Your Body Is Younger Than You Think«. in: *New York Times*, 2. August 2005. https://www.nytimes.com/2005/08/02/science/your-body-is-younger-than-you-think.html; Ron Milo und Robert B. Phillips, *Cell Biology by the Numbers*. New York: Garland Science, 2015, S. 279.

5 Ebda.

6 Im Deutschen kann es mit meinem Begriff »distributed« zu Missverständnissen kommen. Hier sagt man häufig »dezentralisiert«, wo ich »verteilt« meine. Der Unterschied ist folgender: Während eine Vielzahl von Akteuren in einer verteilten Struktur wie der Peerocracy zusammenkommt, werden diese Akteure selbst wiederum in kleinen dezentralen Einheiten aktiv.

7 Helmut Haberl, Karl-Heinz Erb, Fridolin Krausmann, Veronika Gaube, Alberte Bondeau, Christoph Plutzar, Simone Gingrich, Wolfgang Lucht und Marina Fischer-Kowalski, »Quantifying and Mapping the Human Appropriation of Net Primary Production in Earth's Terrestrial Ecosystems«, in: *Proceedings of the National Academy of Sciences of the United States of America* 104/31, 25. Mai 2007. https://www.pnas.org/doi/pdf/10.1073/pnas.0704243104

8 Fridolin Krausmann et al., »Global Human Appropriation of Net Primary Production Doubled in the 20th Century«, in: *Proceedings of the National Academy of Sciences of the United States of America* 110/25 (Juni 2013), S. 10324–10329. https://www.pnas.org/doi/10.1073/pnas.1211349110

Kapitel 1: Masken, Beatmungsgeräte und Toilettenpapier

1 Adam Smith, *An Inquiry into the Nature and Causes of the Wealth of Nations.* Oxford: Oxford University Press, 1976. (Original 1776), S. 454. Deutsche Ausgabe: *Der Wohlstand der Nationen. Eine Untersuchung seiner Natur und seiner Ursachen.* Übers. v. H. Cl. Recktenwald, München 1878, S. 369.

2 Alex Williams, »Your Car, Toaster, Even Washing Machine, Can't Work Without Them. And There's a Global Shortage«, in: *New York Times,* 14. Mai 2021. https://www.nytimes.com/2021/05/14/opinion/semiconductor-shortage-biden-ford.html

3 Ford Motor Company, *Enhanced Execution, Fresh Portfolio of Exciting Vehicles Drive Ford's Strong Q1 Profitability, As Trust in Company Rises.* https://s23.q4cdn.com/799033206/files/doc_financials/2021/q1/Ford-1Q2021-Earnings-Press-Release.pdf

4 Williams, »Your Car, Toaster, Even Washing Machine, Can't Work Without Them«

5 William Galston, »Efficiency Isn't the Only Economic Virtue«, in: *Wall Street Journal,* 10. März 2020.

6 Ebda.

7 Marco Rubio, »We Need a More Resilient American Economy«, in: *New York Times,* 20. April 2020.

8 Ebda.

9 »Rethinking Efficiency«, in: *Harvard Business Review,* 2019. https://hbr.org/2019/01/rethinking-efficiency

10 Roger Martin, »The High Price of Efficiency«, in: *Harvard Business Review* (Januar–Februar 2019). S. 42–55.

11 Ebda.

12 Annette McGivney, »›Like Sending Bees to War‹: the Deadly Truth Behind Your Almond Milk Obsession«, in: *The Guardian* (Guardian News and Media), 8. Januar 2020. https://www.theguardian.com/environment/2020/jan/07/honeybees-deathsalmonds-hives-aoe; Selina Bruckner, Nathalie Steinhauer, S. Dan Aurell, Dewey Caron und James Ellis, »Loss Management Survey – 2018–2019 Honey Bee Colony Losses in the United States: Preliminary Results«, in: *Bee Informed Partnership.* https://beeinformed.org/wp-content/uploads/2019/11/2018_2019-Abstract.pdf

13 Tom Philpott und Julia Lurie, »Here's the Real Problem with Almonds«, in: *Mother Jones,* 15. April 2015, Tom Philpott und Julia Lurie, »5 Reasons That Almonds Really Are a Big Problem«, in: *Mother Jones,* 15. April 2015. https://www.motherjones.com/environment/2015/04/real-problem-almonds; Almond Board of California, *About Almonds and Water.* https://www.almonds.com/sites/default/files/content/attachments/about_almonds_and_water_-_september_2015_1.pdf

14 Almond Board of California, *California Almond Industry Facts*, 2016. https://www.almonds.com/sites/default/files/2016_almond_industry_factsheet.pdf
15 Hannah Devlin und Ian Sample, »Yoshinori Ohsumi Wins Nobel Prize in Medicine for Work on Autophagy«, in: *The Guardian*, 3. Oktober 2016. https://www.theguardian.com/science/2016/oct/03/yoshinori-ohsumi-wins-nobel-prize-in-medicine
16 The »The Nobel Prize in Physiology or Medicine 2016«. 2016. The Nobel Assembly at Karolinska Institutet, *The Nobel Prize in Physiology or Medicine 2016.* https://www.nobelprize.org/uploads/2018/06/press-34.pdf
17 Pat Lee Shipman, »The Bright Side of the Black Death«, in: *American Scientist* 102/6, (2014), S. 410. https://doi.org/10.1511/2014.111.410

Kapitel 2: Taylorismus und das Gesetz der Thermodynamik

1 Charlie Chaplin, *Modern Times.* United Artists, 1936.
2 Samuel Haber, *Efficiency and Uplift Scientific Management in the Progressive Era, 1890–1920,* Chicago: University of Chicago Press, 1965, S. 62; Martha Bensley Bruère und Robert W. Bruère, *Increasing Home Efficiency,* New York: Macmillan, 1912, S. 291.
3 Christine Frederick, »The New Housekeeping: Efficiency Studies in Management«, in: *Ladies' Home Journal,* September–Dezember 1912, S. 13, 23.
4 Christine Frederick, *The New Housekeeping: Efficiency Studies in Home Management,* New York: Doubleday, Page & Company, 1913.
5 Mary Pattison, *In Business of Home Management: The Principles of Domestic Engineering,* New York: R. M. McBride & Company, 1915; Samuel Haber, *Efficiency and Uplift: Scientific Management in the Progressive Era, 1890–1920,* Chicago: University of Chicago Press, 1965, S. 62.
6 Samuel Haber, *Efficiency and Uplift,* S. 62.
7 William Hughes Mearns, »Our Medieval High Schools: Shall We Educate Children for the Twelfth or the Twentieth Century?«, in: *Saturday Evening Post,* 12. März 1912; Raymond E. Callahan, *Education and the Cult of Efficiency: A Study of the Social Forces That Have Shaped the Administration,* Chicago: University of Chicago Press, 1964, S. 50.
8 Maude Radford Warren, »Medieval Methods for Modern Children«, in: *Saturday Evening Post,* 12. März 1912, S. 35.
9 Wayne Au, »Teaching under the New Taylorism: High-stakes Testing and the Standardization of the 21st Century Curriculum«, in: *Journal of Curriculum Studies* 1/43 (2011), S. 25–45. https://doi.org/10.1080/00220272.2010.521261
10 Samuel P. Hays, *Conservation and the Gospel of Efficiency: The Progressive Conservation Movement, 1890–1920.* Pittsburgh: University of Pittsburgh Press, 1999, S. 127.

11 The Wilderness Society, *Open for Business and Not Much Else: Analysis Shows Oil and Gas Leasing Out of Whack on BLM Lands.* https://www.wilderness.org/articles/article/open-business-and-not-much-else-analysis-shows-oil-and-gas-leasing-out-whack-blm-lands

12 The Wilderness Society, *In the Dark: The Hidden Climate Impacts of Energy Development on Public Lands.* Report. https://www.wilderness.org/sites/default/_files/media/file/In%20the%20Dark%20Report_FINAL_Feb_2018.pdf; Matthew D. Merrill, Benjamin M. Sleeter, Philip A. Freeman, Jinxun Liu, Peter D. Warwick und Bradley C. Reed, 2018. »Federal Lands Greenhouse Gas Emissions and Sequestration in the United States: Estimates for 2005–14«, in: *Scientific Investigations Report* 2018–5131. U. S. Geological Survey, U. S. Department of the Interior, 2018.

13 Chris Arsenault, »Only 60 Years of Farming Left If Soil Degradation Continues«, in: *Scientific American,* 5. Dezember 2014. https://www.scientificamerican.com/article/only-60-years-of-farming-left-if-soil-degradation-continues

14 Natural Resources Conservation Service, *Fact Sheet: What on Earth Is Soil?,* 2003.

15 Robin McKie, »Biologists Think 50 Percent of Species will be Facing Extinction by the End of the Century«, in: *The Guardian,* 25. Februar 2017. https://www.theguardian.com/environment/2017/feb/25/half-all-species-extinct-end-century-vatican-conference

16 Yadigar Sekerci und Sergei Petrovskii, »Global Warming Can Lead to Depletion of Oxygen by Disrupting Phytoplankton Photosynthesis: A Mathematical Modelling Approach«, in: *Geosciences* 8/6 (Juni 2018), S. 201. https://doi.org/10.3390/geosciences8060201; University of Leicester, »Global Warming Disaster Could Suffocate Life on Planet Earth, Research Shows«, in: *Phys.Org,* 1. Dezember 2015. https://phys.org/news/2015-12-global-disaster-suffocate-life-planet.html

17 Abrahm Lustgarten, »The Great Climate Migration Has Begun«, in: *New York Times Magazine,* 23. Juli 2020. https://www.nytimes.com/interactive/2020/07/23/magazine/climate-migration.html

18 James E. M. Watson u. a., »Protect the Last of the Wild«, in: *Nature* 563 (2018), S. 27–40. http://dx.doi.org/10.1038/d41586-018-07183-6

19 John Herman Randall, *The Making of the Modern Mind.* Cambridge: Houghton Mifflin, 1940, S. 241, Zitat von René Descartes: René Descartes, *Regulae ad directionem ingenii,* 1684.

20 Ebd., S. 241–242.

21 Descartes, René, *Über den Menschen.* Übers. von Karl E. Rothschuh. Heidelberg: L. Schneider, 1969.

22 Daniel Everett, »Beyond Words: The Selves of Other Animals«, in: *The New Scientist,* 8. Juli 2015. https://www.newscientist.com/article/dn27858-beyond-words-the-selves-of-other-animals

23 Gillian Brockwell, »During a Pandemic, Issac Newton Had to Work from

Home, Too. He Used the Time Wisely«, in: *The Washington Post*, 12. März 2020. https://www.washingtonpost.com/history/2020/03/12/during-pandemic-isaac-newton-had-work-home-too-he-used-time-wisely

24 Isaac Newton, *Philosophiæ Naturalis Principia Mathematica*. University of Cambridge Digital Library, o. D. https://cudl.lib.cam.ac.uk/view/MS-ROYALSOCIETY-00069/7

25 Isaac Newton, *Newton's Principia: The Mathematical Principles of Natural Philosophy*. New York: Daniel Adee, 1846.

26 National Aeronautics and Space Administration, »More on Newton's Law of Universal Gravitation«, in: *High Energy Astrophysics Science Archive Research Center*, 5. Mai 2016. https://imagine.gsfc.nasa.gov/features/yba/CygX1_mass/gravity/more.html

27 Norriss Hetherington, »Issac Newton's Influence on Smith's Natural Laws in Economics«, in: *Journal of the History of Ideas* 44/3 (1983), S. 497–505. http://www.jstor.com/stable/2709178

28 Paul Arthur Schilpp, *Albert Einstein als Philosoph und Naturforscher*. Stuttgart: Kohlhammer, 1955.

29 Mark Crawford, »Rudolf Julius Emanuel Clausius«, in: *ASME*, 11. April 2012. https://www.asme.org/topics-resources/content/rudolf-julius-emanuel-clausius

30 National Aeronautics and Space Administration, »Meteors & Meteorites«, in: *NASA Science*, 19. Dezember 2019. https://solarsystem.nasa.gov/asteroids-comets-and-meteors/meteors-and-meteorites/in-depth

31 Brian Greene, »That Famous Equation and You«. in: *New York Times*, 30. September 2005, sec. A.

32 Nahid Aslanbeigui, »Pigou, Arthur Cecil (1877–1959)«, in: *The New Palgrave Dictionary of Economics*, hrg. v. Steven N. Durlauf und Lawrence E. Blume. London: Palgrave Macmillan, 2008.

33 Erwin Schrödinger, *Was ist Leben? Die lebende Zelle mit den Augen des Physikers betrachtet*. München: Lehnen, 1951, S. 101.

34 G. Tyler Miller, *Energetics, Kinetics and Life: An Ecological Approach*. Belmont: Wadsworth, 1971, S. 291.

35 Ebda., S. 291.

36 Elias Canetti, *Masse und Macht. Wesentliche Zusammenhänge zum Verständnis unseres Zeitalters*. Frankfurt: Fischer Taschenbuch Verlag, S. 302.

37 »James Watt«, Encyclopedia Britannica, https://www.britannica.com/biography/James-Watt (abgerufen am 23. August 2020).

38 Margaret Schabas, »Alfred Marshall, W. Stanley Jevons, and the Mathematization of Economics«, in: *ISIS, A Journal of the History of Science Society* 80/1 (März 1989), S. 60–72. http://www.jstor.com/stable/234344

39 Ivor Grattan-Guinness, »How Influential Was Mechanics in the Development of Neoclassical Economics? A Small Example of a Large Question«, in: *Journal*

of the History of Economic Thought 32/4 (2010), S. 531–581. https://doi.org/10.1017/S1053837210000489
40 William Stanley Jevons, *The Progress of the Mathematical Theory of Political Economy*. Manchester: J. Roberts, 1875. https://babel.hathitrust.org/cgi/pt?id=ien.35556020803433&view=1up&seq=22&skin=2021
41 Ebda., S. vii.
42 Frederick Soddy, *Matter and Energy*. New York: H. Holt and Co., 1911, S. 10–11.
43 Ilya Prigogine, »Only an Illusion«, in: *The Tanner Lectures on Human Values*, 18. Dezember 1982. https://tannerlectures.utah.edu/_resources/documents/a-to-z/p/Prigogine84.pdf
44 Ebda., S. 46.
45 Ebda., S. 50.
46 Ebda., S. 50.

Kapitel 3: **Die wirkliche Welt**

1 U.S. Census Bureau, *Historical Estimates of World Population*, 5. Juli 2018. https://www.census.gov/data/tables/time-series/demo/international-programs/historical-est-worldpop.html (abgerufen am 24. August 2020).
2 Helmut Haberl, Karl-Heinz Erb, Fridolin Krausmann, Veronika Gaube, Alberte Bondeau, Christoph Plutzar, Simone Gingrich, Wolfgang Lucht und Marina Fischer-Kowalski, »Quantifying and Mapping the Human Appropriation of Net Primary Production in Earth's Terrestrial Ecosystems«, in: *Proceedings of the National Academy of Sciences of the United States of America* 104/31, 25. Mai 2007. https://www.pnas.org/doi/pdf/10.1073/pnas.0704243104
3 Fridolin Krausmann, Karl-Heinz Erb, Simone Gingrich, Helmut Haberl, Alberte Bondeau, Veronika Gaube, Christian Lauk, Christoph Plutzar und Timothy D. Searchinger, »Global Human Appropriation of Net Primary Production Doubled in the 20th Century«, in: *Proceedings of the National Academy of Sciences of the United States of America* 110 (25). https://doi.org/10.1073/pnas.1211349110
4 United States Department of Agriculture Natural Resources Conservation Service, *What on Earth Is Soil?*. Fact Sheet. https://www.nrcs.usda.gov/wps/PA_NRCSConsumption/download?cid=nrcseprd994617&ext=pdf
5 Prabhu L. Pingali und Mark W. Rosegrant, »Confronting The Environmental Consequences Of The Green Revolution In Asia«, in: *International Food Policy Research Institute*, August 1994., http://citeseerx.ist.psu.edu/viewdoc/download?doi=10.1.1.80.3270&rep=rep1&type=pdf
6 Anju Bala, »Green Revolution and Environmental Degradation«, in: *National Journal of Multidisciplinary Research and Development* 3/1 (Januar 2018). http://www.nationaljournals.com/download/288/2-3-247-876.pdf
7 Prabhu L. Pingali und Mark W. Rosegrant, »Confronting The Environmental

Consequences Of The Green Revolution In Asia«, in: *EPTD Discussion Paper* No. 2, hrg. vom International Food Policy Research Institute, August 1994. http://citeseerx.ist.psu.edu/viewdoc/download?doi=10.1.1.80.3270&rep=rep1&type=pdf

8 The Union of Concerned Scientists, *The Hidden Costs of Industrial Agriculture*, Report, 24. August 2008. https://www.ucsusa.org/resources/hidden-costs-industrial-agriculture (abgerufen am 25. August 2020)

9 Ebda.

10 Boyd A Swinburn u. a., »The Global Syndemic of Obesity, Undernutrition, and Climate Change: The Lancet Commission Report«, in: *The Lancet* 393 (2019), S. 791–846. https://doi.org/10.1016/S0140-6736(18)32822-8

11 Ebda.

12 Ebda.

13 Ebda.

14 Ebda.

15 Kevin E. Trenberth, »Changes in Precipitation with Climate Change«, in: *Climate Research* 47 (März 2011), S. 123. https://doi.org/10.3354/cr00953

16 Kim Cohen u. a., »The ICS International Chronostratigraphic Chart«, in: *Episodes* 36/3 (2013), S. 200–201.

17 Food and Agricultural Organization of the United Nations, *Healthy soils are the basis for healthy food production*, 26. März 2015. http://www.fao.org/3/a-i4405e.pdf

18 David Wallinga, »Today's Food System: How Healthy Is It?«, in: *Journal of Hunger and Environmental Nutrition* 4/3–4 (Dezember 2009), S. 251–281. https://doi.org/10.1080/19320240903336977

19 Ebda.

20 Peter Dolton und Mimi Xiao, »The Intergenerational Transmission of Body Mass Index Across Countries«, in: *Economics and Human Biology* 24 (Februar 2017), S. 140–152. https://doi.org/10.1016/j.ehb.2016.11.005

21 Michelle J. Saksena et al., *America's Eating Habits: Food Away From Home.* USDA, Economic Research Service, 2018. https://www.ers.usda.gov/webdocs/publications/90228/eib-196_ch8.pdf?v=3344

22 Ebda.

23 The Centers for Disease Control and Prevention, *Antibiotic Resistance Threats in the United States, 2019.* http://dx.doi.org/10.15620/cdc:82532

24 Ebda.

25 Susan Brink, »Why Antibiotic Resistance Is More Worrisome Than Ever«, in: *NPR*, 14. Mai 2020. https://www.npr.org/sections/goatsandsoda/2020/05/14/853984869/antibiotic-resistance-is-still-a-top-health-worry-its-apandemic-worry-too

26 World Bank, *Drug-Resistant Infections: A Threat to Our Economic Future.* März 2017, S. viii. http://documents1.worldbank.org/curated/en/323311493396993758/pdf/final-report.pdf

27 Ebda., S. 18.

28 Ebda., S. 18.

29 U. S. National Institutes of Health, *Bacterial Pneumonia Caused Most Deaths in 1918 Influenza Pandemic.* 19. August 2008. https://www.nih.gov/news-events/news-releases/bacterial-pneumonia-caused-most-deaths-1918-influenza-pandemic#:~:text=Bacterial%20Pneumonia%20Caused%20Most%20Deaths%20in%201918%20Influenza%20Pandemic,Implications%20for%20Future&text=The%20majority%20of%20deaths%20during,the%20National%20Institutes%20of%20Health

30 Morgan McFall-Johnsen, »These Facts Show How Unsustainable the Fashion Industry Is«, in: *The World Economic Forum*, 31. Januar 2020. https://www.weforum.org/agenda/2020/01/fashion-industry-carbon-unsustainable-environment-pollution/

31 Kirsi Niinimäki u. a., »The Environmental Price of Fast Fashion«, in: *Nature Reviews* 1 (April 2020), S. 189–200. https://doi.org/10.1038/s43017-020-0039-9

32 Ebda., S. 190.

33 The World Bank, *How Much Do Our Wardrobes Cost to the Environment?* Feature Story, 23. September 2019. https://www.worldbank.org/en/news/feature/2019/09/23/costo-moda-medio-ambiente

34 Kirsi Niinimäki u. a., »The Environmental Price of Fast Fashion«, in: *Nature Reviews* 1 (April 2020), S. 189–200. https://doi.org/10.1038/s43017-020-0039-9

35 Ebda., S. 195; Ellen MacArthur Foundation, *A New Textiles Economy: Redesigning Fashion's Future,* 2017. https://emf.thirdlight.com/link/2axvc7eob8zx-za4ule/@/preview/1?o

36 Ebda., S. 191–193; KEMI Swedish Chemicals Agency, *Chemicals in Textiles – Risks to Human Health and the Environment. Report from a Government Assignment*, Stockholm: Arkitektkopia, 2014. https://www.kemi.se/download/18.6df1d3df171c243fb23a98f3/1591454110491/rapport-6-14-chemicals-in-textiles.pdf

Kapitel 4: **Das große Beben**

1 The Library of Congress, »What Hath God Wrought?«, in: *Today in History*, 24. Mai 2020. https://www.loc.gov/item/today-in-history/may-24

2 Sebastian de Grazia, *Of Time, Work, and Leisure.* New York: The Century Foundation, 1962, S. 41.

3 Ebda.

4 Reinhard Bendix, *Max Weber.* Garden City: Anchor-Doubleday, 1962, S. 318.

5 Lewis Mumford, *Technics and Civilization.* New York: Harbinger, 1947, 13–14.

6 Daniel J. Boorstin, *The Discoverers.* New York: Random House, 1983, S. 38.

7 Mary Bellis, »The Development of Clocks and Watches Over Time«, in:

ThoughtCo., 6. Februar 2019. https://www.thoughtco.com/clock-and-calendar-history-1991475.

8 Jonathan Swift, *Gulliver's Travels The Voyages to Lilliput and Brobdingnag.* Ann Arbor: University of Michigan Press, 1896. (Original 1726), S. 48. Deutsche Ausgabe: *Gullivers Reisen.* Übers. v. Franz Kottenkamp, durchges. und überarb. von Heinrich Fauteck. München: C. H. Beck, 1999, S. 39.

9 Alfred W. Crosby, *The Measure of Reality: Quantification in Western Europe, 1250–1600.* Cambridge: Cambridge University Press, 1996, S. 171.

10 »Linear Perspective«, in: *Encyclopædia Britannica* (abgerufen am 30. April 2021). https://www.britannica.com/art/linear-perspective

11 Galileo Galilei, »Il Saggiatore« (1623), zitiert in Ehrhard Behrends: »Ist Mathematik die Sprache der Natur?«, in: *Mitt. Math. Ges. Hamburg* 29 (2010), S. 53–70. http://page.mi.fu-berlin.de/bhrnds/publ_papers/sprachedernatur_hamburg.pdf

12 Philipp H. Lepenies, *Art, Politics, and Development.* Philadelphia: Temple University Press, 2013, S. 48–50.

13 Eric J. Hobsbawm. *Nations and Nationalism Since 1780: Programme, Myth, Reality.* 2. Ausgabe. Cambridge: Cambridge University Press, 1992, S. 60.

14 Tullio De Mauro, *Storia Linguistica Dell'Italia Unita.* Roma: Laterza, 1963.

15 Charles Killinger, *The History of Italy.* New York: Greenwood Press, 2002, S. 1; Massimo D'Azeglio, *I Miei Ricordi* (1891), S. 5.

16 Bob Barton, »The History of Steam Trains and Railways«, in: *Historic UK.* https://www.historicuk.com/HistoryUK/HistoryofBritain/Steam-trains-railways (abgerufen am 1. September 2020).

17 Eric J. Hobsbawm, *The Age of Revolution, 1789–1848.* New York: Vintage Books, 1996, S. 298.

18 Warren D. TenHouten, *Time and Society.* New York: SUNY Press, 2015, S. 62.

Kapitel 5: **Der Raubzug**

1 John Locke, *Two Treatises on Civil Government.* London: George Routledge and Sons, 1884. (Original 1689), S. 207. Deutsche Übersetzung: *Zwei Abhandlungen über die Regierung.* Übers. v. Hilmar Wilmanns. Halle: Verlag von Max Niemeyer, 1906, § 32.

2 Ebda., § 37 und § 43.

3 U. S. NSF National Program, The Critical Zone: National Critical Zone Observatory. https://czo-archive.criticalzone.org/national/research/the-critical-zone-1national

4 Renee Cho, Joan Angus, Sarah Fecht und Shaylee Packer. »Why Soil Matters«, in: *State of the Planet*, 1. Mai 2012. https://news.climate.columbia.edu/2012/04/12/why-soil-matters

5 Ebda.

6 Food and Agricultural Organization of the United Nations, *Livestock and Landscapes*, 2012. http://www.fao.org/3/ar591e/ar591e.pdf
7 Ebda.
8 Geoff Watts, »The Cows That Could Help Fight Climate Change«, in: *BBC Future*, 7. August 2019. https://www.bbc.com/future/article/20190806-how-vaccines-could-fix-our-problem-with-cow-emissions
9 Nicholas LePan, »This Is What the Human Impact on the Earth's Surface Looks Like«, in: *World Economic Forum*, 4. Dezember 2020. https://www.weforum.org/agenda/2020/12/visualizing-the-human-impact-on-the-earth-s-surface
10 Union of Concerned Scientists, *What's Driving Deforestation?*, Februar 2016. https://www.ucsusa.org/resources/whats-driving-deforestation
11 *USDA Coexistence Fact Sheets Soybeans*. United States Department of Agriculture, 2015.
12 Wannes Hubau, »Asynchronous Carbon Sink Saturation in African and Amazonian Tropical Forests«, in: *Nature* 579, 2020, S. 80–87.
13 Ebda.
14 Ebda.
15 Ebda.
16 *World Beef (Cattle Meat) Market Analysis, Forecast, Size, Trends and Insights*, Report 2021.
17 *Forestry And Logging Global Market Report 2021: COVID-19 Impact And Recovery To 2030*, Report 2020.
18 *Soy Food Market: Global Industry Trends, Share, Size, Growth, Opportunity and Forecast 2021–2026*, Report 2021; *Palm Oil Market Size, Share; Trends Analysis Report by Origin (Organic, Conventional), by Product (Crude, RBD, Palm Kernel Oil, Fractionated), by End Use, by Region, and Segment Forecasts, 2020–2027*, Report 2020.
19 M. Garside, »Mining industry worldwide – statistics & facts«. https://www.statista.com/topics/1143/mining (abgerufen am 30. April 2021).
20 Marvin S. Soroos, »The International Commons: A Historical Perspective«, in: *Environmental Review* 12/1 (Frühjahr 1988), S. 1–22. https://www.jstor.org/stable/3984374
21 Sir Walter Raleigh, »A Discourse of the Invention of Ships, Anchors, Compass, etc.«, zitiert in: *Oxford Essential Quotations*, hrg. v. Susan Ratcliffe. Oxford: Oxford University Press Online Publication, 4. Auflage, 2016. https://www.oxfordreference.com/view/10.1093/acref/9780191826719.001.0001/q-oro-ed4-00009245?rskey=8ChIUQ&result=2
22 United Nations, *The United Nations Convention on the Law of the Sea (A historical perspective)*. Division for Ocean Affairs and the Law of the Sea, 1998. https://www.un.org/depts/los/convention_agreements/convention_historical_perspective.htm
23 R. R. Churchill und A. V. Lowe, *The Law of the Sea*, Bd. 1. Oxford: Oxford Uni-

versity Press, 1983, S. 130; U. S. Maritime Limits & Boundaries. abgerufen am 25. August 2021. https://nauticalcharts.noaa.gov/data/us-maritime-limits-and-boundaries.html#general-information

24 Clive Schofield und John Prescott, *The Maritime Political Boundaries of the World*. Leiden: Martinus Nijhoff Publishers, 2004. S. 36; Food and Agriculture Organization of the United Nations, *The State of World Fisheries and Aquaculture*. SOFIA 2020, Rome: FAO, 2020; »United Nations Convention On The Law Of The Sea (UNCLOS)«, in: *Encyclopedia.com*, abgerufen am 20. Mai 2021. https://www.encyclopedia.com/environment/energy-government-and-defense magazines/united-nations-convention-law-sea-unclos.

25 Heinrich Böll Stiftung, *Ocean Governance: Who Owns the Ocean?* Brüssel 2. Juni 2017. https://eu.boell.org/en/2017/06/02/ocean-governance-who-owns-ocean

26 Enric Sala u. a., »The Economics of Fishing the High Seas«, in: *Science Advances* 4/6 (6. Juni 2018), https://www.science.org/doi/10.1126/sciadv.aat2504; David Tickler, Jessica J. Meeuwig, Maria-Lourdes Palomares, Daniel Pauly und Dirk Zeller, »Far from Home: Distance Patterns of Global Fishing Fleets«, in: *Science Advances* 4/8 (1. August 2018). https://doi.org/10.1126/sciadv.aar3279

27 The American Museum of Natural History, »Trawling Takes a Toll«, in: *AMNH Explore*. https://www.amnh.org/explore/videos/biodiversity/will-the-fish-return/trawling-takes-a-toll

28 Ebda.

29 Stephen Gill, »The Emerging Global Freshwater Crisis and the Privatization of Global Leadership«, in: *Global Crises and the Crisis of Global Leadership*. Cambridge: Cambridge University Press, 2011.

30 Ebda.

31 Maude Barlow, *Whose Water Is It, Anyway?* ECW Press, 2019, S. 18.

32 The World Health Organization, »1 in 3 people globally do not have access to safe drinking water–UNICEF, WHO«, in: *WHO Health Topics*, 18. Juni 2020. https://www.who.int/news/item/18-06-2019-1-in-3-people-globally-do-not-have-access-to-safe-drinking-water-unicef-who

33 Food and Water Watch, »Water Privatization: Facts and Figures«, in: *Food and Water Watch Clean Water News*, 2. August 2015. https://www.foodandwaterwatch.org/print/insight/water-privatization-facts-and-figures

34 Ebda.

35 Diamond v. Chakrabarty, 447 U. S. 3030 (1980)

36 Ebda.

37 Ebda.

38 Keith Schneider, »Harvard Gets Mouse Patent, A World First«, in: *New York Times*, 13. April 1988.

39 Association for Molecular Pathology u. a. v. Myriad Genetics, US 12–398 (2013).

40 Kelly Servick, »No Patent for Dolly the Cloned Sheep, Court Rules, Adding to

Industry Jitters«, in: *Science*, 14. Mai 2014. https://www.sciencemag.org/news/2014/05/no-patent-dolly-cloned-sheep-court-rules-adding-industry-jitters

41 Center for Food Safety, *Monsanto v. U.S. Farmers*. Report. Washington D.C.: Center for Food Safetey, 2005, S. 11. https://www.centerforfoodsafety.org/files/cfsmonsantovsfarmerreport11305.pdf

42 Sheldon Krimsky, James Ennis und Robert Weissman, »Academic-Corporate Ties inBiotechnology: A Quantitative Study«, in: *Science, Technology, & Human Values* 16/3 (Juli 1991).

43 Association for Molecular Pathology u.a. v. Myriad Genetics, Inc. u.a., 12–398 (2013).

44 Sergio Sismondo, »Epistemic Corruption, the Pharmaceutical Industry, and the Body of Medical Science«, in: *Frontiers in Research Metrics and Analytics* 6 (2021). https://doi.org/10.3389/frma.2021.614013; Bernard Lo und Marilyn J. Field, *Conflict of Interest in Medical Research, Education, and Practice*. Washington, D.C.: National Academies Press, 2009, S. 84; Sharon Lerner, »The Department of Yes: How Pesticide Companies Corrupted the EPA and Poisoned America«, in: *The Intercept*, 30. Juni 2021. https://theintercept.com/2021/06/30/epa-pesticides-exposure-opp; Jack T. Pronk, Sang Yup Lee, Jeff Lievense et al., »How to Set Up Collaborations Between Academia and Industrial Biotech Companies«, in: *Nature Biotechnology* 33, 6. März 2015, S. 237–240. https://doi.org/10.1038/nbt.3171

45 Carolyn Brokowski und Mazhar Adli, »CRISPR Ethics: Moral Considerations for Applications of a Powerful Tool«, in: *Journal of Molecular Biology* 431/1 (Januar 2019), S. 88–101. https://www.ncbi.nlm.nih.gov/pmc/articles/PMC6286228/pdf/nihms973582.pdf

46 Jon Cohen, »CRISPR, the Revolutionary Genetic ›Scissors‹, Honored by Chemistry Nobel«, in: *Science*, 7. Oktober 2020. https://www.science.org/content/article/crispr-revolutionary-genetic-scissors-honored-chemistry-nobel; Martin Jinek, Krzysztof Chylinski, Ines Fonfara, Jennifer A Doudna und Emmanuelle Charpentier, »A Programmable Dual-RNA–Guided DNA Endonuclease in Adaptive Bacterial Immunity«, in: *Science*, 28. Juni 2012, S. 816–821. https://doi.org/10.1126/science.1225829

47 Jon Cohen, »CRISPR, the Revolutionary Genetic ›Scissors‹, Honored by Chemistry Nobel«

48 Dennis Normile, »Chinese Scientist Who Produced Genetically Altered Babies Sentenced to 3 Years in Jail«, in: *Science*, 30. Dezember 2019. https://www.sciencemag.org/news/2019/12/chinese-scientist-who-produced-genetically-altered-babies-sentenced-3-years-jail

49 Katelyn Brinegar, Ali K. Yetisen, Sun Choi, Emily Vallillo, Guillermo U. Ruiz-Esparza, Anand M. Prabhakar, Ali Khademhosseini und Seok-Hyun Yun, »The Commercialization of Genome-editing Technologies«, in: *Critical Reviews in Biotechnology* 37/7 (2017).

50 Carolyn Brokowski und Mazhar Adli, »CRISPR Ethics: Moral Considerations for Applications of a Powerful Tool«, in: *Journal of Molecular Biology* 431/1 (4. Januar 2019), S. 88–101. https://doi.org/10.1016/j.jmb.2018.05.044

51 Mauro Salvemini, »Global positioning System«, in: *International Encyclopedia ft he Social & Behavioral Sciences*, hrg. von James D. Wright. Oxford: Elsevier, 2012, S. 174–177. https://www.sciencedirect.com/science/article/pii/B9780080970868720228?via%3Dihub

52 Greg Milner, *Pinpoint: How GPS is Changing Technology, Culture, and Our Minds.* New York: W.W. Norton & Company, 2016.

53 Ebda.

54 Thomas Alsop, »Global Navigation Satellite System (GNSS) Device Installed Base Worldwide in 2019 and 2029«, in: *Statista*, 2019. https://www.statista.com/statistics/1174544/gnss-device-installed-base-worldwide/#statisticContainer

55 Fortune Business Insights, *Global Navigation Satellite System (GNSS) Market Size*, Report 2020. https://www.fortunebusinessinsights.com/global-navigation-satellite-system-gnss-market-103433

56 Ashik Siddique, »Getting Lost: What Happens When the Brain's ›GPS‹ Mapping Malfunctions«, in: *Medical Daily*, 1. Mai 2013. https://www.medicaldaily.com/getting-lost-what-happens-when-brains-gps-mapping-malfunctions-245400

57 Ebda.

58 Greg Milner, *Pinpoint: How GPS is Changing Technology, Culture, and Our Minds*. New York: W.W. Norton & Company, 2016.

59 Patricia M. Greenfield u.a., »Technology and Education: What is Taught, What is Learned«, in: *Science*, 2. Januar 2009.

60 Stuart Wolpert, »Is technology producing a decline in critical thinking and analysis?«, in: *UCLA Newsroom*, 27. Januar 2009. https://newsroom.ucla.edu/releases/is-technology-producing-a-decline-79127

61 Ebda.

62 Joseph Firth, John Torous, Brendon Stubbs, Josh A. Firth, Genevieve Z. Steiner, Lee Smith, Mario Alvarez-Jimenez, John Gleeson, Davy Vancampfort, Christopher J. Armitage und Jerome Sarris, »The ›Online Brain‹: How the Internet may be Changing our Cognition«, in: *World Psychiatry* 18 (2019), S. 119–129.

63 Ebda.

64 Ebda.

65 Ebda.

66 Joseph Firth, »The Online Brain«, S. 123; N. Barr, G. Pennycook, J.A. Stolz u.a., »The brain in your pocket: evidence that smartphones are used to supplant thinking«, in: *Computers in Human Behavior* 48, Juli 2015, S. 473–80.

67 Donald Rumsfeld, »Press Conference by U.S. Secretary of Defense, Donald Rumsfeld«, NATO HQ, 6. Juni 2002. https://www.nato.int/docu/speech/2002/s020606g.htm

68 John Cheney-Lippold, »A New Algorithmic Identity: Soft Biopolitics and the Modulation of Control«, in: *Theory, Culture and Society* 28/6 (2011), S. 164–181.

69 Lee Rainie und Janna Anderson, »Code-Dependent: Pros and Cons of the Algorithm Age«, in: *Pew Research Center*, 8. Februar 2017.

70 Ebda.

71 Ebda.

72 Ebda.

73 George W. Bush, »President Bush Delivers Graduation Speech at West Point«, The White House Press Release, 1. Juni 2002. https://georgewbush-whitehouse.archives.gov/news/releases/2002/06/20020601-3.html

74 Svati Kirsten Narula, »The Real Problem With a Service Called ›Ghetto Tracker‹«, in: *The Atlantic*, 6. September 2013. https://www.theatlantic.com/technology/archive/2013/09/the-real-problem-with-a-service-called-ghetto-tracker/279403

75 Ian Kerr und Jessica Earle, »Prediction, Preemption, Presumption: How Big Data Threatens Big Picture Privacy«, in: *Stanford Law Review Symposium 2013 Privacy and Big Data*. https://www.stanfordlawreview.org/online/privacy-and-big-data-prediction-preemption-presumption

Kapitel 6: **Das Dilemma des Kapitalismus**

1 Bennett Harrison und Barry Bluestone, *The Great U-Turn: Corporate Restructuring and the Polarizing of America*. New York: HarperCollins, 1990, S. 38.

2 Isadore Lubin, »The Absorption of the Unemployed by American Industry«, in: *Brookings Institution Pamphlet Series*, Bd. 1/3. Washington, D. C.: Brookings Institution, 1929; Isadore Lubin, »Measuring the Labor Absorbing Power of American Industry«, in: *Journal of the American Statistical Association* 24/165 (1929), S. 27–32. https://www.jstor.org/stable/2277004

3 Henry Ford, *My Life and Work*. London: William Heinemann Ltd, 1923, S. 72. Deutsche Ausgabe: *Mein Leben und Werk*. Leipzig: List, 1923, S. 83.

4 Charles Kettering, »Keep the Consumer Dissatisfied«, in: *Nation's Business* 17/1 (Januar 1929), S. 30–31. https://wwnorton.com/college/history/archive/resources/documents/ch27_02.htm

5 Committee on Recent Economic Change, »Report of the Committee on Recent Economic Changes of the President's Conference on Unemployment«, in: *Recent Economic Changes in the United States*, Bd. 1 und 2. Cambridge: National Bureau of Economic Research, 1929, S. xviii.

6 Will Slayter, *The Debt Delusion: Evolution and Management of Financial Risk*. Boca Raton: Universal Publishers, 2008, S. 29.

7 Christopher Lasch, *The Culture of Narcissism: American Life in An Age of Diminishing Expectations*. New York: W. W. Norton, 1979.

8 Fredrick C. Mills, *Employment Opportunities in Manufacturing Industries in the United States*. Cambridge: National Bureau of Economic Research, 1938.
9 Benjamin Kline Hunnicutt, »Kellogg's six-hour day: A capitalist vision of liberation through managed work reduction«, in: *Business History Review* 66/3 (Herbst 1992), S. 475. https://www.jstor.org/stable/3116979
10 Robert Higgs, »The Two-Price System: U. S. Rationing During World War II Price Controls and Rationing Led to Law-Breaking and Black Markets«, in: *Foundation for Economic Education*, 24. April 2009. https://fee.org/articles/the-two-price-system-us-rationing-during-world-war-ii
11 Louis Hyman, *Debtor Nation: The History of America in Red Ink*. Princeton: Princeton University Press, 2011, S. 136.
12 The American Century, *Number of TV Households in America: 1950–1978*. 15. November 2014. https://americancentury.omeka.wlu.edu/items/show/136
13 »Television and Health«, in: *California State University Northridge Internet Resources*. http://www.csun.edu/science/health/docs/tv&health.html (abgerufen am 24. Juni 2021).
14 Louis Hyman, *Debtor Nation: The History of America in Red Ink*. Princeton: Princeton University Press, 2011, S. 156–170.
15 Ebda.; Michael A. Turner, Patrick Walker und Katrina Dusek, »New to Credit from Alternative Data«, in: *PERC* (März 2009). https://www.perc.net/wp-content/uploads/2013/09/New_to_Credit_from_Alternative_Data_0.pdf
16 Norbert Wiener, *The Human Use of Human Beings: Cybernetics and Human Beings*, New York: Avon Books, 1954, S. 26.
17 Ebda., S. 162.
18 Michael Simkovic, »Competition and Crisis in Mortgage Securitization«, in: *Indiana Law Journal* 88/213 (2013). https://dx.doi.org/10.2139/ssrn.1924831
19 Stefania Albanesi u. a., »Credit Growth and the Financial Crisis: A New Narrative«, in: *National Bureau of Economic Research Working Paper* 23740 (2017). http://www.nber.org/papers/w23740
20 *Median Sales Price for New Houses Sold in the United States*. U. S. Census Bureau, 1. Juli 2020. https://fred.stlouisfed.org/series/MSPNHSUS
21 Susanna Kim, »2010 Had Record 2.9 Million Foreclosures«, in: ABC News, 12. Januar 2011. https://abcnews.go.com/Business/2010-record-29-million-foreclosures/story?id=12602271
22 Meta Brown, Andrew Haughwout, Donghoon Lee und Wilbert van der Klaauw, »The Financial Crisis at the Kitchen Table: Trends in Household Debt and Credit«, in: *Federal Reserve Bank of New York* 19/2 (2013). https://www.newyorkfed.org/medialibrary/media/research/current_issues/ci19-2.pdf; International Court of Justice: Continental Shelf (Tunesien vs. Libyen). 24. Februar 1982. http://www.worldcourts.com/icj/eng/decisions/1982.02.24_continental_shelf.htm
23 »GDP–United States«, World Bank National Accounts Data, and OECD Natio-

nal Accounts Data Files, abgerufen am 23. August 2021. https://data.world bank.org/indicator/NY.GDP.MKTP.CD?locations=US

24 Jeff Cox, »Consumer debt hits new record of $14.3 trillion«, in: *CNBC.com*, 5. May 2020. https://www.cnbc.com/2020/05/05/consumer-debt-hits-new-record-of-14 point3-trillion.html.

25 James P. Womack, Daniel T. Jones und Daniel Roos. *The Machine That Changed the World. The Story of Lean Production – Toyota's Secret Weapon in the Global Car Wars That Is Now Revolutionizing World Industry*. New York: Harper Perennial, 1991, S. 11. Deutsche Ausgabe: *Die zweite Revolution in der Autoindustrie*, Frankfurt: Campus, 1991, S. 19.

26 Charles House und Raymond Price. 1991. »The Return Map: Tracking Product Teams«. in: *Harvard Business Review*, Januar/Februar 1991. https://hbr.org/ 1991/01/the-return-map-tracking-product-teams#

27 Christopher Huxley, »Three Decades of Lean Production: Practice, Ideology, and Resistance«, in: *International Journal of Sociology* 45/2 (August 2015), S. 140. https://doi.org/10.1080/00207659.2015.1061859; Satoshi Kamata, Ronald Philip Dore und Tatsuru Akimoto. *Japan in the Passing Lane: An Insider's Account of Life in a Japanese Auto Factory*. New York: Pantheon Books, 1982; Mike Parker und Jane Slaughter. *Choosing Sides: Unions and the Team Concept*. Boston: South End Press, 1988; Sharpless, Andy, »Net Loss: How We Continually Forget What the Oceans Really Used to Be like [Excerpt]«, in: *Scientific American*, 24. Mai 2013. https://www.scientificamerican.com/article/shifting-baselines-in-ocean-fish-excerpt/

28 Christopher Huxley, »Three Decades of Lean Production: Practice, Ideology, and Resistance«, in: *International Journal of Sociology* 45/2 (August 2015), S. 140.

29 Ebda.

30 Hayley Peterson, »Amazon's Delivery Business Reveals Staggering Growth as It's on Track to Deliver 3.5 Billion Packages Globally This Year«, in: *Business Insider*, 19. Dezember 2019. https://www.businessinsider.com/amazon-package-delivery-business-growth-2019-12#:~:

31 »Forbes 400: #1 Jeff Bezos«, in: Forbes, September 2020. https://www.forbes.com/profile/jeff-bezos/?sh=1d26aa0a1b23; Kerry A. Doland und Chase Peterson-Withorn, »The World's Billionaires List«, in: Forbes, 2022. https://www.forbes.com/billionaires/. Interessant zu beobachten ist auch die Echtzeitliste (Anm. d. Übers.): https://www.forbes.com/real-time-billionaires/#3bfb2bde3 d78

32 Áine Cain und Hayley Peterson, »Two Charts Show Amazon's Explosive Growth as the Tech Giant Prepares to Add 133,000 Workers Amid Record Online Sales«, in: *Business Insider*, 15. September 2020. https://markets.business insider.com/news/stocks/amazon-number-of-employees-workforce-workers-2020-9-1029591975

33 Jodi Kantor und David Streitfeld, »Inside Amazon: Wrestling Big Ideas in a Bruising Workplace«, in: *New York Times*, 15. August 2015.

34 Ebda.

35 Jay Greene und Chris Alcantara, »Amazon Warehouse Workers Suffer Serious Injuries at Higher Rates Than Other Firms«, in: *The Washington Post*, 1. Juni 2021. https://www.washingtonpost.com/technology/2021/06/01/amazon-osha-injury-rate/

36 Emily Guendelsberger, *On the Clock: What Low-Wage Work Did to Me and How It Drives America Insane*. New York: Little, Brown and Company, 2019.

37 Esther Kaplan, »The Spy Who Fired Me. The Human Costs of Workplace Monitoring«, in: *Harper's Magazine*, März 2015. https://harpers.org/archive/2015/03/the-spy-who-fired-me

38 Johan Huizinga, *Homo Ludens: A Study of the Play-element in Culture*. Boston, MA: The Beacon Press, 1950. Deutsche Ausgabe: *Homo Ludens: Vom Ursprung der Kultur im Spiel*. Reinbek: Rowohlt 1987, S. 57.

39 Jennifer deWinter u. a., »Taylorism 2.0: Gamification, Scientific Management and the Capitalist Appropriation of Play«, in: *Journal of Gaming & Virtual Worlds* 6/2, 1. Juni 2014, S. 109–127. http://dx.doi.org/10.1386/jgvw.6.2.109_1.

40 Ebda., S. 113.

41 Cold Stone Creamery Inc., *Stone City: Learn The Relationship Portion Sizes And Profitability In An Ice Cream Franchise*. http://persuasivegames.com/game/cold stone

42 Anna Blake und James Moseley, »Fredrick Winslow Taylor: One Hundred Years of Managerial Insight«, in: *The International Journal of Management* 28/4, Dezember 2011, S. 346–353. https://www.researchgate.net/profile/Anne_Blake/publication/286930119_Frederick_Winslow_Taylor_One_Hundred_Years_of_Managerial_Insight/links/5670846c08aececfd5532970/Frederick-Winslow-Taylor-One-Hundred-Years-of-Managerial-Insight.pdf.

43 Jill Lepore, »Not So Fast: Scientific Management Started as a Way to Work. How Did it Become a Way of life?«, in: *The New Yorker*, 5. Oktober 2009. https://www.newyorker.com/magazine/2009/10/12/not-so-fast

44 Edward Cone und James Lambert, »How Robots Change the World: What Automation Really Means for Jobs and Productivity«, in: *Oxford Economics*, 26. Juni 2019, https://www.oxfordeconomics.com/recent-releases/how-robots-change-the-world; Susan Lund, Anu Madgavkar, James Manyika, Sven Smit, Kweilin Ellingrud und Olivia Robinson, *The Future of Work after COVID-19*. Report McKinsey Global Institute, 18. Februar 2021. https://www.mckinsey.com/featured-insights/future-of-work/the-future-of-work-after-covid-19; John Hawksworth, Richard Berriman und Saloni Goel, *Will Robots Really Steal Our Jobs? An International Analysis of the Potential Long Term Impact of Automation*. PricewaterhouseCoopers UK, 2018. https://www.pwc.com/hu/hu/kiadvanyok/assets/pdf/impact_of_automation_on_jobs.pdf

45 Henry Blodget, »CEO Of Apple Partner Foxconn: ›Managing One Million Animals Gives Me A Headache‹«, in: *Business Insider*, 12. Januar 2012. https://www.businessinsider.com/foxconn-animals-2012-1.

46 Edward Cone und James Lambert »How Robots Change The World. What Automation Really Means For Jobs And Productivity«, in: *Oxford Economics*, 26. Juni 2019. https://cdn2.hubspot.net/hubfs/2240363/Report%20-%20How%20Robots%20Change%20the%20World.pdf

Kapitel 7: **Das ökologische Individuum**

1 Erich Kahler, *Man the Measure: A New Approach to History*. Cleveland: Meridian Books, 1967. S. 34.

2 Lewis Mumford, *Technics and Human Development*. New York: Harcourt Brace Jovanovich/Harvest Books, 1966, S. 101.

3 Mircea Eliade, *Le mythe de l'eternel retour: Archètypes et rèpètition*. Paris: Gallimard, 1949. Deutsche Ausgabe: *Kosmos und Geschichte. Der Mythos der ewigen Wiederkehr*. Düsseldorf: Diederichs, 1953.

4 Jeremy Rifkin, »The Risks of Too Much City in a Crowded World«, in: *The Washington Post*, 17. Dezember 2006. https://www.washingtonpost.com/archive/opinions/2006/12/17/the-risks-of-too-much-city/db5c3e65-4daf-465f-8e58-31b47ba359f8/

5 Ludwig von Bertalanffy, *Das biologische Weltbild*. Bern: Francke, 1949, S. 129.

6 Norbert Wiener, *The Human Use of Human Beings: Cybernetics and Society*. New York: Da Capo Press, 1988, S. 96.

7 Alfred North Whitehead, *Science and the Modern World*. Cambridge: University Press, 1926, S. 22. Deutsche Ausgabe: *Wissenschaft und moderne Welt*. Frankfurt: Suhrkamp, 1988, S. 29.

8 Ronald Desmet und Andrew David Irvine, »Alfred North Whitehead«, in: *Stanford Encyclopedia of Philosophy*, 4. September 2018. https://plato.stanford.edu/entries/whitehead/

9 Alfred North Whitehead, *Nature and Life*. Chicago: University Press, 1934.

10 Ebda., S. 65.

11 Robin G. Collingwood, *The Idea of Nature*. Oxford: Oxford University Press, 1945, S. 146.

12 Ebda.

13 Fritjof Capra, *The Tao of Physics: An Exploration of the Parallels Between Modern Physics and Eastern Mysticism*. New York: Shambhala, 1975, S. 138

14 Whitehead, *Nature and Life*, S. 45–48.

15 Ernst Haeckel, *The Wonders of Life. A Popular Study of Biological Philosophy*. London: Watts & Co., 1904, S. 80.

16 Whitehead, *Nature and Life*, S. 61.

17 United States Geological Service, The Water in You: Water and the Human Body. USGS Science Information Services. https://www.usgs.gov/special-topics/water-science-school/science/water-you-water-and-human-body#:~:text=Up%20to%2060%25%20of%20the,bones%20are%20watery%3A%2031%25 (abgerufen am 5. September 2020).
18 H.H. Mitchell, T.S. Hamilton, F.R. Steggerda und H.W. Bean. »The Chemical Composition of the Adult Human Body and Its Bearing on the Biochemistry of Growth«, in: *Journal of Biological Chemistry* 158/3, 15. Februar 1945, S. 628. https://doi.org/10.1016/s0021-9258(19)51339-4
19 »Institute for Quality and Efficiency in Health Care, »What Does Blood Do?«, in: U.S. National Library of Medicine, 29. August 2019. https://www.ncbi.nlm.nih.gov/books/NBK279392
20 USGS, »The Water in You«.
21 Alison Abbott, »Scientists Bust Myth That Our Bodies Have More Bacteria than Human Cells«, in: Nature, 8. Januar 2016. https://doi.org/10.1038/nature.2016.19136; Ron Sender, Shai Fuchs und Ron Milo, »Revised Estimates for the Number of Human and Bacteria Cells in the Body«, in: *PLOS Biology*, 19. August 2016. https://journals.plos.org/plosbiology/article?id=10.1371/journal.pbio.1002533
22 Kirsty L. Spalding, Ratan Bhardwaj, Bruce Buchholz, Henrik Druid und Jonas Frisen, »Retrospective Birth Dating of Cells in Humans«, in: *Cell* 122/1, 15. Juli 2015, S. 133–143. https://doi.org/10.1016/j.cell.2005.04.028
23 Nicholas Wade, »Your Body Is Younger Than You Think«, in: *New York Times*, 2. August 2005. https://www.nytimes.com/2005/08/02/science/your-body-is-younger-than-you-think.html.
24 Ebda.
25 Wade, »Your Body is Younger Than You Think«; Spalding, »Retrospective Birth Dating of Cells in Humans«; Stavros Manolagas, »Birth and Death of Bone Cells: Basic Regulatory Mechanisms and Implications for the Pathogenesis and Treatment of Osteoporosis«, in: *Endocrine Reviews* 21/2, 1. April 2000, S. 116. https://doi.org/10.1210/edrv.21.2.0395; Ron Milo, Robert B. Phillips und Nigel Orme, *Cell Biology by the Numbers*. New York: Garland Science, 2015, S. 279.
26 Curt Stager, *Your Atomic Self: The Invisible Elements that Connect You to Everything Else in the Universe*. New York: Thomas Dunne Books & St. Martin's Publishing Group, 2014, S. 212; Bente Langdahl, Serge Ferrari und David W. Dempster, »Bone Modeling and Remodeling: Potential as Therapeutic Targets for the Treatment of Osteoporosis«, in: *Therapeutic Advances in Musculoskeletal Disease* 8/6, 5. Oktober 2016. https://dx.doi.org/10.1177%2F1759720x16670154; Elia Beniash und Cayla Stifler, »The Hidden Structure of Human Enamel«, in: *Nature Communications* 10, 26. September 2019. https://www.nature.com/articles/s41467-019-12185-7
27 Wade, »Your Body is Younger Than You Think«; Spalding, »Retrospective birth dating of cells in humans«; Stavros C. Manolagas, »Birth and Death of Bone

Cells: Basic Regulatory Mechanisms and Implications for the Pathogenesis and Treatment of Osteoporosis«, in: *Endocrine Reviews* 21/2, 1. April 2000, S. 116. https://doi.org/10.1210/er.21.2.115

28 Brian Clegg, »20 Amazing Facts about the Human Body«, in: *The Guardian*, 26. Januar 2013. https://www.theguardian.com/science/2013/jan/27/20-human-body-facts-science

29 J. Gordon Betts, Peter Desaix, Eddie Johnson, Oksana Korol, Dean Kruse, Brandon Poe, James Wise, Mark Womble und Kelly Young, *Anatomy and Physiology*. Houston: Rice University, 2013, S. 43; Stager, *Your Atomic Self*, S. 197.

30 Ethan Siegel, »How Many Atoms Do We Have In Common With One Another?«, in: *Forbes*, 30. April 2020. https://www.forbes.com/sites/startswithabang/2020/04/30/how-many-atoms-do-we-have-in-common-with-one-another/?sh=75adfe6a1b38.

31 Ebda.

32 Amit Shraga, »The Body's Elements«, in: *Davison Institute of Science Education*, 1. April 2020. https://davidson.weizmann.ac.il/en/online/orderoutofchaos/body%E2%80%99s-elements; Davey Reginald, »What Chemical Elements Are Found in the Human Body?«, in: *News Medical Life Sciences* 19. Mai 2021. https://www.news-medical.net/life-sciences/What-Chemical-Elements-are-Found-in-the-Human-Body.aspx#:~:text=The%20human%20body%20is%20approximately,carbon%2C%20calcium%2C%20and%20phosphorus.Body.aspx#:~:text=The%20human%20body%20is%20approximately,carbon%2C%20calcium%2C%20and%20phosphorus

33 Elizabeth Pennisi, »Plants Outweigh All Other Life on Earth«, in: Science, 21. Mai 2018. https://doi.org/10.1126/science.aau2463; Bar-On, Yinon M., Rob Phillips und Ron Milo, »The Biomass Distribution on Earth«, in: Proceedings of the National Academy of Sciences of the United States of America 25, 21. Mai 2018. https://doi.org/10.1073/pnas.1711842115

34 Ron Sender, Shai Fuchs und Ron Milo »Revised Estimates for the Number of Human and Bacteria Cells in the Body«

35 Anne E. Maczulak, *Allies and Enemies: How the World Depends on Bacteria*. Upper Saddle River: FT Press, 2010; Molika Ashford, »Could Humans Live Without Bacteria?«, in: *Live Science*, 12. August 2010. https://www.livescience.com/32761-good-bacteria-boost-immune-system.html

36 Anil Kumar und Nikita Chordia, »Role of Microbes in Human Health«, in: *Applied Microbiology: Open Access*, 1. April 2017, S. 131. https://www.longdom.org/open-access/role-of-microbes-in-human-health-2471-9315-1000131.pdf; Ana Maldonado-Contreras, »A Healthy Microbiome Builds a Strong Immune System that Could Help Defeat COVID-19«, in: *University of Massachusetts Medical School*, 25. Januar 2021. https://www.umassmed.edu/news/news-archives/2021/01/a-healthy-microbiome-builds-a-strong-immune-system-that-could-help-defeat-covid-19

37 Patrick C. Seed »The Human Mycobiome«, in: *Cold Spring Harbor Perspectives in Medicine* 5/5, 10. November 2014. https://dx.doi.org/10.1101%2Fcshperspect.a019810

38 Gary B. Huffnagle und Mairi C. Noverr. »The Emerging World of the Fungal Microbiome«, in: Trends in Microbiology 21/7, 17. Mai 2013, S. 334–41. https://doi.org/10.1016/j.tim.2013.04.002

39 Mahmoud A. Ghannoum, Richard J. Jurevic, Pranab K. Mukherjee, Fan Cui, Masoumeh Sikaroodi, Ammar Naqvi und Patrick M. Gillevet, »Characterization of the Oral Fungal Microbiome (Mycobiome) in Healthy Individuals«, in: *PLOS Pathogens*, 8. Januar 2010. https://doi.org/10.1371/journal.ppat.1000713; Bret Stetka, »The Human Body's Complicated Relationship with Fungi«, in: MPR News, 16. April 2016. https://www.mprnews.org/story/2016/04/16/npr-the-human-bodys-complicated-relationship-with-fungi

40 Kaisa Koskinen, Manuela R. Pausan, Alexandra K. Perras, Michael Beck, Corinna Bang, Miximillian Mora, Anke Schilhabel, Ruth Schmitz und Christine Moissi-Eichinger, »First Insights into the Diverse Human Archaeome: Specific Detection of Archaea in the Gastrointestinal Tract, Lung, and Nose and on Skin«, in: mBio 8/6, 14. November 2017. https://journals.asm.org/doi/10.1128/mBio.00824-17

41 Mor N. Lurie-Weinberger und Uri Gophna, »Archaea in and on the Human Body: Health Implications and Future and Directions«, in: *PLOS Pathogens* 11/6, 11. Juni 2015. https://doi.org/10.1371/journal.ppat.1004833

42 G. P. Harris, *Phytoplankton Ecology: Structure, Function and Fluctuation*. London: Chapman and Hall, 1986; Yadigar Sekerci und Sergei Petrovskii, »Global-Warming Can Lead to Depletion of Oxygen by Disrupting Phytoplankton Photosynthesis: A Mathematical Modelling Approach«, in: *Geosciences* 8/6, 3. June 3 2018. https://doi.org/10.3390/geosciences8060201

43 John Corliss, »Biodiversity and Biocomplexity of the Protists and an Overview of Their Significant Roles in Maintenance of Our Biosphere«, in: *Acta Protozoologica* 41, 2002, S. 212. https://citeseerx.ist.psu.edu/viewdoc/download?doi=10.1.1.465.5495&rep=rep1&type=pdf

44 Karin Mölling, »Viruses: More Friends Than Foes«, in: *Electroanalysis* 32/4, 26. November 2019, S. 669–679. https://doi.org/10.1002/elan.201900604

45 David Pride, »Viruses Can Help Us as Well as Harm Us«, in: *Scientific American*, 1. Dezember 2020. https://www.scientificamerican.com/article/viruses-can-help-us-as-well-as-harm-us/#

46 David Pride und Chandrabali Ghose, »Meet the Trillions of Viruses that Make Up Your Virome«, in: *The Conversation*, 9. Oktober 2018. https://theconversation.com/meet-the-trillions-of-viruses-that-make-up-your-virome-104105

47 James Gallagher, »More than Half Your Body Is Not Human«, in: *BBC News*, 10. April 2018. https://www.bbc.com/news/health-43674270

48 Ebda.

49 Prabarna Ganguly, »Microbes in Us and Their Role in Human Health and Disease«, in: *National Human Genome Research Institute*, 29. Mai 2019. https://www.genome.gov/news/news-release/Microbes-in-us-and-their-role-in-human-health-and-disease

50 »Biome«, in: *Lexico: Powered by Oxford.* https://www.lexico.com/en/definition/biome, abgerufen am 20. November 2021.

51 »Ecosystem«, in: *Lexico: Powered by Oxford.* https://www.lexico.com/en/definition/ecosystem, abgerufen am 20. November 2021.

52 Peter Turnbaugh, Ruth LeyMicah Hamady, Claire-Liggett, Rob Knight und Jeffrey Gordon, »The Human Microbiome Project«, in: *Nature* 449, 18. Oktober 2007, S. 804. https://www.nature.com/articles/nature06244.pdf

53 James Gallagher, »More Than Half of Your Body Is Not Human«, in: *BBC News*, 10. April 2018. https://www.bbc.com/news/health-43674270

54 Ebda.

55 Bertalanffy, *Das biologische Weltbild*, S. 129.

56 Dominique Frizon de Lamotte, Brendan Fourdan, Sophie Leleu, François Leparmentier und Philippe de Clarens, »Style of Rifting and the Stages of Pangaea Breakup«, in: *Tectonics* 34/5, 24. April 2015, S. 1009–1029. https://doi.org/10.1002/2014tc003760

57 Curt Stager, *Your Atomic Self: The Invisible Elements That Connect You to Everything Else in the Universe*, S. 193. New York: Thomas Dunne Books & St. Martin's Publishing Group, 2014.

Kapitel 8: Eine neue Ursprungsgeschichte

1 James D. Watson, *The Double Helix: A Personal Account of the Discovery of the Structure of DNA*. New York: Simon & Schuster, 1968.

2 Patricia J. Sollars und Gary E. Pickard, »The Neurobiology of Circadian Rhythms«, in: *Psychiatric Clinics of North America* 38/4 (2015), S. 645–65. https://doi.org/10.1016/j.psc.2015.07.003

3 Joseph Zubin und Howard F. Hunt, *Comparative Psychopathology: Animal and Human*. New York: Grune & Stratton, 1967. https://www.gwern.net/docs/psychology/1967-zubin-comparativepsychopathology.pdf

4 Ueli Schibler, »The Mammalian Circadian Timekeeping System«, in: *Ultradian Rhythms from Molecules to Mind*, hrg. von David Lloyd und Ernest Rossi. Berlin: Springer Netherlands, S. 261–279.

5 J. O'Neill und A. Reddy, »Circadian clocks in human red blood cells«, in: *Nature* 469, 26. Januar 2011, S. 498–503.

6 Michelle Donahue, »80 Percent of Americans Can't See the Milky Way Anymore«, in: *National Geographic*, 10. Juni 2016. https://www.nationalgeographic.com/science/article/milky-way-space-science

7 Abraham Haim, *Light Pollution as a New Risk Factor for Human Breast and Prostate Cancers*. Berlin: Springer, 2013.

8 A.L. Baird, A.N. Coogan, A. Siddiqui, R.M. Donev und J. Thome, »Adult Attention-Deficit Hyperactivity Disorder Is Associated with Alterations in Circadian Rhythms at the Behavioural Endocrine and Molecular Levels«, in: *Molecular Psychiatry* 2011. S. 1–8.

9 Elaine Waddington Lamont, Daniel Coutu, Nicolas Cermakian und Diane Bolvin »Circadian Rhythms and Clock Genes in Psychotic Disorders«, in: *The Israel Journal of Psychiatry and Related Sciences* 47/1 S. 17–35.

10 Russel Foster, »Waking Up to the Link Between a Faulty Body Clock and Mental Illness«, in: *The Guardian*, 22. Juli 2013.

11 G.J. Whitrow, *The Natural Philosophy of Time*. Oxford: Oxford University Press, 1980, S. 146.

12 E.T. Pengelley und K.C. Fisher, »The Effect of Temperature and Photoperiod on the Yearly Hibernating Behavior of Captive Golden-Mantled Ground Squirrels«, in: *Canadian Journal of Zoology*, 41 (1963), S. 1103–20.

13 David Lloyd, »Biological Timekeeping: the Business of a Blind Watchmaker«, in: *Science Progress* 99/2 (2016), S. 113–132.

14 Ebda.

15 Grace Goh, Shane Maloney, Peter Mark und Dominique Blache, »Episodic Ultradian Events–Ultradian Rhythms«, in: *Biology* 8/1 15. 14. März 2019. S. 12.

16 Ebda.

17 B.P. Tu, A. Kudlicki, M. Rowicka und S.L. McKnight, »ogico f the Yeast Metabolic Cycle: Temporal Compartmentalization of Cellular Processes«, in: *Science* 310/5751 (2005); B.P. Tu und S.L. McKnight, »Metabolic Cycles as an Underlying Basis of Biological Oscillations«, in: *Nature Reviews Molecular Cell Biology* 7/9 (2006).

18 Maximilian Moser, Matthias Fruhwirth, Reiner Penter und Robert Winker, »Why Life Oscillates–from a Topographical towards a Functional Chronobiology«, in: *Cancer Causes & Control* 17, S. 591–599, Juni 2006.

19 Thomas A. Wehr, »Photoperiodism in Humans and Other Primates: Evidence and Implications«, in: *Journal of Biological Rhythms* 16/4 August 2001.

20 Ebda.

21 Nicola Davis und Ian Sample, »Nobel Prize for Medicine Awarded for Insights into Internal Biological Clock«, in: *The Guardian*, 2. Oktober 2017. https://www.theguardian.com/science/2017/oct/02/nobel-prize-for-medicine-awarded-for-insights-into-internal-biological-clock

22 Ian Sample, »Nobel Prizes 2017: Everything You Need to Know about Circadian Rhythms«, in: *The Guardian*, 2. Oktober 2017.

23 Gina Kolata, »2017 Nobel Prize in Medicine Goes to 3 Americans for Body Clock Studies«, in: *New York Times*, 2. Oktober 2017.

24 Persinger, Michael A. und Rütger Wever, »ELF-Effects on Human Circadian

Rhythms.«, in: *ELF and VLF Electromagnetic Field Effects*. New York: Plenum Press, 1974, S. 101–144.

25 Rütger Wever, »Basic Principles of Human Circadian Rhythm«, in: *Temporal Variations of the Cardiovascular System*, hrg. von Thomas F. H. Schmidt, B. T. Engel, G. Blümchen. Heidelberg: Springer, 1992.

26 Richard Funk, Thomas Monsees und Nurdan Ozkucur, »Electromagnetic Effects–From Cell Biology to Medicine«, in: *Progress in Histochemistry and Cytochemistry* 43, S. 177–264 (2009); Rütger Wever, »The effects of Electric Fields on Circadian Rhythmicity in Men«, in: *Life Sciences in Space Research* 8 (1970), S. 177–187.

27 James Clerk Maxwell, »*Inaugural Lecture at King's College London« (1860)*. http://www.michaelbeeson.com/interests/GreatMoments/MaxwellDiscoversLightIsElectromagnetic.pdf

28 NASA, »Earth's Magnetic Field and its Changes in Time«. https://image.gsfc.nasa.gov/poetry/tour/AAmag.html#:~:text=The%20magnetic%20field%20of%20earth%20actually%20changes%20its%20polarity%20over,years%20according%20to%20geological%20evidence

29 Karen Fox, »Earth's Magnetosphere«, in NASA, 28. Januar 2021. https://www.nasa.gov/magnetosphere; »Magnetospheres«, in: *NASA Science*, https://science.nasa.gov/heliophysics/focus-areas/magnetosphere-ionosphere

30 Ronald Desmet, »Alfred North Whitehead«, in: Stanford Encyclopedia of Philosophy, 4. September 2018. https://plato.stanford.edu/entries/whitehead/

31 Alfred North Whitehead, *Nature and Life*. London: Cambridge University Press, 1934.

32 Ebda., S. 86.

33 »Morphogenesis«, in: *Encyclopædia Britannica* (abgerufen am 16. April 2021). https://www.britannica.com/science/morphogenesis

34 A. G. Gurwitsch, *A Biological Field Theory*. Moskau: Sovetskaya Nauka, 1944; Daniel Fels, Michal Cifra und Felix Scholkmann, »Fields of the Cell«, in: *Research Signpost* (2015), S. 274.

35 Arthur Koestler und John Raymond Smythies, *Beyond Reductionism: New Perspectives in the Life Sciences*. Boston: Beacon Press, 1971.

36 Paul A. Weiss, *The Science of Life: The Living System – A System for Living*. Mount Kisco: Futura Publishing, 1973, S. 45.

37 Ebd., S. 47.

38 Harold Saxton Burr, *Blueprint for Immortality*. London: Neville Spearman, 1972, S. 30.

39 Ebda., S. 107.

40 Ebda.

41 Mats-Olof Mattsson und Myrtill Simko, »Emerging Medical Applications Based on Non-Ionizing Electromagnetic Fields from 0 Hz to 10 THz«, in: *Medical Devices* 12, 12. September 2019, S. 347–386.

42 Daniel Fels, »The Double-Aspect of Life«, in: *Biology* (Basel) 7, Mai 2018, S. 2–28.
43 »The Face of a Frog: Time-lapse Video Reveals Never-Before-Seen Bioelectric Pattern«, in: *Tufts Now*, 18. Juli 2011, https://now.tufts.edu/search?term=The+Face+of+a+Frog%3A+Time-lapse+Video+Reveals+
44 Ebda.
45 Ebda.
46 Denis Noble, Eva Jablonka, Michael Joyner, Gerd Muller und Stig Omhelt, »Evolution evolves: physiology returns to centre stage«, in: *Journal of Physiology* 592/11 (Juni 2014).
47 Charles Darwin, *On the Origins of Species*. IV: »Difficulties of theory–The Eye«. Deutsche Übersetzung: *Die Entstehung der Arten durch natürliche Zuchtwahl*. Übers. von Carl W. Neumann. Stuttgart: Reclam, 1963, S. 245.
48 Patrick Collins, »Researchers Discover That Changes in Bioelectric Signals Trigger Formation of New Organs«, in: *Tufts Now*, 8. Dezember 2011. https://now.tufts.edu/news-releases/researchers-discover-changes-bioelectric-sign
49 Ebda.
50 Valibhav P. Pai, Sheery Aw, Tai Shomrat, Joan M. Lemire und Michael Levin, »Transmembrane voltage potential controls embryotic eye patterning in Xenopus laevis«, in: *Development* 139/2, 12. Januar 2011. Collins, »Researchers Discover That Changes in Bioelectric Signals Trigger Formation of New Organs«.

Kapitel 9: **Jenseits der wissenschaftlichen Methode**

1 Francis Bacon, zitiert in: John Herman Randall, *The Making of the Modern Mind*. Cambridge, MA: Houghton Mifflin, 1940. S. 223.
2 Francis Bacon, *New Atlantis: A Work Unfinished*. London: Newcomb, 1983. Deutsche Übersetzung: *Neu-Atlantis*. Übers. von Georg Gerber. Berlin: Akademie-Verlag, 1959, S. 89.
3 Donald Worster, *Nature's Economy*. Cambridge: Cambridge University Press, 1977, S. 30.
4 Francis Bacon, *The Works of Francis Bacon*. Hrg. v. James Spedding, Robert Leslie Ellis und Douglas Denon Heath. Bd. 3. Cambridge Library Collection – Philosophy. Cambridge: Cambridge University Press, 2011. https://doi.org/10.1017/CBO9781139149563
5 Francis Bacon, »Novum Organum«, in: *The Works of Francis Bacon*. Bd. 4. London: W. Pickering, 1850. S. 114.
6 Stockholm Resilience Centre, »Pioneering the Science of Surprise«, Obituary, 23. August 2019. https://www.stockholmresilience.org/research/research-news/2019-08-23-pioneering-the-science-of-surprise-.html

7 »Case«, in: *Merriam-Webster.* https://www.merriam-webster.com/dictionary/cases?utm_campaign=sd&utm_medium=serp&utm_source=jsonld

8 C. S. Holling, »Resilience and Stability of Ecological Systems«, in: *Annual Review of Ecology and Systematics* 4 (1973), S. 1–23.

9 Ebda, S. 17–21.

10 Lance H. Gunderson, »Ecological Resilience – In Theory and Application«, in: *Annual Review of Ecology and Systematics* 30 (2000), S. 425–439.

11 Fiona Miller, Henny Osbahr, Emily Boyd, Frank Thomalla, Sukaina Bharwani, Gina Ziervogel, Brian Walker, Jörn Birkmann, Sander Van Der Leeuw, Johan Rockström, Jochen Hinkel, Tom Downing, Carl Folke und Donald Nelson, »Resilience and Vulnerability: Complementary or Conflicting Concepts?«, in: *Ecology and Society* 15/3 (2010).

12 Hanne Andersen und Brian Hepburn, »Scientific Method«, in: *The Stanford Encyclopedia of Philosophy Archive,* 13. November 2015. https://plato.stanford.edu/archives/win2020/entries/scientific-method

13 Cynthia Larson, »Evidence of Shared Aspects of Complexity Science and Quantum Phenomena«, in: *Cosmos and History: The Journal of Natural and Social Philosophy* 12/2 (2016).

14 Rika Preiser, Reinette Biggs, Alta De Vos und Carl Volke, »Social-Ecological Systems as Complex Adaptive Systems: Organizing Principles for Advancing Research Methods«, in: *Ecology and Society* 23/4 (2018), S. 46.

15 National Snow and Ice Data Center, »Where is Frozen Ground?«, in: All About Frozen Ground, abgerufen am 25. Juli 2021. https://nsidc.org/cryosphere/frozenground/whereis_fg.html

16 Richard Field, »John Dewey (1859–1952)«, in: *Internet Encyclopedia of Philosophy.* https://iep.utm.edu/dewey

17 »Adaptation and Survival«, in: *National Geographic Magazine,* 23. April 2020.

18 Martin Reeves und Mike Deimler, »Adaptability: The New Competitive Advantage«, in: *Harvard Business Review* (Juli–August 2011).

19 Ebda.

20 J. H. Barkow, L. Cosmides und J. Tooby, *The adaptive mind: Evolutionary psychology and the generation of culture.* Oxford: Oxford University Press, 1992.

21 Susan C. Anton, Richard Potts und Leslie C. Aiello, »Evolution of early Homo: An integrated biological perspective«, in: *Science* 345/6192, 4. Juli 2014.

22 Ebda.

23 Ebda.

24 Mohl Kumar, »Ability to Adapt Gave Early Humans the Edge Over Other Hominins«, in: *Smithsonian Magazine,* 4. Juli 2014. https://www.smithsonianmag.com/science-nature/ability-to-adapt-gave-early-humans-edge-hominin-180951959

25 »Quaternary Period«, in: *National Geographic.* https://www.nationalgeographic.com/science/prehistoric-world/quaternary/#close

26 Nathaniel Massey, »Humans May Be the Most Adaptive Species«, in: *Scientific American*, 25. September 2013. https://www.scientificamerican.com/article/humans-may-be-most-adaptive-species/#:~:text=In%20the%205%20million%20years,climate%20has%20grown%20increasingly%20erratic

27 Ebda.

28 World Bank Group, *Piecing Together the Poverty Puzzle*. Washington, D.C.: World Bank, 2018, S. 7.

29 Deborah Hardoon, An Economy for the 99 %. Oxfam International Briefing Paper, Januar 2017, S. 1. https://wwwcdn.oxfam.org/s3fs-public/file_attachments/bp-economy-for-99-percent-160117-en.pdf

30 Indu Gupta, »Sustainable Development: Gandhi Approach«, in: *OIDA International Journal of Sustainable Development* 8/7 (2015).

Kapitel 10: **Die Infrastruktur der Resilienzrevolution**

1 »Global 500«, in: *Fortune* (August–September 2020). https://fortune.com/global500/; Brian O'Keefe und Nicolas Rapp, »These 18 Big Companies Made More Than $250,000 in Profit Per Employee Last Year«, in: *Fortune*, 10. August 2020. https://fortune.com/longform/global-500-companies-profits-employees/

2 »Number of Smartphone Subscriptions Worldwide from 2016 to 2027«, in: *Statista*, 23. Februar 2022. https://www.statista.com/statistics/330695/number-of-smartphone-users-worldwide/; David R. Scott, »Would Your Mobile Phone Be Powerful Enough to Get You to the Moon?«, in: *The Conversation*, 1. Juli 2019. https://theconversation.com/would-your-mobile-phone-be-powerful-enough-to-get-you-to-the-moon-115933

3 Mark Muro et al., *Advancing Inclusion Through Clean Energy Jobs*. Brookings Institution, 2019. https://www.brookings.edu/wp-content/uploads/2019/04/2019.04_metro_Clean-Energy-Jobs_Report_Muro-Tomer-Shivaran-Kane.pdf

4 »TIR Consulting Group, LLC -America 3.0 The Resilient Society: A Smart Third Industrial Revolution Infrastructure and the Recovery of the American Economy«, Office of Jeremy Rifkin, 28. Juli 2021. https://www.foet.org/about/tir-consulting-group

5 Harriet Festing, Danielle Gallet, Haisi Liu und Ben Shorofsky, *The Case for* Fixing *the Leaks: Protecting People and Saving Water While Supporting Economic Growth in the Great Lakes Region*. Center for Neighborhood Technology Report 2013. https://cnt.org/sites/default/files/publications/CNT_CaseforFixingtheLeaks.pdf

Kapitel 11: Die neue bioregionale Ordnung

1 Karla Schuster, »Biden Widens Lead, But Voter Mistrust of Process Runs Deep: Kalikow School Poll«, in: *Hofstra College of Liberal Arts and Sciences*, 29. September 2020. https://news.hofstra.edu/2020/09/29/biden-widens-lead-but-voter-mistrust-of-process-runs-deep-kalikow-school-poll.

2 Christopher Keating, »Quinnipiac Poll: 77 % of Republicans Believe there Was Widespread Fraud in the Presidential Election; 60 % Overall Vonsider Joe Biden's Victory Legitimate«, in: *Hartford Courant*, 10. Dezember 2020. https://www.courant.com/politics/hc-pol-q-poll-republicans-believe-fraud-20201210-pcie3uqqvrhyvnt7geohhsyepestory.html

3 Mario Carpo, »Republics of Makers«, in: e-flux Architecture Positions (Januar 2018). https://www.e-flux.com/architecture/positions/175265/republics-of-makers/

4 Robert Bonnie, Emily Pechar Diamond und Elizabeth Rowe, *Understanding Rural Attitudes Toward the Environment and Conservation in America*. Duke University: Nicholas Institute for Environmental Policy Solutions, Februar 2020. https://nicholasinstitute.duke.edu/sites/default/files/publications/understanding-rural-attitudes-toward-environment-conservation-america.pdf

5 »Ford to Lead America's Shift to Electric Vehicles with New Mega Campus in Tennessee and Twin Battery Plants in Kentucky; $11.4B Investment to Create 11,000 Jobs and Power New Lineup of Advanced EV«, in: Ford Media Center, 27. September 2021. https://media.ford.com/content/fordmedia/fna/us/en/news/2021/09/27/ford-to-lead-americas-shift-to-electric-vehicles.html

6 Kyle Johnson, »Ford F-Series Made $42 Billion in Revenue in 2019«, in: *The News Wheel*, 25. Juni 2020. https://thenewswheel.com/ford-f-series-42-billion-revenue-2019

7 »Ford to Lead America's Shift to Electric Vehicles with New Mega Campus in Tennessee and Twin Battery Plants in Kentucky«, in: Ford Media Center, 27. September 2021. https://media.ford.com/content/fordmedia/fna/us/en/news/2021/09/27/ford-to-lead-americas-shift-to-electric-vehicles.html

8 Bill Howard, »Vehicles And Voting: What Your Car Might Say About How You'll Vote«, in: *Forbes*, 1. Oktober 2020. https://www.forbes.com/wheels/news/what-your-car-might-say-about-how-you-vote

9 Craig Mauger, »Whitmer: Michigan Lacked ›Real Opportunity‹ to Compete for Ford Plants«, in: The Detroit News, 29. September, 2021. https://www.detroitnews.com/story/news/politics/2021/09/29/whitmer-michigan-lacked-real-opportunity-compete-ford-plants/5917610001/

10 E. Dinerstein, C. Vynne, E. Sala, A.R. Joshi, S. Fernando, T.E. Lovejoy, J. Mayorga, D. Olson, G.P. Asner, J.E.M. Baillie, Burgess, K. Burkhart, R.F. Noss, Y.P. Zhang, A. Baccini, T. Birch, N. Hahn, L.N. Joppa und E. Wikramanayake, »A Global Deal for Nature: Guiding Principles, Milestones, and Targets«, in: *Science Advances* 5 (2019), S. 1.

11 Ebda.

12 Ebda.

13 Sarah Gibbens, »The U.S. Commits to Tripling Its Protected Lands. Here's How it Could Be Done«, in: *Natural Geographic*, 27. Januar 2021. https://www.nationalgeographic.com/environment/article/biden-commits-to-30-by-2030-conservation-executive-orders; The White House, »President Biden Takes Executive Actions to Tackle the Climate Crisis at Home and Abroad, Create Jobs, and Restore Scientific Integrity Across Federal Government«, Fact Sheet, 27. Januar 2021. https://www.whitehouse.gov/briefing-room/statements-releases/2021/01/27/fact-sheet-president-biden-takes-executive-actions-to-tackle-the-climate-crisis-at-home-and-abroad-create-jobs-and-restore-scientific-integrity-across-federal-government/

14 Matt Lee-Ashley, »How Much Nature Should America Keep?«, Center for American Progress, 6. August 2019. https://www.americanprogress.org/issues/green/reports/2019/08/06/473242/much-nature-america-keep

15 Sandra Diaz, Josef Settele und Eduardo Brondizio, »Summary for Policymakers of the Global Assessment Report on Biodiversity and Ecosystem Services of the Intergovernmental Science-Policy Platform on Biodiversity and Ecosystem Services«, in: *Intergovernmental Science-Policy Platform on Biodiversity and Ecosystem Services*, 6. May 2019. https://www.ipbes.net/sites/default/files/downloads/spm_unedited_advance_for_posting_htn.pdf

16 Matt Lee-Ashley, *How Much Nature Should America Keep?* Report. Center for American Progress, 2019.

17 Congressional Research Center, *Federal Land Ownership: Overview and Data*, CRS Report, 21. Februar 2020. https://sgp.fas.org/crs/misc/R42346.pdf; Lee-Ashley, »How Much Nature Should America Keep?«.; Robert H. Nelson, »State-Owned Lands in the Eastern United States: Lessons from State Land Management Practice«, in: *Property and Environment Research Center* (März 2018). https://www.perc.org/2018/03/13/state-owned-lands-in-the-eastern-united-states/; Ryan Richards and Matt Lee-Ashley, »The Race for Nature«, in: *The Center for American Progress*, 23. Juni 2020. https://www.americanprogress.org/article/the-race-for-nature

18 United States Department of Agriculture, »Forest Programs«, National Institute of Food and Agriculture. https://nifa.usda.gov/program/forests-programs

19 A.R. Wallace, »What are zoological regions?«, in: *Nature* 4, 26. April 1894, S. 610–613.

20 Karl Burkart, »Bioregions 2020«, in: *One Earth*. https://www.oneearth.org/bioregions-2020

21 World Wildlife Fund, »Ecoregions«. https://www.worldwildlife.org/biomes

22 Peter Berg und Raymond Dasmann, »Reinhabiting California«, in: *The Ecologist* 7/10 (1977); Cheryll Glotfelty und Eve Quesnel, *The Biosphere and the Bioregion: Essential Writings of Peter Berg*. London: Routledge, 2015, S. 35.

23 David Bollier, »Elinor Ostrom and The Digital Commons«, in: *Forbes*, 13. Oktober 2009.

24 Kirkpatrick Sale, »Mother of All: An Introdction to Bioregionalism«, in: *Third Annual E.F. Schumacher Lectures (Oktober 1983)*. Hrg. von Hildegarde Hannum. Regional Factors in National Planning and Development, 1935.

25 Western Ecological Research Center, »Bioregions of the Pacific U.S.«, U.S. Geological Survey, 17. August 2017, abgerufen am 30. Juni 2021. https://www.usgs.gov/centers/werc/science/bioregions-pacific-us?qt-science_center_objects=0#qt-science_center_objects

26 Cascadia Department of Bioregion, »Ecoregions and Watersheds«. https://cascadiabioregion.org/ecoregions-and-watersheds.

27 Cascadia Department of Bioregion, »The Cascadia Bioregion: Facts & Figures«. https://cascadiabioregion.org/facts-and-figures

28 Ebda.

29 The Pacific NorthWest Economic Region, »About PNWER«. http://www.pnwer.org/about-us.html

30 P. Mote, A.K. Snover, S. Capalbo, S.D. Eigenbrode, S. Glick, J. Littell, R. Raymondi und S. Reeder, »Chapter 21: Northwest«, in: *Climate Change Impacts in the United States: The Third National Climate Assessment*, hrg. v. J.M. Melillo, Terese Richmond und G.W. Yohe, U.S. Global Research Program (2014), S. 487–513.

31 Alan Steinman, Bradley Cardinale, Wayne Munns Jr. u.a., »Ecosystem Services in the Great Lakes«, in: *Journal of Great Lakes Research* 43/3, S. A1, 1. Juni 2007. https://www.ncbi.nlm.nih.gov/pmc/articles/PMC6052456/pdf/nihms976653.pdf

32 Jeff Desjardins, »The Great Lakes Economy: The Growth Engine of North America«, in: *Visual Capitalist*, 16. August 2017. https://www.visualcapitalist.com/great-lakes-economy

33 Tim Folger, »The Cuyahoga River Caught Fire 50 Years ago. It Inspired a Movement«, in: *National Geographic*, 21. Juni 2019. https://www.nationalgeographic.com/environment/article/the-cuyahoga-river-caught-fire-it-inspired-a-movement

34 Erin Blakemore, »The Shocking River Fire That Fueled the Creation of the EPA«, in: *History Channel*, 22. April 2019. https://www.history.com/news/epa-earth-day-cleveland-cuyahoga-river-fire-clean-water-act

35 Michigan Environmental Council, »When Our Rivers Caught Fire«, 11. Juli 2011. https://www.environmentalcouncil.org/when_our_rivers_caught_fire; John H. Hartig, *Burning Rivers: Revival of Four Urban Industrial Rivers That Caught on Fire*. Burlington, Ontario, Canada: Aquatic Ecosystem Health and Management Society, 2010.

36 Rachel Carson, *Silient Spring*. Boston: Houghton Mifflin Company, 1962.

37 Great Lakes Commission, *Strategic Plan for the Great Lakes Commission 2017–2022*. Report, 2017.

38 Environmental Law & Policy Center, *An Assessment of the Impacts of the Climate*

Change on the Great Lakes. Report, 2019. https://elpc.org/wp-content/uploads/2020/04/2019-ELPCPublication-Great-Lakes-Climate-Change-Report.pdf

39 Tom Perkins, »›Bigger Picture, it's Climate Change‹ Great Lakes Flood Ravages Homes and Roads«, in: *The Guardian*, 3. September 2019.

Kapitel 12: **Abschied von der repräsentativen Demokratie**

1 James Madison, »Federalist No. 10: The Same Subject Continued: The Union as a Safeguard Against Domestic Faction and Insurrection«, in: *Library of Congress from the New York Packet*, 23. November 1787.

2 John Adams, *John Adams to John Taylor No. 18, 17. Dezember 1814*, National Archives. https://founders.archives.gov/documents/Adams/99-02-02-6371

3 *The Candidate*. Redford-Ritchie Productions and Wildwood Enterprises, 1972.

4 Claudia Chwalisz, *Innovative Citizen Participation and New Democratic Institutions: Catching the Deliberative Wave*. Organisation for Economic Co-operation and Development, 10. Juni 2020.

5 Daniel J. Edelman, Inc., »Edelman Trust Barometer 2020«. Global Report, 19. Januar 2020. Daniel J. Edelman, Inc. https://cdn2.hubspot.net/hubfs/440941/Trust%20Barometer%202020/2020%20Edelman%20Trust%20Barometer%20Global%20Report.pdf?utm_campaign=Global:%20Trust%20Barometer%202020&utm_source=Website

6 Pew Research Center, »Beyond Distrust: How Americans View Their Government«. Report, 23. November 2015. Pew Research Center. https://www.pewresearch.org/politics/2015/11/23/1-trust-in-government-1958-2015

7 Ebda.

8 William Davies, »Why We Stopped Trusting Elites«, in: *The Guardian*, 29. November 2018. https://www.theguardian.com/news/2018/nov/29/why-we-stopped-trusting-elites-the-new-populism

9 Claudia Chwalisz, *Innovative Citizen Participation and New Democratic Institutions: Catching the Deliberative Wave.*

10 Local Government Association, »Case Study: Porto Alegre, Brazil«, 12. Dezember 2016. https://www.local.gov.uk/case-studies/case-study-porto-alegre-brazil; Valeria Lvona Gelman und Daniely Votto, »What if Citizens Set City Budgets? An Experiment That Captivated the World – Participatory Budgeting – Might Be Abandoned in its Birthplace«, in: *World Resources Institute*, 13. Juni 2018. https://www.wri.org/blog/2018/06/what-if-citizens-set-city-budgets-experiment-captivated-world-participatory-budgeting.

11 William W. Goldsmith, »Participatory Budgeting in Brazil«, in: Planners Network, 1999. http://www.plannersnetwork.org/wp-content/uploads/2012/07/brazil_goldsmith.pdf

12 Peter Yeung, »How Paris's Participatory Budget Is Reinvigorating Democracy«,

in: *City Monitor,* 8. Januar, 2021. https://citymonitor.ai/government/civic-engagement/how-paris-participatory-budget-is-reinvigorating-democracy; »World«, in: Participatory Budgeting World Atlas (abgerufen am 4. Februar 2022). https://www.pbatlas.net/world.html

13 New York University, *New Research on Participatory Budgeting Highlights Community Priorities in Public Spending.* News Release, 22. Juli 2020. https://www.nyu.edu/about/news-publications/news/2020/july/new-research-on-participatory-budgeting-highlights-community-pri.html; Carolin Hagelskamp, Rebecca Silliman, Erin B. Godfrey und David Schleifer. »Shifting Priorities: Participatory Budgeting in New York City Is Associated with Increased Investments in Schools, Street and Traffic Improvements, and Public Housing«, in: *New Political Science* 42/2, 16. Juli 2020, S. 171–196. https://doi.org/10.1080/07393148.2020.1773689

14 New York University, *New Research on Participatory Budgeting Highlights Community Priorities in Public Spending*

15 Lester M. Salamon und Chelsea L. Newhouse, »2020 Nonprofit Employment Report«, in: *Johns Hopkins Center for Civil Society Studies.* http://ccss.jhu.edu/wp-content/uploads/downloads/2020/06/2020-Nonprofit-Employment-Report_FINAL_6.2020.pdf

16 Natalie Rosenski, Die wirtschaftliche Bedeutung des Dritten Sektors, Wiesbaden: Statistisches Bundesamt, 2012. https://www.destatis.de/DE/Methoden/WISTA-Wirtschaft-und-Statistik/2012/03/wirtschaftliche-bedeutung-3-sektor-032012.pdf?__blob=publicationFile; Lester M. Salamon, Chelsea L. Newhouse und S. Wojciech Sokolowski, »The 2019 Nonprofit Employment Report«, in: Johns Hopkins Center for Civil Society Studies (2019). https://philanthropydelaware.org/resources/Documents/The%202019%20Nonprofit%20Employment%20Report%20-%20Nonprofit%20Economic%20Data%20Bulletin%20-%20John%20Hopkins%20Center%20for%20Civil%20Society%20Studies%20_1.8.2019.pdf

17 Karin Chenoweth and Catherine Brown, »A Few Unique Facts About Chicago Public Schools«, in: *Center for American Progress,* 13. April 2018. https://www.americanprogress.org/issues/education-k-12/news/2018/04/13/449513/unique-things-chicago-public-schools

18 Dorothy Shipps, Joseph Kahne und Mark Smylie, »The Politics of Urban School Reform: Legitimacy, City Growth, and School Improvement in Chicago«, in: *Educational Policy* 13/4 (1999), S. 518–545. https://doi.org/10.1177/0895904899013004003

19 Chenoweth und Brown, »A Few Unique Facts About Chicago Public Schools«; Sean F. Reardon und Rebecca Hinze-Pifer, »Test Score Growth among Chicago Public School Students, 2009–2014«, in: *Center for Education Policy Analysis,* 2. November 2017. https://cepa.stanford.edu/content/test-score-growth-among-chicago-public-school-students-2009-2014

20 Denisa R. Superville, »Chicago's Local School Councils ›Experiment‹ Endures

25 Years of Change«, in: *Education Week*, 7. Oktober 2021. https://www.edweek.org/leadership/chicagos-local-school-councils-experiment-endures-25-years-of-change/2014/10

21 City of Los Angeles, *City of Los Angeles Open Budget*. http://openbudget.lacity.org/#!/year/2021/operating/0/source_fund_name/General+Fund/0/department_name/Police/0/program_name

22 Abby Narishkin und Kuwilileni Hauwanga, »The Real Cost of the Police, and Why the NYPD's Actual Price Tag Is $10 Billion a Year«, in: *Business Insider*, 12. August 2020. https://www.businessinsider.com/the-real-cost-of-police-nypd-actually-10-billion-year-2020-8#:~:text=In%202020%2C%20the%20NYPD%20had,billion%20dollars%20off%20of%20that

23 Juliana Reyes, »Philly Plans to Increase Police Funding While Cutting City Services. Critics Say That's a Mistake«, in: *The Philadelphia Inquirer*, Juni 2020.

24 Scott Neuman, »Police Viewed Less Favorably, But Few Want To ›Defund‹ Them, Survey Finds«, in: *National Public Radio*, 9. Juli 2020. https://www.npr.org/sections/live-updates-protests-for-racial-justice/2020/07/09/889618702/police-viewed-less-favorably-but-few-want-to-defund-them-survey-finds; Pew Research Center, »Majority of Public Favors Giving Civilians the Power to Sue Police Officers for Misconduct«, Bericht, 9. Juli 2020. https://www.pewresearch.org/politics/2020/07/09/majority-of-public-favors-giving-civilians-the-power-to-sue-police-officers-for-misconduct/

25 Archon Fung und Erik Olin Wright. *Deepening Democracy: Institutional Innovations in Empowered Participatory Governance*. London: Verso, 2003, S. 120.

26 Police Accountability Task Force, *Recommendations for Reform: Restoring Trust between the Chicago Police and the Communities They Serve*, Report, 2016.

27 Northwestern Institute for Policy Research, *Can Chicago Restore Public Trust in Police?* News, 26. April 2016. https://www.ipr.northwestern.edu/news/2016/skogan-chicago-police-task-force-accountability.html.

28 City of Chicago, Office of the Mayor, *Mayor Lori E. Lightfoot and Empowering Communities for Public Safety Pass Proposal for civilian oversight of Chicago's Police Department and Accountability Agencies*. Press Release, 21. Juli 2021. https://www.chicago.gov/content/dam/city/depts/mayor/Press%20Room/Press%20Releases/2021/July/CivilianOversightChicagoPoliceDepartmentAccountabilityAgencies.pdf

29 Janelle Griffith, »Is Chicago's New Layer of Police Oversight as ›Unique‹ as Sponsors Say?«, in: *NBC News*, 30. Juli 2021. https://www.nbcnews.com/news/us-news/chicago-s-new-layer-police-oversight-unique-sponsors-say-n1275414.

30 Fung, *Deepening Democracy*, S. 137.

31 Claire Mellier und Rich Wilson. »Getting Climate Citizens' Assemblies Right«, in: *Carnegie Europe*, 5. November 2020. https://carnegieeurope.eu/2020/11/05/getting-climate-citizens-assemblies-right-pub-83133 (abgerufen am 20. August 2021).

Kapitel 13: **Das biophile Bewusstsein**

1 Lauretta Bender, »An Observation Nursery: A Study of 250 Children on the Psychiatric Devision of Bellevue Hospital«, in: *American Journal of Psychiatry* (1941).

2 John Broadus Watson, *Psychological Care of Infant and Child.* New York: W. W. Norton, 1928.

3 Robert Karen, *Becoming Attached: First Relationships and How They Shape Our Capacity to Love.* New York: Oxford University Press. S. 19.

4 Harry Bakwin, »Loneliness in Infants«, in: *American Journal of Diseases of Children* 63 (1941), S. 31.

5 Karen, *Becoming Attached*, S. 20.

6 John Bowlby, »Foreword to M. D. S. Ainsworth«, in *Infancy in Uganda: Infant Care and the Growth of Love.* Baltimore: Johns Hopkins University Press. 1967, S. v.

7 Bowlby. *The Making and Breaking of Affectional Bonds*, S. 133.

8 Ebda., S. 136.

9 M. Mikulincer, O. Gillath, V. Halevy, N. Avihou, S. Avidan und N. Eshkoli, »Attachement Theory and Reactions to Others' Needs: Evidence that Activation of the Senses of Attachement Security Promotes Empathetic Rsponses«, in: *Journal of Personality and Social Psychology* 81/6 (2001).

10 Sophie Moullin, Jane Waldfogel und Elizabeth Washbrok, »Baby Bonds: Parenting, Attachment and a Secure Base for Children«, in: *The Sutton Trust* (März 2014).

11 Ebda.

12 Ebda.

13 Nelli Ferenczi und Tara Marshall, »Exploring Attachment to the ›Homeland‹ and Its Association and Heritage Culture Identification«, in: *PLOS One* (Januar 2013).

14 Ebda.

15 Pernille Darling Rasmmussen, Ole Jakob Storebø, Trine Løkkeholt, Line Gaunø Voss, Yael Shmueli-Goetz, Anders Bo Bojesen, Erik Simonsen und Niels Bilenberg, »Attachment as a Core Feature of Resilience: A Systematic Review and Meta-Analysis«, in: *Psychological Reports* 122/4 (August 2019).

16 Massimiliano Scopelliti, Mirilia Bonnes und Ferdinando Fornara, »Place Attachment, Community Identification, and Pro-Environment Engagement«, in: *Advances in Theory, Methods and Application*, hrg. v. Catherine Mano und Patrick Devine-Wright. London: Routledge, 2014.

17 Victor Lebow, »Price Competition«, in: The Journal of Retailing (Frühjahr 1955).

18 Bum Jin Park, Yuko Tsunetsugu, Tamami Kasetani, Takahide Kagawa und Yoshifumi Miyazaki, »The physiological effects of Shinrin-yoku (taking in the forest or forest bathing), S. evidence from field experiments in 24 forests across Japan«, in: *Environmental Health and Preventative Medicine* 15 (2010), S. 21.

19 Yshinori Ohtsuka, Noriyuki Yabunaka, Shigeru Takayama, »Shinrin-yoku

(forest-air bathing and walking) effectively decreases blood glucose levels in diabetic patients«, in: *International Journal of Biometeorology* 41 (1998).

20 Roly Russell, Anne D. Guerry, Patricia Balvanera, Rachelle K. Gould, Xavier Basurto, Kai M.A. Chan, Sarah Klain, Jordan Levine und Jordan Tam, »Humans and Nature: How Knowing and Experiencing Nature Affect Well-Being«, in: *Annual Review of Environmental Resources* 38 (2013), S. 43.

21 Ebda.

22 Edward O. Wilson, *Biophilia*. Cambridge: Oxford University Press, 1984.

23 Giuseppe Barbiero und Chiara Marconato, »Biophilia as Emotion«, in: *Visions for Sustainability* 6 (2016).

24 Karen D'Souza, »Outdoor Classes and ›Forest Schools‹ Gain New Prominence amid Distance Learning Struggles«, in: *EdSource*, 1. Oktober 2020. https://edsource.org/2020/outdoor-classes-and-forest-schools-gain-new-prominence-amid-distance-learning-struggles/640853; Tina Deines, »Outdoor Preschools Grow in Popularity but Most Serve Middle Class White Kids«, in: *The Hechinger Report*, 26. Februar 2021. https://hechingerreport.org/outdoor-preschools-grow-in-popularity-but-most-serve-middle-class-white-kids

25 Karen D'Souza, »Outdoor Classes and ›Forest Schools‹ Gain New Prominence Amid Distance Learning Struggles«, in: *EdSource*, 1. Oktober 2020. https://edsource.org/2020/outdoor-classes-and-forest-schools-gain-new-prominence-amid-distancelearning-struggles/640853.

26 Ebda.

27 Ebda.

28 Ebda.

29 Tony Loughland, Anna Reid, Kim Walker und Peter Petocz, »Factors Influencing Young People's Conception of Environment«, in: *Environmental Education Research* 9 (Juli 2010).

30 Brenda Patterson, *Build Me an Ark: A Life with Animals*. New York: W.W. Norton & Company, 2002; Daniel Acuff, *What Kids Buy and Why: The Psychology of Marketing to Kids*. New York: Simon & Schuster, 2010.

31 David Sobel, *Beyond Ecophobia: Reclaiming the Heart in Nature Education*. London: Orion Society, 2002; Mary Renck Jalongo, *The World's Children and Their Companion Animals*. Olney, MD: Association for Childhood Education International, 2004.

32 Robin C. Moore und Clare Cooper Marcus, »Healthy Planet, Healthy Children: Designing Nature into Childhood«, in: *Biophilic Design: The Theory, Science and Practice of Bringing Buildings to Life*, hrg. von Stephen R. Kellert, Judith Heerwagen und Mador Martin. Hoboken, New Jersey: Wiley, 2008, S. 163.

33 North American Association for Environmental Education, »Stanford Analysis Reveals Wide Array of Benefits from Environmental Education«, in: *eeWORKS*. https://cdn.naaee.org/sites/default/files/eeworks/files/k-12_student_key_findings.pdf

34 Nicole Ardoin, Alison Bowers, Noelle Wyman Roth und Nicole Holthius, »En-

vironmental Education and K-12 Student Outcomes: A Review and Analysis of Research«, in: *The Journal of Environmental Education* 49/1 (2018).

35 Cathy Conrad und Krista Hilchey, »A Review of Citizen Science and Community-based Environmental Monitoring: Issues and Opportunities«, in: *Environmental Monitoring and Assessment* 176 (2011).

36 Outdoor Foundation, 2021 Outdoor Participation Trends Report. https://ip0o6y1ji424m0641msgjlfy-wpengine.netdna-ssl.com/wp-content/uploads/2015/03/2021-Outdoor-Participation-Trends-Report.pdf

37 Jeff Opperman, »Taylor Swift Is Singing Us Back to Nature«, in: *New York Times*, 12. März 2021. https://www.nytimes.com/2021/03/12/opinion/taylor-swift-grammys-nature-lyrics.html

38 Jeff Opperman, »Taylor Swift Is Singing Us Back to Nature«; Selin Kesebir und Pelin Kesebir, »A Growing Disconnection From Nature Is Evident in Cultural Products«, in: *Perspectives on Psychological Science* 12/2, 27. März 2017, S. 258–269. https://doi.org/10.1177/1745691616662473

39 Edward Wilson, »The Biological Basis of Morality«, in: *The Atlantic*, April 1998. https://www.theatlantic.com/magazine/archive/1998/04/the-biological-basis-of-morality/377087

40 Giuseppe Barbiero, »Biophilia and Gaia: Two Hypotheses for an Affective Ecology«, in: *John Brown University* 1 (2011).

41 Jeremy Rifkin, *The Empathic Civilization*. New York: TarcherPerigee, 2009, S. 2. Deutsche Übersetzung: *Die emphatische Zivilisation: Wege zu einem globalen Bewusstsein*. Übers. v. Ulrike Bischoff, Waltraud Götting und Xenia Osthelder. Frankfurt: Campus, 2009, S. 13 f.

42 Martin Buber, *Ich und Du*. Leipzig: Insel, 1923.

43 Johann Wolfgang von Goethe. *Werke, Briefe und Gespräche*. 24-bändige Gedenkausgabe. Naturwissenschaftliche Schriften Bd. 16–17, hrg. von Ernst Beutler. Zürich: Artemis, 1948–53. S. 921–923.

44 Ebda.

45 Johann Wolfgang von Goethe. *Werke, Briefe und Gespräche. Dichtung und Wahrheit*. Bd. 10, S. 168.

46 Ebda., S. 425.

47 Adam C. Davis et al., »Systems Thinkers Express an Elevated Capacity for the Allocentric Components of Cognitive and Affective Empathy«, in: *Systems Research and Behavioral Science* 35/2 (19. Juli 2017), S. 216–29. https://doi.org/10.1002/sres.2475

48 U. S. Environmental Protection Agency, *Report to Congress on indoor air quality: Volume 2*. EPA/400/1–89/001C. Washington, D. C.; Kim R. Hill et al., »Co-Residence Patterns in Hunter-Gatherer Societies Show Unique Human Social Structure«, in: *Science* 331/6022, 11. März 2011, S. 1276–1277. https://pubmed.ncbi.nlm.nih.gov/21393537/#:~:text=We%20found%20that%20hunter%2Dgatherers,residential%20groups%20are%20genetically%20unrelated.

REGISTER